2007 中国生物技术发展报告

中华人民共和国科学技术部 社会发展科技司
中国生物技术发展中心

中国农业出版社

图书在版编目（CIP）数据

中国生物技术发展报告.2007/中华人民共和国科学技术部社会发展科技司，中国生物技术发展中心编.—北京：中国农业出版社，2008.12
ISBN 978-7-109-13149-1

Ⅰ.中… Ⅱ.①中… ②中… Ⅲ.生物技术-技术发展-研究报告-中国-2007 Ⅳ.Q81

中国版本图书馆CIP数据核字（2008）第185961号

中国农业出版社出版
（北京市朝阳区农展馆北路2号）
（邮政编码100125）
责任编辑 舒 薇

北京画中画印刷有限公司印刷 新华书店北京发行所发行
2008年12月第1版 2008年12月北京第1次印刷

开本：889mm × 1194mm 1/16 印张：23.5
字数：365千字
定价：180.00元

2007 中国生物技术发展报告

编辑委员会

主　　编：王宏广

副 主 编：马宏建　贾　丰　安道昌

参加人员：（按姓氏笔画排列）

于振行　于善江　万建民　马有志

马延和　马春森　马贵宏　王　军

王　莹　王　晶　王　磊　王云峰

王军志　王丽伟　王国英　王爱杰

王德平　尹军祥　邓华凤　艾春波

艾瑞婷　石东升　石维忱　付卫平

付仲文　付红波　白凤武　邢建民

邢新会　朱　敏　朱水芳　朱昌雄

朱明南　任南琪　华玉涛　关镇和

刘　静　孙方霖　孙燕荣　杜　军

李　宁（农业部科技发展中心）　李　宁（中国农业大学）

李　平　李　青　李　松　李　俊

李　毅　李冬雪　李向明　李亦学

李劲松　李瑞国　来鲁华　杨　智

序 言

2007年是全面贯彻实施国家中长期科学和技术发展规划纲要的第一年,也是我国生物科技和产业化迎来发展新机遇的一年。胡锦涛总书记、温家宝总理明确指示,把生物科技作为未来高技术产业迎头赶上的重点,加强生物科技在农业、工业、人口和健康等领域的应用。《国家中长期科学和技术发展规划纲要(2006—2020年)》将生物技术列为我国五大科技发展战略重点之一,在确定实施的国家16个重大科技专项中,有“重大新药创制”、“转基因生物新品种培育”、“艾滋病和病毒性肝炎等重大传染病防治”3个重大专项属于生物技术领域。国家有关部门积极贯彻落实党中央和国务院的部署,纷纷加大促进生物技术及其产业发展的支持力度。

“十一五”期间,科技部加大对生物技术研究开发和产业化示范的支持力度,为保障粮食安全、优化农产品结构、提升工业竞争能力、提高人民健康水平提供科技支撑。国家发展和改革委员会、教育部、卫生部、农业部、中国科学院、国家自然科学基金委员会等有关部门也纷纷采取制定规划、加大投入、培养人才、建设基地等重大措施,加速了我国生物技术及其产业的发展步伐。发展生物技术、培育具有地方特色的生物经济，已经成为地方政府的共识。目前在全国兴起了一个发展生物技术产业的热潮。北京、上海、天津、四川、陕西、湖南、广东等地方政府纷纷采取各种措施，加速生物技术产业的发展。北京市政府已将生物医药产业列为四大重点支持产业之一，正在建设生命科学园、北京大兴生物产业基地和亚洲最大的生物产业孵化器。上海市政府会同国家相关部委成立了生物医药产业领导小组，位于浦东新区的张江高技术产业园区中，有50%以上的企业从事生物医药研究开发及其产业化生产。天津市政府借助滨海新区建设，正在筹建国家生物医药国际创新园。四川省已决定把发展生物技术列为“科技一号”工程。陕西、湖南、广东等省也大力支持生物医药产业的发展，积极创造生物产业良好发展的环境。

为了科学、全面地介绍我国生物技术及其产业化发展的现状和主要成就，交流总结发展生物技术和产业的经验，宣传政府发展生物技术的政策措施，自2002年以来，科技部中国生物技术发展中心每年出版发行《中国生物技术发展报告》，对我国生物技术与产业进行系统总结和分析，介绍了生物技术研究和产业化方面的最新进展，希望本书能为生物科技领域的科学家、企业家、管理人员和关心支持生物技术发展与产业的各界人士提供参考。

刘燕华

2009年2月

目 录

战 略 篇

生物技术对解决当今人类面临的粮食、人口与健康、资源与环境、能源与国家安全等许多重大问题都具有重大而深远的战略意义。2006年美国兰德公司出版《2020年的全球技术革命》一书将生物列为未来15年最有可能取得革命性突破的战略高技术领域。许多科学家和知名学者认为，生命科学和生物技术的持续创新和重大突破是21世纪科学技术发展的鲜明标志，正在成为新科技革命的重要推动力，并由其引领和孕育的生物经济将引起全球经济格局的深刻变化和利益结构的重大调整。因此，许多国家已把推进生物技术及其产业化发展提升为国家战略，加速抢占生物技术及产业化发展的制高点。

生物技术国际发展现状和趋势

生物是当今世界高技术发展的重要领域之一,生物技术产业是继信息产业之后又一个发展前景十分广阔的高科技产业，并将成为21世纪全球经济新的增长点和支柱产业之一。目前，全世界范围内医药生物、农业生物、工业生物等技术领域的研究开发和产业化发展日新月异，并呈现出以下特点和趋势：

一、人口与健康问题成为人类社会关注的焦点

联合国人权宣言和巴西宣言都强调了各国政府在保证本国人民基本医疗保健方面所负有的职责；应对重大传染病带来的威胁既向新型疫苗的开发提出了迫切需求，也带来新的商机；现代生物技术成为疫苗开发与创新的主要途径和手段。

二、医学模式的转变开创了医学研究的新时代

医学模式实现从环境、遗传和技能因素，到社会、心理和行为因素以及哲学、人文和技术因素的转变，使医学研究迎来了多视角、全方位的崭新时代；基因组与蛋白质组学研究不断取得的重大突破，不仅成为生物科技快速发展的重要动力，而且加速新的科技革命的形成；干细胞与组织工程技术研究成为新的竞争热点，并加速再生医学的形成和发展；重大疾病的分子分型和个体化诊疗引领现代医学发展，正孕育着新的医学革命；生殖医学研究将兴起新的革命，甚至重启胚胎发育机制以重建器官；药物设计技术日趋成熟，成为加速药物开发和创新的催化剂。

三、农业生产已成为社会经济链条中的最重要环节

现代农业还必须提供新生能源、新材料和新生物医药等多种产品；生物技术、信息

技术等新方法与农业科学常规方法的结合使农业科学的研究手段日益更新和完善；多学科、多层次探讨农业生物资源多样性、品种改良、寄主与寄生物相互关系，正成为农业科学的研究热点。

四、生物技术药物创新和产业化不断取得新的突破

生物技术药物正在成为医药产业最具活力和潜力的增长点；以生物催化和转化技术为主要标志的新一代工业生物技术正引领和支撑绿色制造业的发展，为应对全球资源和环境危机开辟了新的途径。

五、特殊生物资源在生物科技创新中的源头作用更加凸显

国际上围绕这一战略资源的深度开发和利用的竞争日趋激烈；生物技术与纳米技术、新材料技术等交叉融合，大幅度拓宽了生物科技及产品创新的领域和范畴。

全球经济和社会发展对生物技术提出了更高的要求

全面建设小康社会、构建社会主义和谐社会是我国21世纪中长期发展规划提出的战略目标，科学技术必须为这一目标的早日实现提供强有力的支撑。生命科学和生物技术作为我国科技发展的战略重点，对推动农业、工业、人口与健康等国民经济及社会发展密切相关领域的迅速发展具有极其重要的作用。根据当前国际生物技术和医药发展趋势，结合我国经济社会发展的战略需求，要在基因组、蛋白质组、疫苗与抗体工程、干细胞与治疗性克隆、组织工程、重大疾病的诊断治疗、生物催化与转化技术等方面取得关键性突破，为提高我国整体科技实力和国际竞争力，培育生物和医药技术新兴产业，为保障人民健康、促进全面建设小康社会、构建社会主义和谐社会的建设进程，提供强有力的科技支撑。

把握时代机遇，发展生物经济，实现我国经济的跨越式发展

业界预测，生物技术产业是继信息技术产业之后的新经济增长点，是21世纪国民经济发展的重要支柱；20年内生物技术将取代信息技术成为推动经济发展的主力，并形成新的经济形态——生物经济。生物产业作为新的经济增长点，预期在15年左右将率先成为一些国家或地区的支柱产业。生物技术涉及医药、农业、工业、能源、环保、海洋、国家安全等领域，是继信息技术之后本世纪应用领域最广泛、带动性最强、发展潜力最大、最有战略意义的先导技术。生物医药年销售额的增长率是世界经济平均增长率的5～10倍。全球生物医药品市场销售额从1997年的

150亿美元跃升到2003年的600亿美元，平均每三年翻一番。转基因作物虽颇有争论，但种植面积在过去的8年内增加了40倍，达到6 770万公顷。2006年，全球已有18个国家的700万农户种植转基因作物，有100多种转基因植物、10多种转基因动物获准商业化生产，数百种转基因动植物处于中间实验阶段。

生物产业已经成为发达国家强化竞争优势的“杀手锏”。以美国为代表的部分国家产业发展很快，2001年美国生物技术相关产业总产值已达5 670亿美元。日本政府预测，到2025年美国生物技术产品的贸易额将达到25 200亿美元，而欧洲生物技术产品的贸易额在未来的5年内也将达到3 360亿美元。

更值得关注的是，许多国家把生物技术及其产业化提升为国家战略，加速抢占发展生物技术及产业化的制高点。越来越多的国家认识到，未来15～20年，谁拥有生命科学基础研究优势，谁就把握了科学创新的源动力；谁拥有生物技术创新优势，谁就占据了国际生物产业竞争的制高点；谁拥有生物技术转化的优势，谁就能够主导未来世界生物经济的格局。正是由于看到生物技术在保障粮食安全、提高公众健康水平、促进经济发展、缓解能源短缺压力、改善生态环境、保障国家安全中已经显现和正在孕育的巨大潜力，发达国家纷纷把抢占生物技术及产业化发展的制高点列为国家战略。

在过去10年，人类基因组计划的完成促使生物经济迅速成长和壮大，风险资本进入生物经济的速度年均增长8.5%，而近5年为14.5%，预计后5年可达20%以上。目前，全球约有400家风险投资和私人股票公司大量投资生物科技行业。预计未来5年内将增至800家。在美国，仅2003年就有约100亿美元的资金投入生物科技行业，同期欧洲为31.5亿美元。统计数据显示，目前生物科技投资占美国风险投资总额的18.5%，欧洲为14.5%。

近30年来生物技术医药和诊断试验已经给医疗保健行业带来了革命性的变革，转基因的作物和家畜正在改变传统农业。现在生物技术正以前所未有的速度进入工业领域，不断升级和改造传统轻工业，催生绿色制造工业。预计到2020年，将有50%的有机化学品和材料产自生物质原料，其中大宗发酵产品的生物制造将起核心作用，如燃料乙醇、乳酸与聚乳酸、1，3-丙二醇等大宗发酵产品已经在全球经济中产生了重要的影响。此外，经过对微生物的进一步改造与发酵过程优化，可以高效地制备替代石油化工原料的关键平台化合物如一碳平台化合物（甲烷）、二碳平台化合物（乙醇）、三碳平台化合物（乳酸、丙烯酸）、四碳平台化合物（富马酸、琥珀酸、丁醇）、芳香平台化合物（苯、苯酚）等，进而与现代化工技术和产业相衔接，大规模生产各种化学品，从而构建出一条通往生物经济时代的绿色化工之路。

发展生物经济需要有超前意识。作为目前全球发展最为迅猛的技术，生物技术已开始进入大规模产业化阶段，生物科技的重大突破正在孕育和催生新的产业革命。我国生物技术整体发展水平与发达国家差距较小，在人类基因组、水稻基因组、功能基因的发掘与应用、分子克隆和分子育种技术、蛋白质组学及生物芯片等领域甚至处于世界前列。世界销售额前10位的基因工程药物我国能生产8种，另有150多种处于临床研究阶段。历史的发展已经证明，新技术和产业革命是一个国家实现跨越发展的历史契机。生物经济的萌芽对我国是一个难得的机会。抓住这个21世纪初的重大历史机遇，对生物技术和生物产业进行超前布局，无疑能对发展我国国民经济起到至关重要的作用。我们必须抓住时代赋予的机遇，跨越式发展生物经济，积极参与新世纪的全球科技与经济竞争，最终实现中华民族的伟大复兴。

增强自主创新能力，提高生物和医药技术产业的整体国际竞争力

建立创新型国家是我国21世纪前20年的战略目标。提高自主创新能力是我国科技工作的重中之重。改革开放的经验告诉我们，在关系国民经济命脉和国家安全的关键领域，真正的核心技术是买不来的。要在激烈的国际竞争中掌握主动权，我国就必须提高自主创新能力，在若干重要领域掌握一批核心技术，拥有一批自主知识产权，造就一批具有国际竞争力的企业。总之，必须把提高自主创新能力作为国家战略，贯彻到现代化建设的各个方面，贯彻到各个产业、行业和地区，大幅度提高国家竞争力。这对于处于新经济时代核心的生物技术领域更是如此。因此，有选择、有重点地发展生物技术领域的核心技术，引领自主创新才是发展和提高我国生物技术的根本之路。

生物制药业是目前生物技术领域产业化最为成功的领域，世界各发达国家均将生物制药作为重点产业加以扶植。2004年，全球生物制药市场收入为450亿美元，到2011年有望达到982亿美元。我国也已将生物制药作为经济发展的重点建设行业和高新技术的支柱产业来发展，并打破了国外生物制品垄断中国临床用药的局面。从2000年到2005年，我国生物制药产业的年均销售额约200亿元，以每年平均约30%的速度增长。目前我国生物制药业发展还存在诸如技术水平落后，产品缺乏自主创新，资金投入不足等一系列问题。特别是我国生物制药下游工程技术的发展要远远落后于上游研究的进展，无

法满足工业化生产的要求，进而拖累产业化进程。这一现状严重阻碍了我国生物制药产业的发展，亟待通过重点技术攻关和突破加以解决。

纳米科技被视为21世纪关键的高新技术之一，其中纳米生物技术是目前国际生物技术领域的前沿和热点问题，在医药和现代农业领域有着广泛的应用和明确的产业化前景。特别是纳米药物载体、纳米生物传感器和成像技术以及微型智能化医疗器械等将在疾病的诊断、治疗和卫生保健方面发挥重要作用。低毒、高效纳米生物农药将在保护农作物免受虫害和环境保护方面发挥重要作用。我国在这方面的研究与国际基本同步，已开发了国际独创的22项毒副作用低、高靶向和具备可控释放功能的纳米药物，近年可望获新药证书；研制出壳聚糖—“碳”纳米粒基因药物；已开发用于组织器官损伤修复的生物相容纳米材料；正在开发肿瘤、传染性疾病的“纳米”金标记探针超微量快速检测和早期诊断试剂盒产品；环境友好、高效的纳米肥料、农药已有产品和专利，需要制定产品标准。

“十五”期间，生物医学研究关键仪器和试剂发展已成为世界各国发展经济和增强综合国力的战略措施。西方发达国家早已制定了中长期发展战略，划拨大量经费，以加强技术发明、产业化和国际市场垄断能力。“十五”期间，我国每年进口科研和诊疗仪器设备及试剂的花费达400亿元。但同时我国企业自主研制的生物芯片点样仪、扫描仪、杂交仪、核酸提取仪等仪器，自身免疫性疾病诊断芯片和兽药残留检测生物芯片等试剂产品，已出口欧、美、亚、大洋洲等四大洲，为“十一五”我国在该领域实现重点突破、创新发展和国产化奠定了基础。由于我国不同经济区域和不同层次的医疗科研机构和产业用户，对具有自主创新技术、高性价比、能替代昂贵进口产品且可满足我国公共医疗、卫生安全和生命科学产业需求的仪器和试剂有着重大需求，因此这些研究工作的顺利实施将会在很大程度上为解决“看病贵、看病难”做出突出的贡献。

缩短新药研发周期、减少研发费用、降低研发风险一直是医药企业和新药研究机构追求的目标。涵盖计算化学、化学信息学、结构生物学、药理学等学科的药物分子设计技术是新药创制的源头，并经过多年发展已经成为药物发现的核心技术。其根据药物作用靶标的结构特征、药物作用的机理或调控途径，综合应用计算机、信息和计算技术，设计具有潜在药理功能的新化学实体(new chemical entity)。通过在新药研发中使用药物设计技术可节约费用，缩短研发周期，这不仅已成为国际上突破这些瓶颈的重要选择，也是突破制约我国创新药物来源不足瓶颈的最佳切入点。因此，大力发展药物分子设计技术是解决这一问题及实现医药产业重点跨越的最佳选择。

在过去10年里，工业微生物改造和代谢组学技术、分子理性设计和定向进化技术研究不断取得新的突破，加速了酶功能改造和新功能开发的步伐，并取得了相当明显的应用效果。国外在非食品领域已有80%左右的产品使用经基因工程和蛋白质工程技术改造生产的菌种和产品，不仅大幅度提高了产量，还改善了产品性能。

突破一批重大疾病防治关键技术，提高我国人民健康保障水平，构建和谐社会

以心脑血管疾病、肿瘤、传染性疾病、退行性疾病和代谢障碍性疾病等为代表的重大疾病一直威胁着人类的生存与健康，不仅给患者和家庭带来痛苦，而且所造成的社会负担和经济损失难以估量。我国人群中疾病种类兼有发展中国家和发达国家的特征，恶性肿瘤已成为引起我国城市人口死亡的首要原因，占总死亡原因的25.89%，且发病率呈明显上升趋势，心血管疾病处于第二位。在农村呼吸系统疾病是死亡的第一原因。我国每年新发生癌症病例约200万人，年死亡病人约150万人。近年来包括免疫治疗及基因治疗在内的生物技术在治疗肿瘤上的应用，有望成为继手术、化疗和放疗后肿瘤治疗的第四种模式，且具有广泛的应用前景。而新的疾病诊疗技术手段不仅将开创现代生物技术与临床医疗实践全面结合的新局面，带动“分子医学”的新革命，显著提升我国临床诊疗的技术水平，而且对有力地推动具有中国特色的农村和社区基层医疗保障体系的建立和发展、实现全面建设和谐社会的宏伟目标奠定坚实的基础，有着十分重大的意义。

其他慢性非传染性疾病，如高血压、心血管疾病、糖尿病、神经精神疾病、老年痴呆症等，也严重地威胁到我国人民的生命健康。高血压是老年常见病，其患病率随着年龄增高而增加，我国现有高血压患者1.3亿人，且呈患病人数快速上升、患者年轻化的趋势；我国糖尿病患者累计2 000万～4 000万人，每年发病人数为150万人，随着人民生活水平不断提高，发病人数将逐年上升；随着现代工业发展和城市化的扩展，精神性疾病的发病率逐年升高，并已带来极大的社会和经济问题，各种重型精神病患者高达2 000万人，最近的流行病调查结果表明我国各类精神障碍人数已多达1亿人；随着生活方式的改变和生活水平提高，肥胖造成的一系列疾病已不再只是发达国家的头号问题，也是我国应该日益重视的问题。迅速高效地发掘新的药物作用靶标对于上述疾病有效防治药的创制具有重要作用。功能基因组研究

能够从基因和蛋白质水平系统阐述疾病发生与发展机理，从根本上提升预警预防、药物研发、诊断和治疗水平，是重大疾病有效防治的重要保证。

我国目前传染病发病率仍居高不下，如病毒性肝炎、流行性出血热、细菌性痢疾等；部分曾被控制的疾病又出现了流行趋势，如肺结核、性病等，活动性肺结核患者约450万～500万人，居世界第二；艾滋病感染者已达65万人，艾滋病疫情已从高危人群向一般人群传播；乙型肝炎病毒慢性感染或携带者超过1.2亿人；血吸虫病尚未根本控制，近年感染人数有所增加，已达80万人；感染性腹泻局部流行时有发生。迄今为止我国已有14种新发传染病出现并造成流行，例如艾滋病、SARS、禽流感。中国还存在其他新发传染病传入的可能，包括埃博拉、西尼罗、尼帕病毒等，因此对于新发传染病的防控必须加强。疫苗对这些重大传染病的预防和治疗具有不可替代的作用，因此亟待加快研制并储备一批针对这些重大传染病的新型疫苗，构建最大限度的防控网络。

组织器官缺损或功能障碍是人类健康所面临的主要危害之一，也是人类疾病和死亡的最主要原因。器官移植是20世纪医学发展中最引人瞩目的成果之一。到目前为止，全球已有70余万人接受了器官移植手术，每年还以2万余例的数量在递增，仅欧洲和美国每年就有6万人在等候器官移植，但大约有1/5的患者在等待器官的过程中死亡，因此供移植器官缺乏就成为一个严重的问题。在我国供临床移植的器官来源更是严重缺乏，每年需要通过器官移植获得治疗的患者至少也有10万人。我国每年烧伤、烫伤患者达500万～1 000万例；乙肝病毒携带者逾1.2亿人，丙肝病毒携带者为1 500万人，其中部分患者转化成肝硬化或肝癌，肝癌的年死亡率为40/10万；癌症每年新发病例数约200万人，死亡率为128.03/10万；糖尿病的患病率为3.62%；心肌梗死年发病率为0.02%～0.06%；60岁以上人群帕金森病的发病率为1.5%，70岁以上人群上升至2%。由此形成的市场和经济效益是巨大的，世界上用于这些疾病的治疗费用每年高达数千亿美元。因此，以组织器官的替代、修复、重建和再生为主要内容的干细胞与组织工程技术具有巨大的社会需求，同时也是构建和谐社会，提高人民健康水平，提升生活质量的有力保障和重要指标。

实现产品生物制造，加速传统产业结构调整和产品升级，提升工业竞争能力

微生物代谢工程技术将促进传统微生物产业的全面技术改造，向以高产、优质、高效、资源节约、环境友好型为特征的现代生物技术产业过渡，并将培育一批新产业，包

括生物材料产业、生物能源产业、生物化工产业及环境生物技术产业等，最大限度地满足国家在传统产业改造、生态环境保护和能源材料替代上的重大需求。未来10～20年是我国经济社会发展的重要机遇期，国际间的竞争将愈加激烈，加快传统工业和工艺的改造，提高我国工业生物技术产业的国际竞争力已迫在眉睫。

我国是一个发酵大国，大宗发酵产品在我国国民经济中占有较高的比重。目前，我国发酵行业生产企业有5 000多家，主要发酵产品的年产值高达2 300亿元以上，与之相关的产业超过2万亿元，涉及农业、食品、医药、饲料、化工、纺织、环保、能源等多个领域。我国许多重要发酵产品在世界上占有举足轻重的地位。2003年味精的世界总产量超过170万吨，其中我国产量为119万吨，占世界产量的70%，居全球第一位。2003年世界柠檬酸产量100万吨，年产值约80亿元，我国柠檬酸产量45万吨（36亿元/年），产量居世界第一位。世界乳酸总产量为25万吨/年，产值约50亿元/年。世界苹果酸产量达4万吨/年，产值约12亿元/年。目前世界维生素C总生产能力已超过9万吨，我国生产厂家有7家，总生产能力在4万吨以上，占世界生产能力的40%以上。我国用于淀粉糖、酿酒、洗涤剂、纺织、皮革、饲料等诸多工业领域每年的酶制剂总额为13亿元，国内生产的各种工业酶制剂总产量超过32万吨，产值6亿多元，占全球总产量的3.8%。

我国是发酵大国，但不是发酵强国。由于总体技术水平与国外的差距较大，我国的发酵产品生产成本明显高于国外，既难以进入国际市场参与竞争，也难以抵挡国外产品进入国内市场。例如，我国酶制剂中的支柱产品糖化酶、高温α-淀粉酶、碱性蛋白酶，自1988年引进后，发酵水平一直没有提高，而国外却提高很快。目前我国糖化酶产酶活力仍停留在每毫升32 000个活性单位左右，而国外已达到每毫升50 000个活性单位以上。我国L-乳酸的产酸水平为12%～14%，国外已达20%以上。氨基酸的整体水平，我国低于国外30%～50%。在抗生素工业中，制约我国医药工业战略品种之一的β-内酰胺抗生素发展的关键问题是头孢菌素C发酵单位及7-ACA、7-ADCA的生产水平较低，仅为国外的70%～80%。我国发酵工业与国外的差距表现为主要产品的发酵水平较低，原料利用率低；产品品种少，造成我国虽然是发酵大国，但很多发酵产品仍需要进口，如我国许多氨基酸品种仍需要进口；生物制造工艺少，我国发酵工业是“三废”排放污染大户，废水和废渣排放量大。此外，我国发酵过程工程研究落后，资源转化效率不高，且消耗大量的电能；产物分离纯化基本是仿照国外多年前的技术，没有进行更新改造，产物质量、回收率普遍低于发达国家同类产品,普遍缺乏与国外进口生物产品的竞争力。这些“瓶颈”问题如不加以解决,我国发酵工业长期处于技术受制于人、产品缺乏竞争力的被动局面将难以尽快扭转,由传统发酵工业大国向现代工业强国转变的战略目标将无法尽快实现。

大力推进生物资源可持续利用,缓解我国能源紧缺状况,促进资源优势向经济优势转变

全世界已探明的石油可采储量为1 000亿~1 400亿吨,按目前的采油速度,只能采40年左右。中国是一个化石能源严重短缺的国家,煤炭、油气资源十分有限。我国已探明石油可开采储量约62亿吨,现已累计开采34.6亿吨,仅剩余27.4亿吨,可供开采17年。随着未来经济的快速发展和能源与材料结构的调整,世界各国对石油的需求还在继续增大。全球庞大的化学和材料工业对一次性矿业资源的过分依赖,使人类社会所面临的资源短缺形势更加严峻。化石能源燃烧后产生的二氧化碳、氮氧化物、硫氧化物以及排放的黑烟是导致严重环境污染及温室效应的主要原因。美、德等发达国家和巴西等发展中国家投入巨资开展生物质能用途的植物资源的发掘与利用研究。在巴西,乙醇已成为机动车的主要燃料。美国的产能淀粉产量占全球淀粉产量的70%。德国已从野生植物资源中发现了可以生产汽油替代品——短链脂肪的新基因。因此,大力发展与生物资源充分利用相关的技术对于国民经济的稳步发展意义重大。通过代谢工程技术大力开发可再生的生物资源,在谷物、纤维素、半纤维素等产品的利用上取得突破,将其转化为生物产品或生物能源,将既可缓解能源材料短缺,又能形成新的产业,促进农产品的深加工及拓展、延伸农业产业范围。现在我国每年各类农作物秸秆量达7亿多吨,另外还有近5 000万吨的农林加工废渣废料,这些物质大部分未得到有效利用。因此,利用微生物代谢工程技术把数量巨大的农业废弃物,特别是农作物秸秆加以充分开发,无疑是解决能源材料紧张和环境污染问题的有效途径,并蕴藏着巨大的市场潜力,将推进生物材料产业、生物能源产业、生物化工产业及环境生物技术产业等一批新兴产业的发展和壮大。

提高防控重大传染病的科技综合保障能力,确保国家公共卫生安全

目前,全球各种传染性疾病每年造成大量的人口死亡,严重威胁到人类健康和国家安全。世界卫生组织公布的数据显示,全球每年死亡的人数为5 100万人,其中1 600万人被传染病夺去生命。以艾滋病、病毒性肝

炎、SARS、肺结核、各种性病为代表的传染性疾病正严重威胁着我国人民的身体健康，甚至会影响到中华民族伟大复兴及全面建设小康社会的战略目标的实现。2003年联合国艾滋病规划署和世界卫生组织发布统计数据表明，每天新感染HIV的人数已从1995年以前的8 000人上升到目前的15 000人，在短短的20年间全球累计艾滋病感染人数超过7 000万人，每年新增感染人数550万人，其中2 800万人已经死亡。全球携带HIV的儿童已超过130余万人，约有60万儿童新感染了HIV。艾滋病使南部非洲一些国家的国民人均期望寿命从60～70岁降回到40～50岁，国民总产值下降了10%。我国目前有肝炎病毒携带者大约2亿人，慢性肝炎病人3 000多万，经过10～20年的病程，约有20%左右将发展为肝硬化，1%～5%会变成肝癌。每年还因结核病引起60万人死亡。而生物技术的发展将在病原体快速鉴别、生物防护技术、血清和分子流行病学等方面取得突破，开发出新的诊断试剂并研制出新的治疗药物和有效疫苗，为13亿中国人民提供健康和安全保障。因此新兴生物技术将为公共卫生体系做出全局性、战略性和前瞻性贡献。

973、863计划生物技术相关领域的“十一五”部署情况

973计划人口与健康领域“十一五”战略目标、重点任务和重要支持方向

一、战略目标

针对全面建设小康社会的宏伟目标以及国家“十一五”经济建设与社会发展的需求，人口与健康领域应以提高人口出生素质与防治严重危害我国人民健康的严重传染病和高发的常见重大疾病为主攻方向，以分子与细胞水平的研究为先导，以重大疾病发病机制和防治中的关键科学问题为突破口，显著提高我国在人口调控、生殖健康以及重大疾病诊治与防控的科学技术水平和原创能力，进一步增强对突发性传染病的应对与防控能力，努力降低常见重大慢性疾病的发病率及其对人民健康的危害程度，逐步达到促进国民健康、带动学科发展、提高生存质量、控制人口数量、加速社会进步的战略目标；同时，力争使我国人口与健康领域的整体科学研究水平接近世界先进国家行列。

二、重点任务

1.突发与重大传染病的防控与诊治的基础研究　新发传染病病原体筛查、分离、鉴别与诊断；危险传播媒介鉴别与防治；艾滋病、病毒性肝炎、结核病、血吸虫病等重大传染病诊治与预防的基础研究；重要传染病病原体基因组（包括毒力基因、耐药基因、分子标识）和蛋白质组研究；病原体致病与免疫机理研究；病原体新药靶发现与耐药性消除研究等。

2.重大慢性非传染性疾病发病机理、诊断、治疗与预防的基础研究　心脑血管病、恶性肿瘤、代谢综合症（包括Ⅱ型糖尿病）、

神经退行性疾病、精神病等发病机理、诊断、治疗与预防的基础研究。

3.人口安全、计划生育与生殖健康的基础研究　人类生殖基础理论；重大出生缺陷基础研究、筛查及防控研究；生育健康相关疾病的基础研究，安全、有效的避孕节育新技术新方法的基础研究等。

4.环境有害因素对健康影响的理论研究与生物安全　环境有害物质对健康的影响；食品与药品安全；外来病原体的防范与生物安全；创伤医学、灾害医学与特殊环境医学中的基础理论研究。

5.中医理论与中药现代化研究　征候与征候信息的采集与认识方法、诊断标准与规范、临床疗效评价等现代科学基础；"辨证论治"与个体化诊疗的科学基础；方剂—征候—疾病相关性的应用基础；针灸作用原理与经络学说本质；中药药性理论和方剂配伍原理、中药现代化与方剂的科学基础等。

6.新药创制与诊治新技术、新方法的基础研究　基于分子与细胞生物学基础研究的新药创制；基于基因组、蛋白质组研究的新药靶标筛寻；化学基因组学与创新药物研究；药物靶标模拟与药物分子设计；创新药物与药物新剂型的基础研究等。

7.人体正常生命活动的重大基础理论研究　脑功能、脑发育与可塑性的研究；认知科学；人类功能基因组学；蛋白质组学；染色质调控与表观遗传学研究；免疫、内分泌与神经相互作用网络；细胞因子与信号传导；抗原抗体的相互作用、免疫应答、免疫耐受与天生免疫；受精卵、胚胎与组织的发育；衰老的生物学基础等。

三、重要支持方向

（1）突发与重大传染病的防控与诊治的基础研究。

（2）重大慢性非传染性疾病发病机理、诊断、治疗与预防的基础研究。

（3）人口安全、计划生育与生殖健康的基础研究。

（4）环境有害因素对健康影响的理论研究与生物安全。

（5）中医理论与中药现代化研究。

（6）新药创制与诊治新技术、新方法的基础研究。

（7）生命活动的重大基础理论研究。

973计划农业领域"十一五"战略目标、重点任务和重要支持方向

一、战略目标和重点任务

根据国家经济和社会发展对农业领域基础研究的重大需求，针对加入WTO后我国农业面临的新形势，农业领域基础研究的重点是：瞄准世界农业科学研究发展的前沿，紧

紧围绕我国农业发展和农业战略调整中的重大科学问题，重点开展农业生物基因组学与农产品品质改良、农业主要病虫鼠害可持续控制、土地资源、水资源和养分资源的高效利用、优质农产品的安全生产与加工、农业生态环境的改善和农业可持续发展等方面的基础研究，进一步增强农业科技原始创新能力。农业科学研究要在实现农业增产的同时，为调整农业结构、提高农业效益、增强国际竞争能力、改善农业生态环境提供科学支撑；为保障我国粮食安全、确保我国国民经济基础产业——农业的持续稳步增长做出贡献。

二、重要支持方向

根据国家需求和农业科学的发展以及国家中长期科学和技术发展规划战略研究专题报告农业基础研究相关内容，结合农业科学面对的问题和农业科学基础研究的重点，参照973项目已资助农业领域项目的情况和研究基础，“十一五”农业领域将集中在以下几方面。

1.农业战略性结构调整中需要研究的基础科学问题　随着我国经济社会的发展，人们对食品的需求结构将逐渐从以淀粉为主向蛋白质为主转变。农业战略性结构调整也需要由“淀粉农业”向“蛋白农业”转变，畜牧业的比例也将逐渐提高。在畜牧业中，饲料蛋白质转化率最高的是奶牛，因此，从我国缺乏资源的国情出发，发展奶牛业将会在农业战略调整中起重要作用。在我国南方地区，最适宜发展奶水牛业。为了发展畜牧业和改善我国的生态环境，还需在保护现有天然草场的同时，逐渐在山坡地发展和扩大新的人工优质草场。为此，需开展奶水牛的品种改良及不同气候带人工草场的适宜的优质草种选育相关科学问题的基础研究。

2.农业生物优异基因资源发掘和重要性状的功能基因组研究　在农业生物生产中，品种的贡献占35%以上。优异基因资源是农业生物遗传改良及其相关学科发展的基础，突破性品种的培育关键在于优良基因的挖掘和优异种质的利用。我国拥有丰富的农业生物资源，其中蕴藏着大量的有益基因，这是我国特有的财富，也是我国农业持续发展的坚实基础和巨大的潜在优势。如何将这一潜在优势变为现实优势，是目前迫切需要解决的一个重要问题，同时也是世界各国所普遍关注的一个研究领域。农业生物重要性状的功能基因组研究是生命科学的重要前沿领域，基因组的研究不仅可以获得农业生物最基本的生物遗传信息，发掘大多数的功能基因，促进对重要性状遗传机理的综合了解，而且有利于推动农业生物分子生物学研究和提高农业生物分子育种水平，为农业生物基因资源研究和遗传改良奠定坚实的科学技术基础，最终全面推动农业生物的应用研究。

农业生物优异基因资源发掘和重要性状的功能基因组研究的主要内容包括以下几个方面：

（1）农业生物资源核心种质构建、优异基因资源发掘与研究：①农业生物资源核心种质的构建；②农业生物优异基因资源发掘、评价和有效利用；③农业生物重要目标基因的克隆。

（2）农业生物资源（含野生资源）多样性的保护和利用。

（3）农业生物重要性状的功能基因组研究：①品质产量抗性相关基因的系统性鉴定；②品质产量抗性重要基因的表达模式与相互关系；③重要目标性状形成的网络调控研究；④整合重要目标性状的作物分子设计研究。

（4）转基因生物及克隆动物相关的基础研究。

（5）农业生物杂种优势和遗传改良的分子生物学基础：①主要农业生物杂种优势及其利用的分子生物学基础；②主要农业生物品质产量性状基因优化重组的机理和规律研究；③主要农业生物遗传改良的分子生物学基础。

（6）农业重要生物在人类医学和医药学等领域应用的基础研究。

3. 农业资源（土壤资源、水资源和养分资源）高效利用的生物学基础　在农业生产中，土壤是基础，水是命脉，肥料提供作物生长的营养。目前我国约有2/3的耕地是中低产田，水肥资源利用效率低；即使在水肥条件良好的高产区，粮食增产在很大程度上也依赖于大量的水肥投入。施肥方法不当或过量施用化肥不仅导致施肥的增产效应和经济效益下降，而且对生态环境造成破坏。因此，面对我国人口不断增长、消费水平提高、耕地和水肥资源日益减少、环境状况急剧恶化的现实，如果现有的农业资源利用方式和技术不能得到改善，将会使以土、水、肥为中心的农业生产接近或达到其承载力的临界状态，生态环境保护与建设任务将更加繁重，将影响农业的可持续发展。因此，挖掘生物高效利用水分与养分资源的潜力，研究大幅度提高水肥资源利用效率的技术途径，减少环境污染和保持农业生态环境良性循环，是我国农业可持续发展中的重要科学问题。

农业资源（土壤资源、水资源和养分资源）的高效利用的生物学基础包括以下几个方面的内容：

（1）作物高效利用土壤水分、养分的生物学基础研究：①作物吸收、利用土壤水分、养分的生理特点研究；②作物吸收、利用土壤水分、养分的遗传基础研究。

（2）作物—土壤互作的根际效应研究。

（3）水分、养分逆境条件下作物生理代谢特点和遗传调控研究。

（4）提高作物水分、养分利用效率的技术途径和环境效应研究。

4. 农业可持续发展中的环境和生态问题　农业可持续发展是我国社会经济可持续发展的重要组成部分，是我国21世纪农业发展的必然选择。我国人多地少，人均资源相对紧缺，地区发展不平衡，经济技术基础相对薄弱。近年来，农业总体生产力虽然明显提高，但开发与治理不够协调，致使农业生态环境日益恶化；人口仍然每年以1 000多万增加，对农业的压力还在不断增大。这就要求中国农业发展必须走资源节约，生产集约高效，保护环境的可持续发展道路。复合农业生态系统是一个多层次、多因素组成的复杂系统问题，要想通过基础研究对解决问题起到理论和方法指导作用，靠传统的狭窄学科领域和分割式的研究方法已无法奏效，必须进行跨学科的综合研究。

农业可持续发展中的环境和生态问题的主要内容包括以下几个方面：

（1）可持续农业系统模式的评价体系与结构。

（2）大型农业措施的环境效应评价研究。

（3）我国主要生态脆弱农区的生态环境退化机理、生产力动力学及生态恢复重建。

（4）我国不同生态区可持续农业系统模式的构建、模拟、实验与优化。

（5）高强度农业系统下，农业环境和土壤质量的保护和利用。

（6）设施农业中农业生物的生长发育特点和设施环境的变化规律研究。

5. 农业生物灾害（农业病虫草鼠害、农业动物重大疫病）预测和控制　农业生物灾害是影响农业稳定发展的重要限制因子之一，为了实现农业可持续发展的目标，必须加强重大农业生物灾害可持续控制的基础研究。农业生物灾害的发生受寄主（农业生物）、有害生物、环境和人类活动的影响，要系统、全面研究它们之间的相互关系，探明病原的致病性变异和害虫、害鼠猖獗成灾的机理，才能有效地预测农业生物灾害发生的程度和范围。农业生物灾害预测和控制的研究应注意宏观规律研究和微观机制研究相结合，研究农业生物灾害发生的生态学，探讨寄主和病原、害虫或害鼠在环境和人类活动的影响下协同进化的关系等关键科学问题，这些基础性、前瞻性的研究将为深入揭示有害生物变异、成灾机理、探索持续控制新途径，提供科学依据。

农业生物灾害预测和控制的主要内容包括以下几个方面：

（1）病原的致病性变异机理和害虫或害鼠猖獗成灾生态学研究。

（2）农业生物病原的致病性变异机理研究。

（3）农业生物害虫或害鼠猖獗成灾的环境生态因子研究。

（4）在环境和人类活动的影响下寄主和病原或害虫、害鼠协同进化关系研究。

（5）寄主抗病性和病原致病性的互作的分子基础。

（6）寄主—害虫或害鼠—天敌协同进化关系研究。

（7）动物重大疫病自然疫源性研究。

（8）人畜共患病病原与寄主相互关系研究。

（9）农业生物灾害发生预测的理论和方法研究。

（10）外来有害生物控制及风险评估研究。

（11）农业生物灾害可持续控制的理论和方法研究。

6. 农产品（粮食、果蔬、畜禽产品）营养品质研究和优质安全生产中的科学问题　随着生活水平的逐步提高，人们对农产品的需求开始从量的方面向质的方面转化，农产品的安全、卫生逐渐引起社会的关注，消费者对农产品质量的要求与现有农产品的质量状况二者之间的矛盾日渐突出。“疯牛病”、“二噁英污染食品”事件等涉及的范围非常广泛，影响面也非常大。农产品安全问题，不仅与人民的身体健康、国际贸易有关；出现严重问题时还影响国家形象和政治稳定。农产品安全生产和监控是目前国民经济和社会发展的重大需求，是我国全面建设小康社会过程中必须重视和解决的问题，加强农产品安全生产理论与技术研究具有重要意义。农产品（粮食、果蔬、畜禽产品）营养品质形成和优质农产品安全生产受品种本身遗传特点、环境和人类活动的影响，它是一个复杂的系统工程；农产品（粮食、果蔬、畜禽产品）营养品质形成和优质农产品安全生产涉及农业科学、环境科学、化学等多个学科领域，需要从中提炼出共性的关键科学问题。

农产品（果蔬、畜禽产品）营养品质和优质安全农产品生产中的科学问题的主要内容包括以下几个方面：

（1）农产品（粮食、果蔬、畜禽产品）营养品质形成的生理基础和遗传基础。

（2）与疾病预防有直接关系的粮食作物营养品质的基础研究。

（3）农药、兽药在果蔬、畜禽体内的代谢过程研究。

（4）农药、兽药残留对人体健康的影响和环境效应评价。

（5）优质安全农产品生产技术体系研究。

863计划生物和医药技术领域“十一五”项目设置和主要研究内容

一、重大项目设置及研究内容

1. 疫苗与抗体工程　研制临床急需的严重危害我国人民健康的重大和新发传染病疫苗、重要疾病新型疫苗、非感染性重大疾病疫苗、特殊用途换代产品疫苗。研究和开发疫苗生产的上下游关键技术，如新型细胞培养基质、疫苗构建新技术体系、高通量靶抗原筛选、新型佐剂和递送系统、新型载体、新型表达系统。研究多联多价疫苗改善免疫接种程序、研究结合疫苗以改善疫苗的免疫效果、改进传统的疫苗降低副反应的发生，研究可治疗传染病和非传染病的治疗性疫苗，以及传统疫苗的更新换代，进一步提高疫苗的安全性等。研发常见、高发恶性肿瘤的抗体药物，重要心脑血管疾病、自身免疫病、糖尿病、阿尔茨海默氏病等重大难治性疾病的抗体药物，用于治疗和紧急预防感染性疾病的抗体药物；建立战略性抗体资源库，储备有应用价值的抗体。开发已有的重大（点）品种，使我国疫苗和抗体药物在品种、剂型、功能及临床应用等方面逐步赶上国际先进水平，以我国显著高发的病种资源（如肝炎等）为基础研发的特色产品占据国际领先地位。

2. 干细胞与组织工程　以胚胎干细胞和成体干细胞的培养与分化技术、体细胞克隆技术、组织工程技术与产品、组织器官代用品、灵长类动物模型与安全性评价平台、关键共性技术、相关标准与伦理准则等为研究重点。开展干细胞的纯化、鉴定和治疗效果的应用基础研究，掌握治疗性克隆的核心技术，建立我国人类（疾病）胚胎干细胞库，开发重要疾病干细胞治疗与组织再生/器官修复治疗技术与产品，完善和细化干细胞与组织工程相关技术标准和伦理准则；针对皮肤、骨、软骨、肌腱、神经、角膜、肌性组织等重要结构类组织和多细胞复杂结构组织，开发和研制重要组织工程技术与产品；针对血源不足以及肝脏疾病、关节损伤等重要疾病，开展重要组织器官代用品的研发与应用；建设灵长类动物模型与安全性评价平台。

3. 功能基因组与蛋白质组　针对严重危害我国人民健康的高发、常见、有良好研究基础的三类癌症，开展基因组、转录组与表观遗传学等研究；识别一批与肿瘤发生、转移、分型和预后相关的特异性基因，开展相关的功能研究。规模化分析人类肝脏组织和细胞（亚细胞）蛋白质组，分析鉴定肝脏蛋白质翻译后修饰规律；系统分析和构建差异蛋白质表达谱，挖掘重要生理和病理意义的蛋白质相互作用网络；建立抗人肝脏蛋白质的规模化抗体库和肝脏蛋白质组信息数据库。对具有重要功能的蛋白质进行深入的结构生物学研究，解析一批蛋白质及其衍生物、蛋白质复合物三维精细结构，以及靶蛋白与小分子化合物的三维结构；鉴定、克隆具有重要生理活性或具有药物开发前景的功能基因，开发已知基因的新功能。对致病相关基因及其编码蛋白产物进行分离鉴定，确证功能基因作为诊断标志物、基因药物或候选药靶的应用前景及转化开发。

4. 重大疾病的分子分型和个体化诊疗　以心脑血管病、肿瘤、老年神经退行性病、精神疾病、糖尿病和慢性肝病等6种主要危害我国人民健康的重大慢性疾病为研究对象，利用我国丰富的临床资源和已建立的基因组等技术平台，结合现代生物技术与临床研究，建立重大疾病临床标本库和资料库以及临床试验网络；开发针对可干预疾病的易感人群筛选、临床前期或早期病人诊断以及与指导个体化治疗相关的特异性分子标记物；研究和制定可用于指导临床实践的规范化、个性化和综合治疗的关键技术与方案。

二、重点项目设置及研究内容

1. 生物制药关键技术及其规模化制备　以动物细胞生产的生物技术药物重大产品为重点，开展动物细胞的大规模高效培养关键技术的研究；针对不同表达系统生产的重组蛋白药物重大产品，建立规模化的重组蛋白质制备新技术与纯化工艺的优化技术；建立规模化的小分子多肽及核酸类等生物药化学合成新技术，开发适合生物技术药物的缓、控释新剂型、靶向给药技术、微囊化技术、非注射给药系统、新的重组蛋白修饰药物；利用我国具备良好工作基础的动物生物反应器，建立规模化生产重组蛋白质药物的新技术；建立与国际标准接轨的生物技术药物的质控标准。

2. 生物医学研究关键仪器和试剂　开展研究型和诊断型生物芯片试剂与耗材体系研究，研制各类生物芯片配套仪器（含相关的应用软件和数据分析系统）；研制其他医学研究和临床诊断的相关仪器研究和开发；重点支持核酸、蛋白、细胞和组织的样品制备装置及分析检测装置研制；研发针对基因组、蛋白质组等生命科学研究中急需的工具酶、单克隆抗体、多克隆抗体、生物标记材料和多种生物样品分离纯化试剂盒；开发基于PCR技术的临床基因诊断试剂体系、化学发光新型诊断试剂、具有高催化活性的新型酶标试剂和肿瘤免疫诊断及分子诊断试剂体系；研究诊断、治疗和康复仪器，研发创新型药物筛选和评价系统。

3. 纳米生物技术　利用纳米材料的生物

学特性，开展若干个具有独立知识产权的纳米靶向输送与缓释制剂类新药的临床前研究，用于器官、组织工程修复以及具有重要临床使用价值的生物相容纳米材料研究；运用微纳传感技术对重要致病病原微生物和重大疾病实现超微量快速检测，建立多种重要致病菌的检测方法；开展纳米生物材料的生物学效应和生物相容性的研究；运用纳米生物技术提高农药和肥料养分利用率，减少农药和肥料用量，降低农药和化学肥料对水源的污染。

4. 大宗发酵产品的生物制造　以国内已形成较大规模、对国民经济产生重大影响、能参与国际竞争或急需技术突破的三类大宗发酵产品为重点，开展以新工艺集成应用为重点的β-内酰胺和大环内酯类抗生素、氨基酸、有机酸等产业的高技术改造工程，以新技术产业开发为重点的生物乙烯、新型生物聚合物等高技术应用工程，以新一代工业生物技术产品开发为重点的重要医药中间体、工业酶制剂的产品工程等研究。通过综合利用生产原料和废物的技术创新，达到降低物耗、降低能耗、降低污染物排放量、提高综合效益的目的。

5. 药物分子设计　建立全面集成的药物分子设计前沿技术平台，以品种研究带动药物分子设计技术发展的策略来开展自主创新品种的研发。开展基于生物大分子三维结构的分子对接、分子模拟、药物虚拟筛选、药物代谢工程模拟和药物组合物库设计等药物分子设计核心技术研究。以药物分子设计技术为突破口，部署抗艾滋病毒药物、抗乙型肝炎病毒药物、抗流感病毒药物、抗肿瘤靶向药物和代谢综合征防治药物以及抗类风湿等抗炎征药物等自主创新重磅产品的研制。

6. 特殊生物资源的开发与利用　针对自然极端环境、典型工业污染环境、核试验区核辐射污染环境、瘤胃特殊生境等四类特殊环境，建立微生物及其基因资源大规模分离、高通量鉴定和高水平表达技术平台，获得一批新菌种、新基因和新酶，开发一批新菌剂和新工艺；针对干旱、盐碱、低温和重金属污染特殊生境的高等植物和低等植物资源，在特异新功能基因筛选、基因工程改造种质和野生植物快速繁殖和驯化培育的开发和利用技术方面开展研究；围绕阿维菌素、北冬虫夏草、青蒿素、瑞拉菌素等产品进行关键代谢途径的优化改造，研究规模化替代生产的关键技术，进行具有重要利用价值菇菌类等食药用菌资源挖掘、人工培养和规模化生产关键技术的研发。

7. 重大疾病生物治疗　开展新型基因治疗载体的研制和应用、基因定点整合和原位修复技术、治疗基因可控性表达、小RNA和RNA干扰技术等研究；研制具有自主知识产权的治疗用细胞，主动免疫治疗性疫苗等治疗方案的开发及在肿瘤、肝炎、艾滋病等重大疾病治疗中应用；针对不同疾病，进行抗新生血管生成治疗或促进新生血管生成治疗；研究能诱导肿瘤细胞凋亡或分化的生物制剂；研究Parkinson病、Alzheimer病、心脑血管病等的抗凋亡治疗药物。

三、专题

1. 基因操作和蛋白质工程技术专题　目标是围绕我国人口健康、食物安全、生态安全、资源开发、环境保护等方面的重大需求，充分发掘和利用我国丰富的生物遗传资源，发挥我国在基因组、蛋白质组等方面的优势，突破一批基因操作和蛋白质工程的核心技术，获得一批具有自主知识产权和重大应用前景的功能基因、蛋白及技术专利，使我国基因操作和蛋白质工程技术及应用水平接近或达到世界先进水平，全面提升我国生物技术的原始创新能力和集成创新能力，推动我国生物产业的跨越发展，使我国生物技术研究与产业在激烈的国际竞争中赢得主动和优势。

重点支持基因操作关键技术、蛋白质工程关键技术、小RNA关键技术、染色体操作与基因定位整合关键技术，人类重要功能基因发掘与利用技术、动植物重要功能基因发掘与利用技术、微生物重要功能基因发掘与利用技术、环境基因操作关键技术等。

2. 生物信息和生物计算专题　目标是建立和完善生物信息共享、服务与技术支撑体系和创新药物信息技术体系，发展生物信息分析、生物计算与系统生物学研究的新方法、新技术，开发大型生物信息技术软件产品，突破药物信息技术和基因组学、蛋白质组学、结构生物学所急需的关键生物信息学和计算生物学技术，突破重要生物标志物和药靶发现关键生物信息技术，实现我国生物信息与生物计算技术的跨越式发展，跻身国际前列。

重点支持生物计算与系统生物学相关技术、生物数据整合与共享技术、生物数据挖掘与利用、数字化医疗技术、药物信息技术、重要生物标志物识别和药靶发现相关的信息技术以及生物信息技术应用软件产品开发等七个方面的科学研究和技术开发。

3. 新一代工业生物技术专题　目标是建立新一代工业生物技术研发平台，获得一批具有自主知识产权的发明专利，研制一批具有重大市场前景的生物产品，力争在生物能源、生物基化学品、生物材料和传统发酵产品关键技术开发上取得重大突破。

突出前沿生物技术研究与重大生物产品开发相结合、培育新兴生物产业与支撑传统生物产业发展相结合、稳定发展现有工业生物技术人才队伍与重点培养未来领军人才相结合。重点研究工业微生物功能菌株大规模筛选与改造技术、生物催化剂定向改造技术、生物过程工程技术，以及生物技术与工程技术集成应用于生物能源、生物材料和传统发酵产品生产的工艺创新。

4. 现代医学技术专题　目标是紧密围绕提高人民健康水平和提高应对突发性重大公共卫生事件能力的需求，以提升我国现代医学技术水平、创新能力和医疗服务能力，促进我国医学事业的发展。

重点开展重大疑难疾病和常见病预防与干预、诊断与治疗关键技术、重大传染病的筛查与防治新技术、突发公共卫生事件的应急处理关键技术、中国人群亚健康诊断指标与早期干预技术、中医药疗效和中医临床治疗方案及中医传承关键技术研究，建立中医疾病相关动物模型、病证结合动物模型及评价技术体系。

科学篇

综　述

2006年，我国生命科学基础研究取得了较大进展，多项关键技术取得突破，获得一批具有自主知识产权的原始创新成果，提高了我国生命科学研究的能力。

1. 我国基因组研究取得较大进展　在动物基因组研究方面，完成国际上第一张鸭的遗传连锁图谱和细胞遗传图谱；构建了8倍新疆细毛羊基因组的BAC文库；绘制完成家蚕基因组精细图谱；获得大量海洋动物基因组和功能基因组研究成果。在植物基因组研究方面，不断完善水稻功能基因组研究平台，保持并提升我国水稻基因组研究的国际优势地位和竞争能力；启动小麦、玉米、棉花、大豆、油菜、花生、番茄等主要农作物功能基因组学研究技术平台建设工作，提高了我国农作物基因功能研究的技术水平；精细定位和分离克隆了优质、高产、抗病、抗逆、营养高效吸收等重要功能基因。在微生物基因组研究方面，已经公布20余株细菌和百余株病毒的基因组序列。

2. 蛋白质研究取得一系列重要成果　我国在蛋白质组学领域深入研究了与人类健康相关的重大生命科学问题；解析多个重要蛋白的三维结构；推进一批与重要生物功能和重大疾病相关的蛋白质功能研究；在蛋白质相关的计算生物学与系统生物学研究方面也取得进展和突破。

3. 系统生物学相关研究取得进展　我国在生物网络拓扑结构以及网络动力学性质与生物功能关系的理论研究方面取得原创性进展，发展了一系列系统生物学相关的新技术、新理论和新计算方法，开展了高通量代谢组学及其与疾病相关的研究，大大提高了我国在系统生物学领域的国际地位。

4. 药物分子设计研究取得长足的进步　建立国际一流的药物分子设计软、硬件体系，创立与国际接轨的并行新药研发模式，获得一批极具市场前景的自主创新苗头品种，全面提升了我国新药自主创新的能力。

5. 纳米生物技术研究迅速发展　我国在纳米生物结构与功能、纳米医学技术、纳米药学技术等方面取得一系列进展。开发了具有自主知识产权的高灵敏度生物分子检测实验系统，发展了多功能热化疗金壳纳米载药颗粒新型工艺技术等。

基因组学研究取得显著进展

我国动物基因组研究取得较大进展

我国动物基因组研究主要集中在经济动物上，如鸡、鸭、蚕、猪等农业动物，形成了自己的特色，并取得了一批原始创新成果。

我国科学家已经在畜禽基因组和功能基因组研究方面做了大量基础工作，其中最重要的是，建立了世界上最大的猪和鸡资源群体,用于经济性状功能基因的筛选与QTL定位研究，累计建立资源群7个。其中猪资源群4个，分别建立在浙江大学、华南农业大学、江西农业大学和华中农业大学，累计2 000多头猪；鸡资源群3个，华南农业大学1个和中国农业大学2个，累计9 000只鸡。这些资源群的建立为我国深入开展动物基因组研究和功能基因挖掘奠定了坚实基础。

中国科学院和中国农业大学等单位与国际科研小组合作，绘制出以红原鸡为对象的鸡基因组框架图，该框架图涵盖10.5亿个核苷酸，与人类基因组对比表明两者的相似度为2.5%。更为重要的是，我国科学家还领衔构建了乌鸡、肉鸡、蛋鸡等4种不同鸡种之间的遗传差异图谱。该成果发表在2006年7月1日出版的*Nature*杂志上，对我国鸡的品种培育会产生非常深远的影响，对我国农业和生命科学研究也具有重大意义。

在猪基因组研究方面，中国—丹麦猪基因组国际联合小组共同完成了家猪基因组草图，公布了包含384万个来自于中国和欧洲的5个不同家猪品种的基因组序列片段。同时，华中农业大学利用大白猪×梅山猪资源群体为实验材料，构建了1～4、6和7号染色体遗传连锁图谱，检测到39个达染色体显著水平的QTL，其中达基因组显著和极显著水平的各有4个；发现8类共15种基因差异表达模式，分离了100多个猪新基因，初步获得50多个与繁殖性状、肉质性状、生长性状显著相关的DNA分子标记。而中国农业科学院北京畜牧兽医研究所则以我国地方优良猪种——通城猪和西方瘦肉型猪——长白猪为研究对象，选择猪胚胎骨骼肌发育中3个重要时间点（妊娠33天、65天和90天），利用LongSAGE技术进行转录组分析，测序317 115个标签并鉴定2 648个差异表达基因。发现两品种在妊娠65天时基因表达差异最大，且肌肉发育中差异表达基因呈8种表达模式，但品种间模式类别和功能富集上存在差异。

中国农业大学的研究人员构建了国际上第一张鸭的遗传连锁图谱和细胞遗传图谱。该研究小组以我国著名鸭品种——北京鸭为研究材料，筛选了88个新的鸭微卫星分子标记；鸭遗传连锁图谱覆盖1 353厘摩,平均标记距离为15厘摩，并通过细胞遗传学方法将这些连锁群定位到鸭的10条染色体上，从而构建成细胞遗传图谱，为我国科学家挖掘和定位具有自主知识产权的鸭QTL、功能基因奠定了基础，同时为利用这些分子标记和遗传图谱进行鸭等家禽的分子育种提供了较好的材料。

在羊基因组研究方面，新疆石河子大学构建了覆盖8倍新疆细毛羊基因组的BAC文库，该文库将为研究绵羊的功能基因及图位克隆和完善基因组物理图谱提供极为有用的资源。

自成功绘制出家蚕基因组框架图后，西南大学等单位又成功绘制完成家蚕基因组精细图谱，建立了拥有自主知识产权的家蚕遗传及基因组数据库，完成了家蚕重要生物学性状相关基因的生物信息学分析，鉴定并克隆了一批重要生物学性状相关基因，有利于持续保持我国在家蚕基因研究上的领先地位。

我国科学家在海洋动物基因组研究方面也开展了多方面的工作。中国科学院青岛海洋研究所构建了虾贝cDNA文库，开展了表达序列标签（ESTs）的测定：在国内率先构建了中国明对虾不同组织的6个cDNA文库，共测定EST 15 013条，获得4 912条新的基因序列，EST数超过当时国际收录的对虾科EST总数的2倍多；构建了栉孔扇贝和海湾扇贝cDNA文库,分别测定EST序列6 935和5 828条，获得6 209条新的基因序列，EST数超过当时国际GenBank中收录的这两种扇贝EST总数11倍。同时也构建了栉孔扇贝遗传连锁图谱，并运用FISH技术对虾贝功能基因进行了物理定位。在国际上首先构建了栉孔扇贝的19个连锁群，平均连锁长度10.2厘摩，每个连锁群标记的数量为9.5个，并揭示栉孔扇贝存在一个雌性性别特异性标记。应用FISH技术，首次将虾贝管家基因β-actin基因家族、重复序列18rDNA和功能基因HSP70等定位于特定染色体上。这些海洋动物基因组和功能基因研究成果将大大促进我国海洋动物育种研究进展。

我国植物基因组研究进一步发展

2006年度国内植物基因组以水稻功能基因组研究为主，多种作物比较基因组研究也取得进展。水稻功能基因组平台得到不断完善和应用，保持并提升我国水稻基因组研究的国际优势地位和竞争能力；启动了小麦、玉米、棉花、大豆、油菜、花生、番茄等主要农作物功能基因组学研究技术平台建设工作，提高了我国农作物基因功能研究的技术水平；精细定位和分离克隆了优质、高产、抗病、抗逆、营养高效吸收等重要功能基因。

一、水稻功能基因组平台的完善和应用

1. 水稻大型突变体进一步完善　大型突变体库是水稻功能基因组平台建设的重要组成部分。我国于“九五”末开始水稻突变体库的构建工作，“十五”期间建成了含27万多T-DNA插入突变体的大型水稻突变体库。截至2006年底，入库保存突变体种子114 752份，分离的侧翼序列数量总数近20 000条。建立了完善的突变体信息平台，数据库（网址：http://rmd.ncpgr.cn）已在*Nucleic Acids Research*公布，数据库信息包括：突变体的编号，突变表型，报告基因的表达，突变体的T-DNA拷贝数，侧翼序列，种子有无、供种信息，并实行动态管理。此外，应用突变体库建立了基因异位表达，以开发基因新功能的技术体系。产生的突变体已用于鉴定调控水稻形态和生理性状基因的克隆。

2. 水稻全基因组覆瓦式芯片的创制取得重大进展　水稻全基因组测序完成后，所面临新的问题是发掘鉴定全部的基因编码区、非编码基因的转录区、转录调控区、表观遗传学修饰区域（如DNA甲基化、组蛋白甲基化和乙酰化）等。为了全面深入地研究水稻基因组功能，北京、武汉等地多家实验室合作建立了水稻全基因组覆瓦式芯片。此套芯片由5张芯片组成，总共包括2 030 705个寡聚核苷酸探针，每个探针长度为36个核苷酸。该芯片覆盖了水稻基因组的绝大部分区域（84.6%），但没有包括高度重复区域。该芯片正被用于水稻表观遗传学的研究，探索

表观遗传修饰和杂种优势形成分子机理之间的关系。此前，植物中仅有拟南芥的全基因组覆瓦式芯片被创制。水稻全基因组覆瓦式芯片的应用将深入推动水稻基因组的结构与功能研究发展。

3. 水稻全基因组表达谱分析和数据库的建立　应用Affymetrix全基因组表达芯片，建立了汕优63及其2个亲本品种全生育期39个组织或器官的表达谱，系统建立了产量性状和杂种优势的基因表达谱。同时鉴定出一批杂种特异表达的基因。初步建成了芯片数据CREP (Collection of Rice Expression Profiles)的信息平台（http://crep.ncpgr.cn/）。

二、主要农作物比较基因组学研究技术平台的构建

国内外植物功能基因组研究比较集中在模式植物拟南芥和水稻。近年来在国家863、973等计划的资助下，我国启动了小麦、棉花、玉米、大豆、番茄等主要农作物的基因组学和功能基因组学研究。

1. 大规模构建全长cDNA文库，筛选克隆重要农艺性状新基因　构建小麦白粉菌诱导全长cDNA文库，测序2万多条；构建棉花发育时期的均一化cDNA文库3个，克隆了棉花纤维发育关键代谢途径（乙烯和超长链脂肪酸合成代谢途径）中重要功能基因24个，克隆了海岛棉纤维发育相关基因10个；构建玉米全长cDNA文库，获得玉米幼苗干旱胁迫处理条件下的全长cDNA序列2 073条；花生中构建了13个抗病（黄曲霉、青枯病）cDNA文库和1个未成熟种子全长cDNA文库，筛选出16个抗病相关候选基因，克隆到其中5个基因及其启动子序列。全长cDNA文库的构建，为重要农艺性状新基因的克隆奠定了基础。

2. 转化体系的优化和建立　建立了棉花大规模转基因技术平台，年产转基因植株8 000株以上，农杆菌介导转化周期缩短到6个月，将植物嫁接技术成功应用于转基因棉花的快速移栽；建立了高通量、无基因型依赖的油菜转化方法，平均转化效率为2.5%；建立了高效稳定的花生转化体系，其转化率达10%以上。上述作物高效稳定转化体系的建立，大大提高基因功能鉴定的效率，推动功能基因组研究的发展。

三、优质、高产、抗病、抗逆、营养高效吸收等重要基因的克隆和功能研究

采用图位克隆和同源序列法，系统开展功能基因的克隆和功能研究，在全基因组水平上深入认识重要生物学过程的分子机理和网络调控关系。

1. 植物钾离子运输调控机理的研究　钾离子是植物生长和发育必需的一种元素，虽然目前的研究已知植物钾离子是通过细胞膜

吸收和运送，但是这些跨膜运输机制是如何被调控的还不为所知。中国农业大学植物生理学与生物化学国家重点实验室的研究人员发现模式植物拟南芥根细胞钾离子通道AKT1的活性受蛋白激酶CIPK23的正向调控，而CIPK23的上游受2种钙信号感受器CBL1和CBL9的正向调控。蛋白激酶CIPK23在钾离子低浓度情况下可以调控钾离子运输，并且也证明编码CIPK23蛋白的基因LKS1受到损伤将极大地降低钾离子的吸收，从而引起叶子萎黄病(chlorosis)和生长抑制。相反，LKS1的过量表达则加强了钾离子的吸收和对低钾离子浓度的耐受性。基于研究结果，提出了包括CBL1/9、CIPK23和AKT1等因子的植物响应低钾胁迫的钾吸收分子调控理论模型。研究论文已发表在*Cell*杂志上，该项研究结果在认知植物钾吸收利用的分子调控机理方面有理论科学意义，在利用分子操作技术改良植物钾营养性状方面有潜在的应用价值。

2. 水稻粒宽和粒重的主效QTL/基因GW2　中国科学院上海生命科学研究院植物生理生态研究所的研究人员，在水稻产量相关功能基因研究上取得突破，成功克隆控制水稻粒重的数量性状基因GW2，并深入阐明相关的生物学功能和作用机理。该基因位于第二号染色体、编码一个新类型RING蛋白，大粒基因由于一个碱基的缺失引入一个提前终止密码子，引起翻译提前终止，产生大粒表型。生化分析表明GW2具有E3泛素链接酶的活性，显示该基因可能参与泛素介导的蛋白降解途径；大粒GW2位点由于功能缺失、不能降解GW2的目标蛋白（该蛋白与细胞分裂有关)，从而增加水稻颖壳的细胞分裂使颖壳加大，因此加快谷粒的灌浆速度，增加粒重；用分子标记将大粒品种的GW2导入优良小粒品种的遗传背景中，使小粒品种的粒重明显增大（千粒重由17.9克增加到26.8克，增幅49.7%）、单株产量增加19.7%、小区试验增产达15.8%，表明该大粒基因在高产育种上有重要应用价值。相关论文已发表在*Nature Genetics*上。

3. 水稻CMS-BT细胞质雄性不育机理和育性恢复基因功能分析　自从20世纪70年代中国成功实现杂交水稻三系配套以来，不少学者致力于水稻细胞质雄性不育及育性恢复的机理研究。近年来，国内外科学家已定位和克隆了控制细胞质雄性不育和育性恢复的基因。2006年华南农业大学的研究组在*The Plant Cell*上发表论文揭示：Boro Ⅱ型水稻细胞质雄性不育由线粒体编码的细胞毒素肽引起，含2个PPR蛋白基因中的任何一个均可破坏或降解细胞毒素肽使植株育性恢复，从而在分子水平上解释了Boro Ⅱ型水稻细胞质雄性不育及育性恢复的机理。这是中国科学家对植物细胞质雄性不育及育性恢复研究的最新贡献。同时，该研究成果对阐明植物核质基因互作的分子机理和杂种优势利用也具有指导意义。

4. 控制水稻谷粒粒长和粒重的主效基因GS3　水稻谷粒的大小不仅与产量密切相关，而且还是一个重要的稻米外观品质性状。华中农业大学科技人员利用大粒品种明恢63和小粒品种川7构建了近等基因系，克隆了位于第3染色体上控制粒长和千粒重的主效QTL GS3，该基因编码一个跨膜蛋白。GS3可解释80%～90%的粒长和千粒重表型变异，并且对粒宽和粒厚也具有微效作用。对4个大粒品种（明恢63、H94、KDL105、93-11）和4个小粒品种（珍汕97、川7、Nipponbare、特青）进行比较测序发现，大粒表型是由小粒品种中的GS3等位基因的第二个外显子中发生一个终止突变引起的。该基因的分离克隆，一方面为进一步阐明种子大小的调节机制以及作物的进化研究提供新的基因资源；另一方面提供了大量基因内部和基因两侧紧密连锁的分子标记，方便了分子标记辅助选择GS3基因改良稻米外观品质和产量育种的进行。

5. 抗逆转录因子基因SNAC1　干旱和盐分是影响农作物产量的主要非生物胁迫条件之一，华中农业大学科技人员发现胁迫应答基因SNAC1，过量表达该基因能显著增强水稻对干旱胁迫环境的抗逆性，而不改变表型和产量。SNAC1的表达受干旱、高盐胁迫、低温和脱落酸诱导，是植物特异的转录因子NAC家族的一个新成员，其蛋白定位在细胞核，具有转录激活功能。在严重干旱胁迫条件下，转基因水稻的结实率比对照高30%以上；在对照品种被盐胁迫完全致死的同等条件下，80%的转基因水稻植株可以存活并继续生长。形态解剖和生理分析表明：超量表达SNAC1提高了水稻对ABA的敏感性，促进气孔关闭从而减少水分丧失，提高了水分利用效率。全基因组基因表达谱分析发现，SNAC1下游的靶基因是包括OsERD1在内的80多个逆境应答的功能蛋白基因或参与逆境调控的基因（如其中有5个转录因子和2个蛋白激酶和1个蛋白磷酸酶基因）。研究结果显示，SNAC1无论是在植物抗逆机理的理论研究还是作物抗逆遗传改良上的应用都有非常重要的价值。研究论文发表在美国国家科学院院刊*PNAS*。

6. 抗白叶枯病隐性基因Xa13　一直以来植物的抗病和有性繁殖发育被认为是由两套不同的基因系统分别调控，相互独立互不联系。在2006年的*Gene & Development*杂志上，华中农业大学作物遗传改良国家重点实验室发表了他们的研究成果，水稻抗白叶枯病隐性等位基因Xa13。Xa13是一个完全隐性基因，它介导对菲律宾白叶枯病菌生理小种6的抗性，而绝大多数已命名的抗白叶枯病主效基因（30个）都不抗生理小种6。通过构建精细遗传和物理图谱，分离克隆了Xa13基因。研究发现隐性基因Xa13是一个病原—宿主互作时基因表达功能丧失突变体，它是一种新类型的植物抗病基因，编码的细胞膜蛋白质是病原侵染的调节物。此外，隐性基因Xa13以及它的显性基因Xa13也是花粉发育所必需的基因，抑制显性基因Xa13的表达可使感病水稻变为抗病，抑制隐性基因Xa13的表达可进一步增强水稻的抗性。研究结果不仅为揭示植物抗病另一种机理奠定了理论基础，而且也为高效利用Xa13基因改良水稻抗性提供了可行途径。

7. 水稻耐盐性基因SKC1的克隆与功能鉴定　中国科学院上海生命科学研究院植物生理生态研究所和美国伯克利加州大学植物和微生物学系的研究人员合作发现并成功克隆了水稻耐盐相关的数量性状基因SKC1。该基因编码离子转运蛋白，耐盐品种与感盐品种之间存在4个氨基酸替换的自然变异，这是引起SKC1基因功能变化的分子基础。功能分析结果表明，该基因与离子长距离运输有关，控制盐胁迫下水稻地上部的钾/钠离子平衡，即维持高钾/低钠的离子平衡，从而增加水稻的耐盐性。电生理功能分析发现SKC1编码的蛋白是钠离子的特异性转运蛋白而不直接运输钾离子，钾离子含量的变化是由于钠离子竞争引起的；该蛋白定位于细胞膜上，在耐盐水稻品种中其功能活性明显强于感盐品种。当水稻受到盐胁迫时，稻株的地上部(叶、茎等)会积累大量的钠离子，而SKC1则能够把地上部分过量的钠离子回流到根部，从而减轻钠离子毒害，增强水稻耐盐性。SKC1基因的克隆有助于更好地了解作物耐盐遗传基础，为提高作物耐盐性能提供了基因资源。研究结果发表在*Nature Genetics*上。

8. Pm21候选基因的定位　白粉病是威胁我国小麦生产最主要的病害之一，Pm21是目前最有效的抗白粉病主效基因之一，加快其在小麦育种中的应用对我国小麦生产具有重要的意义。南京农业大学科技人员利用基因芯片筛选克隆Pm21候选基因Hv-S/TPK，该基因是一个小麦LRR蛋白基因。实验表明转基因植株在全生育期均表现较好的抗性。构建了包含Hv-S/TPK基因的植物表达载体，利用基因枪法转化高感白粉病的高产推广品种扬麦158，已获得扬麦158抗白粉病转基因株系，有望在我国小麦抗白粉病育种中发挥重要作用。此外，根据比较基因组学方法，水稻第二条染色体与小麦第六同源群具有共线性，找出与Hv-S/TPK基因同源的水稻BAC克隆，进一步筛选6VS上的抗病基因类似物。

2007年，南开大学与美国夏威夷大学合作的“木瓜全基因组测序计划”宣布完成，获得了278Mb的全基因组序列，共识别约3万个基因。这是世界上首次对树生经济作物和转基因植物进行的基因组研究。这项研究成果对于揭示性染色体的进化和性别决定的机制、彻底分析转基因事件对基因组结构的影响以及具有特殊营养价值的基因资源的发掘和改良等都有重要的意义。

我国微生物基因组研究迅速发展

20世纪90年代，面对国际上日渐兴起的微生物基因组计划的热潮，在侯云德院士、闻玉梅院士等老一辈科学家的倡导下，我国及时开展了微生物基因组研究。目前，我国科学家已经公布了20余株细菌和百余株病毒的基因组序列（表1），并且还有大量的微生物基因组研究在进行中。

2000年12月，中国疾病控制中心科技人员完成痢疾杆菌福氏（*Shigella flexneri*）2a301株的全基因组序列测定，是我国第一个向国际上发布并率先完成的微生物基因组项目。该项目汇集了卫生部病原微生物基因组研究中心、北京微生物基因组研究中心和国家人类基因组北方研究中心等多家研究单位的力量。之后，中国科学院科技人员也相继完成滕冲嗜热菌(*Thermoanaerobacter tengcongensis*)、钩端螺旋体(*Leptospira interrogans*)及黄单孢菌(*Xanthomonas campestris*)等微生物的基因组测序。国家人类基因组南方研究中心开创了结合蛋白质组和比较基因组学等开展功能基因组研究的先河，首次识别了维持钩端螺旋体生命活动的4 700多个基因，并发现其中95%以上是新基因；鉴定了30多个致病相关基因和10多个潜在的、可发展为药物的新靶点。中国科学院微生物研究所的课题组系统地研究了野油菜黄单孢菌参与黑腐病致病过程的基因。该研究利用基因突变技术从16 512个突变体中，通过实验证实至少有13类共75个基因直接或间接参与该病害的发生和发展。在病毒基因组方面，以预防医学科学院病毒研究所完成的痘苗病毒天坛株和国家海洋局第三海洋研究所等单位合作完成的我国对虾白斑杆状病毒基因组全序列测定为代表。“对虾白斑杆状病毒”是世界上迄今为止第一个被测得基因组遗传密码的海洋生物DNA病毒，也是迄今为止已知的最大动物病毒(305kb)。

近年来，又有多家单位在微生物基因组研究领域发展迅速。复旦大学和中国科学院上海药物研究所等单位完成了表皮葡萄球菌(*Staphylococcus epidermidis*)全基因组测序，与金黄色葡萄球菌进行基因组比较分析，从基因组水平阐明了表皮葡萄球菌和金黄色葡萄球菌致病性和致病机制差异的物质基础，并对表皮葡萄球菌生物膜致病分子机制进行研究。军事医学科学院微生物流行病研究所开展的鼠疫耶尔森氏菌（*Yersinia pestis*）的基因组研究，测定了中世纪型的91 001株的基因组序列，发现了大量可能与人类致病相关的基因，初步揭示了鼠疫菌自然种群中基因组微进化的规律，揭示了基因获得和缺失在鼠疫菌基因组微进化中的作用。利用全基因组芯片杂交技术、蛋白质芯片技术，进行了全局性比较表达谱学分析，完成了多个与胞内生存、铁代谢、致病性相关的重要调控元分析并筛选出10多个具有刺激细胞免疫功能的蛋白质，为鼠疫诊断和疫苗研制提供了新靶标。南开大学的课题组先后完成了嗜热脱氮土壤芽孢杆菌（*Geobacillus thermodenitrificans*）、嗜酸甲烷氧化细菌（*Verrucomicrobia isolate*）和霍乱弧菌（*Vibrio cholerae*）等6株细菌的全基因组序列破译。采用基因组学和蛋白质组学的手段研究嗜热脱氮土壤芽孢杆菌，在世界上首次揭示了重油主要组分——长链烷烃的微生物降解途径并获得了具有重要应用价值的生物酶，实现了石油微生物研究领域的重大突破，为微生物采油和石油污染的生物修复技术的革新带来新希望。针对嗜酸甲烷氧化细菌的基因组研究发现，该菌拥有一个与众不同的甲烷利用方式，并且找到3个可能的甲烷单加氧酶，确定了甲烷利用的新途径，为人类进一步控制和利用自然甲烷提供了基础。

目前，我国仍在继续包括重要病原微生物、工业微生物及环境微生物等一系列微生物基因组计划，并且有更多的研究机构不断加入到此行列。这标志着我国在国际微生物基因组学研究领域已占有一席之地，为发展具有自主知识产权的微生物基因资源的开发和产业化奠定了基础。

表1　我国完成微生物基因组测序项目的情况汇总

单　位	菌种名称	发表杂志	日期	表型
中国科学院北京（华大）基因组研究中心	*Mycobacterium tuberculosis* H37Ra	*Unpublished*	2007.6.1	致病菌
	Thermoanaerobacter tengcongensis	*Genome Res.* 5, 689～700	2002.5.7	嗜热菌
	Streptococcus suis 98HAH33	*PLoS ONE* 2, E315	2007.4.24	致病菌
	Streptococcus suis 05ZYH33	*PLoS ONE* 2, E315	2007.4.24	致病菌

（续）

单　　位	菌种名称	发表杂志	日期	表型
病毒基因工程国家重点实验室 卫生部微生物基因组研究中心	*Shigella dysenteriae* serovar1 Sd197	*NAR* 33, 6445-58	2005.11.7	致病菌
	Shigella sonnei Ss046	*NAR* 33, 6445-58	2005.11.7	致病菌
	Shigella boydii serovar4 Sb227	*NAR* 33, 6445-58	2005.11.9	致病菌
	Shigella flexneri serovar2a 301	*NAR* 30, 4432-4441	2002.10.16	致病菌
	Shigella flexneri serovar5b 8401	*BMC Genomics* 7, 173	2006.7.21	致病菌
	Neisseria meningococcus 053442	*Genomics*	2007	
国家人类基因组南方研究中心	*Leptospira interrogans* lai 56601	*Nature* 422, 888-93	2003.4.24	致病菌
国家人类基因组南方研究中心 复旦大学上海医学院	*Staphylococcus epidermidis* ATCC 12228	*Mol Microbiology* 49, 1577-93	2003.1.2	致病菌
中国农业科学院	*Pseudomonas stutzeri* A1501	*Unpublished*	2007.4.23	生物修复
广西大学，中国科学院微生物研究所	*Xanthomonas campestris* campestris 8004	*Genome Res* 15, 757-67	2005.5.27	植物致病菌
军事医学科学院微生物流行病研究所	*Yersinia pestis* Microtus 91001	*DNA Res* 11, 179-97	2004.3.15	致病菌
南开大学	*Geobacillus thermodenitrificans* NG80-2	*PNAS* 104, 5602-7	2007.3.29	烷烃降解菌
	Verrucomicrobia isolate V4	*Nature*	2007	甲烷降解菌

蛋白质研究取得一系列科研成果

随着大量生物体全基因组序列的揭示，特别是人类基因组序列图测定完成，人们发现仅从基因组序列的角度根本无法完整、系统地阐明生物体的功能，而蛋白质作为生命体的主要组成成分和生命活动的主要载体及功能执行者，正在成为新的研究热点和当代生命科学的前沿。

对蛋白质复杂多样的结构、功能、相互作用和动态变化的深入研究，将在分子、细胞和生物体等多个层次上全面揭示生命现象的本质，这是后基因组时代的主要任务。蛋白质科学研究成果将催生一系列新的生物技术，带动医药、农业和绿色产业的发展，成为生物技术与生物产业发展的重要源泉。“蛋白质研究计划”已经作为四大基础科学研究计划之一，列入我国《国家中长期科学和技术发展规划纲要(2006—2020年)》，以期显著提升我国的国际竞争力，大力促进可持续发展，实现重点跨越。

2006年，我国蛋白质研究面向国家战略需求和世界科技前沿，结合我国蛋白质科学的研究特色，在863等国家计划支持下，研究进展顺利，在蛋白质组学、蛋白质结构生物学、蛋白质生物学功能及其相互作用、蛋白质相关的计算生物学与系统生物学、蛋白质研究的方法学等研究方面取得了一系列重要成果。

蛋白质组学研究

2006年，我国蛋白质组学研究的重心发展到以高通量蛋白质组学研究技术平台为基础，深入研究关系我国人民健康的重大疾病和重要生命科学问题。

发展和完善了一批具有自主知识产权的蛋白质组新技术、新方法。在蛋白质分离方面，发展了一系列新型液相色谱、加压电色谱、电色谱与质谱联用接口等新技术，提高了蛋白质分离的通量和灵敏度；在蛋白质鉴定方面，引入了一系列新材料使生物分子的分离、酶解、离子化变得更加有效；在抗体制备方面，应用组分化抗原成功制备了人类肝脏线粒体蛋白质、人类血浆蛋白质等方面的高质量单克隆抗体，有效提高了制备通量；在蛋白质组表达谱研究方面，首次构建了人胎肝蛋白质组表达谱，对正常人尿液、肝癌细胞的蛋白质组表达谱开展研究并取得初步成果；在蛋白质修饰谱研究方面，发展和评价了一个迅捷、有效的研究酪氨酸磷酸化信号系统的亚细胞蛋白质组学方法，发现了一系列具有重要功能的新的酪氨酸磷酸化蛋白质及其位点；对正常肝—肝炎—肝硬化—小肝癌—大肝癌等蛋白质组表达谱动态变化的研究，初步发现了肝病发生发展的规律及其蛋白质表达特征，建立了肝炎—肝硬化—肝癌转移的多分子判别模式。此外，在植物蛋白质组、微生物蛋白质组研究中，也取得一系列进展，相关成果发表于国际蛋白质组学核心刊物，得到国内外同行认可。

蛋白质结构生物学研究

2006年，我国结构生物学研究继续保持良好的发展势头，更多的研究成果在国际一流杂志上发表，受到国际结构生物学界的广泛关注。

由中国科学院生物物理研究所、清华大学、中国生物物理学会和中国晶体学会联合承办的第四届国际结构基因组学大会于2006年10月在北京召开。其中来自法国、美国、日本、德国等21个国家的外国专家学者近300名。此次会议的成功举办，进一步提高了中国结构生物学的国际影响，受到一致好评。

北京生命科学研究所科技人员成功解析了H/ACA核糖核酸蛋白质复合物的完整晶体结构，第一次揭示了由RNA引导的假尿嘧啶合成酶完整的三维结构，显著提高了对H/ACA复合物各个组分功能以及对催化机理的理解，为“先天性角化不良”遗传疾病的突变致病机理的研究提供了启示，为进一步研究H/ACA复合物在催化假尿嘧啶形成、核糖体核糖核酸剪切和端粒酶功能中的作用提供了基础，是一项对核糖核酸修饰领域十分重要的贡献。

中国科学院生物物理研究所等单位的科技人员相继解析了SARS冠状病毒nsp5、

nsp7/nsp8以及S蛋白融合核心蛋白及其复合物晶体结构，又发表了SARS冠状病毒nsp10和nsp15(MHV)的晶体结构及其功能的研究成果。至此，在SARS冠状病毒转录复制相关的16种非结构蛋白中，已经解析出7个晶体结构。这些结构为蛋白质结构家族增添了一个新的折叠类型，为抗冠状病毒感染提供了新的结构信息。

中国科学技术大学科技人员在美国科学院院报上发表了酵母泛素相关修饰蛋白Urml的核磁共振结构，进行了泛素超家族的结构比较和系统学分析，结果表明Urml是一种独一无二的“molecular fossil”（分子化石），具有整个超家族共同祖先最保守的结构和序列特征，对揭示蛋白修饰的进化之谜提出了新的观点。

中国科学院生物物理研究所与高能物理研究所合作，利用小角散射技术解析了二硫键异构酶的形貌特征，纠正了长期以来对二硫键异构酶三维结构推测中的错误。这是目前为数很少的利用小角散射技术解析蛋白质三维结构的成功范例，为结构生物学研究增添了新的技术和方法。

蛋白质生物学功能及其相互作用研究

在蛋白质生物学功能及其相互作用研究方面，一批与重要生物功能和重大疾病相关的蛋白质功能研究取得良好进展,一批高质量的研究论文先后在《自然》、《细胞》等刊物上发表。

中国农业大学植物生理学与生物化学国家重点实验室发现并鉴定了镁螯合酶H亚基的介导种子发育、幼苗生长和叶片气孔行为的脱落酸受体功能。植物激素脱落酸(ABA)主要调节种子发育、幼苗生长、叶片气孔行为和植物对逆境的适应,在植物对胁迫耐受性和抗性中发挥着重要作用,是一个生命攸关的化学信号分子。但是有关脱落酸对种子发育和气孔开度的关键性作用过程中脱落酸的受体了解并不多，一直没有被鉴定确认。镁螯合酶的H亚基（CHLH）是叶绿素生物合成以及植物质体向细胞核信号转导中的重要组分,研究鉴定了CHLH是一个ABA受体，介导的ABA信号转导是一个独立于叶绿素合成和质体—核信号转导的不同的细胞信号过程。镁螯合酶的H亚基脱落酸受体功能的发现鉴定将进一步深入揭示脱落酸执行生物学功能的过程,使人们更加自由地控制植物气孔运动和种子发育成为可能,为脱落酸作用机理和应用研究提供了切入点和坚实基础。

同时，在生物信息传递过程中蛋白质功能方面，揭示了涉及细胞极性产生、免疫应答、细胞分裂调控、胁迫诱导的细胞凋亡等多个信号转导过程中特异发生的蛋白质—蛋白质相互作用，以及这样的相互作用的调节机制。

中国科学院上海巴斯德研究所研究人员继首次发现SARS病毒中存在新的结构蛋白 ORF-3a(3a)之后，对其功能研究又有了新的突破。3a蛋白形成同源四聚体，定位于细胞表面。这提示其具有钾离子通道作用，对于病毒的释放具有调节作用，参与SARS病毒感染所引起疾病的致病机理。3a 蛋白功能的研究成果，为抗病毒药物靶点的选取，开展基于离子通道的抗病毒作用研究提供了基础。

中国科学院上海药物研究所药物发现与设计中心对葡萄糖激酶进行大规模的分子动力学模拟研究，阐述了葡萄糖激酶激动剂作用原理与其自调节变构酶的机制。第一次在原子水平上解释了葡萄糖激酶激动剂作用原理，而且发现了葡萄糖激酶自调节变构的三个关键过渡态。葡萄糖激酶从闭合的激活状态经过三个关键过渡态最终到达超打开的非活性状态是其作为自身调节性变构酶的本质原因。葡萄糖激酶激动剂作用原理以及其在水溶液中的自身变构转变的关键因素分析，为阐述葡萄糖激酶在体内通过自身构象变化调节血糖水平的作用机理以及葡萄糖激酶激动剂的设计奠定了基础。

蛋白质相关的计算生物学与系统生物学研究

2006年，我国在蛋白质相关的计算生物学与系统生物学研究方面取得一定的进展和突破。

中国科学院生物物理研究所科研人员应用新的克隆策略和技术，在线虫中克隆了100个新的和61个已知的或者预测的全长非编码RNA,进一步结合芯片技术,在线虫中分析了内含子区非编码RNA的表达与宿主mRNA的关系。

中国科学院上海生命科学研究院科研人员通过质谱全面分析了小鼠肝组织的蛋白质组表达谱，并与小鼠肝组织外显子芯片的实验数据进行了比较。

北京大学理论生物学中心与美国加州大学旧金山分校合作发现果蝇胚胎发育过程中体节形成的模块化网络可以通过随机选择产生并行使稳定的功能；北京大学理论生物学中心科研人员还设计了一种新的打分方法，该方法可以很好地区别生物学的和非生物学的蛋白质—蛋白质界面。

中国科学院遗传发育研究所科研人员研究了一套整合蛋白互作组和转录组数据新方法，能够有效地发现分子网络中介导时相转换的网络模块及其调控界面，如细胞增殖与分化时相相反的模块。

清华大学生物系与美国纽约大学合作，从化学反应能量的角度定义了网络稳定性的衡量标准并发现细胞周期网络趋于接近能量最低点，即网络的稳定态。

军事医学科学院科技人员用蛋白质组学方法分析了正常肝脏的个体差别；建立一种新的高通量策略来制备和鉴定抗人类血浆蛋白质的单克隆抗体；利用亚细胞部分和多重蛋白分离技术建立了人胎肝脏数据库。

蛋白质研究的方法学及其相关应用基础研究

2006年，蛋白质研究发展从技术性研究和大规模数据积累走向真正与解决生命科学问题相融合，特别是从对蛋白质分子本身的研究到更多地关注蛋白质相互作用及其动态变化。

首先是研究技术的发展。对蛋白质复合物的直接质谱研究技术及冷冻电镜单颗粒三维重建技术的发展，使解析蛋白质相互作用甚至是瞬间产物的精细结构成为可能；串联亲和纯化技术（TAP）在蛋白相互作用的鉴定方面可以提供比酵母双杂交更为可靠的结果；用于确定蛋白质在体内相互作用的FRET及其后发展的Lumier及类似技术已逐步走向具有更高实用性阶段；从ICAT到iTRAP及其后的MRM(多反应监测技术)，则为动态研究提供了定量分析技术基础。

其次是数量巨大、细致并可靠的有关具体蛋白及其修饰、表达、定位、预期功能，以及大量个别相互反应通路等数据的积累与归纳，如代表性的CellMapBase数据库。

第三是全新而强大的专用数据处理算法和软件的进步，如蛋白质相关组合(PCP)算法。这类方法可以有力促进把数据“翻译”为具有生物学意义的知识。

我国科学家近年来已提出开展细胞功能导向下的动态蛋白质组学研究。上述这些方面的工作在我国也几乎都有所开展，部分工作接近国际先进水平。论文数量跨越性增加，但具有较大影响力的原创性成果尚不足。2006年我国建立的蛋白质研究重大计划有力促进了更多生命领域与蛋白质组学的结合，包括表观遗传学、干细胞和自噬现象等最新领域。

脑科学与认知科学研究取得积极进展

脑科学与认知科学旨在了解人类大脑及其认知功能，是最具挑战性的基础科学命题之一。该问题的解决不仅有助于人类了解自然和认识自我，而且对有效地增进精神卫生和防治神经疾病，发展脑式信息处理和智能系统都十分重要。脑与认知科学是在认知科学、心理科学、计算机科学、科学语言学、比较人类学以及其他基础科学交界面上涌现出来的高度跨学科的大科学交叉领域。其研究的核心问题是揭示脑与智力的关系；研究人类认知、智能的本质以及意识的起源；探索感知觉、记忆、思维、语言、情绪、意识等认知过程及其神经基础。

在脑科学与认知科学领域，我国与国际领先水平差距较小，在一些研究方面，如长时程记忆和抉择问题解决等方面有一定的优势。中国科学院上海生命科学研究院神经科学研究所、中国科学院生物物理研究所、复旦大学、北京大学、第四军医大学、华东师范大学等单位都具有较好的研究基础和团队。

神经行为和认知研究

果蝇视觉识别机制研究。果蝇主要依靠少数的参数，如大小、颜色或图像重心朝向可以识别并记忆视觉标识物，认识周围环境并存储有关参数。与人类相同，果蝇在采集不变量的识别模式时与视网膜上的位置并不匹配。果蝇脑中，中心部分的扇形体含有网状结构，中介视觉模式。中国科学院生物物理研究所科技人员鉴别出了图像重心高度和图像重心朝向两个短期记忆的通路。可以定位在扇形体中两组以水平分层、平行排列的两支神经元群。这一记忆的中心定位基本符合中介不变量的识别模式。

语音的听力识别机制研究。中国科技大学科技人员利用fMRI或PT测量在听觉的注意阶段的神经事件，证明了在母语者左侧大脑半球优势，可以用于语音的听力识别机制研究。在中国普通话这种有音调变化的语言中，词句语调带有语义信息。他们密集给予受试者听辅—元音结构的有意义的词，偶尔用非常见方式穿插变化语调或词首辅音以改变词义。用误配负波全头电极记录技术证明语调的差别在右侧半球诱发了更强的前注意反应。而辅音差别可以产生相反的图形。语言输入以语义法表示在整个过程的流程中。语调或词首辅音的明确听觉特性和相反单侧半球的图形提示优势半球主要依赖于听觉信号。

脑中的运算过程发展与文化有关。阿拉伯数字在数学中的广泛应用给出了一个问题：是否这些数字的处理程序在讲不同语言(如汉语和英语实质上反映了东西方不同的文化)的人群中是相同的？使用fMRI可以数字量化比较脑区激活的程度。大连理工大学科技人员证明了以汉语和英语为母语的人对数字识别的皮层代表区是不同的。英语为母语的人的语言处理过程在简单的数字相加任务中有赖于左侧perisylvian皮层的心算。而以汉语为母语的人在同样的任务中还需要用上与视觉运动相关的网络。fMRI关联性分析揭示了在这一任务中，涉及脑内神经网络的中、英人群中功能的差异。结果进一步表明数字的不同生物学编码成形还可能与语言获取过程中的读唇经验有关。而其他的文化差异，如数学学习策略和教育体系等不能解释以上的不同。

神经细胞定向迁移研究

脑是一个复杂的系统。在胚胎发育过程中，大量的神经细胞是依靠什么样的机制来协调它们的运动迁移并排列组合成有序的组织结构，一直吸引着研究者们浓厚的兴趣。国际生物学权威期刊*Cell*发表了中国科学院上海生命科学研究院神经科学研究所在这一方面的一项新发现。

神经科学研究所的研究人员发现高度极性的神经细胞在定向迁移过程中，需要一种长距离的细胞内信号传递过程，协调神经细胞的不同部位对外界导向信号的反应。他们观察到，迁移神经细胞前方的生长锥是“侦查”前方信号的部位，在自发迁移的神经细胞前方遭遇排斥性的神经导向因子Slit时会发生显著的躲避反应——生长锥首先“撤退”，然后胞体停止前进，并调转方向，最终细胞朝相反方向逃逸而去。在这个过程中，会发生一个长距离的细胞内钙波“通讯”，首先是Slit在生长锥内“点燃”钙离子“烽火”，紧接着是钙离子“烽火”从生长锥传递到后方的胞体，通知胞体前方的“敌情”，进而通过调节胞体部位的一种小分子GTP酶RhoA的活性和分布，使细胞体掉头向后“撤退”。正是这个钙波信号协调了运动中的神经细胞各部分对外界排斥性因子Slit的逃避反应。目前已知多种发育性神经系统疾病是由于神经细胞迁移紊乱造成的，患者常表现出智障、癫痫等症状。因此，对神经细胞迁移导向基本机制的研究将有利于人们对这类发育性神经系统疾病的认识和防治。

果蝇蘑菇体研究

此项研究是中国科学院上海生命科学研究院神经科学研究所研究人员继2001年在《科学》杂志上发表的研究成果的进一步深化，聚焦在果蝇面临冲突环境时抉择的价值抉择的神经环路机制，同样发表在《科学》杂志。该研究证明：①果蝇中央脑的蘑菇体结构和多巴胺系统共同掌控果蝇的基于价值的抉择，没有二者共同参与的抉择是简单的“犹豫不决”的线性抉择过程，而二者的协同运作才使两难抉择成为“当机立断”的“胜者独享”的非线性抉择。②果蝇有能力完成系列的抉择任务，即在面对新的抉择任务时，果蝇能放弃在应对前一个抉择任务时所做的选择，转而做出新的选择。体现了在抉择的“稳定性”和“灵活性”之间的统一。③在面对新的抉择任务时，需要蘑菇体结构和多巴胺系统重新快速参与，而一旦进入执行阶段，就不需要它们了。最后，也是最重要的，果蝇脑中的蘑菇体可能起到类似的“门控”作用，它和多巴胺系统共同实现抉择过程中的“门控”、“聚焦”和“放大”机制，从而导致非线性的陡峭的S形曲线。通过这些实验，研究人员期待通过果蝇小型化的脑在它的小型认知世界里的简约的抉择行为提供更多的关于决策的神经环路和基因方面的信息，有助于进一步理解某些认知和精神活动的基本原理。

神经元存活研究

神经元的存活对神经系统发育、神经系统疾病的发生及发展均十分重要。TRP通道是一类非选择性的阳离子通道，可以影响从痛觉到雄性生殖等多方面的生理功能。TRPC通道是TRP通道的一个亚家族，可被与磷脂酶C偶联的受体（如脑源性神经生长因子

BDNF)激活。中国科学院上海生命科学研究院神经科学研究所研究人员发现TRPC通道对于保护小脑颗粒神经元的存活十分重要，BDNF通过TRPC3和TRPC6通道促进小脑颗粒细胞的存活。通过研究TRPC3和TRPC6对于维持小脑发育过程中正常数量颗粒细胞存活的作用，发现如果增加细胞中该通道的数量，可有效防止小脑颗粒神经元的死亡，保护小脑颗粒细胞的存活，而减少该通道的表达则作用相反。研究还发现BDNF通过激活TRPC3和TRPC6通道，可提高细胞内钙水平，从而促进小脑颗粒细胞的存活。该研究结果揭示了TRPC通道对神经元存活的重要作用，为理解神经元的存活提供了新的思路。该论文2007年发表在《自然—神经学》。

神经元极性建立和轴突发育研究

《自然—细胞生物学》杂志发表了中国科学院上海生命科学研究院神经科学研究所研究人员关于神经元极性建立和轴突发育的研究成果，即影响早期胚胎发育的Wnt信号通过调节进化上保守的极性蛋白复合体PAR3-PAR6- aPKC促进神经元轴突发育。

神经元的基本功能是接收信息、处理信息与传出信息，这种功能由其特殊结构决定：多根树突负责接收信息，单根轴突负责传出信息。神经元轴—树突极性的建立以及轴突的发育是形成神经网络的基础，对其分子机制的研究是神经科学的基本问题。研究人员发现了Wnt信号途径下游的Dishevelled蛋白对轴突的形成是必须的，从而进一步阐明了Dishevelled的作用机制。另外，发现Dishevelled通过结合、稳定并激活非典型蛋白激酶C (atypical protein kinase C, aPKC)促进轴突发育。并且Wnt5a (一种非经典的Wnt) 可促进神经元极性建立和轴突生长，其作用依赖于Dishevelled和aPKC。这些发现不仅加深了对神经元极性建立和轴突发育机制的了解，而且将为神经损伤修复和神经退行性疾病的研究提供新的思路。

神经突触研究

突触是介导神经信号传导的基本单位，其结构的形成和稳定受到各种正性和负性信号的调节，“阳性信号”如何对抗“阴性信号”从而稳定突触结构？国际著名学术期刊《神经元》(*Neuron*) 发表了由中国科学院上海生命科学研究院神经科学研究所研究人员的相关研究成果，提示了神经肌肉接头突触形成过程中的“阴阳”调和机制。

神经肌肉接头是由来自脊髓的运动神经元和肌肉细胞之间形成的突触，控制机体的运动功能，其发育异常会导致多种运动机能障碍。神经肌肉接头是研究突触形成的经典模型，运动神经元产生的聚集素（agrin）促进突触结构的形成和稳定，近年发现，神经递质乙酰胆碱（ACh）除了能激动其受体AChR以外，还引起受体的解聚，从而导致突触结构的解体。乙酰胆碱如何结聚其受体？正性信号聚集素如何“对抗”负性信号？研究人员对这些问题进行了系统研究。他们发现乙酰胆碱使其受体解聚的“罪魁祸首”是一种钙依赖的蛋白酶calpain，乙酰胆碱激活calpain导致AChR结聚。相反，聚集素抑制calpain从而稳定突触结构。研究进一步发现，聚集素对calpain的抑制作用是通过一种叫做rapsyn的蛋白来实现的，rapsyn与calpain具有直接的相互作用，这种结合可以抑制calpain的活性，聚集素通过促进rapsyn与calpain的结合来稳定突触结构。因此，正负信号在细胞内的“博弈”导致突触结构的重塑和稳定。这些结果揭示了rapsyn出人意料的功能以及聚集素全新的作用机制，对神经肌传导紊乱和运动功能障碍的治疗也将有重要的借鉴意义，此项研究成果已申请专利。

神经胶质细胞研究

三磷酸腺苷（ATP）不仅是细胞内最重要的能量分子，也是细胞间信息传递的重要信号分子。近年来人们发现脑内胶质细胞具有分泌各种信号分子的功能，但其分泌机理尚不清楚。中国科学院上海生命科学研究院神经科学研究所研究人员在他们原来工作的基础上，进一步发现星形胶质细胞的溶酶体含有丰富的ATP，并可在一定的生理和病理刺激下呈现不同程度的分泌，这种不同模式的分泌可能在介导胶质细胞的各种神经生理和病理作用方面具有重要意义。该工作在著名国际杂志《自然—细胞生物学》（*Nature Cell Biology*）上发表。

溶酶体被认为是细胞的“消化器官”，对吞噬到细胞内的“营养物质”和细胞“废弃物质”的降解起关键作用。胶质细胞溶酶体具有释放ATP功能的发现，对理解和更深入研究胶质细胞在脑内的功能具有重要意义。由于ATP也是很多组织细胞普遍应用的信号分子，该研究工作对研究其他细胞的溶酶体是否释放ATP及其功能具有重要意义。

系统生物学相关研究取得一系列进展

2006年我国在系统生物学相关研究方面取得了一系列进展，在生物网络拓扑结构、动力学性质与网络生物功能关系理论研究方面取得原创性进展，发展了一些与系统生物学相关的新实验技术与新的理论和计算方法，开展了高通量的代谢组学及其与疾病相关的研究。总体上呈现出发展迅速，有越来越多单位和实验室开始重视发展系统生物学相关研究的态势。

生物网络拓扑结构与网络功能的关系研究

北京大学理论生物中心生物网络研究小组在研究果蝇的体节极性网络的过程中发现生物网络的功能和结构有很强的对应关系。果蝇体节边界的最终确定是由一个重要而且保守的网络——体节极性网络实现的。这个网络中很多基因的突变都是致死性的，而且网络中的重要基因和调控关系在不同的生物中反复出现。他们定义了此生物过程的功能，在一个只有3个节点的网络模型的基础上，列举了所有可能的网络结构，并进一步找出了所有能够完成生物功能的网络。他们发现即使是极度简化的模型仍能够反映生物学上比较重要的性质，某些网络不但能完成正常的生物学功能，而且在这些网络中做突变后产生的表型与真实生物体中的对应突变也具有可比性。同时，能够完成生物学功能的网络不是唯一的，他们发现尽管网络结构可以相差很多，但所有网络完成功能的机制是相同的：所有这些网络都由3个基本的功能模块构成，不同的网络只是这3个功能模块的不同实现方式的组合。他们还研究设计了具有特定功能的网络拓扑结构的基本原理，并对其进行了阐述。设计给定功能的网络或者根据动力学性质重建网络是复杂系统研究中的重要问题，该研究提出了构建具有状态稳定性网络的特定原理，指出设计具有全局稳定点的网络的充分必要条件是活性节点抑制非活性节点，而后者直接或间接的激活前者。这些原理有助于理解生物网络的拓扑结构。

中国科学院遗传与发育生物研究所研究人员在多细胞生物蛋白质相互作用网络中鉴别出了增殖与分化相关的两个功能模块，并发现两个模块的表达存在二选一的转换。研究人员用新的方法整合了相互作用组与转录组的信息，从而鉴别了一对在转录上存在反协同作用的模块，两个模块均在细胞相互作用网络中包含上百个基因。这两个模块分别与细胞增殖与分化相联系。增殖模块在真核生物中保守，而分化模块是多细胞生物特异的。在从不同的生物体分化出的不同的组织与细胞系之中，当分化模块以组织及物种特异的方式上调时，增殖模块的表达被一致性的压制了。结果显示，甚至在组织与生物体水平，增殖与分化模块也相应于分子网络的两个二选一状态。该分析进一步预测介导两模块间相互作用的蛋白质可能在增殖/分化转化中扮演调节器的作用。

中国科学院生物物理研究所研究人员在转录网络中心（THubs）随细胞状态和环境条件变化而产生的不同子图偏好性研究方面取得了一定进展。拥有大量目标基因的转录因子被称为转录网络中心（THubs）。THub通常是细胞调控系统的关键组成部分。该研究主要针对THub向下游级联传递转录信号的不同模式。研究人员对芽殖酵母（*Saccharomyces cerevisiae*）5种不同细胞状态及环境条件下调控网络的单一THub进行了研究，并对其基本调控模式的丰度归一化后（normalized abundances，AN）作图，统计了THub在不同条件下对不同基本调控模式的偏好性。研究发现，单一THub下游的子图（AN）往往显著区别于全局网络的AN，当细胞状态或环境条件变化时，THub的偏好性充分变化，显示了条件变化不仅引起了调控系统响应的变化，也引起了介导响应的机制的改变。THub子图偏好性提供了一种描述大尺度指数与局域调控模式之间结构与组织的新方法。研究人员还构造了代谢通路拓扑结构的种系表型分类树，并且指出综合大量代谢通路的广泛树较之单一代谢通路的拓扑树更能反映系统发生信息。

清华大学生物系研究人员研究了基因复制与网络密度的关系，指出蛋白相互作用网络稀疏的部分基因具有更高的复制偏好。基因复制是推动生物分子网络进化的重要机制。基因的可复制性和其蛋白产物与其他蛋白在网络中的相互作用可能存在着密切关系。他们在酵母（*Saccharomyces cerevisiae*）蛋白相互作用网络（PIN）中研究了这一问题。他们发现，平均来讲，存在副本的基因比单一基因具有更低的聚类系数（CC），并且有副本的基因比例（PD）随CC稳定下降。应用功能注释数据，进一步观察到PD与功能分类平均CC呈很强的负相关。通过将网络分隔成不同的模块并且为每个蛋白分配模块量Q(n)，发现一个蛋白的CC反映了其模块性的大小。此外，通过高通量实验鉴别的，具有高CC的复合物核心组分，较其他附加组分具有更低的PD。研究人员又通过CC与Q(n)定义了两种hub，模块内hub的PD远小于网络平均值，但是，模块间hub的PD大于网络平均值。该结果预示着高CC，即高模块性的基因在复制上具有很强的进化限制，而基因复制倾向于发生在PIN稀疏的地方。

上海生物信息技术中心研究人员将叶绿体及蓝藻的新陈代谢网络进行了比较，指出叶绿体网络的特性可能是为进化更高的光合效率而做出的适应性变化。他们比较了叶绿体和原核光合生物（多为蓝藻）的代谢网络性质。基于由基因组数据而来的新陈代谢图，分析了叶绿体网络区别于蓝藻网络的性质，并且试图解释这些性质的功能意义。利用超图表示（hypergraph representation）的方法分析了整体代谢网络及含有直接与开尔文循环联系的反应的子网的性质。结果显示叶绿体与蓝藻的整体新陈代谢网络均具有小世界网络的性质。虽然叶绿体网络的成分和反应数量少于蓝藻网络，但是叶绿体网络具有更长的路径长度和更大的直径。并且以开尔文循环为中心，显示了整体低密度网络结构加特异局域高密度网络区局的特征。进一步的，叶绿体代谢网络比蓝藻网络具有更好的模块组织。与同一代谢过程有关的酶倾向于聚集在相同的模块中。代谢网络性质的不同可能反映了在内共生过程中的进化改变，以至于提高高等植物的光合效率。光能吸收、转移与转换的过程在光合细菌中已经相当高效，高等植物可能只有靠改变代谢网络的性质来进一步提高光合效率。研究人员还研究了新陈代谢网络的拓扑结构，指出代谢网络中分层嵌套的蝴蝶结图案可能是进化的结果。高模块化的蝴蝶结图案出现在不同的层次和尺度，出现于代谢网络的不同化学与空间模块中，这更像是进化过程的结果而不是随机事件。鉴别与分析这些图案有助于理解设计原理和促进代谢网络的建模。

军事医学科学院放射医学研究所的研究人员系统分析了几种模式生物的蛋白质相互作用网络。高通量检测方法已经用于揭示若干物种的蛋白互作用网络。为了认识这些蛋白互作用网络的特性，研究人员系统分析了酿酒酵母、线虫和果蝇蛋白互作用网络的拓扑结构和鲁棒性。分析表明，这3个蛋白互作用网络是无尺度、高聚类的，这源于分级组织形式。这些网络还有小世界网性质，线度均为4～5。随机去掉蛋白节点或互作用后发现，网络有很高的鲁棒性。通过模拟去掉蛋白节点的过程显示，网络对随机扰动有强的抗干扰能力，但代价是不能抵抗故意的攻击关键节点。这些基本结论是深入研究复杂生物网络性质的起点。

生物网络动力学性质与网络功能的关系研究

华中科技大学与上海生物信息技术中心研究人员合作对新陈代谢网络的动力学性质及拓扑结构进行了深入的研究。他们发展了新的M-DFBA方法，并对心肌能量—代谢网路进行了动力学分析，得到了与实验更为吻合的计算结果。为了更好地了解在有扰动的情况下的代谢网络优化的动力学调控，研究人员用动力学流平衡分析(DFBA)的方法构建了哺乳动物心肌的能量—代谢网络，并且进一步的将最优目标从ATP产生最大修正为缺血条件下代谢物浓度分布涨落最小，从而延伸了原来的代谢调节最小化假设，创建了新的混合建模方法M-DFBA。M-DFBA模拟的结果比DFBA的结果更接近实验观察，特别是在保持了脂肪酸对于ATP氧化合成的支配贡献方面。这一机制正是无法用DFBA阐明和预测的。这一结果表明代谢网络的系统状态并不一定总是最优的，当扰动发生时有可能会转到亚优状态。该发现暗示了假设的合理性并且有助于进一步研究代谢网络动力学调控的内在机制。

北京大学理论生物学中心研究人员用随机模型的方法研究了不同生物网络对涨落的动力学稳定性。他们用马尔可夫链随机模型研究了控制大肠杆菌溶源/溶菌生长的网络动力学性质。模拟证实了在研究芽殖酵母动力学过程中的发现：生物稳定状态是全局吸引子，溶源与溶菌生长的生物路径是吸引轨迹，网络功能对结构扰动具有鲁棒性。模型能够观察到从溶源到溶菌生长的随机转换，这与实验结果相吻合。准能量的定义被引入网络动力学中，用于解释系统的跃迁行为。此外，北京大学理论生物学中心研究人员还提出了对芽殖酵母细胞周期网络调控的随机模型研究。模型的随机性由温度类似参数β控制。模型显示生物稳态与生物路径在很大的温度范围内是稳定的。即便如此，系统在βc处发生跃迁行为，当温度低于βc时动力学被噪声主导。研究人员定义了系统的准能量场，在能量场中生物路径呈现深谷样貌。

北京大学理论生物学中心研究人员还构建了芽殖酵母接合通路的常微分方程模型，并对该模型进行了分析，找出了对该通路起关键作用的因素，并发现接合信号在MAPK级联中是以近线性的方式传递的。芽殖酵母(*Saccharomyces cerevisiae*)的接合通路是真核细胞中了解最为充分的信号通路。它通过

G蛋白偶联受体与MAPK级联将接合信号从质膜表面传递到核中。根据当前对酵母接合通路的理解，研究人员构建了常微分方程系统来描述这一过程。能够与大量的实验相吻合，说明模型抓住了信号传导通路的主要特征。对模型的观察发现，脚架蛋白的穿梭与MAPK级联中的去磷酸化酶协同调控了对信息素诱导的响应，并且帮助保持了接合信号的忠实性。研究人员对影响该通路计量响应曲线的因素进行了研究并且发现负反馈与MAPK级联中的蛋白浓度起了至关重要的作用。与其他的一些信号敏感度随级联放大的MAPK系统相反，接合信号是以近线性的形式在级联中传导的。

清华大学生物系与美国纽约大学石溪分校的研究人员合作研究了MAPK信号转导网络与酵母细胞周期的准能量势场，并发现这两种网络的势场均为漏斗状的趋向全局最低点。研究人员指出漏斗状势场对于随机扰动具有良好的鲁棒性。斜率与粗糙度的比值可以作为定量衡量网络稳定性的指标。漏斗状势场是达尔文式自然选择在细胞网络水平的体现。它为网络的连接与设计提供了最优判据。此种方法是普适的并且可以应用于其他细胞网络。

上海大学系统生物技术研究所研究人员对如何设计具有特定功能的基因网络进行了研究。为了设计和构造具有特殊功能的基因调控网络，例如基因开关或者基因振荡子，研究人员用数学语言描述网络及其性质，理论分析了基因调控网络的模块结构和对应的功能。根据不同结构模块的功能，利用反馈系统创造了能实现基本功能的基因调控网络。两种典型的生物网络结构：正反馈和循环反馈，被用以构造双稳态开关或者振荡子。反馈网络的组合能实现各种功能，这体现了生物模块间相互作用的重要性。

天津大学化工学院的研究人员用GAME线性规划软件包对大肠杆菌全基因组化学计量模型iJR904进行分析，发现在最优情况下，每摩尔葡萄糖能生产1.714摩尔琥珀酸。当加入另外两个约束后，最大产率下降到每摩尔葡萄糖生产1.6摩尔琥珀酸。进一步分析表明在该约束下流分布是唯一的。通过比较3个大肠杆菌菌株的代谢流分析数据，发现了3个可能改进产率的靶点：葡萄糖磷酸转移酶运输系统、丙酮酸羧化酶和乙醛酸循环。这3个靶点经改进的菌株都提高了琥珀酸的产率。该实验的成功证明了用计算机优化的琥珀酸生产途径是合理并可行的。该方法可以被推广到用以增加其他代谢产物的产率。

系统生物学相关实验和计算方法的发展与综述

华中科技大学的研究人员构建了模拟分

析代谢网络的软件平台。为了能方便的用图形界面构建代谢网络模型并进行分析，他们构建了一个平台FluxExplorer，这是基于化学计量的代谢网络分析软件，整合了流平衡分析(FBA)、最小代谢调整（minimization of metabolic adjustment）、端途径分析（extreme pathways analysis）、阴影价格分析（shadow prices analysis）和奇异值分解（singular value decomposition）等分析方法。另外，图形化界面能直观地构建和修改代谢网络。该平台支持SBML（systems biology markup language）语言。研究人员利用该软件平台研究了哺乳动物线粒体的代谢网络，得到了有意义的结果。

中国科学院生物物理研究所研究人员提出了整合不同高通量数据的新方法，并利用这种方法研究了生物网络的模块结构。通过整合高通量数据来研究生物网络的系统及动力学组织是一项具有挑战性的工作，他们提出的分层聚类的方法向这一目标迈进了一大步。该方法有效揭示了酵母蛋白—蛋白相互作用网络的模块结构。通过对高通量蛋白—蛋白相互作用数据及附加的亚细胞定位和表达谱数据进行整合，能够从功能模块中辨别蛋白复合体，并进一步利用检测到的模块为模块中的未标记组分提供了可信的功能。另一方面，该方法整合了多种蛋白—蛋白结合信息，使之对于假阳性，特别是衍生的蛋白复合物造成的假阳性具有良好的鲁棒性。更重要的是这种方法可以推广到其他种类的数据融合，并为研究生物网络或其他形式的复杂网络的更广泛性质提供框架。

清华大学信息学院的研究人员提出了一种构建生物网络的新方法。他们用结合文献调研和基因芯片数据分析的方法（LMMA）构建基因调控网络。LMMA法首先基于文献知识构建全局网络，然后根据芯片数据作精简选择。用这种方法构建的网络比单纯利用KEGG数据库知识构建的网络可信度更高。

中南大学中药现代化研究中心的研究人员发展了一种比较分析复杂色谱数据的方法。他们通过一种新的化学计量学方法，用以比较分析2个相关但不同的联用色谱系统中5个组分的联系。这种方法在化学和系统生物学领域都有助于比较分析不同复杂系统的组分。所提出的方法被称为可变移动窗口因子分析(AMWFA)，可用于找出不同样品中相同组分的个数，并半自动的确定它们对应的光谱。为展示该方法的应用，比较分析了虚拟的联用色谱数据、rhizoma ligustici chuanxiong-radix paeoniae rubra (RLC-RPR)和它的单味药的可挥发化学成分、当归口服溶液和口服了该药剂的兔子的血浆样品。

另外，2006年我国科学家还在国际和国内期刊上发表了多篇系统生物学相关技术与应用的综述，显示出系统生物学已在国内相当多的研究单位得到重视。我国科学家在某些方面的研究工作也得到了国际上的承认，例如，华中科技大学研究人员发表了有关光学分子成像技术（optical molecular imaging, OMI）在系统生物学研究中的应用及将来的发展方向的综述和介绍微相分离技术(micro-separation)在系统生物学研究中的应用的综述文章。

代谢组学与疾病相关生物网络

上海交通大学研究人员用代谢组学方法研究马兜铃酸（aristolochic acid, AA ）诱发的毒性肾损害。利用液相色谱—质谱和模式识别方法分析了经AA处理的大鼠的尿液，发现同型半胱氨酸合成和叶酸循环通路被加快，而其他代谢途径，包括花生四烯酸的合成，被抑制。利用基于线性判别式法（linear discriminant analysis, LDA）的子集确认过程（subset-validation procedure）对选定的变量进行分析，预测大鼠尿液是否经过AA处理，准确率达95%。

中国科学院大连化学物理研究所研究人员利用超高效液相色谱和四极杆—飞行时间质谱仪进行了代谢组学分析。利用UPLC/Q-TOF MS的代谢组分析方法，分析了40名肠瘘患者和17名健康志愿者的血清，从中发现此病的可能标志物及其病理生理学变化。经过UPLC/Q-TOF分析，可以探测到每个峰值的停留时间和m/z数据。用偏最小二乘法—显著性分析(PLS-DA)和关联度分析进行标志物的选择与鉴定。根据数据，总共确定9个可能标志物：甘氨鹅脱氧胆酸、甘脱氧胆酸、牛磺鹅去氧胆酸、牛磺酸脱氧胆酸和两类病人身体中浓度较高的溶血磷脂酰胆碱(C16∶0 and C18∶2)，以及浓度稍低的苯氨基丙酸，色胺酸和肉碱。实验结果暗示这两种基本氨基酸（苯氨基丙酸和色胺酸）的亚临床肝损伤和异常代谢、脂肪酸组合贝它氧化（肉碱）存在于肠瘘病人中。这项工作展示了代谢组学方法是自上向下系统研究临床问题的工具。

上海生物信息技术中心研究人员在代谢网络与疾病相关网络的研究中取得进展。他们构建了人血吸虫MAPK信号转导通路的模型，并将此模型与其他真核生物MAPK通路的模型进行比较，从而鉴别了通路中的保守蛋白，并预测了其在血吸虫中的功能。发现在血吸虫的MAPK通路中存在60种与其他生物同源的组分，这些蛋白的系统发生证实了MAPK的进化保守性。他们鉴定了酵母接合通路中GTP结合蛋白beta和alpha I亚基在血吸虫中的同系物，该蛋白可能在血吸虫雌性性成熟过程中调控不同的生活状态。定量PCR发现，另一些通路组成蛋白，ERK、JNK、Sja-DSP、MRAS及RAS的表达有阶段特异性。ERK、JNK及其抑制蛋白Sja-DSP在成熟的雌性血吸虫中表达显著上调。

药物分子设计取得长足的进步

我国在药物分子设计研究领域取得了长足的进步，建立了国际一流的药物分子设计软、硬件体系，创立了与国际接轨的并行新药研发模式，获得了一批极具市场前景的自主创新苗头品种，培养扶持了一代极具创新意识的学科带头人及研发团队，全面提升了我国新药自主创新的能力与水平（图1～图5）。

图1　药物分子设计硬件平台

药物分子设计硬件平台建设

建立了国际一流的药物分子设计核心硬件平台。基于集群技术与高性能并行计算技术建立了专用于药物分子设计的万亿次集群系统。该集群包含128个节点，每节点双CPU P4 2.4G，2G RAM，70G HD，通过千兆网卡连接，峰值12 000亿次，实测8 000亿次，由于采用开放式可扩展架构，计算性能及规模具有无限可扩展性，是目前国内进行药物设计性能最好的超级集群计算机。同时建立了一整套关于药物分子设计平台的管理、维护与使用方法的规程，确保平台的正常使用。同时借助广域网技术，远程用户可以通过Internet远程登录来使用集群，已初步实现了以北京为中心，辐射全国的药物分子设计服务体系。

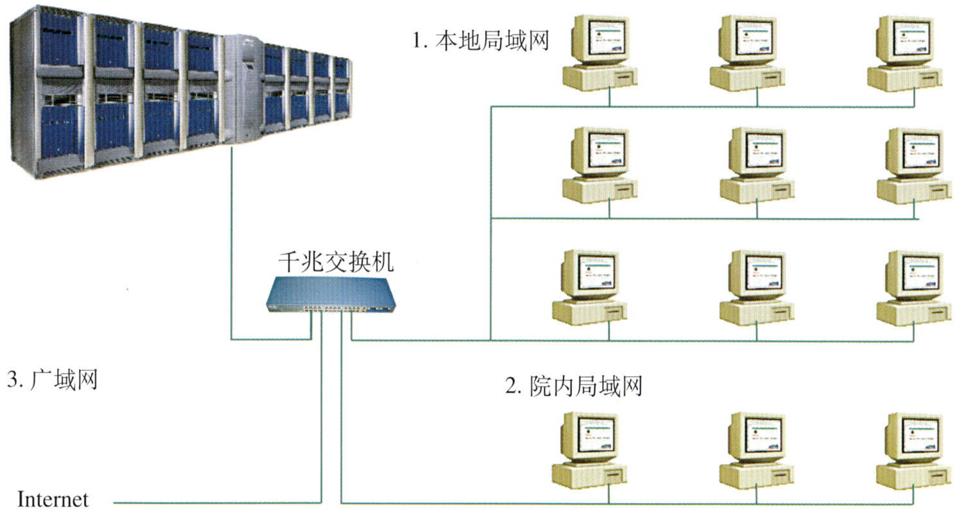

图2　药物分子设计硬件平台的使用方式

药物分子设计软件平台建设

建立了国内药物分子设计软件技术集成度最高、功能最丰富、性能最强的药物分子设计软件体系。软件体系中包括当前最主流的药物分子设计商业软件包：INSIGHT&SYBYL、并行化移植了虚拟筛选软件DOCK、分子动力学软件GROMACS、NAMD、EGO等、半经验及从头计算计算软件MPQC、GAUSSIAN等，大幅提高药物分子设计软件的计算与设计能力。在集成和移植主流软件的同时，发展了一批具有自主知识产权的自主创新软件，包括：① XLOGP，一种计算有机化合物脂水分配系数(logP)的方法。② Score，一种计算蛋白质和配体复合物结合亲和性的经验方法。③ LigBuilder，基于结构的全新药物设计程序。④ AOS/APS，药物三维定量构效关系分析程序CoMFA的改进程序。⑤ PP_SITE，可以找出影响蛋白质—蛋白质相互作用的关键残基，并且将界面的疏水性质和氢键性质用图形软件显示出来。⑥ Plogp，一种计算小肽脂水分配系数(logP)的方法。⑦ ASPlogp，一种基于分子结构计算脂水分配系数的方法。⑧ PSI-DOCK，新的柔性配体分子对接方法。此外，在软件体系中还集成了自主研发的人类疾病相关蛋白质及活性小分子结构数据库系统，其中包括人类疾病相关蛋白质结构数据库HDRP-BD，疾病信息数据库CDD及生物活性分子数据库BAMD。提供基于WWW界面的数据库检索工具，及脂水分配系数与药效团计算的在线计算工具。上述药物设计及相关软件在全球总的注册用户已达1 185家，有力地提升了我国药物分子设计技术研究的国际影响力。

与国际接轨的并行新药研发模式

建立了候选药物发现和优化与国际研发规范接轨的新模式，即一种并行的药物创制新模式，其核心理念是引入早期发现的概念，借助药物分子设计、分子生物学发展的最新

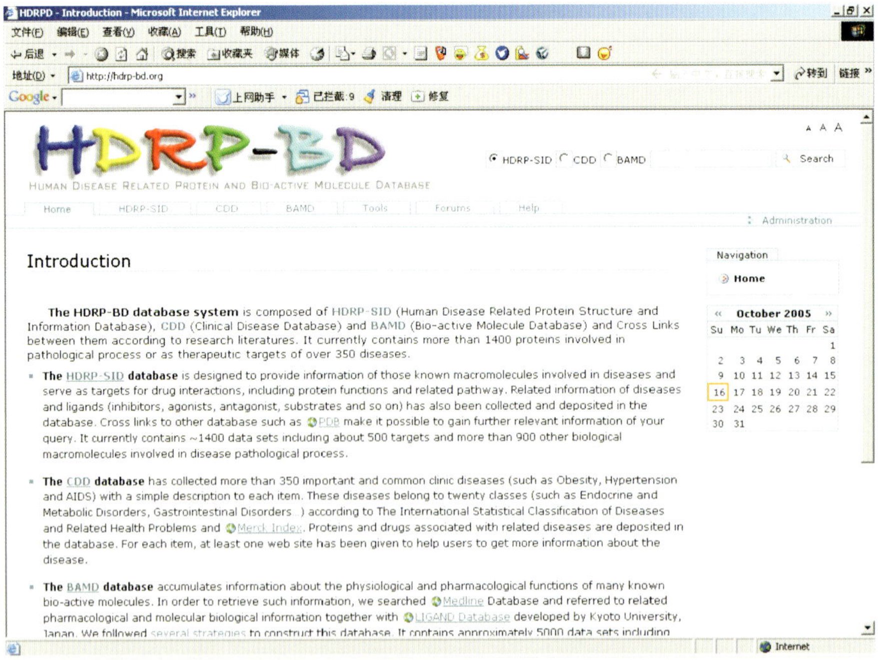

图 3　自主研发的人类疾病相关蛋白质结构数据库 HDRP-BD

成果，在新药研发的早期同时进行新药创制各个环节的研究。改变了传统的按直线式方式进行药物开发的模式,这种模式的建立,可以加快新研发的速度,降低研发成本和风险。

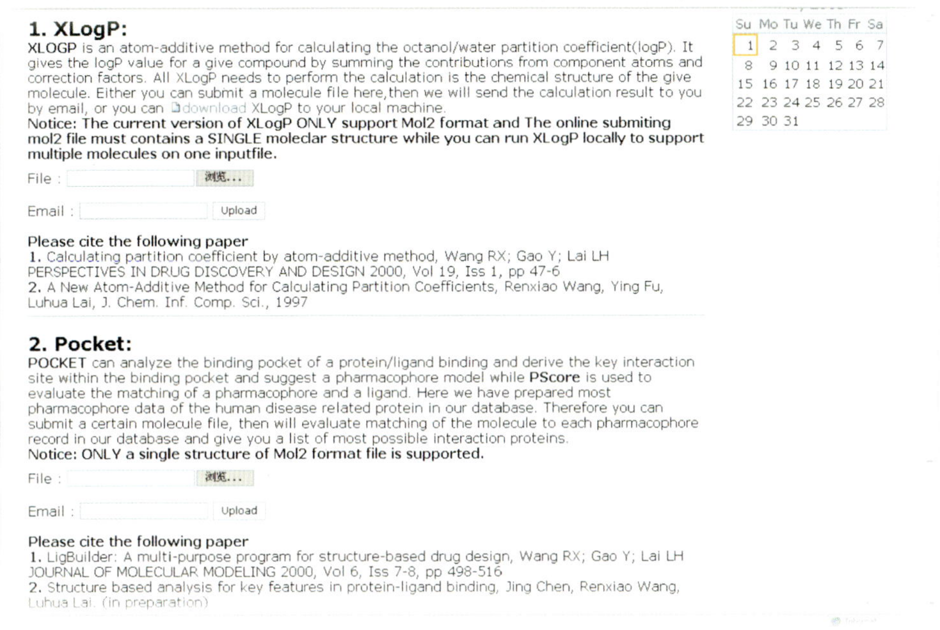

图 4　自主研发的药物分子设计软件

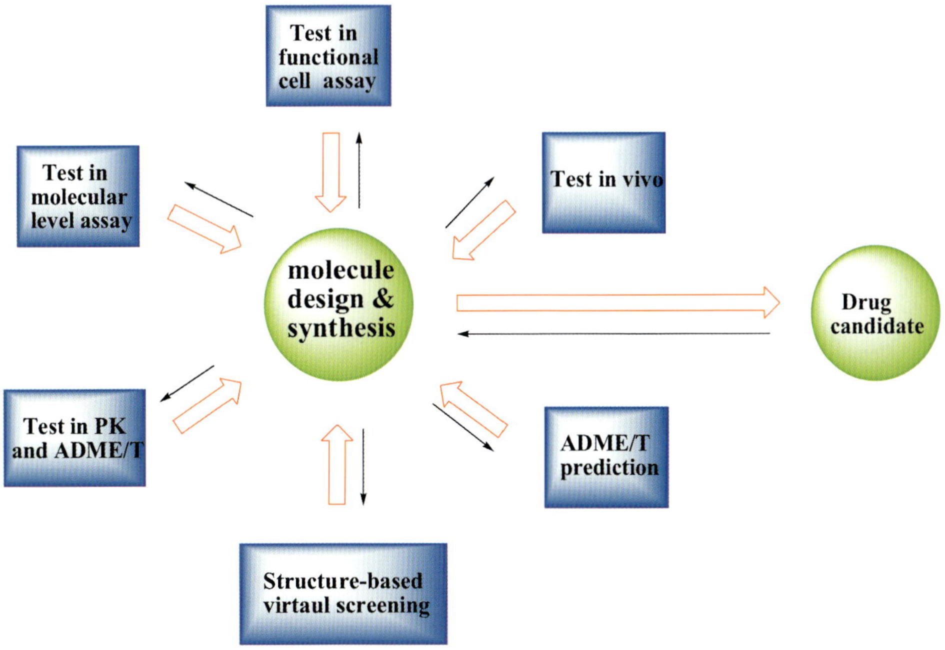

图 5　新药创制的并行研发模式

生物信息学研究领域取得良好进展

在国家863、973计划及自然科学基金等支持下，2006年我国生物信息学领域在数据库及软件工具开发、对重大生物学问题的生物信息学分析及生物信息资源服务等方面取得了良好进展（表2、表3）。

表2　我国自主研发的部分原始及二级生物信息数据库一览表

类别	名称	主要内容	网站地址
基因组资源	BGI-RIS	水稻基因组的综合信息资源和比较分析平台	http://rise.genomics.org.cn/
	SilkDB	家蚕的生物学和基因组学知识库	http://silkworm.genomics.org.cn
	ChickVD	鸡基因组序列变异的数据库	http://chicken.genomics.org.cn
	The Z curve database	基因组序列的图形表示	http://tubic.tju.edu.cn/zcurve/
	MED-Start	微生物基因组中预测的转录起始位点	http://ctb.pku.edu.cn/main/SheGroup/MED_Start.htm
	ProTISA	原核生物基因组转录起始位点的注释资源	http://mech.ctb.pku.edu.cn/protisa
	DoriC	细菌基因组oriC区的数据库	http://tubic.tju.edu.cn/doric/
转录调控资源	DRTF	水稻转录因子数据库	http://drtf.cbi.pku.edu.cn/
	DATF	拟南芥转录因子数据库	http://datf.cbi.pku.edu.cn
	NATsDB	10个基因组中自然反义转录本数据库	http://natsdb.cbi.pku.edu.cn/

（续）

类别	名称	主要内容	网站地址
转录调控资源	NONCODE	非编码RNA的综合知识库	http://noncode.bioinfo.org.cn
	NPInter	非编码RNA和蛋白质相互作用数据库	http://bioinfo.ibp.ac.cn/NPInter
	ATID	收录发生可变翻译起始的基因	http://bioinfo.au.tsinghua.edu.cn/atie/
	dbRES	注释过的RNA编辑位点数据库	http://bioinfo.au.tsinghua.edu.cn/dbRES/
	PASDB	收录44个植物物种中已报道过的可变剪切基因	http://pasdb.genomics.org.cn
蛋白质资源	MPSS	蛋白质注释的综合数据库	http://www.scbit.org/mpss/
	SPD	分泌蛋白数据库	http://spd.cbi.pku.edu.cn
	SynDB	基于突触本体论的突触蛋白数据库	http://syndb.cbi.pku.edu.cn
	DBSub-Loc	蛋白质亚细胞定位数据库	http://www.bioinfo.tsinghua.edu.cn/dbsubloc.html
	dbNEI	神经—免疫—内分泌相互作用数据库	http://bioinfo.au.tsinghua.edu.cn/dbNEIweb/
	SPIDer	酵母蛋白相互作用数据库	http://cmb.bnu.edu.cn/SPIDer/index.html
	InterDom	推测的相互作用蛋白结合域数据库	http://InterDom.lit.org.sg

表3　我国自主研发的部分软件网上服务器一览表

类别	名称	主要功能	网站地址
基因组分析工具	BGF	水稻基因组中基因的预测	http://tlife.fudan.edu.cn/bgf/
	CVTree	基于全基因组序列（不需连配）的系统发生树重建工具	http://cvtree.cbi.pku.edu.cn
	ZCURVE	细菌和古细菌基因组中蛋白编码基因的识别系统	http://tubic.tju.edu.cn/Zcurve_B/
	Zplotter online	根据用户所提交的DNA序列，在线绘制处理Z曲线的程序	http://tubic.tju.edu.cn/zcurve/
	GS-Finder	利用自训练方法搜寻细菌基因起始位点的程序	http://tubic.tju.edu.cn/GS-Finder/
	GC-Profile	基因组序列CG含量变化的可视化网上分析工具	http://tubic.tju.edu.cn/GC-Profile/
	FGF	在全基因组中搜寻基因家族的网上工具	http://fgf.genomics.org.cn/

（续）

类别	名称	主要功能	网站地址
基因组分析工具	BPhyOG	根据重叠基因对细菌系统发生进行全基因组推断的交互式服务器	http://cmb.bnu.edu.cn/BPhyOG/
	SAPRED	利用新的结构序列特性和支持向量机预测与单氨基酸多态性相关的可能疾病	http://sapred.cbi.pku.edu.cn/
表达调控分析工具	GBA	基于EST进行数字基因表达剖析的服务器	http://gba.cbi.pku.edu.cn
	CEAS	根据ChIP-chip 数据分析转录因子结合位点的在线服务器	http://ceas.cbi.pku.edu.cn
	OTFBS	基于TRANSTAC 矩阵，预测转录因子结合位点的工具	http://www.bioinfo.tsinghua.edu.cn/%7Ezhengjsh/OTFBS/index.html
	SVAP	识别可变剪切变异体并作表达分析	http://svap.cbi.pku.edu.cn
	CPC	利用序列信息和支持向量机预测转录本的蛋白编码能力	http://cpc.cbi.pku.edu.cn
	RDfolder	预测RNA二级结构的网上服务器	http://rna.cbi.pku.edu.cn
	miRAS	适于miRNA表达剖析研究的数据处理系统	http://e-science.tsinghua.edu.cn/miras/
	MiPred	根据miRNA前体会形成茎环结构的特点，分辨真假miRNA前体	http://www.bioinf.seu.edu.cn/miRNA/
	RFRCDB-siRNA	优化设计siRNA	http://www.bioinf.seu.edu.cn/siRNA/index.htm
蛋白分析工具	EasyGO	基于GO，为农艺物种做注释和功能富集分析	http://bioinformatics.cau.edu.cn/easygo/
	CTKPred	基于SVM，对细胞因子超家族进行预测和分类	http://www.bioinfo.tsinghua.edu.cn/%7Ehn/CTKPred/index.html
	GNBSL	预测革兰氏阴性细菌蛋白亚细胞定位的新型集成系统	http://166.111.24.5/webtools/GNBSL/index.htm
	MeMo	预测蛋白甲基化修饰的网上工具	http://www.bioinfo.tsinghua.edu.cn/~tigerchen/memo/contact.html
	KOBAS	识别通路的网上平台	http://kobas.cbi.pku.edu.cn
	IntNetDB	根据概率模型建立的蛋白相互作用网络的集成数据库	http://hanlab.genetics.ac.cn/IntNetDB.htm
平台	BOD	可定制的生物信息学工作平台，适用于多步骤并行任务	http://e-science.tsinghua.edu.cn/bod/index.jsp
	ABCGrid	生物信息学计算网格的应用	http://abcgrid.cbi.pku.edu.cn

生物信息资源服务

2006年，上海生物信息技术研究中心、北京大学、中国科学院北京基因组研究所、中国科学院微生物研究所等单位继续为国内外生命科学研究者提供网上生物信息资源，并为生命科学研究提供信息技术支持。

北京大学生物信息中心（CBI）作为欧洲分子生物学网络组织（EMBNet）中国国家节点，所提供的生物信息资源服务包括欧洲生物信息学研究所指定的国际核酸序列数据库EMBL官方发布网站、瑞士生物信息研究所指定的蛋白组分析系统Expasy中国站点，及其他十余个国际大型数据库的官方镜像。2006年FTP服务器上数据已逾800GB，主要包括100多个生物数据库及近千个生物信息学软件包，供国内外用户免费下载，平均月数据流量超过100GB。2006年CBI服务器更新后，可支持7 000人同时在线，年外部有效用户点击数超过7 000万次。

上海生物信息技术研究中心（SCBIT）作为以推动我国生物信息学数据共享为目的，完全从事生命科学数据库建设、生物信息学软件开发的机构，参与了国际蛋白质组数据标准的建立和制定，并帮助上海的科研机构开发了包括乙肝病毒、SARS基因组等数十个数据库。作为一个中立机构，它还负责上海及其周边地区生物数据的收集、管理与共享，业已汇交上海生物学自有基础数据的一半以上，数据量超过600GB，预计年增量将达到50～100GB。2006年5月16日，SCBIT利用其生物信息和科学数据共享服务平台向全世界公布了由我国自主测序的日本血吸虫基因组工作框架图的基础数据，发布DNA序列（reads）共计300多万条，供全球开展血吸虫病及其他寄生虫病相关研究的机构和科学家共享。

中国科学院微生物研究所信息中心作为中国科学院微生物典型培养物数据中心和中国生物多样性信息中心微生物分中心，建立了中国微生物菌种目录数据库、中国科学院典型培养物数据库、中国物种编目数据库等一系列微生物专业数据库，促进了我国特有微生物信息资源的全球共享。

生物信息学数据库及软件工具开发

我国生物信息学领域已建立了大批自主研发的原始及二级数据库，已吸引了大量的国内外用户。例如中国科学院北京基因组研究所及华大基因中心通过参与或承担人类、水稻、家鸡、家蚕、家猪以及多个微生物基因组计划，积累了大量第一手原始数据，并在此基础上建立了专门的数据库；北京大学生物信息中心研发的拟南芥及水稻转录因子数据库和分泌蛋白数据库每年外部有效点击数均超过500万次，其中60%以上为国外用户。这些数据库涉及广泛的研究范围，包括了基因组数据库、表达调控相关数据库及蛋白数据库等。

高通量技术产出的生物学数据的数量及其增长速度对其分析方法提出了很高的要求。一方面，先进的生物信息学算法及软件必须运行速度快，并且方便升级。另一方面，由于高通量技术经常伴随着高噪音，于是要求分析算法及软件要准确，并利用统计模型来区分信号与噪音。目前，我国自主研发的许多算法及软件已经以网上服务器形式向国内外生命科学研究者公开，多数软件的相关论文已在国际SCI杂志上发表，几十种软件已经获得软件著作权。

同时，为方便非生物信息学专业的用户使用，生物信息学软件应尽量整合在统一、友好的界面下形成分析平台。因此，我国生物信息学领域合作或自主研发了若干大型分析平台。例如，上海生物信息技术研究中心与英国帝国理工大学及所属InforSense公司合作，建立了基于网络的分布式的数据库和高通量的整合信息分析平台KDE Biosciences，使生物信息数据处理和挖掘实现了自动化、流程化和可视化，该项技术所获成果转让收入已达700万元；北京大学生物信息中心自主开发的生物信息学网上实验室WebLab，通过网络为生物学家及生物信息学家提供一个方便易用、功能强大的“一站式”生物信息学分析平台，截至2006年6月，已有国内外注册用户6 700多人。

对重大生物学问题的生物信息学研究

2006年，我国生物信息学研究者独立或与实验生物学家合作，对许多重大生物学问题进行了数据分析、规律挖掘及假设提出等，并取得重要成果。

1. 基因组研究　对基因组的研究仍是我国生物信息学的重点之一。我国科学家参与了对人的3号染色体的完整测序及详细分析，合作论文发表在《自然》杂志上；通过对造成真菌病的红色毛癣菌的EST测序及分析，发现了该物种在代谢及发育中的特征；通过比较能够和不能够造成移植手术后医院感染的两个不同表皮葡萄球菌品系的比较，找出了与感染性相关的基因；自主研发了从全基因组序列中预测编码基因、CpG岛、等容线及DNA聚变—裂变的新算法，以及利用基因本体论对不同基因组序列中的蛋白功能家族分布进行统计比较的新方法。

2. 基因家族演化研究　大量的测序数据使得对基因组及基因家族的演化研究越来越成为生物信息学的研究热点。我国科学家发现在哺乳动物中高度保守的基因组片断不仅在序列上相似，并且彼此间染色体距离也相似；研发了一种鉴别基因组中的重组热点的新方法,发现人的基因组中脱氧核糖核酸酶 I 敏感位点与酵母类似，富集重组热点；通过比较不同动物基因组中的跨膜蛋白(包括重要药靶家族G蛋白偶联受体)，阐明了在演化中基因倍增的固定与生境巨变之间的关系；自主研发了分析染色体上基因共线性分布的统计方法，阐明了水稻及拟南芥基因组倍增的历史；对同义及非同义突变率这一演化的重要概念进行了详细比较研究，并发现在水稻基因组中同义突变率与 GC 含量有负相关性。

3. 群体遗传学研究　我国众多的人口为群体遗传学研究提供了宝贵的财富，而生物信息学分析是群体遗传学的重要组成部分。2006年，我国科学家对中国人群中多个基因与疾病易感性的关联进行了研究。在癌症研究方面，分别报道了在年轻中国人群体中 Beta-2 肾上腺素受体基因(ADRB2)的多样性和肺腺癌风险的关联，在中国乙肝病毒携带者中雌激素受体 1（ESR1）基因的多样性和肝细胞癌易感性的关联，以及在肝细胞癌高发的广西扶绥地区吸烟者和乙型肝炎阴性患者中细胞色素 P4501A2 基因的多样性和肝细胞癌易感性的关联；在心血管研究方面，分别报道了在北方汉族人中alpha1A肾上腺素受体 (ADRA1A)基因的多样性和二级高血压的关联，在汉族人中甲状腺素 *rs2070762,肾上腺素B2*Q27E, 及 G蛋白偶联受体激酶 4*A486V 三个基因多样性和高血压的关联，以及在不吸烟的汉族人中血浆纤溶酶原激活物抑制剂 -1 基因多样性和冠心病的关联。在神经系统疾病研究方面，分别报道了汉族人中唾液酰基转移酶 8B 基因和精神分裂症的关联，以及多巴胺 D2 ,D4, D5 受体和多巴胺转运蛋白溶质运载蛋白 6A3等基因的多样性和线索诱发海洛因依赖着心理渴求的关联。

4. 基因芯片研究　基因表达的时空特异性和条件特异性及其调控机制一直是生物学研究的重要问题。基因芯片技术提供了在全基因组水平测量基因表达的高通量方法。2006年我国生物信息学家发表了多篇相关论文，涉及了自主研发的芯片探针设计算法、芯片原始数据处理方法及芯片数据功能分析方法，并探讨了由芯片不同版本对基因定义的差异所导致的结果差异；应用新的全基因组覆瓦式芯片在全基因组水平上鉴定转录信号，发现了数以千计的新转录本。对植物转录因子的研究也取得了若干进展，包括在水稻全基因组水平鉴定了2 000多个转录因子并构建了网上数据库，并对MYB和WRKY两个重要的转录因子家族进行了详细研究；自主研发了对转录因子结合位点进行预测及特征分析的新方法。

5．非编码RNA研究　siRNA、microRNA、非编码RNA及反义转录本对基因及蛋白的表达起到重要的调控作用，是近年来国际生物学研究的前沿领域，而我国生物信息学家在该领域取得了可喜进展：自主研发了利用序列及结构信息对siRNA、microRNA、非编码RNA及反义转录本的预测算法，在十余个物种中分别进行了全基因组水平的预测；研发了新的克隆技术，在线虫中找到了100个新的非编码RNA；设计了位于编码蛋白基因内部的非编码RNA基因及其宿主基因的混合芯片来检测其表达的相关性；预测、收集了与RNA、DNA结合的蛋白，并建立了网上数据库；建立了预测非编码RNA靶标的新方法。

纳米生物技术研究迅速发展

纳米科技是20世纪80年代末逐步发展起来的前沿交叉学科。纳米科技在信息与电子、材料、能源、环境、化学、生物、医学、微制造和国防等方面具有广泛的发展及应用前景，已成为全世界关注的重要科技前沿。近年来，我国不断加强在这方面的研究，科技部、国家自然科学基金委员会、中国科学院、教育部等在其相应的科技计划中予以了一定的部署。纳米生物技术在基于自然原型的纳米生物材料、芯片技术、分子马达、纳米探针、纳米材料的生物医学应用等领域取得了迅速的发展。

纳米生物结构与功能

随着现代生物学和现代医学的不断发展，人类在生物学和医学等领域的研究已进入到单个分子甚至分子内部的结构研究。这些极其微细的分子结构的特征尺寸大多在0.1～100纳米之间，属于纳米技术的尺度范围。

一、单分子、单细胞检测与操纵

1. 基于纳米界面的高灵敏生物分子检测新技术与器件研究　利用基于生物分子检测的新原理和新技术以及纳米材料的特殊性质，发展非标记光学 / 电学检测技术及相关特异性强、灵敏度高和稳定性好的生物传感技术，可应用于生物医学研究和重大疾病的临床诊断。例如，东南大学研究人员开发了具有自主知识产权的高灵敏度生物分子检测实验系统，构建了我国第一套可以对表面和界面体系上的分子结构和性质变化进行实时在线检测的现场光谱电化学接触角检测系统，实现生物分子的超微量原位动态检测。与此同时，开展了基于上述系统的相关研究，例如将纳米粒子极高的表面增强效应等特性与生物超分子功能探针的特异性分子识别能力相结合，探讨了基于不同纳米界面体系的高灵敏生物分子识别检测的机制。利用分子操纵与分子荧光或电化学技术等相结合，同时通过控制某些分子组装功能表面的亲疏水性等性能设计了分子开关等生物分子基功能器件，实现对生物分子信息进行快速准确的在线分析检测，建立高灵敏的生物分析传感系统（图6）。

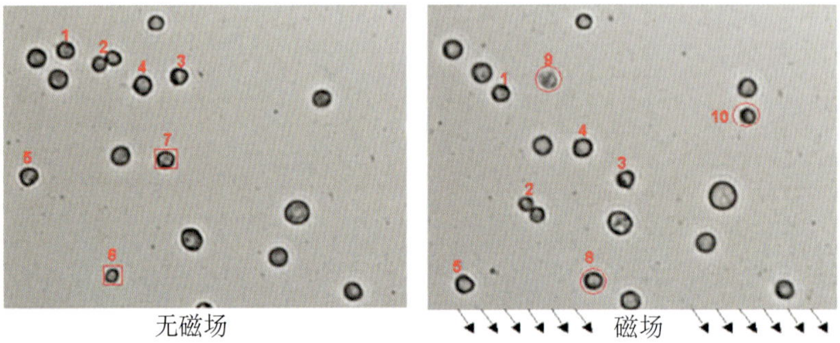

图6　白血病细胞与磁性纳米颗粒在磁场作用下定向运动的研究

2. 用于多元生物分子检测的胶体晶体编码微球　多元生物分子检测的一个主要目标就是同时测定样品中的若干个不同的生物分子以及分子之间的相互作用。常用的生物分子编码方法都存在着反应速度慢、编码不稳定或者解码复杂等问题，东南大学研究人员提出了一种利用胶体晶体特性来编码生物分子载体的新型编码方法，可以快速灵敏地检测多元生物分子。该方法以液滴为模板制备了单分散胶体粒子自组装而成的胶体晶体微球（图7）。这种微球具有明亮的光子晶体颜色和尖锐的反射光谱峰，在微球表面固定探针分子用于多元生物分子检测，所检测靶分子的种类通过微球的反射峰位置就可以判断。由于胶体晶体编码来自于胶体粒子自组装而成的有序纳米结构，所以编码具有极高的化学稳定性，同时组成微球的胶体粒子增加了微球的比表面积，提高了反应的灵敏度。可见，基于该方法编码载体的生物分子检测有望发展成为一种新型的多元检测技术。

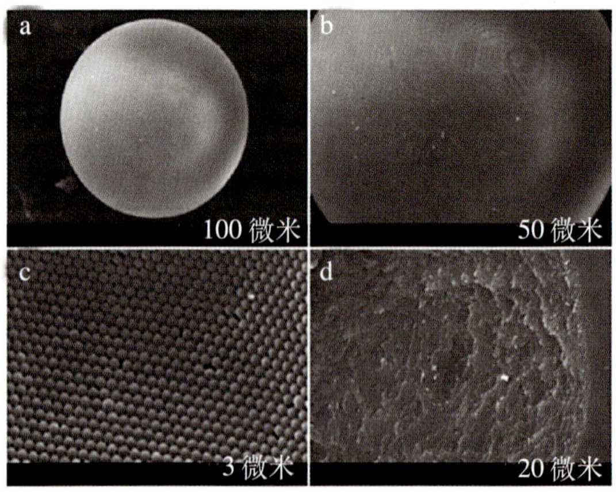

图7　以液滴为模板制备了单分散胶体粒子自组装胶体晶体微球的表面和内部结构的扫描电镜图像

利用不同胶体粒子粒径下反射峰在光谱中的不同位置作为胶体晶体微球的编码，所检测靶分子的种类则通过微球的反射峰位置就可以判断，靶分子的有无则通过微球表面的荧光多少来检测。

3. 电化学DNA纳米生物传感器　对基因相关疾病特异靶序列的检测在分子诊断学中具有重要的地位。电化学DNA传感器是一种非常有发展前途的生物传感器，也必将会在分子诊断、食品检验、环境监测以及安全反恐等领域具有极为广泛的应用。中国科学院上海应用物理研究所研究人员将金纳米粒子作为信号放大的载体引入到电化学杂交检测中，采用计时电量法对超低含量的靶序列进行了灵敏的检测。这种DNA杂交传感器利用纳米粒子较大的表面负载能力，有效地放大了低浓度靶序列的杂交反应信号，同时结合对电极表面探针组装密度的调节，将检测限降低到10～14摩尔/升的水平，灵敏度与常规荧光检测方法相比具有2～3个数量级的提高，并对单碱基错配序列具有较强的区分能力。

通过“夹心式”的杂交方式，将负载了大量信号探针的金纳米粒子拉近到电极表面。以钌离子作为电化学活性指示剂，通过杂交前后钌离子电量的变化指示杂交反应的发生。同时通过对组装条件的严格控制，对电极表面组装的DNA探针密度实现纳米级的调控，并通过巯基己醇的竞争组装，取代非巯基连接的DNA并封闭空余位点，有效地提高了检测的灵敏度。

4. 一种新的电化学生物传感器设计方式——在自组装单层（SAM）电极表面生长金纳米颗粒　南京大学的研究人员利用基于电极表面Au-NPs生长构建了一种新型电化学H_2O_2和胆固醇传感器，该传感器具有很低的检测限和很好的灵敏度。同时，由于Au-NPs的生长过程可以和很多还原性分子、还原型辅酶或氧化还原酶的底物相偶联，因此这种构建方法具有很大的通用性，在传感器设计和构建领域具有较宽的应用范围。

5. 活细胞检测的可视化技术研究　活细胞单分子行为研究是在活细胞中研究单个生物大分子行为的一门科学。它将成为细胞生物学领域一个新的研究时代的标识，将大大推动生命科学研究的发展，同时它也是一个生命科学与化学、物理学的重要交叉点。整合素（integrins）是一个重要的细胞黏附受体家族，参与各种不同的信号作用过程。补体受体3（Mac-1）标记的整合素巨噬细胞分化抗原与细胞间黏附分子（ICAM-1）之间的相互作用是宿主防御中中性粒细胞黏附调控的关键。已有研究表明一些由内向外的信号以及细胞外金属离子或抗体可以活化Mac-1，增加Mac-1对配体的黏附。但是Mac-1活化的分子机制尚未清楚。中国科学院化学研究所研究人员应用AFM进行了活细胞中Mac-1/ICAM-1间作用力的单分子检测研究，结果显示Mac-1/ ICAM-1间的结合率和黏附力随着Mac-1的活化而增加，通过对比不同Mac-1突变体的动态力分析，推断Mac-1活化是由α 7螺旋所控制的。

6.磁性纳米材料在免疫检测中的应用　免疫检测技术是以抗原与抗体的特异性、可逆性结合反应为基础的一种分析技术，它具有较高的选择性和灵敏度。如何快速、高效地得到可靠的检测结果已成为人们不断追求的目标。将磁性纳米材料用于免疫检测，可以简单、方便、快捷地对待测样品中的抗原、抗体、DNA等生物分子进行定性或定量测定。东北师范大学先进光电子功能材料研究中心利用抗体与抗抗体间的特异性识别相互作用，将磁性葡聚糖标记的鼠源单克隆乙肝病毒表面抗原抗体(IgGH)组装到抗抗体(anti-IgGH)修饰的镀金的硅基底上，利用原子力显微镜(AFM)、磁力显微镜(MFM)、红外光谱及X-光电子能谱(XPS)等技术跟踪监测整个组装过程。实验结果还进一步表明，施加外加磁场可增加磁性纳米生物探针的组装密度，进而大大提高检测灵敏度（约2个数量级）。

7. ZnO多声子Raman线作为指纹特征在生物分子检测中的应用　半导体纳米粒子由于在光学和电学方面的特殊性质已经引起了人们的广泛关注和研究。目前研究最多的半导体CdX（X=S、Se、Te）中Cd元素对生物体有一定的毒副作用。ZnO作为一种对环境无毒副作用的荧光半导体材料，它的光电性质特殊，化学稳定性高，易于制备，同时还具备丰富的Raman指纹特征峰。目前制备水溶性和生物相溶性较好的ZnO纳米粒子，对于实现ZnO在生物检测中的应用，依然是一种挑战。东北师范大学先进光电子功能材料研究中心研究人员制备的水溶性ZnO/Au复合纳米物，既具有ZnO的荧光和拉曼性质，又具有Au特点。ZnO的多声子拉曼现象只和极化系数有关，因此ZnO/Au纳米复合物的共振拉曼信号比较稳定，它可以用来作为识别生物分子的指纹特征信号。可以通过测定自组装的DNA芯片上的ZnO的共振拉曼信号，来确定DNA2的碱基序列。这为以后生物检测提供了一个新的方法。实验中还发现ZnO的共振拉曼信号随着靶DNA2浓度的降低而降低，而且在1fM的低浓度下依然可以测到ZnO的共振拉曼信号，并且比背底的标准差高出3倍，所以这种方法的最低检测线至少可以达到1fM。

二、分子组装与仿生纳米结构

1. 软物质的研究　软物质（soft matter）是指处于固体和理想流体之间的复杂态物质，它的基本特性是对外界微小作用的敏感性、非线性响应、自组织行为等。科学家们在单分子水平或者在低密度官能团的自组装单层膜水平都已经实现了可控的电致构象转变，然而由于分子间存在很强的相互作用，电场调控的致密组装膜体系的构象转变仍然是个难题。国家纳米科学中心与南开大学合作，通过分子结构设计合成了不同连接链段的双胆甾液晶分子，利用扫描隧道显微镜技术（STM）研究了含有柔性连接基团的双胆甾液晶分子的类似琴弦结构的构象双稳态转变，而中间含有刚性联苯基团的双胆甾液晶分子却没有观察到明显的电场响应（图8）。此研究结果表明胆甾类液晶分子对外场响应的机理研究以及电场响应分子的结构设计具有重要的科学意义。

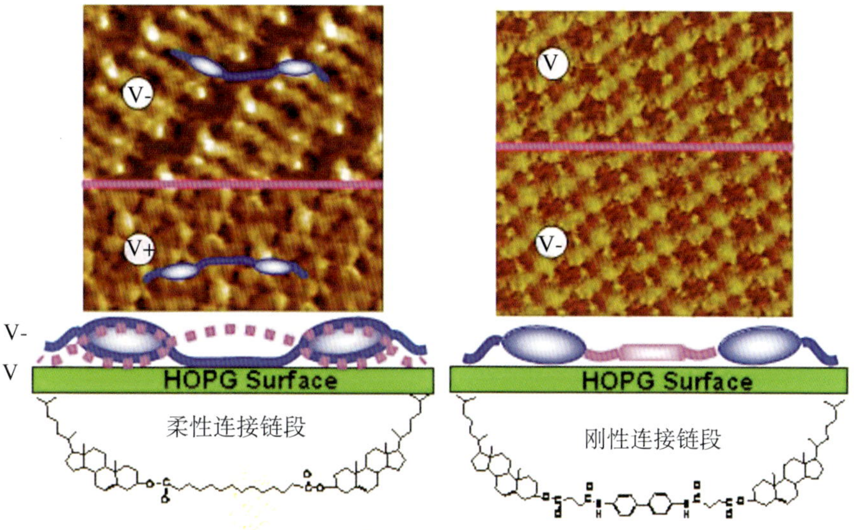

图8　利用扫描隧道显微镜技术（STM）研究含有柔性连接基团的双胆甾液晶分子类似琴弦结构的构像双稳态转变，中间含有刚性联苯基团的双胆甾液晶分子没有明显的电场响应

2. C60和碳纳米管的可溶性及其生物医用探索　东南大学开展了有关C60和碳纳米管的可溶性及其生物医用探索方面的研究工作。合成了聚-己内酯［Poly(-caprolactone), PCL］、聚氧乙烯［Poly(ethylene oxide), PEO］、聚氧丙烯［Poly(propylene oxide), PPO］的以C60为核的星型聚合物（图9），并对其结构和性能进行了表征。结果表明，与传统的线型聚合物不同，星型高分子在同样的分子量下具有更好的溶解性、可加工性等优异性能。而且，对于C60-PEO,可以容易地溶解在水中，从而为生物医用和毒理学评价奠定了基础。

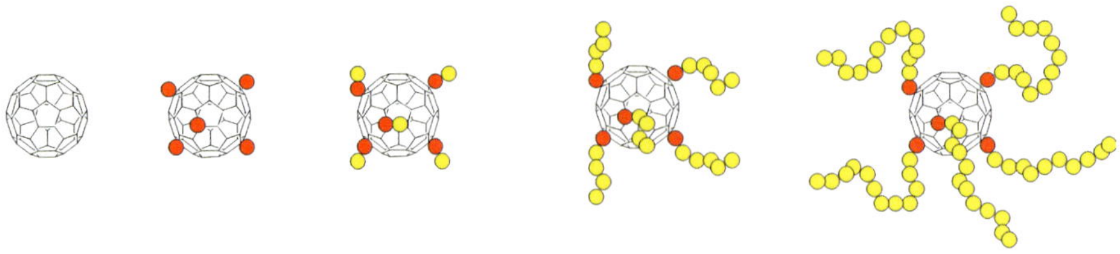

图 9　星型聚合物的合成途径

三、纳米生物机器

1. 核酸纳米机器的应用研究　国家纳米科学中心研究人员在提出的质子驱动 DNA 纳米马达的基础上，利用其具有的操纵简单、可逆，并且清洁的优点，成功地实现了该 DNA 马达的阵列化组装，与在溶液中一样，它们在二维平面上同样具有可逆的开关性质，当马达处于“关”的状态时，荧光被金基底淬灭，而加碱则能“打开”马达，并显示较强的荧光信号，马达的“开”与“关”可通过加碱和酸反复地进行（图10）。此工作成功实现了在二维平面上进行 DNA 马达阵列的集体工作，将纳米尺度的做功信号放大到宏观尺度，不仅可作为检测纳米尺度做功的有效手段，也为进一步利用纳米级力的输出来调控宏观效应提供了思路。

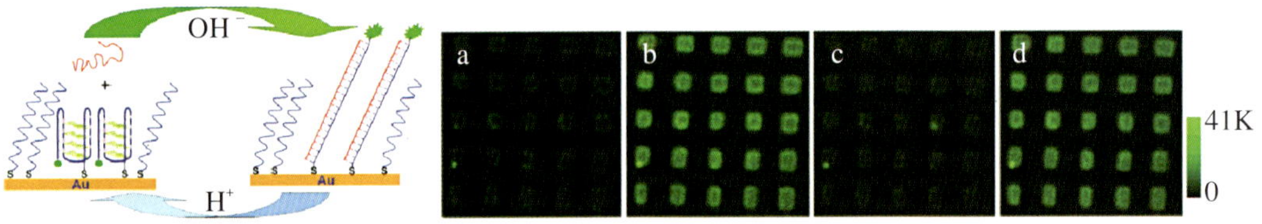

图 10　DNA 纳米马达的阵列化组装，左图为马达工作原理，
右图为通过荧光信号反映的马达可逆工作结果

在以上工作基础上，国家纳米科学中心研究人员利用 DNA 马达的集体效应，设计了由 pH 调控的 DNA 纳米舱。将 DNA 马达通过一段单链部分与基底连接，处于关闭状态的马达部分在基底上方紧密排列形成一层致密的分子膜，而与基底相连的单链部分成为一个贯通疏松的空腔，此纳米尺度的空间能够容纳一定量的功能小分子，所以可称为DNA纳米舱。当改变溶液的 pH 使核酸的四链结构破坏时，变成与下部同样松散的单链后，致密的分子膜不再存在，纳米舱中储存的小分子可以被释放到溶液中去。由于核酸马达的可循环性，在其基础上的纳米舱同样可以实现多次利用。此外，在适当交变电场的作用下，该核酸纳米容器的关闭时间可缩短到几十秒钟。此结果成功利用 DNA 马达的集体协同运动，构建了一种生物大分子机械系统，并将其应用到具有重要意义的分子可逆储存 / 释放领域。

2. ATP分子马达的工作原理与应用研究　中国科学院生物物理研究所研究人员在F0—调控F1—ATP酶的工作原理与应用研究取得如下进展：在单分子水平直接观察到外加力学驱动F1的同时，可以观察到F0质子转运动力学过程；当外加旋转磁场0.33赫兹(转/秒)，其力学与化学偶联$4.15+0.2H^{+}$/转；该δ缺失的F0F1-ATP合酶被组装成纳米分子器件,在光驱动下具有协同作用，该项研究成果被*Nanomedicine*评为5年来纳米医学领域最有影响力的100篇论文之一。分子马达作为生物传感器方面，建立了可以在单分子水平直接测定病毒粒子技术；发现用量子点与F0F1-ATP合酶的杂交体具有双电层性质，为进一步扩大分子马达实用化奠定了基础。

四、纳米与结构的生物效应

在神经退行性疾病病人脑内，老年斑的形成和神经细胞外蛋白质的淀粉样沉积，被认为是神经变性过程中的一类普遍病理现象。目前国内外研究的结果表明，在蛋白质错误折叠的早期，特别是蛋白质的纳米球状聚积物具有明显的神经细胞毒性。通过国家自然科学基金委员会纳米重大计划的支持，中国科学院生物物理研究所相关课题组建立了人类神经tau纳米球状积聚物的分子模型（图11），为研究蛋白质错误折叠产物导致细胞死亡机制的研究提供了方便。在此基础上，建立了神经tau蛋白在细胞内淀粉样聚积的模型，使得研究细胞内蛋白质分子错误折叠的纳米生物学机制有了一个新的突破口。

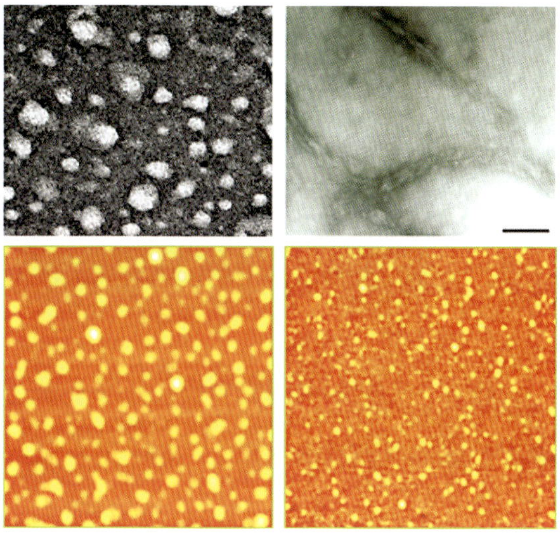

图11　人类神经tau纳米球状积聚物的分子模型

纳米医学技术

一、纳米生物医学材料

1. 功能纳米材料在疾病诊断及抑制肿瘤中的应用　东南大学研究人员通过对功能纳米材料的表面修饰和粒径分布调控，制备了具有生物靶向作用的功能纳米材料(如磁性、聚合物纳米材料等)。研究结果显示纳米颗粒的表面修饰能够规避体内正常细胞和组织的非常规免疫应答现象，提高纳米材料及其携带的抗肿瘤药物在肿瘤细胞周围及细胞内的沉积量或蓄积浓度，克服肿瘤或癌症细胞产生的耐药性从而增大多药耐药肿瘤细胞内的药物有效浓度和对肿瘤靶细胞的杀伤作用，达到肿瘤早期诊断和靶向治疗的目的。同时，利用现代分析方法和在线检测手段研究了功能纳米材料抑制肿瘤耐药性的机理和动力学过程，以建立基于理论计算和生化分析研究的新型抗癌药物的设计和筛选的方法及其靶向生物分子相互作用的高灵敏在线分析检测技术，为进一步构建基于功能纳米界面的对相关肿瘤生物标志物具有特异性识别功能的生物超分子功能探针和高灵敏纳米生物传感器提供新的思路和方法。

2.纳米微球和具有纳孔结构微球技术研究与应用　中国科学院过程工程研究所从1994年开始研究尺寸均一和尺寸可控的纳米微球和具有纳孔结构微球的合成原理和技术，是国际上最早从事该项研究的课题组之一，首次建立了快速膜乳化技术，成功了制备多种尺寸均一、可控的生物降解性纳微球，而且研制出国际上首台全自动规模化制备装置，并成功应用到PLA疫苗纳米粒的制备中，有效地解决了以往制备中微球尺寸不均、重复性差和规模化的问题。

3. 壳寡糖—硬脂酸嫁接物纳米材料研制　浙江大学首次合成了具有细胞浆、细胞核靶向功能的壳寡糖—硬脂酸嫁接物纳米材料，研究证实可自聚集形成纳米胶束，其疏水核结构可扰乱细胞膜，完成细胞内化，由糖蛋白途径靶向细胞核;研究还证实该纳米给药系统，能够将药物靶向细胞核，可显著减少肿瘤化疗药物剂量并逆转耐药。

4. As_2O_3/Fe_3O_4复合纳米粒的制备与生物相容性评价及其热化疗治疗宫颈癌的研究　东南大学研究人员应用化学共沉淀法及浸渍法已成功制备了Fe_3O_4磁性纳米粒和As_2O_3/Fe_3O_4复合纳米粒（图12）。As_2O_3/Fe_3O_4复合纳米粒热动力学试验表明它具有良好的磁响应性及吸收磁能而升温的能力。通过一系列生物相容性评价试验证明As_2O_3/Fe_3O_4复合纳米粒具有良好的生物相容性，可以进一步用于肿瘤热化疗。体外实验显示：As_2O_3/Fe_3O_4复合纳米粒热化疗能显著抑制培养人宫颈癌Hela细胞增殖、诱导细胞凋亡。体内实验显示（图13）：As_2O_3/Fe_3O_4复合纳米粒热化疗能增加肿瘤的质量及体积抑制率，导致肿瘤组织坏死，具有治疗移植性宫颈癌的作用。RT-PCR方法证明As_2O_3/Fe_3O_4复合纳米粒能显著抑制CD44v6、VEGF-C、及MMP-9的表达，可能具有抗宫颈癌转移的作用。

图12　As_2O_3/Fe_3O_4复合纳米粒透射电镜照片

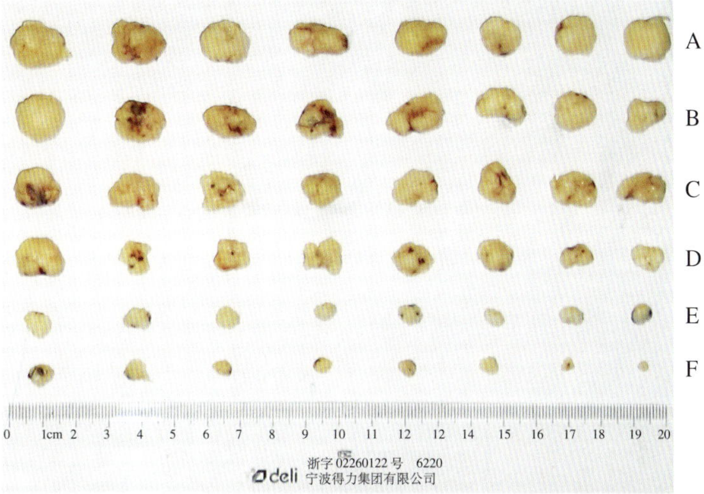

图13　人宫颈癌HeLa细胞裸鼠移植瘤经不同方法处理后肿瘤外观照片

A. 对照组（生理盐水）　B. 单纯Fe_3O_4磁性纳米粒非热疗组　C. As_2O_3/Fe_3O_4复合纳米粒非热疗组
D. 游离As_2O_3组　E.单纯Fe_3O_4磁性纳米粒热疗组　F. As_2O_3/Fe_3O_4复合纳米粒热化疗组

5. rhBMP-2及可控缓释rhBMP-2/CPC复合硬组织活性复合材料　rhBMP-2具有良好的诱导成骨作用，能满足临床快速成骨的需要，在脊柱外科、口腔科、创伤骨科（尤其是骨不连、骨延迟愈合）都将具有广阔的应用前景。华东理工大学研究人员采用生物工程手段，通过对rhBMP-2的氨基酸肽段的一级结构进行修饰，并在*E. coli*重组菌中表达、生产高纯度双链结构长链型的rhBMP-2，经发酵、分离、复性、纯化等生物工程过程，生产了纯度达95%以上、双链结构、长链型的rhBMP-2。同时利用肌肉埋植法测定了含蛋白植入体内的活性和新骨形成情况（图14），表明该蛋白成骨活性高。目前完成了rhBMP-2的中试制备并开始进入临床研究阶段。

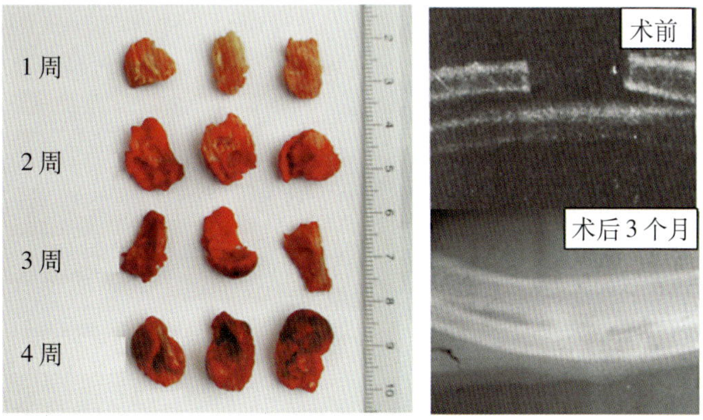

不同植入时间的骨组织标本　　材料修复骨缺损的X线片

图14　利用肌肉埋植法测定的含蛋白植入体内的活性和新骨形成情况

6. 磁性纳米颗粒在高通量SNP分型研究中的应用　单核苷酸多态性（SNPs）是人类基因序列中最常见的变异，对它们的研究有助于解释个体的表型差异、不同群体和个体对复杂疾病的易感性以及对各种药物的耐受性和对环境因子的反应。因此建立一种快速、准确、高通量且适用于临床的SNP分型方法非常重要。目前已报道的众多SNP分型方法中，绝大多数需要对包含有SNP位点的PCR产物进行纯化、浓缩，这是一个既费时又费力的工作，而且很难满足未来对分型自动化的要求。东南大学首先设计合成了标记双色荧光的SNP特异性检测探针，以链亲和素包被的磁性颗粒（SA-MP）作为检测载体，建立了用以捕获常规PCR扩增靶序列高通量SNP的检测技术：链亲和素包被的磁性颗粒捕获浓缩常规PCR双链产物后，经过磁分离—洗涤—变性成单链—磁分离—洗涤—与SNP特异性双色荧光检测探针杂交—磁分离—洗涤—变性过程后，将变性得到的检测探针溶液直接点印到玻璃基片上的SNP分析结果，背景很低，信噪比很高，经测序证实SNP分型结果正确（图15）。

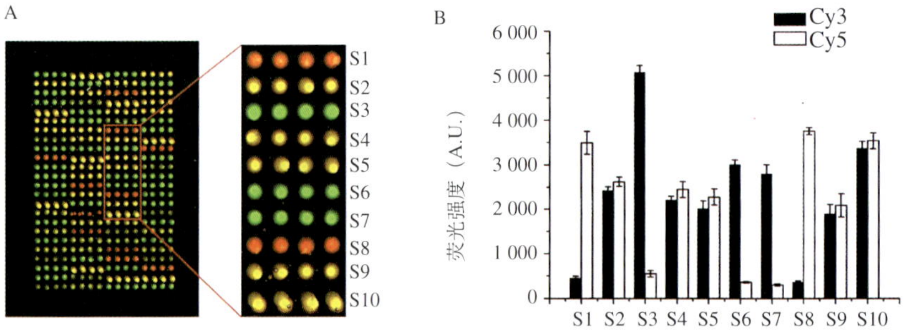

图15　基于磁分离的“离位”高通量SNP分析技术测定的96个样本MTHFR基因的C677T位点分型结果

A. 96个样本的荧光信号扫描图，根据扫描结果可以非常简单、直观地区分出样本在MTHFR基因C677T位点的3种基因型　B. 其中10个样本的相对荧光强度值（样本3、6、7为677CC野生型，样本2、4、5、9、10为677CT杂合型，样本1、8为677TT突变型）

其次建立了以链亲和素—磁性颗粒（SA-MP）作为固相PCR反应载体的“在位”固相PCR的高通量SNP检测技术。该方法不仅省略了传统方法中纯化、浓缩PCR产物的烦琐步骤，而且获得了很好的分型结果。整个实验操作过程可以在96—或384—孔PCR板中自动完成，能够在几分钟内完成对大量样品的分型，且分型结果直观、准确，正错配信号比值高（大于9.0）。

虽然前面2种方法为人们提供了简单易行的SNP高通量分析技术，但是如果要进行多样本多位点高通量SNP分析，就必须设计多对特异性双色荧光探针，无疑增加了分析成本。为了进一步降低分析成本，研究人员又对上述方法进行了改进，提出了基于磁性纳米颗粒“在位”PCR和芯片技术的双色通用标签多样本多位点高通量SNP检测技术，试验结果见图16。该技术在病原微生物检测方面也有很高的应用价值，对于迅速确定病原微生物的亚型，确定有效的治疗方案具有重要意义。目前正在研发上述多样本多位点SNP高通量分型技术的全自动化分型系统。

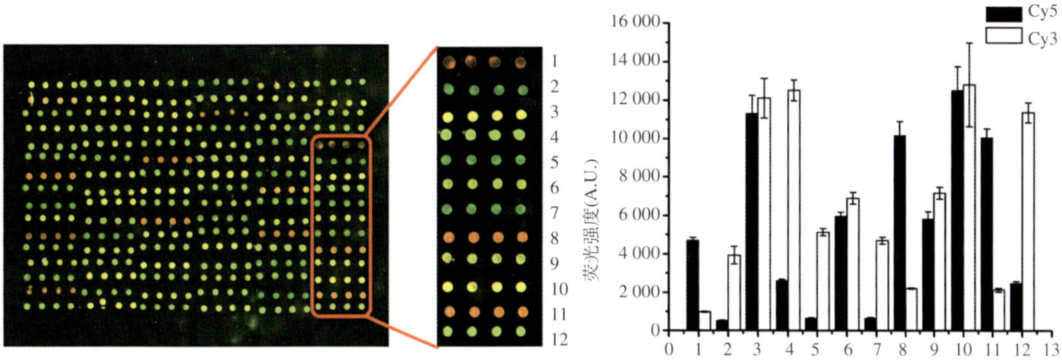

图 16　96 个样本的分型结果（左图）以及其中有代表性的 12 个样本的荧光强度值（右图）

7. 纳米磁粒子标记细胞 MR 成像的实验研究、纳米磁粒子标记间充质干细胞经肾动脉移植 MR 成像的实验研究

东南大学研究人员分离纯化大鼠骨髓间充质干细胞（mesenchymal stem cells, MSCs）纯度高，具有干细胞特性；应用磁性氧化铁纳米粒子和多聚赖氨酸(Poly-L-Lysine，PLL)的偶联物Fe_2O_3-PLL体外标记MSCS；经肾动脉移植入正常大鼠肾脏的MSCs弥漫分布于肾小球内，临床应用型1.5T磁共振仪可对移植的标记细胞进行活体示踪。详见图17。

二、间充质干细胞经急性肾功能衰竭大鼠肾动脉移植 MR 活体示踪

经肾动脉移植入急性肾功能衰竭（acute renal failure, ARF）大鼠肾脏的MSCs经临床应用型1.5 T磁共振仪活体示踪显示其在早期弥漫分布于ARF肾脏肾小球内，具有和同样途径移植入正常肾脏中的MSCs相似的分布特点。MSCs移植后早期可促进ARF恢复，可

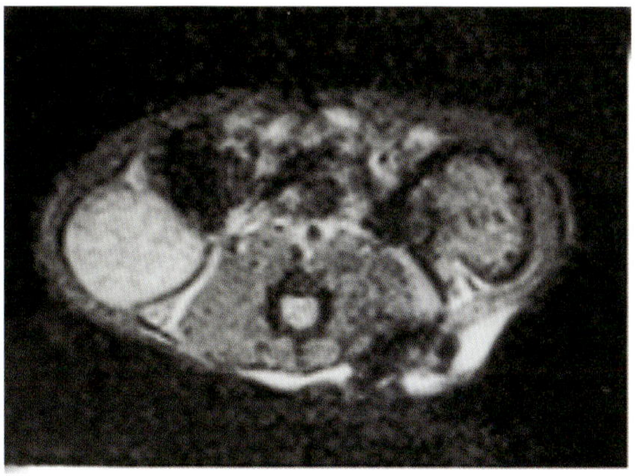

图 17　为注入标记细胞后即刻肾脏轴位 T2*WI：信号强度下降仅分布于皮质外带

能通过除横向分化以外的途径发挥ARF的治疗作用（图18、图19)。

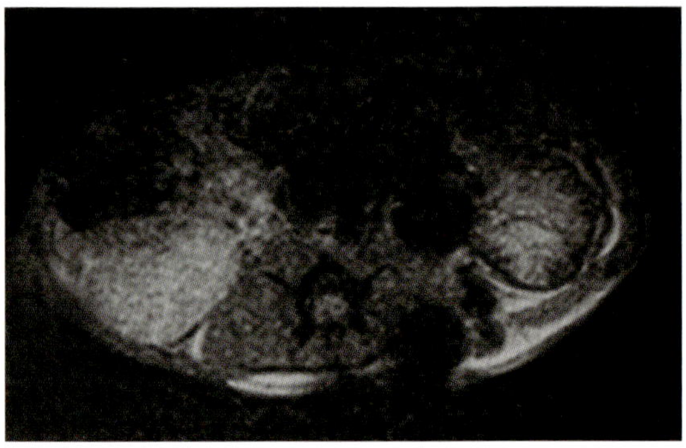

图18　为移植后MR肾脏轴位：信号改变明显减弱

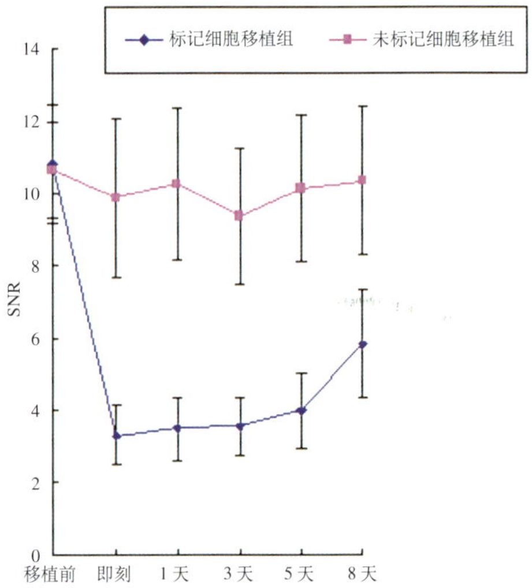

图19　标记细胞移植组与未标记细胞移植组不同时间点SNR变化

三、纳米材料与环境安全

由于纳米材料的许多独特性质（如纳米尺寸效应、纳米表面效应、纳米结构效应等)，其潜在的负面影响已引起人们的关注，人们担心它对环境、人体健康和社会潜在的危害最终是否会超过它给人类社会带来的效益。上海应用物理研究所研究人员对SD大鼠气管灌注碳纳米材料99mTc-C60(OH)x后的组织分布进行了研究，结果显示99mTc-C60(OH) x除了在肺中大量分布外，还主要分布于肝脏、骨骼和脾脏，脑内没有分布。99mTc-C60(OH) x的粒径分布以及体内聚集可能影响渗透肺泡毛细血管屏障的能力和动力学过程。该研究对于碳纳米材料的吸入毒性具有一定的指导意义。

中国科学院国家纳米中心研究人员对小鼠口服不同尺寸TiO_2后的急性毒性及体内分布进行了研究，结果显示口服25纳米和80纳米TiO_2纳米粒后血清中乳酸脱氢酶(LDH)和α-羟丁酸脱氢酶(HBDH)水平显著改变，说明具有一定的心肌损伤毒性。但是在心脏、肺脏和脾脏没有异常的病理改变。组织分布实验结果显示TiO_2主要分布在肝脏、脾、肾脏和肺部，说明TiO_2口服后可以通过胃肠道吸收转运至其他组织和器官。

四、生物医学纳米器件

1. 高选择性地黏附生物素修饰的聚电解质微胶　如何在固体表面选择性地定点进行化学合成，并逐步可控的将生成物进行释放，在生物传感器、定点药物缓释等领域是一个重要的技术问题；将“人工细胞”精确地按设定位置进行投放，然后通过填充、释放内容物，可以对细胞间通讯等一系列基础科学问题进行探索。浙江大学研究人员利用生物素—亲和素之间的特异性结合作用，将具有微米尺寸的聚电解质微胶囊选择性地固定在利用反应性微接触印刷技术构建的化学图案表面，构建于基材表面的亲和素微区点阵能够高选择性地黏附生物素修饰的微胶囊，形成高质量的阵列结构。整个过程的基材选用聚合物材料，使这一方法可适用于多种非平面系统。

2. 全内反射椭偏成像生物传感器的研究和应用　全内反射椭偏成像生物传感器是一种将二维纳米活性表面与光学全内反射椭偏成像和微流控微反应器阵列技术相结合，发展起来的一种新型生物传感器。该传感器避免了溶液扰动的影响，还可以方便地用于生物分子相互作用的原位实时检测；既能同时检测多种生物学样品，也能检测同一样品中的多种生物分子，与相敏成像耦合，方便地实现了多元生物分子检测；具有高灵敏度、快速检测、无标记和原位定量检测等特点。利用该技术，已经进行了抗原—抗体、疾病标志物、病原体病毒等检测尝试。中国科学院力学研究所与中国科学院苏州纳米技术与纳米仿生研究所合作，应用全内反射椭偏成像生物传感器对乙肝表面抗原进行了检测。实验表明，全内反射椭偏成像生物传感器能够实现对生物样品进行实时、多元、低耗的有效检测。

3. 纳米生物功能发光材料与器件研究进展　发光量子点是近年来生物标记和生物成像技术研究发展的新热点。由于发光量子点与现有的荧光染料标记技术相比，具有激发谱线宽、发光谱线窄、量子效率高、发光稳定等优点受到了高度的重视；光纤生物传感器具有抗干扰能力强、耐腐蚀、灵敏度高等优点得到了迅速发展。中国科学院长春光学精密机械与物理研究所研究人员将量子点生物探针与光纤生物探针的优势相结合，发展了一种用于在体进行癌症重大疾病早期诊断的基于发光量子点的生物探针的光纤生物传感器。已在鼠体内实现了对量子点标记的IgG检测灵敏度达1×10^{-13}摩尔/毫升，准确率达97%以上。这个研究结果的意义在于可在分子水平于人体内实现癌症等重大疾病原位早期诊断的可能性。

可体内靶向和控释的发光上转换纳米光敏晶及其在癌症等重大疾病诊断和治疗中的应用研究：采用发光上转换纳米晶与抗体和光敏剂组装成靶向和可控释的发光上转换纳米光敏晶同时具有磁造影增强、发光成像诊断和光动力学治疗的多功能。目前，检测到了发光上转换纳米光敏晶产生的单态氧、在鼠体内皮下产生的纳米晶的红外发光及杀死Hela细胞的光动力学效应（图20）。本研究结果的意义在于在同一个具有生物功能的发光上转换纳米光敏晶内实现了诊断和治疗等多功能，解决了当前光敏晶功能单一，水溶性差，单态氧产率低和光穿透深度浅等问题。

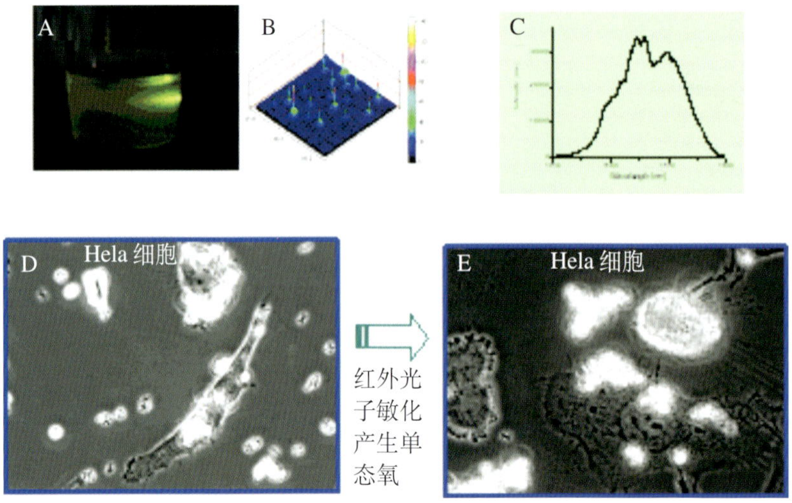

图 20　A、B 为制备的水溶性和脂溶性的发光上转换光敏晶溶液和单个粒子的发光 Mapping　C 为在鼠皮下检测到的来自纳米光敏晶的红外光发射光谱　D 和 E 分别为发光上转换纳米光敏晶标记的 Hela 细胞在纳米光敏晶产生的单态氧分子作用前后 Hela 细胞凋亡的图片

在活体组织生物医学成像技术中，高特异性、高灵敏性免疫荧光探针具有较好的发展前景。α 胎蛋白（alpha-fetoprotein, AFP）是肝细胞瘤的重要标记物，武汉大学研究人员通过将量子点（ODs）与AFP抗体结合，制备了特异性免疫荧光探针，并应用该免疫荧光量子点生物缀合物进行了肝细胞瘤在体检测。实验结果显示 ODs-Anti-AFP 可以在体内肿瘤显示特定的荧光，并能肿瘤靶向及实现肝细胞瘤的光谱成像，通过逐点扫描可以得出肿瘤细胞在体内的分布情况。

与传统有机染色剂和荧光蛋白相比，半导体量子点作为一种杂交生物标记材料具有独特的荧光性质，如荧光吸收和发射的组成和尺寸依赖性、宽的吸收谱、耐光性和单点敏感性，因此半导体量子点可以作为长期荧光示踪和基因以及蛋白质亚细胞定位的稳定、敏感的标记物。武汉大学研究人员通过金属硫醇键将单链DNA与量子点结合构建了量子点标记的DNA探针，该探针具有高分散性、生物活性和杂交特异性。基于这种pUC18质粒多克隆位点序列互补的探针，首次实现了微小大肠埃希氏杆菌的在位荧光标记（图 21、图 22）。

五、生物医学微纳系统

高等动物是由多种细胞组成的，在其内部广泛存在着同种和不同种细胞的相互作用。异种细胞之间的信号传递和相互作用在组织形成和正常生理功能中有重要作用。体外进行多种细胞共培养体系的建立，为不同种类细胞间相互作用的研究提供了有效的途径。在细胞培养的基底表面运用化学修饰，改变其对蛋白质和细胞的吸附特性，可以良好控

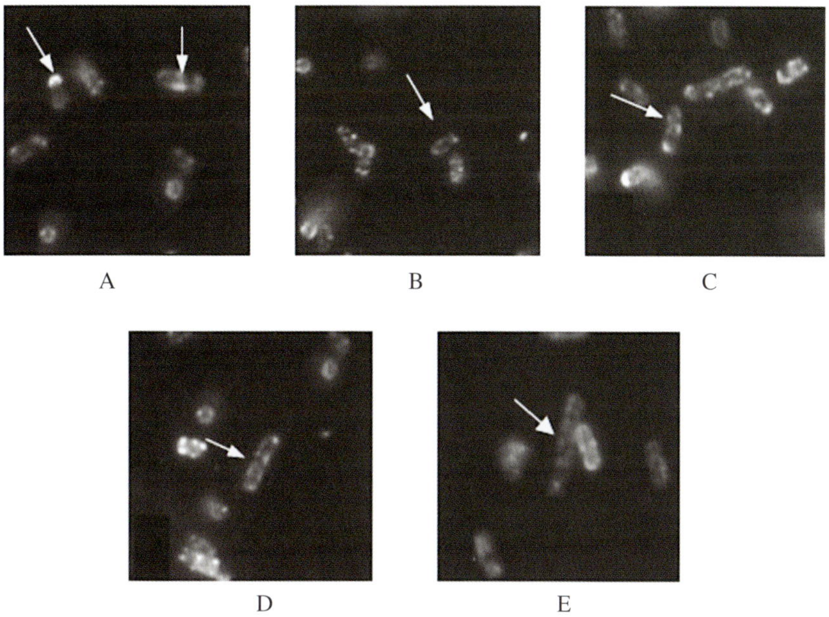

图 21　通过在位杂交荧光对大肠埃希氏杆菌 pUC18 质粒的亚细胞定位

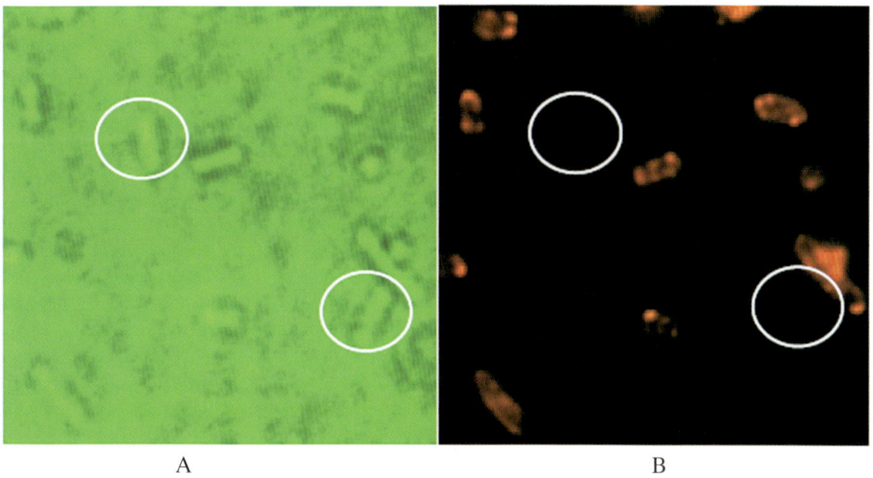

图 22　大肠埃希氏杆菌的在位杂交荧光显微图

A. 明场下加绿色滤光片　B. 荧光下

制不同细胞的共培养。但在同一表面有效控制不同种细胞有序黏附，一直是一个巨大的挑战。国家纳米科学中心研究人员结合人工纳米薄膜、微接触印刷、电化学以及微流控技术，研究了可以控制多种细胞在表面黏附的方法（图 23）。该方法的优点是，把多种细胞固定在表面时，可以几种细胞之间通过溶液中的分子交换进行相互作用，也可以让不同细胞之间通过直接接触进行相互作用。此项研究成果不仅对于异种细胞间相互作用、组织发生等基础研究而且对毒理学模型、人造器官、活性药物筛选等应用领域都有很重要的意义。该研究得到了国家自然科学基金委员会、科技部、中国科学院的支持。

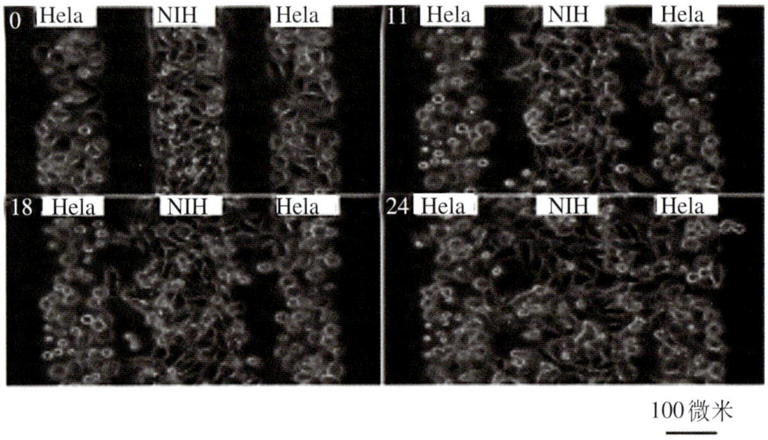

图23　Hela和NIH 2种细胞可控的迁移，最后汇合到一起
每个图片左上角的数字是第二次施加电化学后经历的时间（小时）

纳米药学技术

纳米药物是在原有药物的基础上应用纳米技术和纳米特性发展而来的具有新的药理活性/生物效应，或者药理活性显著增强的药物或载药系统。相对于源头创新药物而言，纳米药物开发的周期短、风险低、投入少、回报大，已经成为国际纳米生物医学研究的热点之一。

一、纳米药用材料

1. 纳米活性炭　纳米活性炭(ACNP)是一具有生物惰性的纳米粒子，其对抗癌药物的靶向输送作用反映了纳米尺度在抗肿瘤化疗中的重要意义。胃癌是最为常见的恶性肿瘤之一，手术治疗及化学治疗手段都不理想，根治率很低。军事医学科学院毒物药物研究所研究人员用裸鼠人胃癌对模型，对ACNP在胃癌化疗中的应用进行了研究。结果表明，ACNP可以有效地抑制肿瘤的增长，预防胃癌的复发和转移。病理组织学切片上，可见ACNP特异性地附着于肿瘤组织，并渗入肿瘤组织内部(图24)。

作为惰性粒子，ACNP在体内能否被排出体外，这一问题还是纳米技术的生物安全性中的一个重要问题，因为已有大量的研究表明，环境中的纳米粒子可以通过吸入或食入进入生物体循环系统，分布到机体的各种内脏器官。该课题组采用多次重复给小鼠静

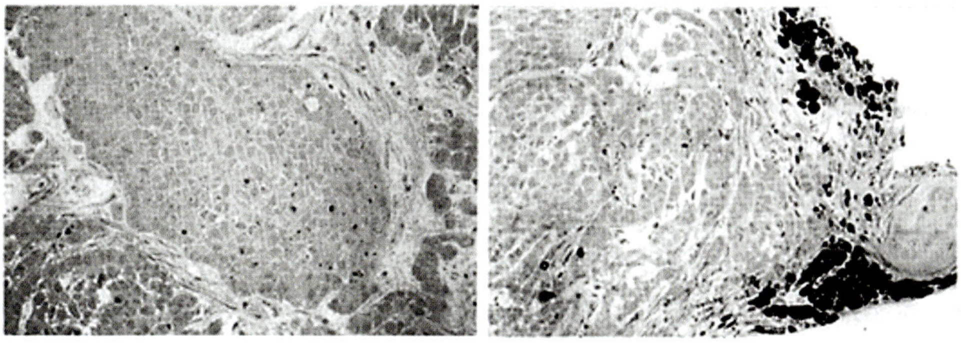

图 24　光镜下观察肿瘤组织 HE 染色 ×200

脉注入 ACNP 的方法，观察惰性纳米粒子能否被机体排出。结果显示，体内的生物惰性纳米粒子可经多种途径排出体外，如尿液（图 25）、肠道（图 26）及胆汁（图 27）等。这一结果将大大减小人们对纳米粒子排泄问题的担心。

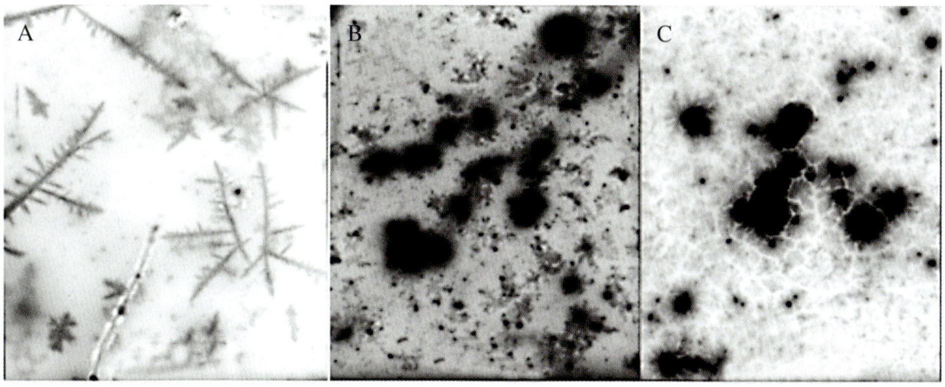

图 25　肾脏对纳米活性炭的排泄作用

A. 对照　B. Ⅱ 尿液　C. ACNP 尿液

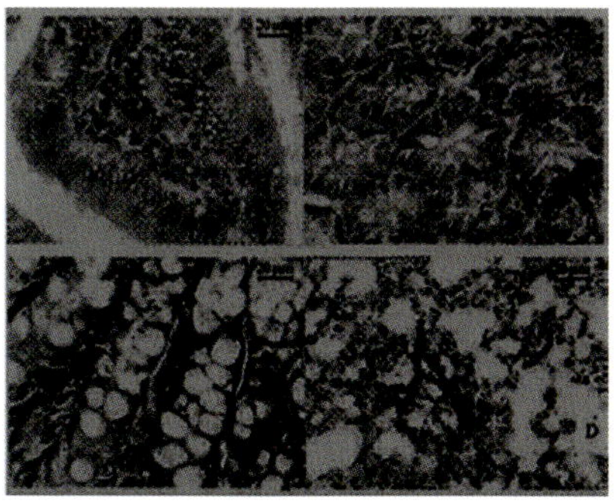

图 26　肠道对纳米活性炭的排泄作用

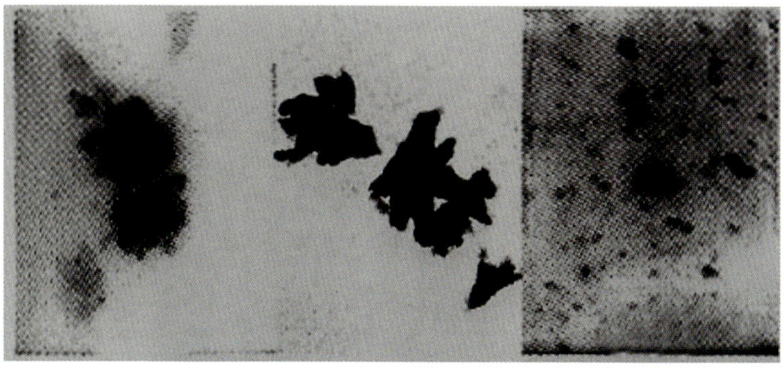

图 27　胆道对纳米活性炭的排泄作用

上述这些研究初步探索了生物惰性纳米粒子药理学和毒理学问题，展示了纳米技术在抗肿瘤化疗应用中的良好前景。

2. 多壁碳纳米管　碳纳米管在水溶液中的稳定分散、准确定量及其与蛋白质分子的作用是实现其生物医学应用的重要研究内容。针对生物医学应用的要求，中国医学科学院基础医学研究所研究人员在无表面活性剂的条件下，建立了比较稳定的制备碳纳米管水溶液的技术。这项工作为碳纳米管作为生物药用载体提供了基本的条件。

此外，通过SDS—凝胶电泳和荧光光谱分析方法探讨了PEG修饰抑制纤维蛋白原在多壁碳纳米管上吸附的可能性。结果表明，多壁碳纳米管对2种单一蛋白都有吸附，对纤维蛋白原的吸附更加强烈。在双蛋白混合溶液中，多壁碳纳米管对纤维蛋白原分子具有强烈的倾向性吸附作用。经PEG分子修饰后，多壁碳纳米管对纤维蛋白原的吸附程度有所降低。上述研究为发展以碳纳米管为基础的新型生物药物制剂和载体提供了基础。

3. 多功能热化疗金壳纳米颗粒　纳米药物制剂的开发与研究给医药界带来了崭新思路和观念性变革。兼备靶向、缓控释性能的纳米药物制剂可以将药物靶向到病灶部位，控制释放药物，避免对正常组织的损伤，合理提高药物利用度，为癌症患者提供更安全、低毒、有效的治疗方法。

其中，二氧化硅纳米颗粒（无定型）具有毒性低、体内循环时间长、可逃避网状内皮系统吞噬、化学和机械稳定性好等优势，是近几年纳米医药领域的新宠。中国科学院理化技术研究所研究员人员创新制备的可控尺寸、核壳比的单分散的具有夹心、介孔结构的二氧化硅纳米颗粒（图28）具有高比表面积、介孔尺寸可调节，可通过调节孔径、尺寸、核壳比控制载药量、药物释放速率和药物缓释时间，是理想的药物载体。载多烯紫杉醇的夹心二氧化硅纳米颗粒表面连接肿瘤特异性配体叶酸后，对叶酸受体高表达细胞株Hela的抑制率可比不接叶酸载药纳米颗粒提高1倍。

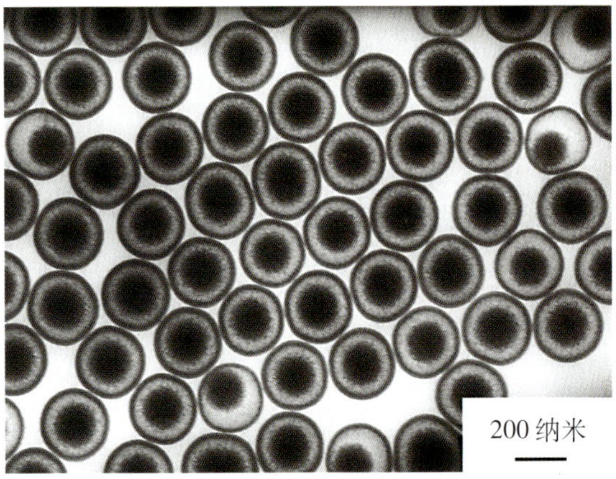

图28　夹心二氧化硅透射电子显微镜照片

在夹心二氧化硅纳米载药系统的基础上，该研究组继续创新发展了一种多功能热化疗金壳纳米载药颗粒新型工艺技术(图29)。这项技术是在夹心二氧化硅尺寸可任意调变的基础上，采用化学修饰方法将纳米金包覆到夹心二氧化硅上，通过调节金壳和夹心二氧化硅的核壳比，可调节其在近红外区的吸收，将近红外光能转化为周围的热能，达到杀死肿瘤细胞的目的。同时，内核的夹心二氧化硅纳米颗粒可作为化疗药物载体。该工艺可将光热疗法、化疗药物的装载与缓释技术、靶向治疗技术相结合杀死癌细胞。这种肿瘤治疗技术可以发挥多种治疗技术的协同功能，大幅度减少化疗药物对正常组织的伤害，提高肿瘤抑制率，延长患者的生存期。前期动物实验表明，金壳对Balb/c小鼠的Lewis肺癌模型抑瘤率可达53%以上，生存期可延长75%。

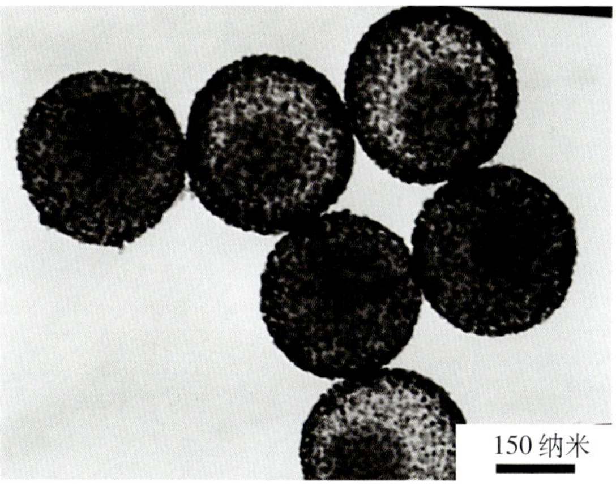

图 29　金壳包覆夹心二氧化硅透射电子显微镜照片

二、基于纳米技术的剂型

1. 阳离子化白蛋白修饰纳米粒的脑内递药研究　脑是人体的重要组织器官，很多疾病的发生都与脑组织的病变有关，如脑肿瘤、老年性痴呆和帕金森病等。脑部疾病的治疗效果与脑内的药物浓度直接相关。但由于血脑屏障的存在，大约有98%的化学药物以及近乎100%的蛋白/多肽和基因药物均难以入脑，直接影响了脑部疾病的治疗与诊断效果。复旦大学研究人员以阳离子化白蛋白（CBSA）为脑内递药的导向分子，连接经甲氧基聚乙二醇修饰的聚乳酸纳米粒，设计成一种新型的阳离子化白蛋白修饰的隐形纳米粒递药系统（CBSA-NP）。该递药系统的阳离子性质能够与血脑屏障的负电荷异性相吸，诱导脑毛细血管细胞膜产生吸附介导的胞吞转运，递送药物入脑。采用该系统包载了化疗药物阿克拉霉素、具有记忆修复功能的小分子多肽NC-1900以及抗肿瘤质粒pORF-hTRAIL，探讨了该递药系统对于化学药物，多肽及基因药物的适用性以及临床应用的安全性（图30）。结果表明：所构建的CBSA-NP纳米载药系统具有良好的脑内导向性递药特性，有望实现了对于脑部重大疾病——胶质瘤和老年性痴呆的导向性治疗。

2. PEG化隐形纳米粒给药系统　复旦大学研究人员经实验证实，负载rHuTNF-α的PEG-PHDCA纳米粒（150纳米）对S-180实体瘤的抑瘤作用显著大于原药和PHDCA普通纳米粒后，分别以重组人肿瘤坏死因子（rHuTNF-α）和羟基喜树碱（HCPT）为大、小分子模型药物对PEG分子量和纳米粒粒径

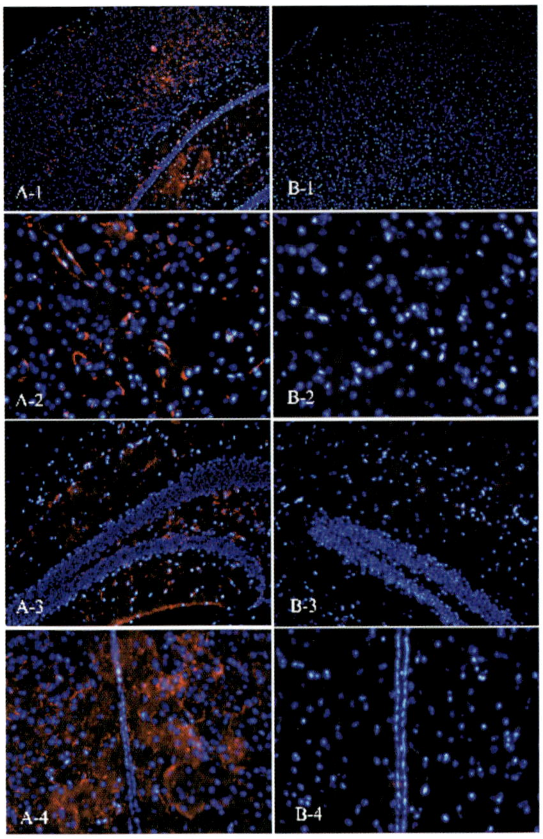

图 30　BALB/c 鼠尾静脉注射 CBSA-NP-hTRAIL (A)和 NP-hTRAIL (B)48 小时后的免疫组化结果

1、2. 大脑皮层，放大倍数分别为 10 × 10 和 10 × 40
3. 海马齿状回，放大倍数 10 × 20
4. 第三脑室，放大倍数 10 × 30

与体外巨噬细胞吞噬摄取，体外药物释放，在 S-180 荷瘤小鼠的体内分布和抑瘤作用的关系进行了较为系统的研究。研究发现，无论大、小分子模型药物，纳米粒和囊泡的粒径与体外生物学特性，体内长循环和肿瘤靶向相关性良好（R = 0.988 4～1.0）。rHuTNF-α 纳米粒显示 PEG 分子量与体外生物学特性，体内长循环和肿瘤靶向亦具有良好相关性（R = 0.976 7～0.999 6）。其中，80 纳米的隐形纳米粒和囊泡显示规避巨噬细胞吞噬作用最强，血浆半衰期最长，S-180 肿瘤中峰浓最高，AUC 最大，抑瘤作用最好。本研究结果为隐形纳米粒肿瘤靶向传释系统的进一步研究开发提供理论和实验基础。

3. PEG-rHuTNF-α 分子复合物　为进一步改善分子复合物的肿瘤靶向性，复旦大学研究人员以转铁蛋白（Tf）为主动靶向基团，制备了 Tf-PEG-rHuTNF-α。研究结果表明 Tf-PEG-rHuTNF-α 分子复合物成功合成和有效肿瘤靶向为克服 TNF-α 等一大类细胞因子静脉给药存在的缺点开辟新的捷径，为被动靶向和主动靶向结合提高肿瘤靶向作用提供理论和实验基础。

4. 人鼠嵌合抗肿瘤细胞核单抗chTNT-3-脂质体给药系统　由于人鼠嵌合抗肿瘤细胞核单抗 chTNT-3 能够特异性靶向肿瘤坏死区瘤细胞的核抗原—— DNA- 组蛋白复合物，复旦大学研究人员将 chTNT-3 作为靶向头基连接到空间稳定脂质体表面，制备成既具有较长血循环时间又能靶向肿瘤细胞核抗原的免疫脂质体(chTNT-3-SSL)，以期达到疗效不低于抗肿瘤细胞表面抗原抗体修饰的免疫脂质体，又具有广谱靶向多种实体瘤细胞能力的目的。包载抗肿瘤药物阿霉素的 chTNT-3-SSL（chTNT-3-SSL[DOX]）在荷 H460 瘤裸鼠体内的抑瘤试验结果表明：在相同药物剂量条件下，抗肿瘤细胞核单抗修饰的空间稳定免疫脂质体的抗肿瘤效果明显好于普通非特异性抗体修饰的空间稳定免疫脂质体，且两者均能明显降低DOX引起的毒副作用。

5. 叶酸—聚乙二醇复合物纳米载药系统　国外文献报道叶酸—聚乙二醇（Folate-PEG）的研究主要集中在制备脂质体功能性膜材料、修饰纳米制剂、制备聚合物胶束和抗肿瘤药物载体等实体瘤治疗方面的应用基础研究，而我们将其作为放射性核素和抗肿瘤药物载体用于淋巴转移肿瘤的研究，国内外未见报道。荧光标记考察Folate-PEG被肿瘤细胞摄取的实验结果提示，其可介导叶酸受体导入叶酸受体高表达的肿瘤细胞（图31）；放射性标记考察Folate-PEG经组织间隙给药后的淋巴系统导向性试验结果表明，Folate-PEG经组织间隙给药，依赖于其合适的纳米尺寸，可导向淋巴系统，但又不会长时间蓄积在正常淋巴结内，为研制开发高效低毒的淋巴转移肿瘤靶向诊断与治疗用的功能性纳米载体奠定了基础。

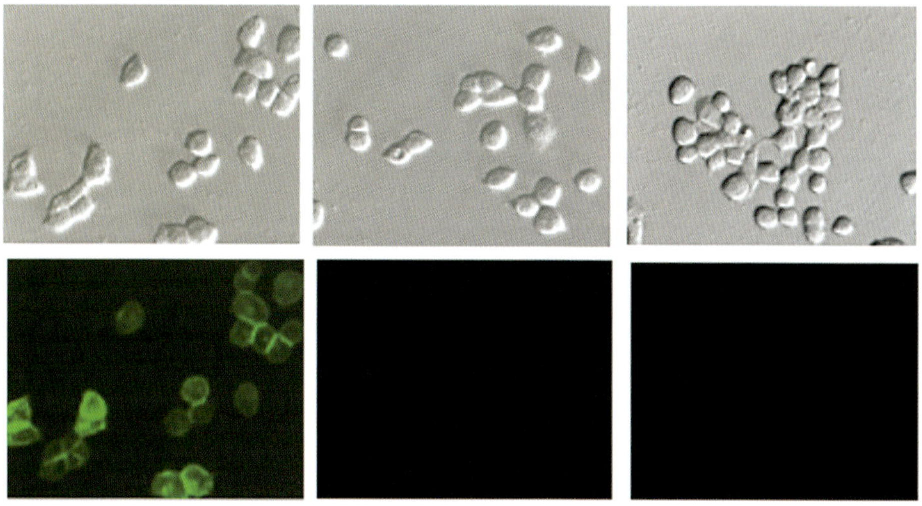

图31　荧光示踪法考察肿瘤细胞对Folate-PEG的摄取

细胞种类：KB细胞；培养时间：24小时；上图为相差显微照片，下图为荧光显微照片，左边为Folate-PEG，中为加入1毫摩尔叶酸+Folate-PEG，右为MPEG-FITC

三、基于纳米技术的药理研究

1. 界面亲疏水性调控短肽一维“外延”自组装　一般认为分子之间特异相互作用只有在生物体系中才产生，但当前的一些探索发现，生物分子可以和非生命物质（材料）形成类似特异相互作用的有选择性的相互作用。例如，短肽可以在无机晶体表面进行自组装，某些序列的短肽甚至可以沿着晶格方向进行一维地“外延”生长。这方面的研究对生物分子在无机界面的自组装、生物分子人工纳米结构的制造具有重要意义。中国科学院上海应用物理研究所和上海细胞与生化研究所的研究人员发现，表面的亲疏水性可以显著地调控这种选择性“外延”生长。在亲水的云母表面，短肽GAV-9形成了约3纳米高的纤维并沿着云母表面的晶格双向快速生长。相反，在疏水的石墨表面，GAV-9肽利用其肽链与衬底间强烈的疏水作用形成了均匀的高度约0.9纳米的“横躺”纳米纤维（图32）。这种同一种短肽在不同亲疏水衬底表面均采用一维外延生长方式形成不同模式的纳米纤维现象还是第一次被发现。由于GAV-9是3种重要神经退行性疾病（分别是：帕金森氏病、老年痴呆症、疯牛病）的积聚蛋白的核心同源序列，该项研究同时对理解蛋白质积聚的动态机制也有启示。

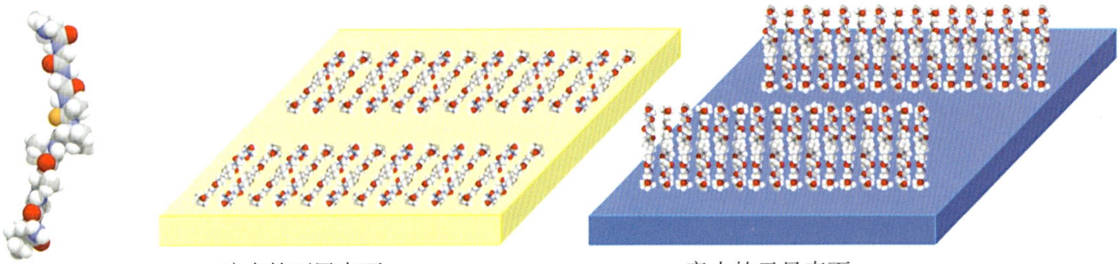

短肽 GAV-9　　疏水的石墨表面　　亲水的云母表面

图32　短肽GAV-9结构及亲水的云母表面、疏水的石墨表面的一维外延自组装

2. 二氧化硅纳米粒子对酵母prion蛋白Ure2成纤维的影响　目前，纳米粒子的生物效应研究处于起步阶段。分子水平的研究主要在纳米粒子对蛋白质性质的影响方面展开。纳米粒子对蛋白的构象，稳定性和酶活性等性质都会有影响，并与蛋白的性质、纳米粒子的成分、大小、电荷等性质密切相关。中国科学院生物物理研究所研究人员以二氧化硅纳米粒子对Ure2蛋白组装和聚集的影响为切入点，从分子水平研究纳米粒子对蛋白组装和聚集的影响，同时也为蛋白质淀粉样纤维化形成机理提供线索。研究结果表明：二氧化硅纳米粒子对酵母prion蛋白Ure2的构象和稳定性没有影响，但是，能促进其成纤维，并且负电荷和不带电荷的纳米粒子效应更显著（图33）。

四、纳米中药技术

1. 纳米马钱子为基础痹痛灵喷雾剂　华东理工大学与上海中医药大学合作，研究了纳米马钱子为基础的痹痛灵喷雾剂的纳米中药制剂（图34），具有较好镇痛、抗炎和抑菌作用，对痛风、类风湿关节炎、肌肉劳损疼痛等痛性疾病有很好的疗效，对免疫系统也有一定的调节作用，具有很好的临床应用前景。已申请公开国内发明专利2项。

2. 雌黄纳米粒的研制及其对K562细胞体外治疗作用的研究　东南大学研究人员采用化学法首次成功研制了2种不同粒径的雌

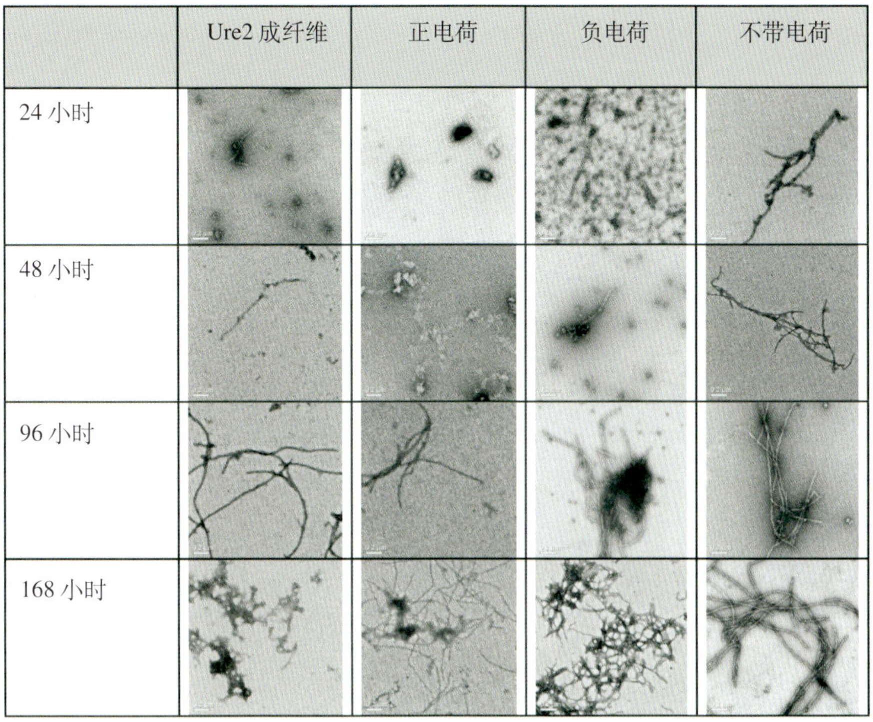

图 33　带正电荷、负电荷、不带电荷二氧化硅纳米粒子对 Ure2 成纤维影响的电镜照片

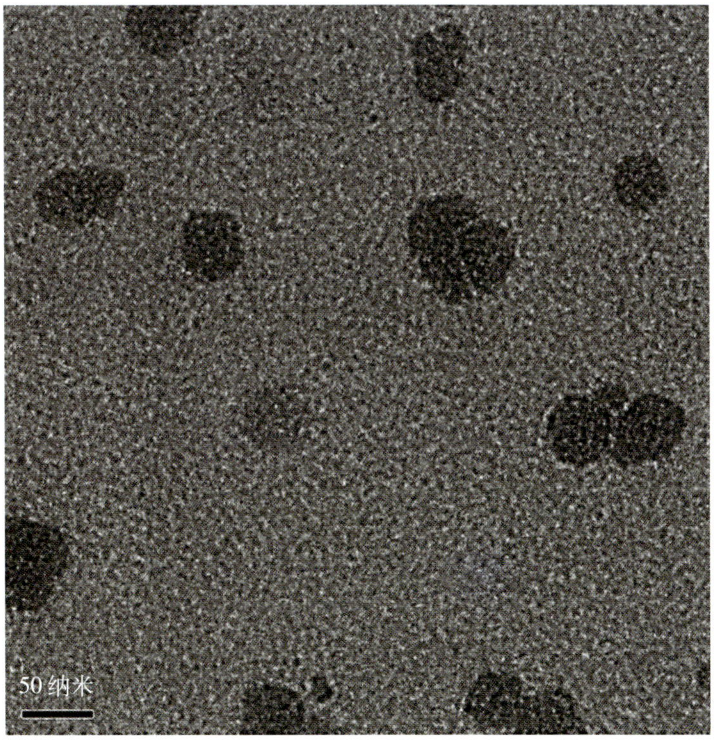

图 34　纳米马钱子基痹痛灵喷雾剂的外观形貌

黄纳米粒，其平均粒径分别为60纳米和140纳米（图35）；同时研究了其体外抗肿瘤（白血病）作用，结果显示纳米雌黄能强烈抑制K562细胞增殖并诱导其凋亡，效果明显优于普通雌黄（图36），这种新剂型的含砷纳米中药有望走入临床，为临床治疗白血病及其他肿瘤提供新的思路和方法。

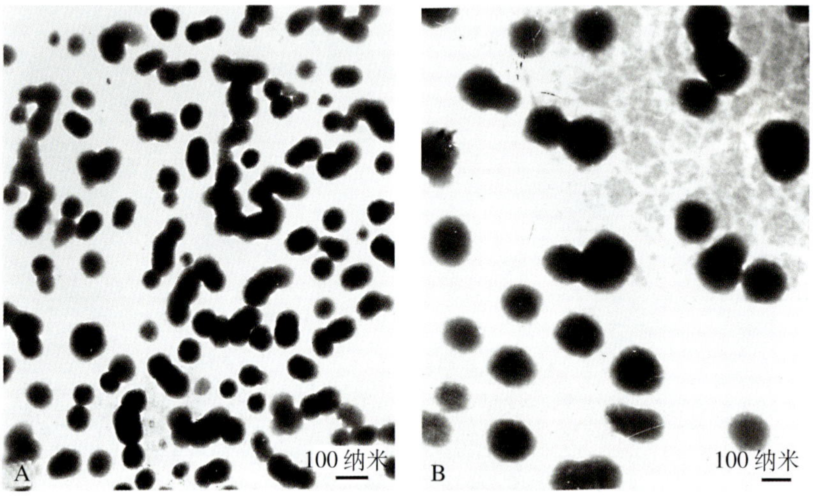

图35 普通雌黄及雌黄纳米粒电镜照片

A. 60纳米雌黄纳米粒 B. 140纳米雌黄纳米粒

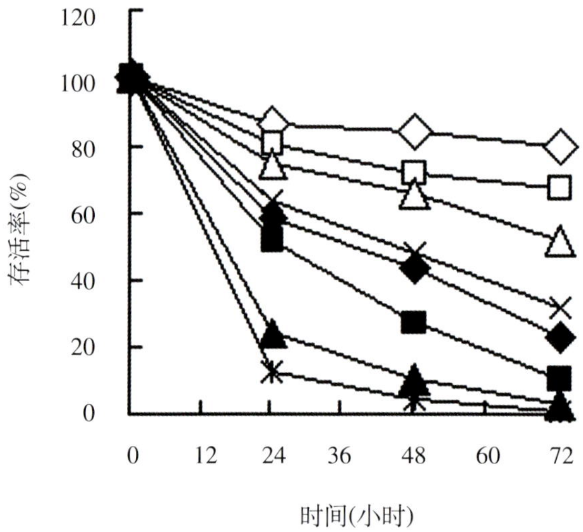

图36 雌黄及雌黄纳米粒对K562细胞增殖抑制作用

◇ 2微摩尔/升普通雌黄　◆ 2微摩尔/升雌黄纳米粒
□ 4微摩尔/升普通雌黄　■ 4微摩尔/升雌黄纳米粒
△ 8微摩尔/升普通雌黄　▲ 8微摩尔/升雌黄纳米粒
× 16微摩尔/升普通雌黄　✱ 16微摩尔/升雌黄纳米粒

技 术 篇

医药生物技术

概述

随着生物技术的迅猛发展，医药生物技术正在成为促进生物产业发展和生物经济形成的重要技术支撑。2006年是国家“十一五”规划的开局之年，国家在医药生物技术研究方面较以前有了更大的投入。仅“十一五”863计划生物和医药技术领域就安排了“干细胞与组织工程”、“疫苗与抗体工程”、“重大疾病的分子分型和个体化诊疗”等3个与医药生物技术研究密切相关的重大项目，中央财政专项经费约8亿元。此外，2006年启动的863计划生物和医药技术领域基因操作与蛋白质工程技术等专题中也安排了大量的医药生物技术研究方面的课题，并投入了大量的中央财政专项经费。

经费投入的持续增加，良好的发展前景，吸引了大批优秀人才投身于医药生物技术研究领域，进而带动了我国在医药生物技术领域的技术水平明显提高。例如，针对高致病性禽流感病毒感染人群的情况不断发生，且存在大流行的可能性，我国及时研究了针对性的疫苗，并在2006年完成了Ⅰ期临床研究。

2006年，医药生物技术产业化也取得了一定的进展。例如，基于抑制肿瘤新生血管形成，发挥抗肿瘤作用机理的重组人血管内皮抑制素上市，且销售情况喜人。

疫苗

我国在疫苗研究及产品开发方面取得了

一定进展，多种疫苗获准开展临床研究。

一、伤寒Vi多糖蛋白质结合疫苗

伤寒是一种粪、口途径传播的传染病，主要见于集体生活的人群，散发病例也常见，高发人群是青少年，最近的研究表明，伤寒在5岁以下儿童中发病率也很高。据估计每年全球伤寒患者可达3 300万人，造成50万人以上的死亡，在疫区，伤寒的发病率可达700～1 000/10^5人群。

伤寒也是我国最常见的传染病之一，尤其是我国的西南地区和江苏、安徽等，其发病率历年来位于我国法定传染病的5～7位，是一种严重危害人类健康的传染病。

伤寒Vi多糖蛋白质结合疫苗可以预防伤寒的发生。在越南的试验表明，该疫苗具有91.5%的保护率。若成功使用该疫苗，将极大地保护人民群众的健康，对降低传染病的发病率起到积极意义。

伤寒Vi多糖疫苗虽已在世界范围内广泛使用，其良好的安全性和70%左右的保护效果也令世人满意，但该疫苗为多糖疫苗，5岁以下儿童不能产生免疫保护，而且没有免疫记忆性和加强免疫应答，因此，必须通过其他手段将T细胞非依赖的多糖抗原转变为T细胞依赖的抗原，才能在全人群使用。多糖蛋白质结合疫苗技术就是将多糖抗原连接至一个蛋白质载体上，使多糖抗原由T细胞非依赖性转变为T细胞依赖性，产生免疫记忆，并使儿童也产生相应的免疫应答，该技术已成功应用于b型流感嗜血杆菌结合疫苗、C群流脑结合疫苗、7价肺炎结合疫苗、4价流脑结合疫苗的研制和生产上，产生了良好的社会效益和经济效益。

我国研究的伤寒Vi多糖蛋白质结合疫苗就是采用这种细菌性疫苗研发新技术，研发使用人群更广、免疫持久性和效果更佳的伤寒Vi结合疫苗。截止2006年底，兰州生物制品研究所研制的伤寒Vi多糖蛋白质结合疫苗已完成实验室前期研究，获得了GLP实验室的动物毒理学实验安全性报告和试制产品的检定合格报告，基本形成了较完善的产品制造工艺和生产过程及终产品的质量控制指标和方法，建立了《伤寒Vi结合疫苗制造及检定规程》。经国家食品药品监督管理局的审批，该疫苗获得了伤寒Vi结合疫苗的临床试验批件（2006L01307）。

目前，研究人员正按照临床批件的要求，开展伤寒Vi结合疫苗的Ⅰ、Ⅱ、Ⅲ期临床观察，同时完成新药申报所要求的工艺完善、稳定性观察资料、连续3批制品的生产和检定等工作。

二、双价O1/O139霍乱灭活疫苗（胶囊）

霍乱（Cholera）是发展中国家常见的急性腹泻病之一，其发病急，传播快，波及面广且危害严重，属三大国际检疫传染病之一，也是我国法定管理的甲类传染病。自1817年以来，人类历史上先后出现了7次霍乱大流行。其中发生于1961年以前的6次霍乱大流行均由O1群古典生物型霍乱弧菌所引起，而由O1群El-Tor生物型霍乱弧菌所引起的第七次大流行从1961年在印度开始至今仍在延续。1992年印度次大陆又出现了由一种新型霍乱即非O1群O139型霍乱弧菌引发的霍乱暴发大流行，由于人群对该菌株缺乏免疫力，故而在短短的半年时间内它就迅速蔓延至其他许多国家和地区，其致病性之强，传播速度之快，完全不亚于第七次El-Tor霍乱大流行，因而也被称为第八次霍乱大流行。

据报道，全球每年大约有220 000人患霍乱，有85 000人死于霍乱。最有效的控制霍乱的手段仍是疫苗，现有的霍乱疫苗包括注射用疫苗和口服疫苗2种，已在欧洲取得使用资格的口服疫苗为瑞典研制的霍乱O1群全菌体加重组霍乱毒素B亚单位疫苗(WC/rBS)，口服3次后测得保护率达60%且持续期长达2年。同时越南也在研制不含霍乱毒素B亚单位的疫苗（WC），现场结果显示其保护力达到60%以上。由于O139型霍乱的流行，使得一些疫苗研制机构着手研制包括O1和O139的双价疫苗。

研制口服灭活疫苗的理论依据可有以下几点：① 随着疫苗生产制备及检测水平的提高，疫苗的质量更易得到控制，类似胆盐所引起的副反应将不会发生。②研究表明有效的霍乱疫苗必须能刺激肠道内局部黏膜免疫应答，疫苗通过口服途径给药可以和感染霍乱一样刺激抗LPS分泌性IgA的升高，而非肠道免疫则不能，此外口服B霍乱毒素亚单位也能引起分泌性抗毒IgA的应答，肠道组织活检表明口服免疫后，针对霍乱毒素B亚单位和全菌体的抗体分泌细胞出现升高而血清中杀弧菌抗体可作为保护性免疫应答的间接指标。将系列稀释的血清与大量标准化接种霍乱弧菌在加入补体后孵育，通过溶菌的程度可测量杀弧菌抗体。自然感染霍乱的人，其杀弧菌抗体滴度可升高数倍。与血清抗体滴度升高有关的保护力是通过口服给药的免疫所提供的。非肠道给药的灭活霍乱疫苗也能使被免疫个体产生高滴度的杀弧菌抗体，但只能在短期内给机体有限的保护。③霍乱的毒力因子十分复杂，虽然对一些主要的毒力因子如CT和TCP等已研究得比较清楚，但尚未发现的毒力因子或毒力调节因子仍可能是存在于活疫苗中潜在的问题。④有许多毒力因子同样又是必要的免疫原，为了减毒，需要进行的多基因突变可能影响免疫效果。因此，发展全菌体口服霍乱灭活疫苗仍是目前比较合理而现实的思路。

兰州生物制品研究所开发研制的“双价霍乱O1/O139灭活疫苗”，主要是针对我国霍乱疫情现状进行的，针对性地选择我国霍乱流行的优势菌株，制备预防性疫苗。该疫苗所用的关键技术为自主研究开发，所选用的菌株不同于越南研制的同类疫苗株。在疫苗的质量控制方面，创立了检测疫苗中的有效保护性抗原方法，用于疫苗中的质量和效力试验的检测方法控制，取得了疫苗生产工艺和质量控制的稳定工艺。针对霍乱流行的特性，研究人员研制出了可以同时预防O1群霍乱小川型、稻叶型和霍乱非O1群O139型肠道传染病的经济型疫苗，制备成多价口服疫苗，胶囊剂型，可以同时预防不同型别的霍乱传染性疾病。该疫苗具有使用范围广、副反应小、免疫接种方便、预防效果明显的特点。

双价霍乱O1/O139灭活疫苗已完成临床研究前的实验室工作，于2006年4月获得了国家食品药品监督管理局签发的I类新药的临床观察批件。

三、甲型肝炎灭活疫苗孩尔来福(Healive)——中国第一支甲肝灭活疫苗

甲型病毒性肝炎是一种由甲型肝炎病毒(HAV)引起的传染病，主要通过水、食品等渠道传播，对人们生活和工作带来危害。该病发病率很高，危及面甚广，属传播最广的世界性传染病。甲型肝炎（简称甲肝）是世界性的公共卫生问题，据世界卫生组织(WHO)估计，全球每年甲肝的发病数>140万例，相关费用每年约15亿~30亿美元。因食用被甲肝病毒污染的蚶类海产品，引起的甲肝暴发流行，国内外屡见不鲜。1956年瑞典、1973年美国因为吃了污染的贝类而发生甲肝暴发流行。

我国是甲肝的高流行区。近年来，随着我国经济文化的发展和卫生条件的改善，甲肝的发病率呈现下降趋势，但仍时有暴发和流行，造成严重的社会影响、经济损失，对人民身体健康造成重大伤害。我国在1979年和1988年，上海市均因食用了污染的毛蚶，引发甲肝暴发流行，造成数十万人感染。

预防和控制甲型肝炎的最有效手段就是注射甲肝疫苗。甲肝疫苗包括减毒活疫苗和灭活疫苗两类。甲肝灭活疫苗是国际上公认的安全有效的制品，过去只有美国、法国、瑞士等几个发达国家批准生产。甲肝灭活疫苗在免疫效果、安全性、使用范围等方面都优于减毒活疫苗，是世界甲肝疾病防治的主流和趋势。甲肝灭活疫苗接种后产生抗体的速度很快，它的明显优势就是可以用于应急接种，若在甲肝疫情暴发地区进行大规模接种，可以控制或缓解疫情（图37、图38、图39）。

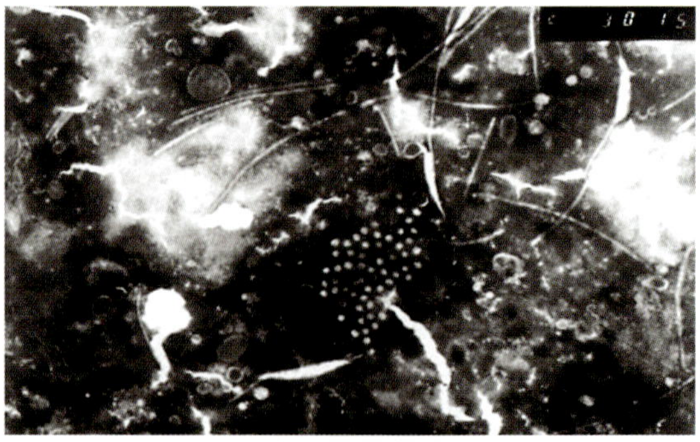

图37　甲肝病毒免疫电镜照片

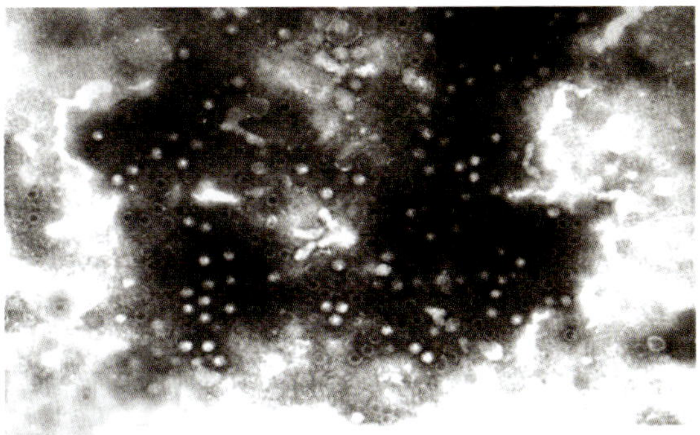

图 38　甲肝病毒 TZ84 第 10 代免疫电镜照片

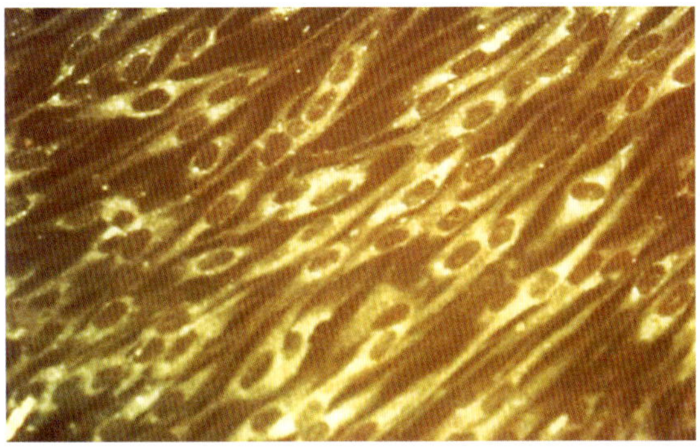

图 39　甲肝病毒 TZ84 株感染 2BS 细胞的免疫荧光照片

1985 年初，北京科兴生物制品有限公司的尹卫东教授从感染甲肝病毒者的粪便标本中分离出 TZ84 甲肝病毒株。专家鉴定认为，这株病毒具有抗原产量高，病毒繁殖周期短等特点，适合诊断试剂盒和疫苗的研究及生产，达到国际国内先进水平。1987 年，北京科兴生物制品有限公司完成了“甲型肝炎酶联免疫诊断试剂”的研制，为我国在甲型肝炎诊断方面开拓了一条路。1995 年开始与中国药品生物制品检定所合作研究甲肝灭活疫苗，1996 年被列入国家“九五”医学科技攻关课题，1999 年，我国第一支甲肝灭活疫苗孩尔来福获得新药证书，并于2002 年正式上市，填补了国内空白，使甲肝灭活疫苗全部依赖进口的局面成为历史。

卫生部科技成果鉴定认为，该疫苗采用本国毒株和二倍体细胞，利用先进的病毒培养工艺和纯化技术，获得的疫苗纯度高，安全性好，免疫效果和质量均达到国际同类产品先进水平。甲型肝炎灭活疫苗生产工艺比较成熟，能指导产业化生产，大力推广免疫接种后，可产生良好的社会效益和经济效益，填补了国内空白。

孩尔来福上市后累计销量超过1 000万剂，安全性和免疫效果得到充分证实。2006年又开展了Ⅳ期临床研究（图 40）。通过对连续 3 批甲肝灭活疫苗安全性和免疫效果研究表明，甲肝灭活疫苗孩尔来福®的免疫效果良好、质量稳定、批间一致性和生产工艺重复性好，优于进口灭活疫苗；甲肝灭活疫苗孩尔来福良好的安全性证明其适合 1～3 岁儿童免疫规划用。

四、甲、乙型肝炎联合疫苗倍尔来福(Bilive)——全球第二支，中国第一支甲、乙型肝炎联合疫苗

中国是病毒性肝炎高发区，其中甲型肝炎和乙型肝炎是病毒性肝炎中最常见的 2 种类型，近年来随着甲肝疫苗和乙肝疫苗的广泛推广使用，已使甲型肝炎和乙型肝炎的发病率和死亡率明显下降。甲肝灭活疫苗及基因工程乙肝疫苗在世界各国的大面积应用也

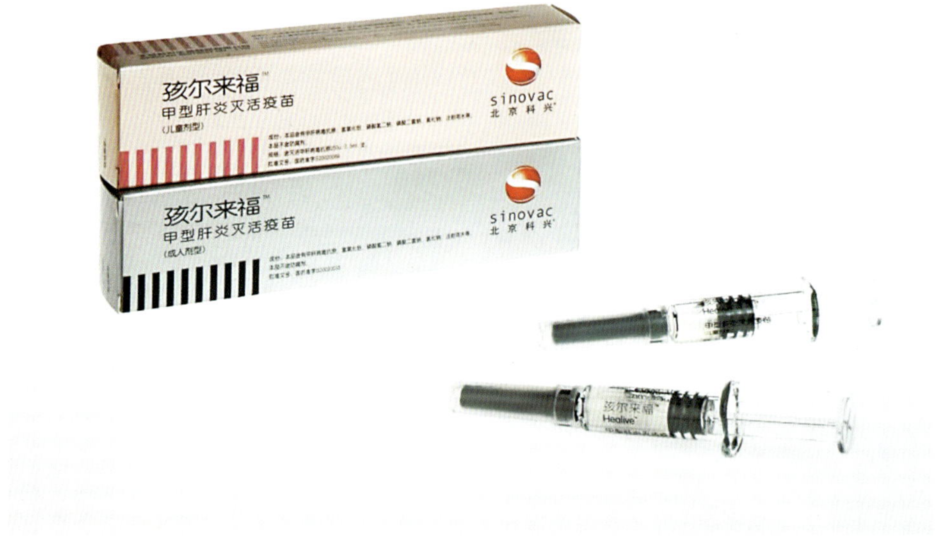

图 40　甲型肝炎灭活疫苗——孩尔来福（Healive）

使其安全性、稳定性、免疫原性和免疫持久性得到了初步公认。目前已有的甲肝灭活疫苗一般能够为人们提供20年的保护，乙肝疫苗也基本能在5年内发挥预防效果。但是人们一直期待着有一种疫苗能够同时预防甲肝病毒和乙肝病毒的联合疫苗，且保护期和安全性不低于单价疫苗。

甲型肝炎和乙型肝炎在高危人群分布和地理分布上有相当大的重叠。医院内甲型肝炎和乙型肝炎双重感染的比例有报道达20%以上，也提示同时预防甲型、乙型两种肝炎是有必要的。1988年上海甲肝大流行，死亡病例分析可以看出，原有乙型肝炎感染，再合并甲型肝炎，症状会较重，更容易发生暴发型肝炎，预后一般不好。这一点成为研制联合疫苗免疫的基础。

西班牙Catalonia地区卫生部门使用甲、乙型肝炎联合疫苗代替单价甲肝和乙肝疫苗，对12岁青少年施行疫苗接种的免疫策略进行评估。经过25年的经济效益分析，结果该免疫程序的净现值为正值，效益成本比为2.58，证明该免疫策略是非常有效的。意大利对15～18月龄进行甲肝灭活疫苗接种，12岁用联合疫苗加强；德国也已使用甲、乙型肝炎联合疫苗，认为比乙肝疫苗单独免疫更具防治意义。

北京科兴生物制品有限公司于1999年底正式启动了甲、乙型肝炎联合疫苗的研究，利用其自主研发成功的甲肝灭活疫苗技术，采用甲肝灭活疫苗与基因工程乙肝疫苗联合而成。临床实验表明其在预防甲型肝炎及乙型肝炎方面均可达到单价疫苗的效果，并具良好的安全性。甲、乙型肝炎联合疫苗倍尔来福于2005年初获准上市。相对于世界疫苗巨头葛兰素史克公司的甲、乙型肝炎联合疫苗双福立适，这也是世界上第二支甲、乙型肝炎联合疫苗（图41）。

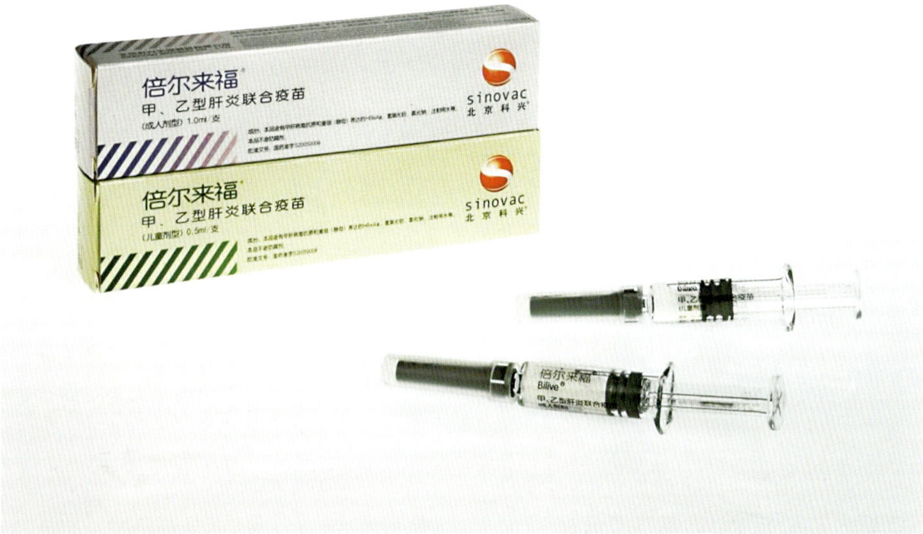

图41　甲、乙型肝炎联合疫苗——倍尔来福（Bilive）

甲、乙型肝炎联合疫苗的研制为甲、乙型肝炎的预防提供了新的工具和更有效的途径，是单价甲肝疫苗和乙肝疫苗应用的补充。应用甲、乙型肝炎联合疫苗不仅可以减少接种次数并降低注射带来的风险，减轻接种者痛苦，降低费用，而且会增加免疫接种人群的比例，联合疫苗也是当今疫苗的发展方向。甲、乙型肝炎联合疫苗倍尔来福的问世必将对中国的疾病控制和免疫预防工作的开展起到新的推进作用，在病毒性肝炎防治中是单价疫苗应用的补充，并填补了我国疫苗产品的又一项空白。

五、大流行流感疫苗盼尔来福（Panflu）——与全球同步的人用禽流感疫苗

禽流感是由甲型流感病毒引起的鸟类传染性疾病，通常并不感染鸟类和猪以外的其他物种。第一例记载的人感染禽流感病毒是发生在1997年的香港，当时H5N1病毒引起18人的严重的急性呼吸道感染，其中6人死亡。

2004年，高致病性H5N1病毒引起亚洲8个国家的禽流感。到目前为止，该病毒已经传播到14个国家和地区。值得关注的是H5N1具有快速突变的能力，并且已经引起了人的死亡。特别令人担心的是H5N1病毒可能突变造成人与人之间的传播。专家们警告，一旦这种人与人之间的传播成为现实，世界范围的流感大流行就开始了。

疫苗是保护人群免受大流行流感攻击的

主要医疗干预手段。如果能够快速足量提供疫苗，就可以降低发病率和死亡率。WHO等机构多次就大流行流感疫苗研发、临床研究、注册政策组织科学家、疫苗厂家和政府管理官员参加的专题国际会议，协调和指导人用大流行流感疫苗的研究开发。中国政府和许多发达国家政府也制定了相应的应急计划，对潜在大流行流感疫苗的研究和开发给与支持。

WHO 全球流感项目开发了一种采用反向遗传操作技术制备的H5N1疫苗原型株，并将这个病毒株分发给世界各地的主要疫苗制造商，推荐采用这个疫苗株研发大流行流感疫苗。

2004年，北京科兴生物制品有限公司从英国国家生物制品标准化研究所(NIBSC)得到这个 H5N1 疫苗原型株(NIBRG-14)，并与中国疾病预防与控制中心合作开展人用禽流感疫苗的研究，该疫苗研究已纳入全球防治流感大流行的统一规划中。

2005 年 11 月人用禽流感疫苗完成临床前研究，并经批准进入 I 期临床试验。2006年9月6日 I 期临床研究结束，结果显示，该疫苗免疫效果达到欧盟制定的流感疫苗质量标准。接种疫苗的 120 名受试者均未出现严重不良反应，初步证明疫苗对人体安全有效。其结果于当年 9 月发表在国际权威医学杂志《柳叶刀》(*The Lancet*) 上。这是全球第四支获得临床研究结果的人用 H5N1 疫苗(图 42)。

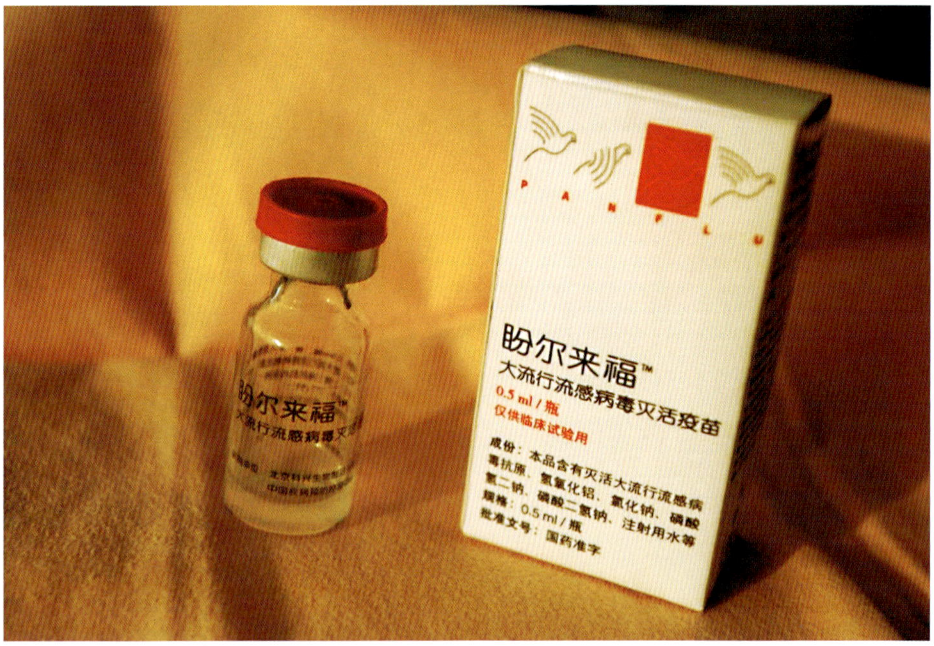

图 42　大流行流感疫苗（人用禽流感疫苗）——盼尔来福

生物技术药物

基因工程药物指利用DNA重组技术、细胞发酵技术等为代表的现代生物技术开发生产的药物，包括重组细胞因子、蛋白质激素、重组血浆蛋白、重组溶血栓药物、可溶性受体、核酸药物等。基因工程药物是目前生物技术领域产业化最为成功的产品，全世界已有数亿人受益，年产值达到数百亿美元。

经过20多年的发展，我国在基因工程药物开发与产业化方面，已经取得很大的进展，截止到2006年，我国上市的基因工程药物（基因工程抗体和基因工程疫苗除外）已有20种，另外我国还有上百种基因工程药物处于研发不同阶段。除了仿制国外的基因工程药物外，近年来，我国自主研发新型的基因工程药物能力明显增强，自1989年自主研制成功我国第一个基因工程药物——干扰素α-1b以来，我国已自主研制了10多个国家Ⅰ类基因工程新药并上市销售，用于临床治疗，如基因重组的表皮生长因子、牛碱性成纤维细胞生长因子、人酸性成纤维细胞生长因子、人新型肿瘤坏死因子、葡激酶、人血小板生成素、人血管内皮抑素等，这些产品具有强的原始创新性，并申请了国内外专利进行保护，市场前景很好。

由烟台麦得津生物工程股份有限公司和先声药业联合研制的重组蛋白药物——重组人血管内皮抑制素（YH-16）于2005年底获得了国家新药证书，2006年正式上市销售（商品名：恩度），它是一种特异的抗肿瘤血管药物，用于肺癌的治疗，这是世界首例重组人血管内皮抑制素，其成功上市填补了国内使用血管抑制剂类药物治疗肿瘤的空白，具有广阔的市场前景。

沈阳三生公司自主研制的国家一类新药——重组人血小板生成素（rhTPO）具有明显的促血小板生成作用，而且副作用小，是国际上最被看好的基因工程蛋白药物之一，于2005年获得了国家新药证书和药品注册批件，并获得两项国家发明专利授权，拥有自主知识产权，研制进度和水平在国际上处于领先地位，并于2006年正式上市销售（商品名：特比澳），而国外公司所的研制rhTPO尚处于Ⅲ期临床试验阶段，因此三生公司在国际上最先实现该产品的产业化，为我国医药事业的发展做出新的贡献。rhTPO是继红细胞生成素（rhEPO）和集落刺激因子（rhG/GM-CSF）之后，生物医药界的又一个里程碑。

由暨南大学和上海万兴生物制药有限公司联合研制的外用冻干重组人酸性成纤维细胞生长因子是在烧烫伤、创伤、难愈性疮疡、慢性难愈合性溃疡等领域有很好疗效的国家一类新药，该药于2006年底获得国家新药证书，它将是全球首家上市的该类药物，具有广阔的市场前景。

一、HIV 膜融合抑制剂——西夫韦肽

西夫韦肽是一种人免疫缺陷病毒（HIV，human immunodeficiency virus）膜融合抑制剂，是根据HIV-1 膜融合蛋白gp41的核心构像的三维结构设计而成，通过与 HIV-1 gp41 蛋白特异性地结合发挥阻断病毒包膜与宿主细胞膜融合的作用，进而阻止病毒RNA进入宿主细胞（图 43）。

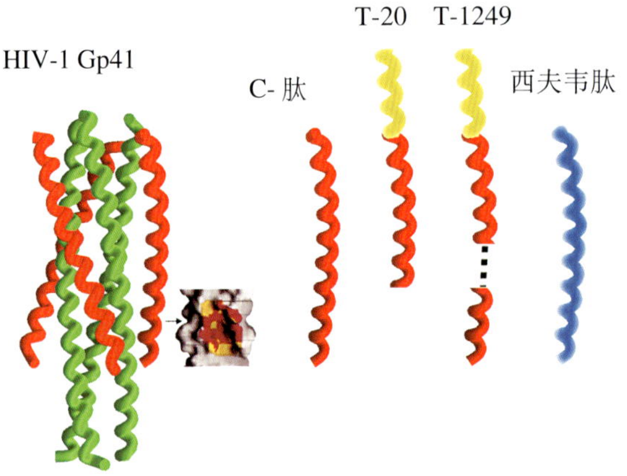

图 43　西夫韦肽的结构设计图

西夫韦肽是由天津扶素生物技术有限公司开发的具有自主知识产权的专利药。2003 年，西夫韦肽获得中国发明专利证书，2005 年获得美国专利授权，成为我国第一个获得美国专利的生物技术类药物［知识产权. 2006，16(1):100］。2007 年获得欧洲专利授权。西夫韦肽项目先后两次被纳入国家“十五”863 计划。

2005 年 4 月，西夫韦肽通过国家食品药品监督管理局批准进入 I 期临床试验，该期临床试验由北京大学临床药理研究所和军事医学科学院放射医学研究所联合完成，试验结果显示，在 60 名健康受试者中，西夫韦肽显示了良好的安全性和耐受性。

2006 年 6 月，西夫韦肽被批准进入 Ⅱ 期临床试验。Ⅰb（21 人）和 Ⅱa（19 人）试验显示，西夫韦肽单药治疗能够有效降低感染者体内的病毒载量，在病毒载量低于每毫升 104 个拷贝的患者体内，每日一次 20 毫克西夫韦肽单药治疗可以使平均病毒载量下降1 个数量级，该治疗效果等同于每日两次每次 100 毫克的恩夫韦肽（Enfuvirtide，T-20，由美国罗氏公司开发的全球第一个 HIV 膜融合抑制剂，于 2003 年在美国上市）。此外，体外试验结果表明，西夫韦肽对恩夫韦肽耐药病毒株依然有很好的抑制效果。Ⅱa期临床试验的药代动力学结果显示，西夫韦肽在HIV感染者体内的半衰期长达39小时，是恩夫韦肽的10倍。

目前该公司正在国内多家医院开展更大人群范围和更长治疗时间的Ⅱb期临床试验，以进一步考察其疗效。与此同时，西夫韦肽的美国FDA的注册申报工作也正在进行中。

二、我国SFDA批准上市的基因工程药物（基因工程抗体和基因工程疫苗除外）

我国SFDA批准上市的基因工程药物情况见表4。

表4 我国SFDA批准上市的基因工程药物

名称		适应症	生产企业
干扰素	IFN-α 1b*	乙肝、丙肝	深圳科兴、上海生研所、北京三元
	IFN-α 1b(滴眼剂)	病毒性角膜炎	长春生研所
	IFN-α 2a	乙肝、丙肝	长春生研所、长生药业、沈阳三生、新大洲、辽宁卫星、上海万兴
	IFN-α 2a(栓剂)	妇科病	武汉天奥
	IFN-α 2b	乙肝、丙肝	安科、汉生、华新、鼎力、远策、华立达、英特龙、里亚哈尔、长春生研所
	IFN-α 2b(凝胶剂)	疱疹等	合肥兆峰
	IFN-γ	类风湿	上海生研所、克隆、丽珠
白介素2	IL-2	癌症辅助治疗	四环、华新、长春生研所、沈阳三生、长生、金泰、瑞德、金丝利、科兴、康利
	125Ala IL-2*	癌症辅助治疗	北京双鹭
	125Ser IL-2*	癌症辅助治疗	山东泉港、辽宁卫星
G-CSF		白细胞减少症	杭州九源、北京双鹭、长春金赛、苏州中凯、上海三维、北海方舟、特宝、山东科兴、新鹏、格兰百克、齐鲁、成都蓉生、里亚哈尔、华北制药、汉进
GM-CSF		白细胞减少症	厦门特宝、华北制药、北医联合、里亚哈尔、海南华康、顺德南方、上海海济、金赛、淮南福寿、辽宁卫星、上海华新
rhTNFα**		肿瘤辅助治疗	三九、昂立等
红细胞生成素EPO		肾性贫血	沈阳三生、华欣、山东科兴、克隆、成都地奥、山东阿华、四环生物、华北制药
重组链激酶SK*		溶栓	上海医大实业、金泰
重组葡激酶SAK*		溶栓	中国科学院上海植物生理生态研究所等

（续）

名　　称		适 应 症	生 产 企 业
碱性成纤维细胞生长因子(bFGF)*	人bFGF	创伤、烧伤(外用)	北京双鹭
	牛bFGF融合蛋白	创伤、烧伤(外用)	珠海东大、长生药业
表皮生长因子	EGF*	创伤、烧伤	海大江、四环生物
	EGF衍生物*	创伤、烧伤	深圳华生元
生长激素GH		矮小病	金赛、安科、恒通、联合赛尔、医进
人胰岛素		糖尿病	通化东宝、科兴、医进
白介素11(IL-11)		血小板减少症	北京双鹭
p53重组腺病毒注射液*		肿瘤	深圳赛百诺
溶瘤病毒药物重组人5型腺病毒注射液*		肿瘤	上海三维
重组血小板生成素*		血小板减少症	沈阳三生
重组人血管内皮抑制素*		肿瘤	先声药业
重组人脑利钠肽		心衰	苏州苏兰、西藏药业
注射用重组人Ⅱ型肿瘤坏死因子受体—抗体融合蛋白		类风湿关节炎	上海中信国健
重组人酸性成纤维细胞生长因子*		创伤、烧伤	上海万兴
重组人组织型纤溶酶原激酶衍生物		溶栓	东阿阿胶

注：1. 带 * 者为欧盟和美国都尚未批准的生物技术药物；带 ** 者即 TNF α 欧盟已批准但未获美国 FDA 批准。
2. 本表根据胡显文等在生物工程学报 2005 年 2 月发表的综述《美国、欧盟和中国生物技术药物的比较》表 3 补充。
3. 红色的为我国自主研制的国家一类新药。

抗体药物

抗体药物是近年来复合增长率最快的一类生物技术药物，2006年全球年销售额已达206 亿美元，其在生物制药产业中所占份额也从 2000 年的 1/5 上升到 2006 年的 1/3，具有巨大的经济价值和社会价值。抗体生产制备不仅提供现代生命科学研究的重要工具，在基因和蛋白质的结构和功能研究方面也有着不可或缺的作用，同时更是生物制药领域的主要组成部分。

近年来，抗体工程药物及其关键技术发

展较快，一些重大产品在世界市场占有一定的优势比例，至2006年FDA已批准26个抗体药物上市，在治疗肿瘤、自身免疫病、心血管疾病、感染性疾病等多方面获得了举世瞩目的成就。如Rituxan治疗B细胞性非何杰金氏淋巴瘤已达30多万例病人，单药治疗总反应率为50%，抗体联合化疗有效率高达80%以上；针对血管表皮生长因子（VEGF）的抗体Avastin，使晚期结肠癌患者的生存期平均延长了5个月，FDA认为它几乎对所有的晚期结肠癌患者都有帮助，因此被批准作为晚期结肠癌的一线用药。2006年FDA批准了2个抗体药物上市（用于治疗新生血管性老年性黄斑变性的Lucentis和用于治疗化疗失败后转移性结直肠癌的Vectibix），该类药物一经开发就备受关注，与传统产品和技术相比，该领域已进入一个崭新的发展阶段。

当前，工程抗体的研究与开发在人源化及优化技术得到较大发展，全人抗体制备技术日趋成熟，2006年FDA批准的Vectibix是第一个全人抗体药物；另一个特点是抗体的中下游技术得到较大发展，如动物细胞表达抗体等生物技术产品的细胞发酵规模增大，全球抗体需求量达到6 000千克以上，该项生产技术不仅在美国、欧洲发展较快，在韩国、中国等亚洲国家也建立了千升以上的抗体等重组蛋白为主的细胞发酵生产基地。

2006年，我国在抗体工程技术及其药物研发方面也取得了重要进展。863计划“疫苗与抗体工程”重大专项立项并实施；上海美恩生物技术有限公司开发的“碘[^{131}I]肿瘤细胞核人鼠嵌合单克隆抗体注射液”——唯美生于2006年获准上市，用于治疗放化疗失败的晚期肺癌；苏州大学与上海亚联抗体医药有限公司联合开发的抗血小板Ⅱb/Ⅲa嵌合抗体获得临床批文，进入Ⅰ期临床；中国医学科学院肿瘤研究所研制的抗CEA抗体和江苏太平洋美诺克生物药业有限公司研制的碘[^{131}I]-大肠癌抗体注射液也已完成临床前研究，待申报临床批文。

抗体工程关键技术平台发展也较迅速，军事医学科学院基础医学研究所建立的“人源化及全人抗体构建及优化技术”，借助于计算机辅助设计进行人源化改造，建立抗体专家分析系统及哺乳类动物细胞稳定高效表达体系，并在此平台上进行人源化、人源抗体及重组融合蛋白的研制；中国医学科学院医药生物技术研究所建立的“抗体工程药物标联及增效技术”，建立了抗体的核素、化学药物标联技术及抗体蛋白/毒素融合表达技术，建立了^{131}I标记单抗的稳定、长效标联技术及力达霉素（LDM，国家一类新药，已进入Ⅱ期临床）与抗Ⅳ型胶原酶单链抗体融合蛋白技术；上海人类基因组研究中心建立了“抗体功能化制备新技术”，完成大量疾病相关基因的克隆，获得大容量人源噬菌体全合成抗体库，并正在研发胃癌相关单克隆抗体——胃蛋白酶原单抗及心血管疾病诊断相关抗体——Tn I 单抗药物；第四军医大学建立了“抗原表位确定技术”，解析了HAb18G/CD147的晶体结构，用计算机分子对接及氨基酸残基突变技术确定了HAb18G/CD147单抗相应的抗原表位；军事医学科学院用噬菌体抗体库展示技术鉴定出TNF-α新的抗原表位。

抗体工程技术的发展使得抗体药物成为国际生物医药市场的主流，我国在这一领域多年来坚持不懈的努力已占有一席之地，在中国生物制药产业的形成和发展中做出了重要贡献。

一、注射用重组人Ⅱ型肿瘤坏死因子受体—抗体融合蛋白

肿瘤坏死因子受体(TNF receptor, TNFR)分为Ⅰ型和Ⅱ两种，它们均为Ⅰ型跨膜糖蛋白。其中Ⅱ型受体分布更为广泛，与肿瘤坏死因子的亲和力更强。两种受体虽然需位于细胞膜上才可以发挥向细胞内传递信号的功能，但仍有部分从细胞表面脱落至体液内，称为可溶性受体。进一步的研究表明，这种可溶性的受体可以中和TNF，在体内对TNF的活性起负调节作用。但是，由于这种可溶性受体的体内半衰期很短，即使能够人工合成这种受体分子，用来治疗类风湿性关节炎、强直性脊椎炎和银屑病等自身免疫疾病也是不现实的。

为了能够针对TNF特异性地治疗自身免疫疾病，科学家采用了一项将基因工程和免疫学技术结合起来的技术，即受体——免疫球蛋白融合技术，又称“免疫黏附”技术(immunoadhesion technology)，生产出重组人Ⅱ型TNFR-Ig融合蛋白。它的原理是利用基因工程技术，将受体的细胞外区与免疫球蛋白(immunoglobulin, Ig)的Fc段基因融合，在体外表达出相应的融合蛋白，这种融合蛋白既保留了原受体可以和配基特异性结合的性质(“黏附”特性，在此产品中为中和体内TNF的活性)，也具有免疫球蛋白的体内半衰期长、组织穿透力强等特性，又被称为“免疫黏附素”。该融合蛋白虽为人工制造的新的蛋白分子，但由于它的两个组成部分都是体内原有成分，所以不会引起免疫反应。通过这种技术生产的Ⅱ型TNFR-Ig融合蛋白可以很好地在体内对TNF的水平和活性进行负调控，已经在临床试验中取得了比其他常规药品好得多的疗效，而且副作用轻微。将这种融合蛋白用于类风湿性关节炎、强直性脊椎炎和银屑病的治疗，取得了很好的效果。

注射用重组人Ⅱ型肿瘤坏死因子受体—抗体融合蛋白，是国内首个具有自主知识产权的“人源化”单克隆抗体药物，用于类风湿性关节炎、强直性脊椎炎和银屑病的治疗。类风湿性关节炎、强直性脊椎炎和银屑病是我国高发疾病，全国总患病人数接近1 500万人。

上海中信国健药业有限公司开发出自主知识产权的注射用重组人Ⅱ型肿瘤坏死因子受体—抗体融合蛋白，用于类风湿性关节炎、强直性脊椎炎和银屑病的治疗；并成功实现该新药的上市（图44）。该新药于2005年6月20日获得新药证书（编号：国药证字S20050050），于2005年11月21日获得药品GMP证书（编号G3607）。

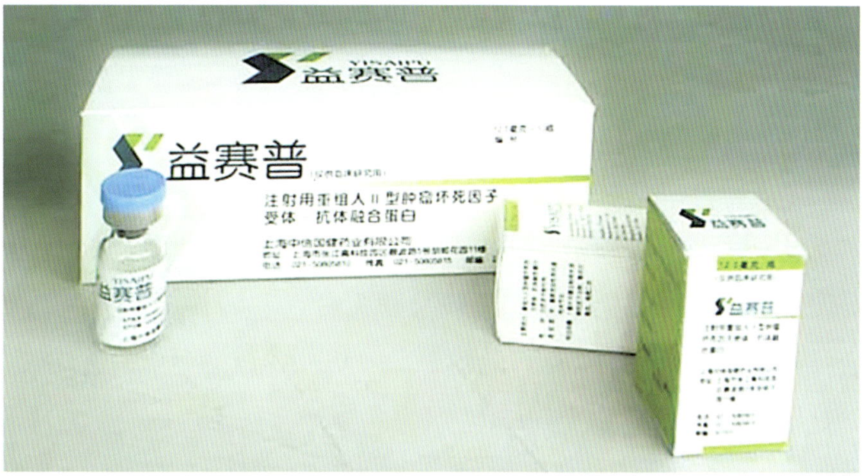

图44　具有自主知识产权的注射用重组人Ⅱ型肿瘤坏死因子受体—抗体融合蛋白——益赛普

二、抗CD20单克隆抗体注射液

非霍奇金淋巴瘤（NHL）是常见的淋巴系统恶性肿瘤，占全部恶性淋巴瘤的80%，且发病率逐年上升。西方国家每10 000人中有6～16人诊断出非霍奇金淋巴瘤。在欧盟各国，每年的预期新病例数约为50 000例。在美国，1973—1994年间NHL发病率上升了80%，平均每年上升近3%，排名已经升至恶性肿瘤的第四位。我国的情况也基本类似。以上海为例，1973—1994年间NHL发病率在男性中升高了33.3%，在女性中升高了66.2%，其发病率在恶性肿瘤中排名高居第十位。绝大多数NHL为B淋巴细胞来源，肿瘤细胞表达B细胞特有的表面标志，如CD19，CD20等。

CD20抗原是一种B淋巴细胞表面的特异性膜蛋白，分子量为35 000。它与B淋巴细胞的跨膜Ca^{2+}转运密切相关，且对B淋巴细胞的增殖和分化具有调节作用，CD20抗原仅在前B淋巴细胞、未成熟B淋巴细胞、成熟B淋巴细胞、激活B淋巴细胞中表达，而在浆细胞、淋巴多能干细胞、造血干细胞以及其他组织中均不表达。95%以上B淋巴细胞瘤细胞都有CD20抗原的表达，CD20抗原与抗CD20抗体结合后不发生内吞作用，且该抗原也没有显著的脱落，因此在人体血清中没有CD20抗原存在。这些特征使CD20抗原可以成为治疗B淋巴细胞瘤的理想靶点，具有很好的选择性。与CD20表达相关的B淋巴细胞瘤最常见的主要是非霍奇金淋巴瘤（NHL），其中有低度恶性的小淋巴细胞性淋巴瘤和滤泡型淋巴瘤两种类型。

20世纪80年代初期即开始研究抗CD20单克隆抗体，主要用于靶向治疗复发性或顽固性滤泡型B淋巴细胞NHL。但是最初的结果总是不尽如人意，这主要是由于当时技术所限，所使用的单克隆抗体均为鼠源性抗体。鼠源单克隆抗体免疫源性强，注射人体后易产生中和性人抗鼠抗体，限制了其临床应用。放射性标记单抗与未标记的抗体相比，疗效有所改善，但是毒性强，临床使用受到限制。随着重组DNA技术的发展，人们可制造出人源化改造的重组单克隆抗体，既保留原有鼠源抗体与抗原特异性结合的能力，又大大降低了其免疫原性。

上海中信国健药业有限公司自主开发了新型抗CD20人源化单克隆抗体，于2004年2月25日获准实施临床试验（临床批件号：2004L00763），目前已经完成Ⅰ期和Ⅱ期临床试验，正在进行Ⅲ期临床研究。

三、重组LFA3-抗体融合蛋白（LFA3抗体）

银屑病俗称牛皮癣，是皮肤科中的一种常见病、多发病，在自然人群中的发病率为0.1%～3%，因病变皮肤表面覆盖多层干燥的银白色鳞屑而得名。其病因不明，病程反复发作，迁延不愈，给人们的生活、工作带来不便，造成了心理上的压力，严重影响了病人的身心健康。据估计，我国约有400万～500余万名银屑病患者。针对牛皮癣的生物治疗因特异性强、副作用小正成为研究的热点，LFA3-Ig融合蛋白就是其中的一种。由于LFA3-Ig直接作用于人体免疫系统的T淋巴细胞，从而中断银屑病的发生过程。由于其作用靶点更加特异，因此从原理上讲，它的副作用比化学药品要小，具有极大的开发潜力。

LFA3-Ig系利用重组DNA技术构建的LFA3的胞外区与人抗体IgG Fc段的融合蛋白，其N-末端含有人LFA3的细胞外段，随后是人IgG1的重链铰链区、CH2和CH3区。由于融合蛋白保留了与配体CD2结合的FLA3膜外区，在与表达有CD2分子的T细胞接触后，可以与CD2结合，阻断抗原呈递细胞（APC）表面的LFA3分子与CD2结合，从而阻断T细胞的激活、增殖和分化，抑制IL-2、IFN、IL-8等细胞因子的产生。另一方面，融合蛋白的Fc段与表面的Fc受体结合，使单核细胞、NK细胞向T细胞聚集，通过抗体依赖的细胞介导的细胞毒作用（ADCC），造成T细胞的凋亡（图45）。

上海张江生物技术有限公司自主创新开发出重组LFA3抗体融合蛋白用于治疗银屑病。已经完成该药的临床前药效、药理和毒理等试验，于2006年4月21日获得国家SFDA

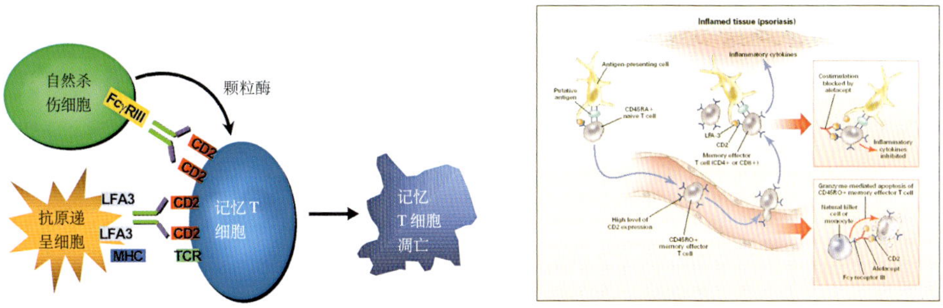

图45　LFA3-Ig（Alefacept）作用机制示意图

批准实施临床试验（临床批件号：2006L01047）。

四、抗CD52人源化单克隆抗体

慢性淋巴细胞白血病（chronic lymphocytic leukemia，CLL）是白血病中的一种淋巴细胞克隆性增殖的肿瘤性疾病，通常起病隐匿，发展缓慢。以外周血淋巴细胞明显增多、骨髓成熟淋巴细胞浸润为血液学特征。临床常有淋巴结肿大及肝、脾肿大。晚期有贫血和血小板减少。95%以上的CLL为B细胞的克隆性增殖（即B-CLL），仅不到5%的病例为T细胞表型（即T-CLL）。CLL是西方国家最常见的白血病类型，可占全部白血病例的1/3。亚洲国家发生率较低，我国CLL约占白血病总数的3%以下。90%以上的CLL发病年龄在50岁以上，男性发病率高于女性，男女比例为2∶1。

CD52抗原是一种非调节性膜糖蛋白，正常和恶性B细胞、T细胞、NK细胞、单核细胞、巨噬细胞和男性生殖系统组织细胞均有表达。B细胞型慢性淋巴细胞白血病细胞CD52的表达尤为丰富（500 000个/细胞）。红细胞、血小板和骨髓干细胞上没有表达。CD52、CD24和鼠源类似物J5(热稳定抗原)组成一类基因家族。CD52是一个短肽，仅含12个氨基酸残基，C端通过糖基磷脂酰肌醇（glycosylphosphatidylinositol，GPI）锚定在膜上，与C端第3个Asn残基相连的是一个糖基复合物，包含以四元海藻糖—甘露糖核心的唾液酸聚酰胺。SDS-PAGE凝胶电泳表明，CD52的表观分子量为25 000～29 000，实际上它的分子量仅为8 000～9 000。CD52的糖基化变异程度很高，能明显影响细胞表面总电荷。

由于在淋巴细胞表面丰富表达，CD52抗原成为治疗慢性淋巴细胞白血病的有效靶点。单克隆抗体由于特异性高，成为慢性淋巴细胞白血病靶向治疗的最主要的方式。抗CD52抗体能特异性地与CD52抗原结合，导致淋巴细胞的溶解。溶解的机制至今还未完全明确，但至少包括补体依赖的细胞毒作用（CDCC）、抗体依赖的细胞介导的细胞毒作用（ADCC）和细胞凋亡。该抗体是治疗慢性淋巴细胞白血病（CLL）的一线药。抗CD52单克隆抗体可特异性结合CD52抗原，清除血液、骨髓和其他受影响器官中的恶性淋巴细胞。抗CD52单抗是第一个对烷化剂或福华达治疗无效的淋巴病患者仍有显著疗效的药物，它可以显著延长CLL患者的生命（表5）。

表5　患者群体及试验结果情况总结

	研究1（N=93）	研究2（N=32）	研究3（N=24）
中位年龄（范围）	66（32～68）	57（46～75）	62（44～77）
既往化疗方案中位数（范围）	3（2～7）	3（1～10）	3（1～8）
既往治疗：			
烷化剂	100%	100%	92%
氟达拉宾	100%	34%	100%
疾病特征：			
Rai Ⅲ/Ⅳ期	76%	72%	71%
B-症状	42%	31%	21%
总体反应率	33%	21%	29%
（95%置信区间）	（23%，43%）	（8%，33%）	（11%，47%）
完全缓解	2%	0%	0%
部分缓解	31%	21%	29%
反应持续时间中位数（月）	7	7	11
（95%置信区间）	（5，8）	（5，23）	（6，19）
反应时间中位数（月）	2	4	4
（95%置信区间）	（1，2）	（1，5）	（2，4）
无病情进展生存时间中位数（月）（95%置信区间）	4 （3，5）	5 （3，7）	7 （3，9）

上海张江生物技术有限公司自主研发了抗CD52人源化单抗，用于慢性淋巴细胞白血病的治疗。已于2006年6月23日获准进行临床试验（临床批件号2006L02158），目前正在实施Ⅰ期临床试验。

干细胞技术

2006年干细胞研究在争议中进行，美国、德国等国家相继出台政策限制胚胎干细胞相关研究，但澳大利亚等国家取消了对克隆人类胚胎用于干细胞研究的禁令；2006年又是干细胞基础研究取得显著进展的一年，其中以日本京都大学研究人员成功获取小鼠"诱导多能干细胞（iPS）"为标志性的成果；我国也加大了对干细胞研究的政策倾斜及经费资助力度，《国家中长期科学和技术发展规划纲要（2006—2020年）》将"基于干细胞的人体组织工程技术"列入生物技术领域的五大创新前沿技术之一；国家973计划正式启动了"发育与生殖研究"等4个重大科学研究计划，而干细胞相关研究则是"发育与生殖研究"计划的重要内容之一；国家863计划生物和医药技术领域"干细胞和组织工程"重大项目也在年内全面启动，在干细胞与治疗性克隆、组织工程技术与产品研制、组织器官代用品研发及灵长类动物疾病与评价模型等方面给予重点资助。

一、干细胞基础研究取得进展

上海交通大学遗传医学研究所成功建立的人源性肝细胞在山羊体内长期存活的"人/山羊异种移植嵌合体"、中山大学中山眼科中心培育出带有恒河猴基因的"猴鼠嵌合体小鼠"、东北农业大学继美国、韩国、日本之后成功培育出绿色荧光蛋白"转基因"克隆猪等为在活体水平研究干细胞的生物学特征和功能及人工器官构建研究等提供了理想的动物模型；上海交通大学等单位已建立了6株人胚胎干细胞系，其中4株经鉴定达到国际通用的胚胎干细胞系标准。

此外，上海、北京、广州、重庆、长沙等地在成体干细胞分化调控机制、免疫性状研究等领域也取得了明显进展，发表了一批高水平学术论文。

二、干细胞应用研究令人关注

上海复旦大学华山医院利用神经干细胞有效修复脑部损伤，研究成果在 *New Engl J Med* 上报道；由中国医学科学院基础医学研究所研发的"骨髓原始间充质干细胞"白血病治疗药物进入Ⅱ期临床试验；军事医学科学院野战输血研究所研发的"脐带血巨核系祖细胞注射液"、"脐带血红系祖细胞注射液"获得SFDA临床试验批文，有望为严重贫血、血小板减少症等疾病治疗带来新的希望；北京大学人民医院建立了"HLA不合造血干细胞移植技术体系"，有效解决了造血干细胞移植配型难题；中国医学科学院北京协和医院采用自体造血干细胞移植治疗危重结缔组织病取得满意效果。这一系列的研究成果反映了我国在干细胞应用研究领域的进展令人关注。

三、问题与展望

尽管在干细胞领域取得了一些进展，但一些问题仍不容忽视，干细胞基础研究缺乏重大原创性的成果，仍有部分研究呈现低水平重复，干细胞治疗的临床试验缺乏有效的管理和规范的临床试验设计。

干细胞研究应突出创新，加强合作，集中优势；临床试验设计严谨科学，规范申报与审批，以确保干细胞研究健康有序地进行。

生物治疗

一、主要进展

生物治疗是应用生物技术对各种疾病（诸如肿瘤、遗传病、传染性疾病、心血管疾病、风湿免疫性疾病等）进行治疗的一种新的治疗手段。主要包括基因治疗、细胞治疗、调节血管治疗、诱导细胞凋亡与分化治疗等。

基因治疗是指通过操作遗传物质来干预疾病的发生、发展和进程，包括替代或纠正人自身基因结构或功能上的错乱，杀灭病变的细胞或增强机体清除病变细胞的能力等，从而达到治病的目的。它是随着DNA重组技术的成熟而发展起来的，基因治疗被认为是医学和药学领域的一次革命，是当今生物医学发展最重要的里程碑之一，同时也必将对传统制药业产生深远影响和冲击。目前，全球基因治疗处于一个快速发展时期，截止到2006年12月底，全球基因治疗临床试验方案共有1 276个，但大多数处于Ⅰ/Ⅱ期临床试验阶段，处于Ⅲ期临床试验阶段的仅占总数的2.5%（表6）。

在基因治疗基础研究方面我国也取得了多项原创性成果，包括新型基因治疗载体研究、导入系统、表达调控、新技术研究等方面取得原创性的突破，如我国研制了国际上第一个具有高亲和力的EGFR靶向多肽；我国在脂质鱼精蛋白非病毒载体、环糊精系列为联结剂连接聚丙基乙烯亚胺构建的非病毒载体及糖链大分子键合低分子量的PEI的研究在国际上处于领先水平，这些载体具有生物可降解的性能，有望解决大分子量PEI载体在体内应用中不易降解的问题；在发现Thymidine等可有效提高基因定点修复效率的基础上，探讨Thymidine增强修复效率的分子机理，提出“复制—转录偶联”的修复机制假说；在重大疾病的治疗上提出了多种新思路、新途径等，如DC细胞参与的免疫基因治疗，异种同源基因介导的免疫基因治疗，靶向病毒—基因治疗，多基因联合治疗，RNA干扰治疗等，这些研究成果得到了国际学术界的关注和好评，相关研究发表在*PNAS*、*Hepatology*、*Cancer Research*等国际著名杂志上。

我国较早就开展了细胞治疗研究和临床试验，已经有数个批准进入临床试验的细胞治疗方案，包括细胞因子诱导的杀伤细胞（CIK）治疗肿瘤的临床试验；抗原致敏的人树突状细胞治疗大肠癌，该治疗方案已经进入了Ⅱ期临床试验；DC与细胞因子共同诱导的杀伤细胞治疗肿瘤等。

表6 截止到2006年底我国基因治疗和细胞治疗药物上市或临床试验情况

产品名称	商品名	研发机构或生产厂家	所处的状态	适应症
重组腺病毒-p53抗癌注射液	今又生	深圳赛百诺基因技术有限公司	上市销售	治疗头颈部肿瘤
H101基因工程腺病毒注射液	安柯瑞	上海三维生物技术有限公司	上市销售	治疗鼻咽癌、肺癌
APA-BCC镇痛微囊	艾克雷斯	解放军总医院、上海曦龙生物医药工程有限公司	获得医疗器械证书	长效镇痛
抗原致敏的人树突状细胞（APDC）		第二军医大学	Ⅱ期临床试验	治疗大肠癌
溶瘤性重组腺病毒注射液（H103）		上海三维生物技术有限公司	Ⅱ期临床试验	治疗肿瘤
重组人内皮抑素腺病毒注射液（E10A）		中山大学、广州达博生物制品有限公司	Ⅱ期临床试验	治疗肝癌、胰腺癌、肺癌等
重组人白介素-2腺病毒抗癌注射液		华神集团成都基因治疗工程技术研究中心	Ⅱ期临床试验	治疗肿瘤
肿瘤靶向性重组腺病毒注射液（H102）		上海三维生物技术有限公司	Ⅰ期临床试验	治疗肿瘤
重组腺病毒—肝细胞生长因子注射液（Ad-HGF）		军事医学科学院、天津海泰医药科技发展有限公司	Ⅰ期临床试验	治疗重症缺血性心脏病
重组AAV-2/人凝血因子Ⅸ注射液		复旦大学、本元正阳基因技术股份有限公司	Ⅰ期临床试验	治疗血友病B
重组腺病毒载体介导的单纯疱疹病毒胸苷激酶基因制剂		华中科技大学、深圳市天达康基因工程有限公司	Ⅰ期临床试验	治疗肝癌、肺癌、胃癌、乳腺癌等
肿瘤选择性溶瘤重组腺病毒（KH901）		成都康弘生物科技有限公司	Ⅰ期临床试验	治疗头颈部肿瘤
白细胞介素-2基因工程胃癌瘤苗		第二军医大学	Ⅰ期临床试验	治疗胃癌
TK基因治疗制剂		上海市肿瘤研究所	Ⅰ期临床试验	治疗脑胶质瘤
多基因共转导自体骨髓间充质干细胞制剂		北京大学	特殊临床试验	肌萎缩侧索硬化症
血管内皮生长因子基因治疗注射液		北京大学	特殊临床试验	治疗肢体动脉梗塞
自体免疫活性细胞治疗制剂		北京大学、北京市维晓生物技术公司	临床试验	治疗丙型病毒性肝炎

我国SFDA将体细胞治疗列为生物制品，作为药物批准进行临床研究与开发，但由于体细胞治疗更近于个体化治疗，难以规模化生产，2006年在国务院法制办的协调下，SFDA与卫生部达成共识，体细胞治疗及其制品纳入医疗行为管理，脱离药品范畴。

二、细胞因子诱导的杀伤细胞制剂的临床研究及应用

美国斯坦福大学医学院骨髓移植研究中心于20世纪90年代就报道了具有高增殖能力和高细胞毒性的细胞因子诱导的杀伤细胞（cytokine-induced killer cell，CIK 细胞）CIK 细胞，并进行了Ⅰ和Ⅱ期临床试验，在骨髓净化、白血病、淋巴瘤的治疗中有肯定疗效，对实体瘤的临床试验也得到令人鼓舞的效果，受到了人们的高度重视和很大的兴趣，直至现在，国内外科学家也都很有兴趣地从不同的角度和用不同的方法进行了临床研究和应用，并取的较好的临床效果；临床应用安全、效果显著，对难治性肿瘤病例有的有效率可高达40 %以上，也可与其他常规治疗相结合。

CIK 细胞是一种抗肿瘤的个体化细胞疗法：从患者外周血中分离得到淋巴细胞，加入IFN-、IL-2、CD3等细胞因子，在体外活化，诱导出有高的抗肿瘤和体外扩增能力的杀伤细胞，CIK细胞免疫表型高表达CD3+CD56+，也可称为有NK细胞标志的T细胞（NK-T细胞）。它具有潜在临床应用优势：抗肿瘤功能强、细胞体外扩增率高、抗肿瘤谱广、能调节机体免疫、抑制病毒。

研究表明，活化的CIK 细胞通过分泌穿孔素（perforin）、颗粒酶（Dranzyme-B）诱导肿瘤细胞凋亡而达到杀伤和溶解肿瘤细胞（图 46）。

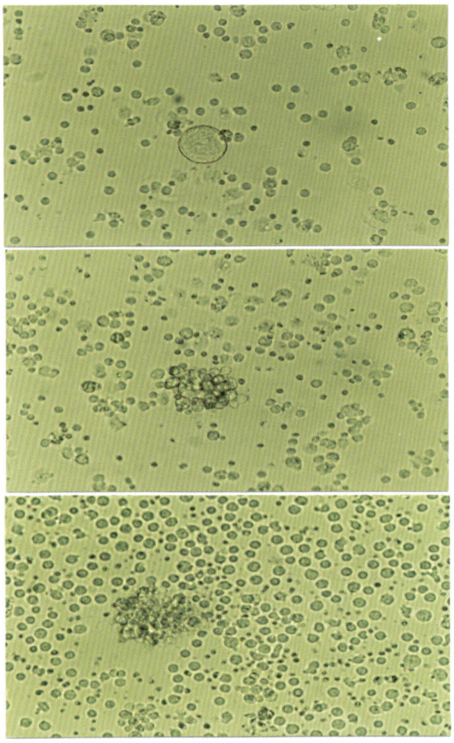

肿瘤细胞与
CIK 细胞混合

CIK 包围和
攻击肿瘤细胞

肿瘤细胞被
CIK 裂解

图 46　CIK 细胞杀伤和溶解肿瘤细胞的过程

CIK细胞是一种非特异性（非MHC限制性）的杀伤细胞，有广谱的抗肿瘤特性，CIK细胞具有高的增殖率，15天的体外培养实验显示其增殖率达LAK细胞的10倍以上。近来研究表明CIK细胞富含记忆性T细胞（CD3+CD45RO+）的群体，可达80%～90%以上，在自体肿瘤多肽抗原的作用下，可诱导出特异性识别功能，增强抗肿瘤功能。研究也表明CIK细胞还能分泌多种细胞因子参与抗肿瘤，CIK细胞对化疗药物已多重耐药（MDR）的肿瘤细胞株仍有高的杀伤率。CIK细胞体内分布研究表明在肺、肝、肾、脾脏等部位逗留时间较长，分布浓度较高，有利于该些部位的肿瘤治疗（图47）。

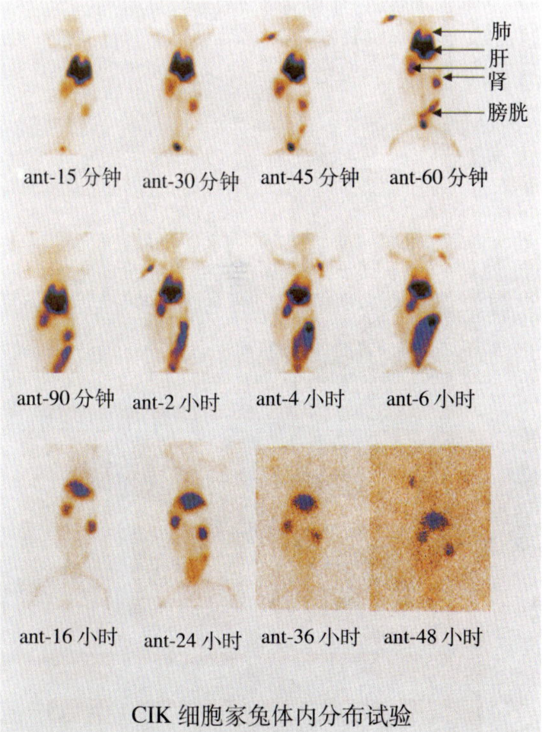

图47　CIK细胞静脉输注后的动物体内分布

中国科学院上海生命科学研究院CIK细胞临床研究组经多年的基础研究后，获国家食品药品监督管理局（SFDA）的批准进行临床研究，完成Ⅰ期安全性、耐受性临床研究后，取得较好的临床疗效，并建立了CIK临床的制备与检定的标准操作规程（SOP）。

2006年向SFDA申报了Ⅱ/Ⅲ临床研究，经国家食品药品监督管理局药品审评中心的技术审评后：建议SFDA批准临床，正巧所有体细胞治疗均转为医疗行为管理之时，SFDA注册司停止审批所有的体细胞治疗，因此，必须重新向卫生系统作为医疗新技术申请临床准入。

原发性肝癌是我国最常见的恶性肿瘤之一。复旦大学肝癌研究所的肝癌临床研究水平居国际领先水平，每年手术治疗肝癌1 000余例。虽然，临床上肝癌治疗的方法有多种，根治性手术、肝动脉化疗栓塞（TACE）、放射治疗、瘤内酒精注射（PAI）、微波固化治疗（PMCT）、射频消融（RFA）、激光热疗(LTT)及肝移植等,但总体疗效十分有限。肝癌5年的复发与转移率高达60％，总体生存率仍低于5%。影响肝癌治疗疗效的原因：一是肝癌发病隐匿，肿瘤细胞容易早期播散，多数肝癌患者临床确诊时已属中、晚期，失去了手术治疗的时机。二是现有疗法不能彻底消灭肝癌细胞。三是现有疗法均有较大的毒副作用，限制了它们在临床上的反复应用。

尽快研发并使用高效低毒、靶向性好的抗肝癌新疗法是提高肝癌中长期疗效的关键所在，也是肝癌研究者需要攻克的一大难题。近年来,细胞和免疫治疗作为肝癌的第四种治疗模式，得到蓬勃的发展,也取得了一系列可喜的成果。已经或必将成为肝癌综合治疗中不可或缺的组成部分。在控制肝癌的复发与转移、延长患者的生存期和改善病人生存质量上具有一定的价值。

肾癌发病率约占成人恶性肿瘤2%～3%，在我国仅次于膀胱癌居泌尿系统肿瘤发病率第二位。据统计2004年上海市区每10万人口肾癌发病率男性为10.43，女性为5.96，男性肾癌已进入男性恶性肿瘤病发病率前10位。按流行病学观察，肾癌发病率仍趋于上升。中山医院泌尿外科2007年手术治疗肾癌322例，比2005年增长42%。临床上目前对于早期肾癌，根治性肾切除手术或保留肾单位的肿瘤切除手术是首选的治疗方法。而伴有淋巴结转移、肾静脉或下腔静脉癌栓或远处转移的患者，除进行姑息性肿瘤切除外，主要采用生物免疫治疗的方法。这主要基于三点原因，首先标准细胞毒性化疗药物和放疗对肾癌几乎无效，总体应答率低于7%，对生存率的改善也相当有限。其次，近年来许多研究发现免疫反应与肾癌密切相关，例如肾癌转移灶的自发消退、肾脏肿瘤组织中存在细胞毒性T淋巴细胞等。第三，近20年的研究显示，以白细胞介素-2为代表的细胞因子对于肾癌有明确的治疗作用并得到公认。生物免疫治疗是中晚期肾癌首选的治疗方法，单纯应用干扰素治疗的疗效受到质疑；单纯应用白细胞介素-2的治疗被证实需要使用较大剂量才可能有效，但可能产生严重的副反应。探索高效肾细胞癌特异性细胞和免疫治疗新策略应该是研究的方向。

血液肿瘤传统联合化疗能提高患者的完全缓解率，如急性髓系白血病患者的完全缓解率(CR)可达到60%～80%；但另一方面，患者的5年生存率仍徘徊在20%～35%。单纯依靠化疗新药物的开发和治疗方案的改进来进一步提高完全缓解率，延长缓解期和生存期是比较困难的。骨髓移植虽能延长患者完全缓解后的生存期，但限于供体来源和经济条件，大面积推广尚有困难。血液肿瘤的细胞免疫治疗可通过调动人体内各种积极防御因素，提高机体的免疫力，从而消除手术或化疗后残余的肿瘤细胞，防止肿瘤的复发和转移。血液系统肿瘤比实体瘤更适于进行细胞免疫治疗，这是因为血液系统瘤细胞容易获取，便于制备瘤苗或在体外诱导免疫效应细胞。而现有传统治疗手段可杀灭大部分瘤细胞使患者进入微小残留病状态。细胞免疫治疗能够靶向肿瘤细胞而不伤及正常组织细胞，与传统化疗无交叉耐药性，并可产生免疫记忆来预防肿瘤复发。所以，理论上细胞免疫治疗是消灭残留白血病细胞的一种重要途径，CIK细胞的治疗可能是一种好疗法。

中国科学院上海生命科学研究院现正与复旦大学附属中山医院联合向卫生系统申请肝癌、肾癌、血液肿瘤等治疗的临床准入。

生物技术药品标准研究

随着生物技术的发展和应用，尤其是近年来人类基因组计划的完成，生物技术创新药物的研究日趋活跃。如何保证我国生物技术药物的整体质量，是我国生物技术产业化面临的重要问题。完善的质量控制体系是保证新药安全有效批准上市的必要条件，因此我国生物技术药物产业化发展迫切需要建立相应的质量控制标准和检测技术体系。在国家863计划的支持下，以中国药品生物制品检定所为代表的科研机构针对我国目前正在进行中试开发的生物技术产品开展质量标准的研究，内容涉及基因工程药物、基因治疗及核酸类药物、抗体及细胞治疗药物、疫苗、标准品制备技术、生物芯片、生物技术药物技术指导原则和审评一般原则等7个领域的研究，目前已建立了一系列科学规范的生物技术药物质量标准及其检测方法，形成了比较完善的生物技术药物质量评价体系，为提高我国生物技术药物的整体质量，保证人民用药安全有效，促进我国创新生物技术药物产业化进程发挥了重要作用。

一、基因工程药物检测技术平台

(1) 研究建立了20种生物技术药物质量控制标准。主要包括：重组人KGF2、重组人PDGF、重组人碱性成纤维细胞生长因子、重组人ω干扰素、重组人IL-1ra、PEG化重组人粒细胞集落刺激因子，重组水蛭素、重组人TNK-tPA、重组人血管内皮抑素、重组人脑利钠肽、重组人心钠肽、重组人溶菌酶、重组人葡萄球菌溶菌酶、长效重组人生长激素注射液、重组人胰岛素原C肽、重组人TNFRⅡ：IgFc、重组人CTLA4：IgFc；重组人纽表位肽、重组热休克蛋白乳腺癌免疫治疗融合蛋白等药物的质量控制标准。

(2) 研究建立了大肠杆菌、酵母、CHO细胞等残留宿主细胞蛋白含量检测方法及残留DNA含量检测方法。

(3) 建立了部分重组蛋白（如IFN、G-CSF、IL-11等）成品含量检测方法及肠激酶残留量测定等分析方法。

(4) 研究建立了各种新的理化分析方法，内容包括重组药物质谱分子量精确测定、质量肽图分析、二硫键定位、圆二色分析等。

二、基因治疗及核酸药物质量标准和技术平台

1. 建立了以腺病毒为载体的基因治疗药物质量控制技术平台　已研究建立的质量控

制标准中涉及的方法包括病毒载体滴度测定、载体的鉴别、表达产物测定、体内外效力实验、工艺相关杂质与外源病毒检测等；已建立的腺病毒载体相关品种质量标准包括：重组腺病毒-P53、重组腺病毒-IL-2、重组腺病毒—人内皮抑制素、重组腺病毒-GM、腺病毒-IFN γ、腺病毒HbsAg。

2. 建立了以腺相关病毒为载体的基因治疗药物质量控制技术平台　重组腺相关病毒凝血因子Ⅸ质量标准的建立及质量评价工作已经完成，应用建立的质量控制方法与质量标准完成一类新药——重组腺相关病毒2型/人凝血因子Ⅸ的质量复核，通过新药审评专家会评审，申报单位目前已获得临床研究批件。

3. 已初步研究建立了DNA疫苗制品的质量控制标准和相应检测方法　在已建立病毒载体基因治疗药物质量控制技术平台的基础上，初步建立了裸DNA制品［如肝细胞生长因子（HGF）质粒］质量控制要点，并完成了DNA疫苗制品（HIV疫苗）的质量标准及检测方法。在质量标准中涉及的检定方法包括对质粒超螺旋比例、RNA检测、宿主DNA和宿主蛋白残留量等分析方法。

4. 其他载体基因治疗药物质量标准研究　初步建立人单纯疱疹病毒载体（HSV）-GM-CSF基因治疗药物和重组人FGF2仙台病毒基因治疗药物质量标准及其检定方法。

三、抗体及细胞治疗产品质量标准和技术平台

1. 已完成6种抗体质量标准　主要包括：重组人鼠嵌合CD20单克隆抗体、重组人源化HER2单克隆抗体、重组人鼠嵌合或人源化TNFa单抗、重组人CD11单克隆抗体、重组人源化单抗h-R3、重组人鼠嵌合或人源化CD25单抗等产品质量标准。

2.已完成人源单抗通用方法的建立　轻、重链N-端氨基酸序列分析方法、纯度测定、肽图分析、鉴别实验等理化方法；针对不同抗体产品建立了用流式细胞仪进行相应抗体活性测定的方法；建立酶标和双向免疫扩散法鉴别抗体来源；由于人源化、嵌合单抗体结构复杂，目前对其人源或鼠源成分比例分析还处于研究阶段。

四、疫苗质量标准和技术平台

1. 建立了重组疫苗质量评价体系　已完成口服重组幽门螺杆菌、口服重组霍乱毒素B亚单位与死菌全菌体疫苗、重组恶性疟疾疫苗，重组乙型肝炎疫苗等制品的质量标准和质量控制方法研究，包括疫苗效力检测方法等。

2. 建立了多价多联疫苗的质量研究体系　已基本制订出多价肺炎球菌多糖—破伤风类毒素结合疫苗的质量标准，并建立和验证相应的主要质量控制方法，如疫苗鉴别实验和分子量大小测定。

3. 建立了新型疫苗质量评价方法　脊髓灰质炎疫苗株来源灭活疫苗（S-IPV）、天花疫苗、新抗炭疽疫苗的效力评价的实验方法研究，完成了白喉细菌外毒素全基因序列的克隆和序列测定工作，建立了百日咳毒素（PT）和百日咳血凝素（FHA）定量ELISA检测方法，已应用于疫苗产品质量控制之中。

五、生物芯片质量标准和技术平台

（1）已完成丙型肝炎病毒抗体蛋白芯片、乙型和丙型肝炎病毒基因双检芯片、性病病原微生物诊断芯片、肿瘤标记物蛋白芯片的控制标准和质量控制方法的建立，其中丙型肝炎病毒抗体蛋白芯片已通过新药审评专家会评审与临床实验研究，现已获得新药证书。

（2）已研究建立了6种生物芯片诊断试剂全面质量控制项目和操作细则，包括传染病芯片—乙肝，丙肝，SARS芯片、乙型肝炎病毒耐药芯片、地中海贫血和人类HLA分型等基因芯片。

（3）已研制了丙型肝炎分型芯片参考品、A地中海芯片参考品、B地中海芯片参考品、丙型肝炎病毒抗体蛋白芯片参考品、乙型和丙型肝炎病毒基因双检芯片参考品、性病病原微生物诊断芯片参考品。

（4）完成了“微阵列生物芯片诊断试剂申报技术要求”的起草工作，“生物芯片质产品质量控制平台及系列生物芯片诊断试剂的研究”获2005年北京市科技进步二等奖。

六、生物药品质量控制技术指导原则

1. 已完成9项相关技术指导原则的起草拟定工作　经公示征求意见后，已由国家食品药品监督管理局正式公布实施，具体内容如下：

（1）人用重组DNA制品质量控制技术指导原则。

（2）人用单克隆抗体质量控制技术指导原则。

（3）人基因治疗研究和制剂质量控制技术指导原则。

（4）人体细胞治疗研究和制剂质量控制技术指导原则。

（5）预防用以病毒为载体的活疫苗制剂的技术指导原则。

（6）预防用DNA疫苗临床前研究技术指导原则。

（7）艾滋病疫苗临床研究技术指导原则。

（8）变态反应原（变应原）制品质量控制技术指导原则。

（9）细胞培养用牛血清生产和质量控制技术指导原则。

2. 已完成7项审评一般原则，具体内容如下

（1）生物制品质量控制分析方法验证技术审评一般原则。

（2）生产用细胞基质研究的技术审评一

般原则。

（3）治疗用生物制品临床前药效学和安全性研究技术审评一般原则。

（4）生物组织提取制品和真核细胞表达制品的病毒安全性评价技术审评一般原则。

（5）预防用生物制品临床前安全性评价技术审评一般原则。

（6）预防用生物制品临床研究技术审评一般原则。

（7）体外诊断试剂临床前研究技术审评一般原则。

这些技术指导、审评等原则的研究和制定，均紧密结合国内外新药研究动态，为国家新药研发、注册、生产和临床研究等环节提出比较细化的基本要求，在创新药的早期开发阶段给予指导，辅助和支撑，积极促进了我国新药的研究开发进程，对于新生物制品的研究开发具有重要意义。

海洋技术领域技术进展

海洋蕴藏着丰富的生物资源，是维持人类可持续发展的重要战略空间。随着我国经济的快速健康发展和综合国力的不断增强，海洋在我国当前和未来发展中的战略作用愈加显现，海上安全问题已经左右中国经济安全。在2006年召开的全国科学技术大会上，胡锦涛总书记在讲话中特别强调“要加快发展空天和海洋科技，和平利用太空和海洋资源”。《国家中长期科学和技术发展规划纲要（2006—2020年）》，把空天和海洋技术列为我国中长期科技发展的5个战略重点任务之一，把海洋技术列为重点前沿技术领域之一。中国海洋技术的发展迎来历史的机遇。

“十一五”是贯彻党的十六届五中全会和全国科学技术大会精神，实施《纲要》的开局阶段。2006年科技部根据《纲要》确定的各项任务和要求，坚持“自主创新，重点跨越，支撑发展，引领未来”的指导方针，围绕海洋资源勘探开发、海洋环境安全保障等方面进行了重点部署，力争攻克一批关键技术与共性技术，缩短我国海洋技术与国际海洋技术强国之间差距、实现我国海洋技术的跨越式发展，为促进我国经济、社会协调发展提供强有力的技术支撑。

2005—2006年海洋生物技术研发的主要成果

在“十五”前期研究工作的基础上，2005—2006年，海洋生物技术领域围绕海水养殖优良品种培育、海洋生物新基因、海洋新药、海洋高附加值生物制品研究开发等方面形成了一批技术系统和装备等创新性成果，有一批海洋生物技术成果实现产业化。

攻克了深海网箱高密度养殖关键技术，初步实现深水网箱养殖规模化、集约化和产业化；培育的黄海1号中国对虾新品种填补了我国海水养殖动物新品种的空白；培育的大连1号杂交鲍新品种为我国鲍养殖业带来巨大经济效益；培育的蓬莱红扇贝新品种给深受病害打击的扇贝养殖业带来生机；培育的荣福海带新品种提高了海带养殖适温范围和经济效益；突破斜带石斑全人工大规模育苗技术，形成了世界最大的斜带石斑养殖苗种基地；在世界上率先实现半滑舌鳎全人工苗种繁育，形成养殖新产业；初步建成"海水养殖种子工程南方基地"，建成了机制新、水平高、规模大的海洋水产品加工高技术工业化生产示范工程，并取得显著的社会和经济效益；滩涂耐盐植物的研究与开发取得令人瞩目的成绩，"海芦笋"和"海英菜"等耐全海水蔬菜获得了国家绿色食品和有机食品证书。

海洋天然产物和药物研究取得令人鼓舞的成绩，获得了一批药物先导化合物，部分进入临床前和临床研究。海洋生物制品开发取得实质性进展，海洋酶制剂已实现产业化，海洋生物材料即将进入临床研究。海洋生物重要功能基因研究取得新的突破，奠定了我国在海洋生物功能基因研究方面的国际地位。

抗老年性痴呆海洋药物HSH-971喜获临床研究批文。"十五"863计划海洋生物技术主题资助研制的抗老年性痴呆新药HSH-971通过了国家药审中心评审及国家食品药品监督管理局批准，获得了临床研究批文，这标志着我国在抗老年性痴呆药物的研发上迈出了非常重要的一步。老年性痴呆是一种继肿瘤、艾滋病和心脑血管疾病之后的又一严重危害人类健康的疑难病症，给家庭和社会带来沉重的负担，是一个严峻的社会问题。高效特异、低毒、价廉的抗老年性痴呆新药的市场不仅在中国，而且在国际上都将具有相当的竞争力和广阔的市场应用前景。

"十一五"科技工作部署与启动工作

为了加强对海洋方面科技工作的支持力度，"十一五"期间将海洋技术领域重新作为一个863计划领域予以支持，针对我国国民经济和社会发展所急需解决的技术瓶颈和产业化前景良好的技术，以形成重大技术系统或以突破核心技术、开发单项战略产品原型或解决中试中的重要工艺问题为目标部署了若干重大项目和重点项目。以获得自主知识产权、原始创新成果为目标，在863计划中设置了海洋生物资源开发利用技术等专题。

此外，针对我国海洋技术的产业化、共性、公益性技术需求，国家科技支撑计划部署了"海水淡化与综合利用成套技术研究和示范”、“南沙群岛及其邻近海区综合研究”、“重大海洋灾害预警及应急技术研究”、“卤水资源综合利用技术研究”等重大重点项目。

根据以上总体设计，2006年海洋技术领域在863计划和国家科技支撑计划主要部署了以下重要研究工作：

1. 海洋生物资源开发利用方面　以突破海洋生物功能基因开发利用、海洋生物制品和海洋新药研制、海洋滩涂耐盐植物开发等一批重大关键技术，建立5个高水平的技术平台、示范工程和重点产品生产工艺，开发一批具有自主知识产权的海洋药物与海洋生物制品等高值化产品，在保护海洋生物资源的同时，促进我国海洋生物技术产业的发展为研究目标，2006年度在863计划中部署了“抗肿瘤海洋药物研究开发”、“抗心脑血管疾病海洋药物研究开发”、“抗神经系统疾病海洋药物研究开发”3个重点项目。

2. 海水、卤水资源开发利用方面　以攻克大型海水淡化、海水直接利用和海水化学资源利用成套技术，形成我国自主创新海水利用技术、装备、标准和产业化体系；促进卤水资源循环有序开发，为建立高效、高值和环境友好的卤水资源综合开发基地提供技术支撑为研究目标，2006年度在支撑计划中部署了“海水淡化与综合利用成套技术研究和示范”1个重大项目、“卤水资源综合利用技术研究”1个重点项目。

此外，以突破一批具有自主知识产权的海洋前沿高技术，获得一批原创性技术成果为研究目标，2006年度启动了“海洋生物资源开发利用技术”等专题。

农业生物技术

农业生物技术是遗传学、生物化学、分子生物学、细胞生物学等学科在农业生产上的应用。农业生物技术的进一步发展和壮大，将大大促进我国农业新产品开发、出口贸易扩大、生产成本降低，加快农业经济发展，提高我国农业国际竞争力。我国农业生物技术的研发能力及产业化进程得到长足发展，重大产品不断涌现，关键技术取得突破，获得了一批具有自主知识产权的原始创新成果，建立了一批平台技术和基地，进一步加强了我国农业生物技术创新体系的建设。

我国在超级杂交稻研究方面，建立了一套选育优质、高抗超级杂交籼稻育种技术体系，成功培育了一批超级杂交粳稻新组合，保持了我国超级杂交稻研发的国际领先水平。转基因棉花研发继续取得显著进展，单价抗虫棉实现了较理想的杀虫活性，双价抗虫棉既增强了抗虫性，又有效延缓了昆虫对抗虫棉产生的抗性；转基因小麦的开发和应用稳步推进，在抗病虫、抗逆、抗穗发芽、抗小麦黄花叶病转基因小麦和品质改良转基因小麦等的研究和开发上取得一定成绩；建立了可用于植物生物反应器研制的油菜、烟草、番茄、生菜、苜蓿、马铃薯、水稻、玉米、药用植物等转基因技术体系及外源基因高效表达体系，成功获得了可高效表达鲑鱼降钙素sCT（可治疗和预防骨质疏松症）的烟草、生菜、油菜和番茄以及可表达人血清白蛋白的水稻、表达植酸酶的玉米、表达人A组轮状病毒VP6蛋白的苜蓿和高效表达青蒿素的青蒿等转基因植物。

我国在牛、猪、羊、鸡和鸭的分子育种方面取得一定成绩，筛选出一系列与经济性状相关的基因，定位了重要的QTL位点；特别是在鸭的分子育种方面，绘制了世界上第一张鸭的遗传连锁图谱；并与国外合作成功培育2头转有抗疯牛病基因的转基因奶牛。动物基因工程疫苗研究进展迅速。成功构建了狂犬病毒、猪流感病毒和Asia1口蹄疫病毒等的腺病毒载体疫苗，获得了以禽流感重组鸡痘病毒载体活疫苗（H5亚型）、猪繁殖与呼吸综合征重组伪狂犬疫苗等为代表的一批病毒活载体疫苗；在动物生物反应器技术研究领域取得可喜成绩，可生产“人乳化”牛奶的转基因牛已获得农业部转基因生物安全评价中试批件；培育成功我国第一头人胰岛素基因转基因克隆牛，将有可能用于大规模生产人用胰岛素；建成一批重要的研究和开发基地。

我国超级杂交稻研发一直处于国际领先水平

2006年是“中国超级稻研究计划”成功实施的10周年，超级稻育种技术取得了重大突破，种质资源创新获得重大进展，基础研究获重要成果，成果转化成效显著。在超级稻育种技术上，所采用的理想株型与籼粳亚种间杂种优势利用相结合的技术路线成功培育了一批具有自主知识产权的超级稻新品种，覆盖了中国长江流域稻区、东北稻区、华南稻区，基本形成了超级杂交稻和常规超级稻。2005—2006年中国主推的超级稻新品种有49个，其中超级杂交稻新组合有35个，占71.4%。据统计，近几年在生产上推广的超级杂交稻品种累计种植面积约1 400万公顷，按2005年每公顷增产900千克，累计增产稻谷1 200万吨。

2006年超级杂交稻研究所取得的重大突破主要体现在如下两个方面：第一超级杂交稻育种技术路线上的突破，第二超级杂交稻种质资源上的创新。

一、超级杂交稻技术路线

1. 籼型超级杂交稻技术路线　在“十五”期间提出的形态改良与提高杂种优势水平相结合的基础上，兼顾品质和抗性，建立了一套选育优质高抗超级杂交籼稻育种技术体系，即：综合集成了有效增源、亚种间优势利用、有利基因利用、以粗畅流、以爪求质、广谱抗性6个方面的育种技术。通过亚种间杂交，选育籼粳成分适度的中间材料，在构建超级杂交稻大库的同时提高结实率；利用远缘有利基因，通过分子标记辅助育种技术或分子育种技术平台，对上述高起点的亲本材料进行遗传改良，在此基础上，选育一次枝梗多，一次枝梗维管束较粗，籽粒充实度特别好，结实率对环境反应钝感的广亲和材料作亲本；同时利用这些材料选育光温敏不育系和恢复系，在选育不育系和恢复系的过程中有意识地注意两者间的亲缘隔离，在达到畅流目的同时扩大亲本间的遗传距离；然后培育上部三片叶“长、直、窄、凹、厚”的高冠层、矮穗层、中大穗、高度抗倒的株型的超级杂交稻。通过上述育种技术和手段实现超级杂交稻的大库、足源和畅流。在培育超级杂交稻亲本材料的过程中根据育种的目标要求，利用爪哇稻种质和小粒野生稻的持久抗稻瘟病性等材料，培育优质和抗病虫的超级杂交稻。运用这一套技术体系成功培育了一批示范产量超过12吨/公顷的超级杂交籼稻新组合：Y两优1号、一丰8号、Q优6号、黔南优2058、新两优6号及2006年刷新世界水稻单产纪录的Ⅱ优4886等组合，这批超级杂交籼稻新组合表现米质优、抗性强、适应性广、丰产性好等特点。运用这一技术路线还成功培育了中国首个超级杂交早稻组合株两优819，填补了中国杂交早稻没有超级稻的空白；另一个超级杂交早稻两优287则填补了中国早稻无一级优质米的空白，解决了中国长江流域杂交早稻长期存在早熟、高产、优质难统一的矛盾，这是农业生物技术的一项重大成果。

2．粳型超级杂交稻技术路线　北方超级杂交粳稻研究育种技术在“籼粳架桥”人工制恢技术的基础上，根据北方寒冷稻区生态特点，提出了大穗型超级杂交粳稻的形态育种理论，并取得了重大进展和突破，很好地解决了杂交粳稻品质差、制种产量低、生育期偏长的技术难题。运用这一技术路线成功培育了辽优5218、辽优1052、辽优5224、辽优2016等一批适宜于北方寒冷稻区种植的优质超级杂交粳稻，这些新组合高产示范可达13.5吨/公顷，大面积种植比一般粳稻品种增产15%～20%。

二、超级杂交稻种质资源

利用生物技术在超级杂交亲本创制上取得重大进展。利用分子标记辅助选择技术将野生稻高产主效QTL转入杂交稻亲本中，成功培育了超级杂交晚稻亲本Q611，组配的超级杂交晚稻苗头组合单产达到10.692吨/公顷，实现了中国双季晚稻单产的重大突破。将直链淀粉含量中等的优质籼稻中Wx基因运用分子标记辅助选择技术转育到特青中，创制了保持特青主要农艺性状的优质品系，使所配两系超级杂交新组合稻米的直链淀粉含量明显下降。

利用航天技术在较短时间内创造了优良的超级杂交亲本，成功培育了一批高产、优质、抗逆性强的超级杂交稻新组合，如Ⅱ优航1号、Ⅱ优航148等。Ⅱ优航148曾创下单产18吨/公顷的超高产纪录。利用籼粳亚种间杂种优势创制了一批特异超级亲本菲恢6号、R1728、R4886，使中国超级杂交稻连续3年刷新水稻单产世界新纪录，2004—

2006年连续3年每公顷产量分别为18.298吨、18.449吨、19.195吨。

利用叶色形态标记成功培育了外观具有明显浅褐色稃色标记且育性稳定的优质籼型光温敏核不育系新安S，在杂交种生产过程中，利用这一天然颜色可识别该不育系所配超级杂交稻的真伪。

三、超级杂交稻基础研究领域取得重大进展

1. 基因克隆与定位　2006年中国科学家在国际上首次发现了可使稻谷种子变成“大个子”的基因片段——位于开花基因FCA中名为RRM1的结构域。研究发现水稻品种导入RRM1基因片段后，对谷粒大小产生明显的影响，这是一项突破性进展。

在水稻籼粳杂交广亲和基因和恢复基因的研究和利用上，继2005年将S-5不育基因精细定位在40kb区域之后，2006年又对3个新的杂种不育基因S-31(t)、S-33(t)、S-34(t)进行了精细定位，这些广亲和基因的发现和定位，对以后通过分子标记选择重组和聚合这些基因选择广亲和力强、亲和谱广的超级亲本打下了基础。

在水稻品质相关的基因定位上也取得了重要成果。一个控制稻米粒长的主效QTL GS3基因精细定位在第3染色体7.9kb的区段；精细定位了一个粒长粒宽基因qGl-3a，并对粒长相关的6个主效QTL和12个上位性QTL进行定位和遗传表达稳定性分析；精细定位了第3染色体短臂60kb区域一个抗褐背飞虱的基因bph19(t)。

利用图位克隆技术克隆了一个来自基因文库中高抗稻瘟病基因Pib，为今后从分子水平研究稻瘟病抗性基因分子结构和抗稻瘟病功能之间的关系提供了坚实基础。利用PCR法克隆了rbcS基因5’端上游调控区的一个启动子Posrbcs并转入水稻中获得驱动gus基因的转基因水稻植株。

2. 转基因水稻育种　抗病、抗逆转基因水稻育种研究也取得了一定进展。获得超级杂交稻亲本9311转四价抗真菌病基因（RCH10、RAC22、β-GLU、B-RIP）的高抗转基因植株，转基因纯系所配杂种对稻瘟病、稻曲病和黑粉病表现高抗；在抗白叶枯病上，获得将Xa21和CecropinB基因同时转化水稻共表达的植株；获得了转录OPBP1和OsiWRKY基因植株，两基因在水稻中增强表达使水稻抗病和耐盐能力显著提高；转拟南芥耐逆的CBF1基因，获得了在高盐和高渗胁迫下耐逆性显著增强的水稻转基因株系。

3. 杂交稻抗高温研究　2006年国际合作项目“中国长江流域杂交水稻高温危害机理及其应用研究”也取得了重大进展。其研究结果发现，在自然高温条件下，不同杂交稻组合表现明显不同的抗高温能力，同样表现

抗高温的组合其高温反应模式不一样，这一结论与过去的授粉性能相关联的结论相距甚远。另一发现：上午9～10时气温上升到30℃左右，杂交稻穗部温度会持续比气温高出2～3℃，这一趋势将延续到下午2～3时气温下降时止，杂交稻穗部温度在这一时间会达到或超过水稻生理临界高温35℃。

四、2006年超级杂交稻产业化情况

为进一步推广超级稻，农业部提出了"主推一期、深化二期、探索三期"的思路，制定了《超级稻研究和推广规划（2005—2010)》，确定了从2005年开始实施超级稻发展的"6236"工程，即：力争到2010年底，用6年左右时间，培育并形成20个超级稻主导品种，推广面积占全国水稻总面积的30%，每公顷平均增产900千克，全面提升中国水稻的生产水平。

农业部2005—2006年确认的39个超级杂交稻组合中有13个已经纳入农业科技成果转化项目进行中试和产业化开发，预计未来全国年种植面积将达400万公顷。优质高抗超级杂交稻早稻株两优819、两优287作为超级早稻有效解决了南方稻区早稻生产"早熟与高产、优质"的矛盾。株两优819年推广面积达20万公顷，按每公顷增产750千克计算，可增产粮食15万吨。以两优287为基础的"控高温鉴定、组培扩繁、稻蔸保纯、春秋双制优质超级稻快繁集成技术"研究的产业化推广将从根本上改善长江流域稻区水稻品种结构和稻米品质，产生重大的社会经济效益。

黔南优2058因其具有广泛适应性，不仅可在高寒山区推广，而且在长江流域作双季晚稻种植也表现良好的适应性，其成果转化被纳入国家长江中上游替换品种行列，其产业化推广普遍提高产量和提升稻米品质。

华南超级杂交稻种植面积近几年不断扩大。到2006年，天优998、天优122、培杂泰丰等超级杂交稻新组合推广面积已超过30万公顷。2006年Q优6号在重庆、贵州、湖南、湖北推广应用面积近15万公顷。

我国转基因棉花研发继续取得显著进展

一、研究背景

全球人口过度增长使可耕土地愈来愈少，化学农药过度滥用引起生态系统严重破坏，无机化肥不适当地大量使用带来土壤肥力退化，不可降解塑料的白色污染已成为全球一大公害，自然环境破坏引起的气候变暖在进一步加剧，水土流失、土地沙漠化、盐碱化在进一步扩大，贫富悬殊日益加剧等人类面临的粮食安全、消除贫困、环境治理和

农业可持续发展等问题将更加突出，依靠传统常规的农业技术已不可能有效地解决以上问题。发展转基因植物等农业生物技术，已成为现代农业生产及至人类生存的战略途径。国际上许多发达国家制定发展计划，投入巨资、人力和物力，开展转基因植物的研究与产业化。

我国既是棉花生产大国，也是棉花消费大国。棉花既是纺织业的重要原料，也是重要战略物资，我国棉花栽培面积最高时曾达666万多公顷。20世纪90年代以来，我国内地主产棉区棉铃虫连年大暴发，造成重大经济损失，仅以1992年为例，北方棉区减产皮棉8万吨，直接经济损失超过50亿元，间接损失超过100亿元。此外，1992年仅棉田使用化学杀虫剂15万吨以上，中毒人数超过数万人。棉铃虫的肆虐不但使当时我国棉花生产遭受巨大损失，而且由于过量使用化学农药造成了严重的环境污染以及人、畜中毒死亡事故。

棉铃虫问题引起了国家的高度重视。中央及各主产棉省多次专门开会研究防治棉铃虫问题，甚至各地发动部队和学生放假捉虫，但仍解决不了根本问题。与此同时，国际上植物基因工程技术的发展与日趋成熟，为解决棉铃虫问题提供了新的契机。1987年Vaeck和Fischhof等人将修饰的Bt杀虫基因导入烟草和番茄，获得了转基因植株，但未获得理想的杀虫效果。分析杀虫效果不理想的原因是微生物和植物两个物种之间遗传基因使用的偏爱密码子和结构不同所引起的。Perlak等人按照植物优化密码子合成的Bt杀虫基因转入植物后，抗虫性提高5～10倍。国内郭三堆等人也进行了大量有关Bt抗虫转基因植物的相关研究，并取得类似结果。所有的结果表明，利用基因工程技术培育转基因抗虫农作物已经成为可能。

二、国产抗虫棉研究历程

1. 国产单价抗虫棉研制　Bt杀虫晶体蛋白Cry1A可毒杀包括棉铃虫在内的鳞翅目害虫，因此根据Cry1A杀虫蛋白质的氨基酸序列，进行了杀虫基因的设计。由于Cry1Ab具有较好的细胞裂解能力，而Cry1Ac与昆虫细胞膜的结合性较好，设计时毒性结构域和细胞结合结构域分别与Cry1Ab和Cry1Ac最大程度地保持了一致。为了使基因在植物中高效表达，完全采用植物偏爱密码子，并去除了所有多聚腺苷酸信号序列及其相似序列。共人工合成82个寡核苷酸片段，9个大片段，总计3 674个碱基（表7），于1992年底研制成功全长1 827个碱基对的GFM Cry1A杀虫基因，编码608个氨基酸，将其命名为Bt GFM Cry1A杀虫基因。

表7　GFM Cry1A 杀虫基因的设计及人工合成

设计片段编号	上链		下链		基因片段5’末端情况	基因片段3’末端情况
	小片段数	碱基数	小片段数	碱基数		
GFM1	4	198	4	202	PstI粘端	NsiI+HincII平端
GFM2	5	251	5	255	NsiI粘端	HincII平端
GFM3	4	191	4	195	HincII平端	XbaI粘端
GFM4	4	233	5	233	XbaI粘端	EcoRI粘端
GFM5	4	177	5	179	HpaI平端	AccI粘端
GFM6	5	228	6	230	AccI粘端	NcoI粘端
GFM7	3	127	3	119	NcoI粘端	PstI年粘端
GFM8	5	184	5	188	PstI粘端	SmaI平端
GFM9	5	240	6	244	SmaI平端	SacI粘端
合　计	39	1 829	43	1 845		

为了使合成的GFM Cry1A杀虫基因能在植物中高效表达,设计在基因转录和翻译两个层面提高其表达水平,为此在构建其植物表达载体时，构建了包括2个增强子元件的35S启动子，并在基因5’端添加Ω和Kozak序列，在基因的3’端添加多联终止密码子、2个剪切序列、加工序列、Poly（A）序列以及Nos终止子，于1993年底，Bt GFM Cry1A杀虫基因植物高效表达载体pGBI4AB（图48）构建成功。之后,通过农杆菌介导法和花粉管通道法将Bt GFM Cry1A杀虫基因植物表达载体导入棉花，于1994年研制成功国产单价抗虫棉。

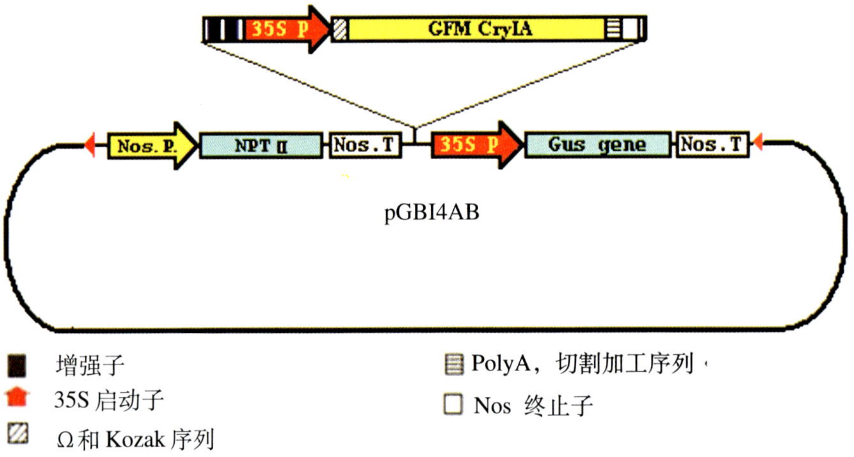

图48　pGBI4AB 质粒结构示意图

单价抗虫棉表达的Bt杀虫蛋白，可专门破坏鳞翅目害虫的消化系统，导致其死亡。实践证明单价抗虫棉对棉铃虫的杀虫活性达80%以上。这项研究成果经专家委员会鉴定达到了国际先进水平，其核心技术于1998年获中国专利，使我国成为继美国之后，独立研制成功抗虫棉并拥有自主知识产权的第二个国家。

2. 国产双价抗虫棉研制　为预防棉铃虫对单价抗虫棉产生抗性，1994年我国又创造性地将人工合成的Bt GFM Cry1A基因与修饰后的cpti(豇豆胰蛋白酶抑制剂)基因构建成双价抗虫基因植物表达载体pGBI4ABC(图49)，一起导入棉花中，于1996年研制成功了能同时产生2种不同杀虫蛋白的双价抗虫棉。

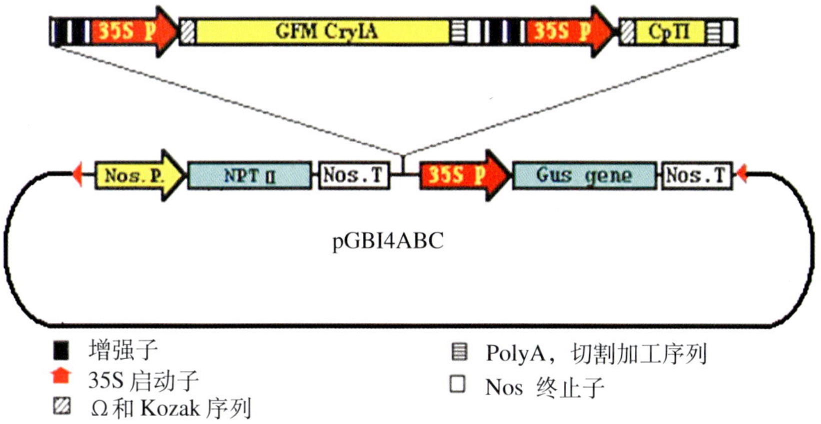

图49　pGBI4ABC质粒结构示意图

CpTI杀虫蛋白的作用机理与Bt杀虫蛋白不同，它通过抑制昆虫消化酶的功能使其产生厌食反应，并导致死亡。另外，2种杀虫蛋白在功能上具有互补性和协同增效性，这使得双价抗虫棉不但可以有效延缓昆虫对抗虫棉产生抗性，而且可增强抗虫性。实验证明：虽然双价棉叶对棉铃虫不同抗性种群的杀虫活性时间动态变化趋势与单价Bt棉类似，但变化幅度明显减小，特别是在7、8月份棉铃虫3、4代发生期单价棉的杀虫效果明显降低时，双价棉仍可对棉铃虫特别是对已产生抗性的棉铃虫(对Cry1Ac的抗性指数达16倍以上)保持较高杀虫活性(图50)。

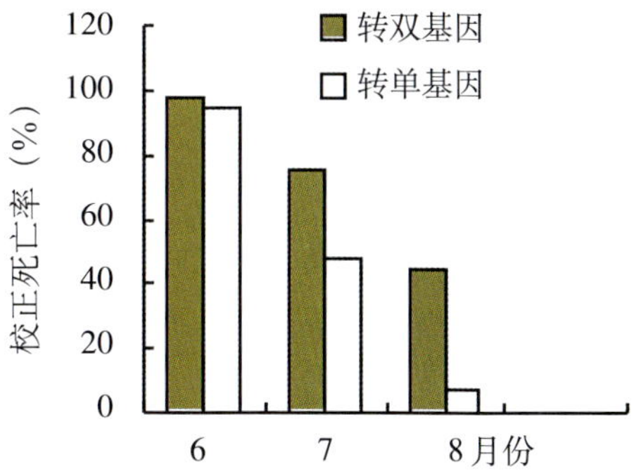

图50　双价抗虫棉对抗性棉铃虫杀虫活性的时间动态

另外，双价抗虫棉对大龄抗性棉铃虫的杀虫活性、抑制其体重增长、化蛹和羽化等方面的作用均显著强于单价抗虫棉，体现出双价棉在对抗性棉铃虫的杀虫效果和生长发育抑制作用等方面的明显优势，应用双价抗虫棉对控制棉铃虫抗性发展将起到关键作用。这项创新性的研究成果保持了我国抗虫棉研究的国际先进地位，其核心技术于2001年获得中国专利。

3. 国产融合抗虫棉研究　通过对转基因双价抗虫棉自交后代进行CrylAc基因与CpTI基因的整合和共表达研究，结果表明，大多数双价抗虫棉中2个杀虫基因的整合位点存在差异，并且不能完全同步表达。由此，我们推测，双价杀虫基因植物表达载体在整合进入受体棉花基因组时，2个杀虫基因表达盒可能是随机断裂整合的。虽然通过海量筛选转基因事件可以获得2个杀虫基因均高效表达的双价转基因抗虫棉，但为了节约人力、物力和财力，通过基因操作的方法，让2个杀虫基因在转基因棉花中同步高效表达才是最佳研究方案。因此，在双价抗虫棉的基础上，2000年我国又进行了融合抗虫棉的研究。

融合蛋白的研究设计策略是将具有不同杀虫机理、杀虫谱互补并可协同增效的CrylAc与CpTI编码基因，利用昆虫肠道消化酶切割位点的编码序列连接起来，构建出融合抗虫基因及其植物表达载体pGBIF4ABC（图51），并导入棉花获得融合抗虫棉。采用抗性棉铃虫进行杀虫实验，结果表明单价抗虫棉对抗性棉铃虫的校正死亡率只有22.2%，而融合抗虫棉可达77.7%的高抗虫性。说明融合抗虫棉可控制棉铃虫抗性发展。这项研究成果具有我国特色，其核心技术于2005年申请中国专利。

图51　pGBIF4ABC质粒结构示意图

三、国产转基因抗虫棉品种安全性评价和品种审定

1. 国产抗虫棉产品的动物安全性评价　分别以小鼠、斑马鱼及土壤线虫为实验对象，进行了单/双价转基因抗虫棉棉籽或棉籽油对实验动物的毒理学实验。通过对骨髓嗜多染红细胞微核率和精子畸变率的检测，证明抗虫棉对测试动物无任何毒性，是安全的。

2001年又经国家指定部门——中国预防医学科学院劳动卫生与职业病研究所复鉴，以家兔为试验对象，分别进行了单/双价转基因抗虫棉棉籽油和棉籽粉对试验动物的眼刺激试验和皮肤刺激试验，以及以雌、雄大鼠为试验对象，分别进行了单/双价转基因抗虫棉棉籽油和棉籽粉对试验动物的急性经皮毒性试验(LD_{50})和急性经口毒性试验(LD_{50})，结果再次表明单/双转基因抗虫棉对动物无害，是安全的。

2.国产转基因抗虫棉品种安全性评价　自1996年起，国产转基因抗虫棉开始申报不同试验阶段的安全性评价。1997—2000年，共申报中间试验、环境释放和商品化生产安全性评价27项，获批20项(表8)。2001年国家调整了安全性评价申报的试验阶段，在减去试验研究阶段申报的同时，将商品化生产阶段申报分成了生产性试验和应用安全证书两个阶段申报。调整后，2001—2006年，共申报4个试验阶段的安全性评价635项，获批503项（表9）。因此，我国在10年间共申报不同试验阶段的安全性评价662项，获批523项，其中生产应用的安全证书申报496项，获批410项。

表8　1997—2000年转基因抗虫棉安全性评价申报及批准情况表

试验阶段	试验研究		中间试验		环境释放		商品化生产	
	申报	审批	申报	审批	申报	审批	申报	审批
1997年	0	0	0	0	1	1	1	1
1998年	0	0	0	0	1	1	0	0
1999年	0	0	0	0	2	2	12	12
2000年	0	0	3	3	1	0	6	0
合计	0	0	3	3	5	4	19	13

表9　2001—2006年转基因抗虫棉安全性评价申报及批准情况表

试验阶段	中间试验		环境释放		生产性试验		应用安全证书	
	申报	审批	申报	审批	申报	审批	申报	审批
2001	45	21	9	7	0	0	7	6
2002	0	0	7	4	50	29	9	9
2003	5	5	2	2	35	33	49	2
2004	0	0	0	0	0	0	116	116
2005	0	0	0	0	5	5	118	118
2006	0	0	0	0	0	0	148	146
合计	50	26	18	13	90	67	477	397

3. 国产转基因抗虫棉新品种审定　我国转基因抗虫棉技术成熟以后，品种选育工作进展非常迅速。通过国家项目的带动以及科研单位之间的合作，更由于强烈的市场需求，迅速形成了国内棉花育种单位抗虫棉育种的大协作局面。1998—2006年，共有近90个科研单位和公司参与了转基因抗虫棉新品种的选育，在我国形成了一支强大的育种团队，涉及范围达到了我国版图的2/3强。通过各省和国家审定的抗虫棉品种超过100个，其中通过国家审定的抗虫棉品种达41个（表10）。从2005年我国开始实施申报棉花新品种保护至今，申请转基因抗虫棉新品种保护共有86个，占总申报数的76%，审定并推广0.33万公顷以上的有61个，占品种总数的71%。反映出了我国棉花育种的雄厚实力。

表10　通过国家审定的国产抗虫棉品种

序号	品种类型	安评名称	审定名称	国家审定时间	育种单位
1	单价常规抗虫棉	GK30	鲁棉研16号	2005年	山东棉花研究中心、中国农业科学院生物技术研究所
2		GK34	鲁棉研21号	2005年	山东棉花研究中心、中国农业科学院生物技术研究所
3		GK33	鲁棉研19号	2005年	山东棉花研究中心、中国农业科学院生物技术研究所
4		GK45	邯郸109	2005年	邯郸市农业科学院、中国农业科学院生物技术研究所
5		GK44	中植棉2号	2006年	中国农业科学院植物保护研究所、新乡县七里营新植原种场、中国农业科学院生物技术研究所
6		GK53	鑫秋1号	2006年	山东金秋种业有限公司、中国农业科学院生物技术研究所
7		鲁2015	鲁棉研29号	2006年	山东棉花研究中心、中国农业科学院生物技术研究所
8		冀1286	冀棉958	2006年	河北省农林科学院棉花研究所、中国农业科学院生物技术研究所
9		邯5158	邯5158	2006年	邯郸市农业科学院、中国农业科学院生物技术研究所
10		邯郸802	邯棉802	2006年	邯郸市农业科学院、中国农业科学院生物技术研究所

（续）

序号	品种类型	安评名称	审定名称	国家审定时间	育种单位
11	单价杂交抗虫棉	鲁9154	鲁棉研27号	2006年	山东棉花研究中心、中国农业科学院生物技术研究所
12		GK62	新陆棉1号	2006年	新疆农业科学院经济作物研究所、中国农业科学院生物技术研究所
13		GKz6	中棉所38号	1999年	中国农业科学院棉花研究所、中国农业科学院生物技术研究所
14		GKz8	南抗3号	2005年	南京农业大学农学院、中国农业科学院生物技术研究所
15		GKz10	鲁研棉15号	2005年	山东棉花研究中心、中国农业科学院生物技术研究所
16		GKz13	鲁RH-1	2005年	山东省棉花杂优利用协作组、中国农业科学院生物技术研究所
17		GKz33	鄂杂棉10号	2005年	湖北惠民种业有限公司、中国农业科学院生物技术研究所
18		GKz17	湘杂棉8号	2005年	湖南棉花科学研究所、中国农业科学院生物技术研究所
19		GKz18	慈抗杂3号	2005年	浙江慈溪市农业科学研究所、中国农业科学院生物技术研究所、浙江大学农业与生物技术学院
20		GKz25	鲁棉研24号	2005年	山东棉花研究中心、中国农业科学院生物技术研究所
21		GKz12	鲁棉研20号	2005年	山东棉花研究中心、中国农业科学院生物技术研究所
22		GKz29	鲁棉研25号	2005年	山东棉花研究中心、中国农业科学院生物技术研究所
23		GKz668	中棉所52	2005年	中国农业科学院棉花研究所、中国农业科学院生物技术研究所
24		GKz23	南农6号	2005年	南京农业大学、中国农业科学院生物技术研究所
25		GKz11	邯杂98-1	2006年	邯郸市农业科学院、中国农业科学院生物技术研究所
26		GKz21	国欣棉6号	2006年	河间市国欣农村技术服务总会、中国农业科学院生物技术研究所、北京市国欣科创生物技术有限公司

（续）

序号	品种类型	安评名称	审定名称	国家审定时间	育种单位
27		97H1	鄂杂1号	2006年	河北省农林科学院棉花研究所、中国农业科学院生物技术研究所
28		JZHR99990	鄂杂棉24	2006年	荆州农业科学院、中国农业科学院生物技术研究所
29	双价常规抗虫棉	sGK321	sGK321	2002年	石家庄市农业科学研究院、中国农业科学院生物技术研究所
30		sGK9708	中棉所41	2002年	中国农业科学院棉花研究所、中国农业科学院生物技术研究所
31		sGK9822	中棉所45	2003年	中国农业科学院棉花研究所、中国农业科学院生物技术研究所
32		SGK中－BZ12	中棉所51（棕色）	2005年	中国农业科学院棉花研究所、中国农业科学院生物技术研究所
33		sGK3	国欣棉3号	2006年	河间市国欣农村技术服务总会、中国农业科学院生物技术研究所、北京市国欣科创生物技术有限公司
34		鲁272	鲁棉研28号	2006年	山东棉花研究中心、中国农业科学院生物技术研究所
35		中501	中棉所58	2006年	中国农业科学院棉花研究所、中国农业科学院生物技术研究所
36	双价杂交抗虫棉	sGKz4	中棉所47	2004年	中国农业科学院棉花研究所、中国农业科学院生物技术研究所
37		sGKz8	银棉2号	2005年	中国农业科学院生物技术研究所、邯郸农业科学院、北京银土地公司
38		SGKz9	苏杂3号	2005年	江苏农业科学院经济作物研究所、中国农业科学院生物技术研究所
39		中杂302	中棉所57	2006年	中国农业科学院棉花研究所、中国农业科学院生物技术研究所
40		sGKz21	豫杂35	2006年	河南省农业科学院棉花油料作物研究所、中国农业科学院生物技术研究所
41		sGKz11（湘S-26）	湘杂棉11号	2006年	湖南省棉花科学研究所、北京中农种业有限责任公司、中国农业科学院生物技术研究所

四、国产抗虫棉的产业化及社会经济效益

1. 产业化状况　在国家项目的带动下，抗虫棉的多元化产业化合作网络建成并不断地巩固和发展。1999 年国产抗虫棉开始大面积推广，当年种植面积约 6 万公顷，仅占国内抗虫棉份额的 7% 左右，基本是美国抗虫棉的天下。之后，随着国产抗虫棉技术的日趋成熟，国产抗虫棉扩张迅速，其市场份额的增长率连续 7 年超过 10%。至 2006 年，国产抗虫棉年推广面积近 300 万公顷，占国内抗虫棉市场份额的82%左右(年度间详细的推广种植情况见表 11)。从 1999—2006 年，国产抗虫棉已累计推广种植 1 134 万公顷。

表 11　国产抗虫棉历年推广种植情况

年份	国产抗虫棉面积（万公顷）	抗虫棉总面积（万公顷）	国产抗虫棉市场份额（%）
1999	6	88	7
2000	32	180	18
2001	70	234	30
2002	132	275	48
2003	160	306	52
2004	208	333	62
2005	230	315	73
2006	296	360	82
累计	1 134	2 091	

随着国产抗虫棉研制技术越来越成熟，中国抗虫棉优良的抗虫性和突出的综合性状已引起了各产棉国尤其是东南亚各国的重视。印度、巴基斯坦、乌兹别克斯坦、越南、缅甸、菲律宾、巴西等产棉国的政府官员和专家纷纷来华考察。2001 年 10 月，在第三届高交会上，“中印合作转基因抗虫棉新品种研究与产业化”项目得以签署，中国单价抗虫棉正式走进印度，走向国际市场。目前，印度已经审定了3个含有GFM Cry1A抗虫基因的转基因棉花品种。另外，巴基斯坦、菲律宾、越南等国也已与有关单位签订了合作意向书。中国抗虫棉走出国门，打入国际市场并参与国际竞争的时机已经成熟。

2. 产业化及社会经济效益　在国家的大力扶持下，经过数年的时间，国产抗虫棉产业化迅速崛起。2006年，国产抗虫棉的种植面积已经占到全国抗虫棉面积的82%，以绝对优势占据了国内抗虫棉市场。在国产抗虫棉实现产业化的过程中，共培训棉农2 000多万人次，提高了农民对现代农业高新技术的认识和棉农的科学素质，受益农户累计超过3 000万户。

无论对于棉农还是棉种生产经营单位，抗虫棉产业化所带来的经济效益均十分巨大。据专家分析，种植国产转基因抗虫棉每生长周期平均可减少农药喷施13次，抗虫棉田可平均减少农药施用22.5千克/公顷。此外还显著减少了植棉用工投入，种植抗虫棉增收节支约2 100元/公顷。据统计，至2006年国产转基因抗虫棉累计种植面积达到1 134万公顷，累计减少农药用量25.5万吨，为棉农增收节支超过238亿元。

目前在国内市场，普通棉种价格为4～8元/千克，美国抗虫棉种价格为42元/千克左右，而国产抗虫棉种价格适中，为20～30元/千克。尽管抗虫棉种子价格高出普通棉许多，但仍深受农民喜爱，相当一部分棉区的棉农基本上非抗虫棉不种。按全国抗虫棉播种年平均面积360万公顷，国产抗虫棉推广种植率80%、平均每公顷用种量15.0千克计算，全国每年国产抗虫棉种的市场需求约5.4万吨。按照国产抗虫棉的平均价格，抗虫棉产业的销售额总额每年可达到13.5亿元；按照普通棉价格6元/千克，抗虫棉价格25元/千克计算，抗虫棉种的技术附加值为19元/千克。生产经营抗虫棉种相对于普通棉每年所增加的总经济效益约10.26亿元。因此，抗虫棉的推广产生了巨大的经济效益。

另外，按照全国种植抗虫棉平均减少化学农药使用量22.5千克/公顷计算，国产抗虫棉年种植360万公顷计算，每年可减少杀虫剂用量8万吨左右。在抗虫棉产业化之前，全国各棉区棉农因长期使用高毒农药杀虫造成中毒及死亡事故经常发生，而且，棉田农药残留非常高，严重破坏了农田生态环境。国产抗虫棉的广泛种植，在减少农药使用量，保障人民身体健康，减少环境污染，保护生态环境，实现农业可持续发展等方面具有重大的社会、经济和生态效益。

我国转基因小麦研究稳步推进

一、国外转基因小麦研究现状

近年来，国际上小麦转基因技术与产品的研发进展显著。美国孟山都公司培育的耐草甘膦除草剂普通小麦品种（MON71800）

2004年被批准用于食物和饲料生产。一批转基因小麦也处于产业化的前期评价阶段。

1. 抗病虫转基因小麦研究现状　据不完全统计，迄今已经用于小麦转化以提高小麦抗病虫能力并获得稳定转基因株系的目的基因有20多个，目标性状涉及抗赤霉病、锈病、白粉病、黑穗病、灰霉病、大麦黄矮病毒病、大麦条状花叶病毒病和抗蚜虫等8种抗性。

美国将来自小麦的几丁质酶和葡聚糖酶基因转入小麦，在接种赤霉病菌10天时，抗病转基因植株的病小穗数比对照减少38%，14天时的病小穗数比对照少68%；在转基因小麦中表达防卫基因（如TLP、Glu或α-1-purothionin），不仅可使小麦植株的抗赤霉病性提高30%～49%，而且抗脱氧雪腐镰刀菌烯醇（DON）毒素及种子抗侵染的能力也显著增强。德国将植物二苯代乙烯合酶（Vst1）基因转入小麦，大幅度提高了转基因小麦对灰霉真菌的抗性；随后又将曲霉抗菌多肽（Ag）、大麦几丁质酶（Chi II）及大麦核糖体抑制蛋白（RIP）导入小麦，使转基因小麦的抗锈病及白粉病能力比对照提高32%～42%。印度利用来自洋葱的抗菌蛋白（Ace-AMP1）基因转化小麦，得到了抗白粉病性提高50%的转基因小麦株系。丹麦将大麦种子几丁质酶基因转入小麦，使转基因植株的抗白粉病能力提高10%。美国将小麦梭条叶病毒（WSMV）复制酶基因（NIb）和外壳蛋白基因（CP）分别导入小麦，获得具有抗病毒能力的转Nib基因小麦株系。

根据抗虫基因对害虫的作用方式，分为直接杀死当代害虫和降低害虫的生殖力两类。美国将大麦胰岛素抑制剂（BTI-CMe）基因转入小麦，可显著提高转基因小麦种子对麦蛾幼虫的抗性。将马铃薯丝氨酸蛋白酶抑制基因转入小麦，可有效提高转基因小麦抵抗燕麦胞囊线虫的能力。英国、德国将雪花莲凝结素基因（GNA）转入小麦，转基因小麦可使谷类蚜虫的产卵率降低65%。同时所有表达GNA基因的小麦植株，其蚜虫感染率比对照降低50%以上，达到了极显著水平。

2. 抗逆转基因小麦研究现状　到目前为止，使用基因枪法、农杆菌介导法和花粉管通道法等方法获得了一些耐盐、耐旱转基因小麦材料，但是外源基因主要来自其他生物。如在小麦中表达来自细菌中促进甘露醇合成的基因，提高了转基因小麦的耐旱和耐盐能力。近年，国际玉米和小麦改良中心将来自拟南芥的DREB转录因子基因导入小麦，获得的耐旱转基因小麦已进入田间实验，有望在5年以内进入市场。英国的一个研究小组通过转化天门冬氨酸脱羧酶和腺苷甲硫氨酸脱羧酶的基因，获得了耐盐能力提高的转基因材料。美国的Arcadia生物科学院、得克萨斯技术大学和普渡大学分别将拟南芥编码钠/氢离子交换蛋白基因导入小麦，获得了抗盐性显著提高的转基因小麦，2005年已进入田间试验阶段。

3. 抗穗发芽转基因小麦研究现状　利用转基因技术提高小麦穗发芽抗性的报道不多。目前，国外通过基因工程方法提高小麦穗发芽抗性只有一例报道，并申请了相关专利（专利号：WO 99/15667），即英国科学家Flintham等（2002）通过基因枪转化，将燕麦Vp-1 cDNA （Ubi+AfVp1 cDNA）转化小麦，得到抗穗发芽转基因小麦。在低温潮湿条件下，非转基因对照穗发芽指数高达80%以上，而转基因植株则低于50%。表明，Vp-1基因及其同源类似物对种子的休眠和发芽起重要的调控作用，通过对其进行基因操作，可以快速提高小麦穗发芽抗性。

4. 品质改良转基因小麦研究现状　获得表达1Dx5或1Ax1亚基基因的转基因小麦，并证明转基因小麦的籽粒蛋白和加工品质有显著改善（Altpeter et al., 1996；Blechl and Anderson, 1996； Baro et al.,1997）。通过转基因试验证明，小麦Pina和Pinb基因可以用于改良水稻籽粒的硬度（Krishnamurthy and Giroux, 2001），小麦Pinb基因在转基因植株中表达还可以提高苹果对细菌病害的抗性以及小麦对赤霉病的抗性（Mohamed et al.， 2004；http://www.scabusa.org/pdfs_dbupload/02_Sherwood Abstract_BIO.pdf）。通过转基因试验证明，小麦ADPG焦磷酸化酶、颗粒结合型淀粉合成酶、淀粉分支酶可以用于改良小麦淀粉品质（Smidansky et al., 2002；Li et al., 2005；Regina et al., 2006）。

二、我国转基因小麦研究进展

1. 抗病虫转基因小麦　据统计，国内关于抗病虫转基因小麦研究涉及20多种基因，包括抗真菌性病害、抗病毒病及抗虫等性状。

抗赤霉病研究：华中农业大学将赤霉菌特异抗体融合蛋白基因转化小麦，接种鉴定结果表明，接种21天时，T1、T2及T3代转基因小麦的抗赤霉病性比对照提高70%以上。南京农业大学与美国堪萨斯大学合作，将水稻TPL基因和几丁质酶基因转化小麦，表达TPL蛋白的T1、T2和T3代转基因植株与对照植株相比，接种赤霉菌后发病程度明显减缓。接种后第十天，非转基因对照植株麦穗有43%为半枯萎状态，而转基因植株只有16%。

抗小麦黄花叶病转基因小麦研究：抗小麦黄花叶病转基因小麦研究取得重大进展，一批材料进入生产性试验，有的通过了成果鉴定。中国农业科学院与江苏里下河地区农业科学研究所通过基因枪共转化法将小麦黄花叶病复制酶基因WYMV-Nib8导入扬麦158。经过6代功能鉴定，获得4个高抗小麦黄花叶病、抗性稳定遗传的小麦转基因新品系。已完成安全性评价的环境释放，正在申请安全性评价的生产试验。采用PCR和Basta检测技术获得无选择标记、高抗小麦黄花叶病转基因品系N12-1。该项研究于2006年2月通过农业部成果鉴定。

中国农业大学获得遗传稳定、高抗WYMV的T7代转cp基因小麦品系2个，第七代转72kDa非结构蛋白基因小麦新品系3个，获得的转基因小麦新品系保持了原有受体品系的优良综合农艺性状、抗病毒能力达到极显著水平，具有较高的推广应用价值。其中，转cp基因小麦新品系H55和转72kDa非结构蛋白基因小麦新品系G7均已经获得国家生物安全审定批准在江苏省进行“生产性试验”，面积分别为3.2公顷和2.4公顷。另外，获得了具有高度抗性的2-5A-RNase LT4代基因小麦15个株系，已经获准在江苏省进行中间试验。

抗白粉病研究：山东大学和中国科学院遗传与发育研究所分别将烟草葡聚糖酶基因、芪合酶基因导入小麦，获得了抗白粉病转基因小麦。中国农业科学院将葡萄糖氧化酶基因（GO基因）和Bar基因共转化普通小麦，获得了无筛选标记基因且具备白粉病抗性的转基因小麦；南京农业大学从6B短臂上克隆的抗白粉病候选基因，在转基因小麦中表现高抗白粉病。

小麦抗蚜虫转基因研究：抗蚜虫转基因小麦已进入中间试验，中国农业科学院作物科学研究所将雪花莲凝集素基因转入小麦品种郑9405，田间接种蚜虫试验表明，转基因小麦的蚜虫虫口率降低80%以上，T2代抗病株系的接蚜虫能力与对照差异极显著。此外，山东农业大学将豇豆胰蛋白酶抑制蛋白CpTI转入小麦，T2代种子对谷蛾昆虫具有很强的毒杀作用。在未转化的种子中，T2代种子的虫驻率达到58.27%，而在3个转基因株系中分别只有19.77%，21.86%和32.87%，与对照的差异极显著。

2. 抗逆转基因小麦　中国农业科学院作物科学研究所将大豆或小麦的DREB/ERF基因分别转到扬麦158、扬麦10号、鲁麦22、鲁麦23、济麦19、济麦20周麦18、石4185、宁春4号、宁春16、新春9号等小麦主产区的推广品种中。获得了抗旱、耐盐性明显提高的转基因小麦品系，其中2个转基因小麦株系进入安全性评价的中间试验。中国农业大学和山东大学获得了转antiport的耐盐转基因小麦，首次验证了SOS信号系统在单子叶植物中的作用，探讨了SOS途径在单子叶植物高盐胁迫响应中的可能机制。创建了SOS2-SOS3和SOS1- SOS2-SOS3多基因串联转化的转基因株系。通过该方法完成了SOS信号转导途径3个基因：SOS1、SOS2、SOS3分别转化4个山东省优质、高产推广小麦品种，获得了高耐盐的转基因小麦株系。此外，一些研究单位还利用枯草杆菌的SacB基因和蛹虫草的Mn-sod基因，获得抗旱能力比对照提高1～2级的5个转基因小麦品系。

3. 抗穗发芽转基因小麦研究　国家小麦工程技术研究中心在克隆构建硫氧还蛋白反义基因的基础上，通过共转化、连续5代跟踪分析，获得目的基因稳定遗传、无标记基因的转基因小麦新品系4个。连续3年在小麦不同成熟期取样，采用籽粒发芽、离体整穗发芽和人工模拟降雨穗发芽等方法重复试验，结果表明对照籽粒培养20小时开始萌动，转基因系籽粒到68小时才开始有萌动，直到5天两者都有明显的差别；转基因系整穗较对照发芽平均推迟7天，总体趋势为成熟前10天到后熟25天时抑制穗发芽；在模拟降雨试验中，初始萌发时间比对照晚3～5天，终期萌发籽粒比对照少5～8倍；试验结果说明，反义trxs基因在转基因系中表达良好，转基因小麦获得了抗穗发芽的能力，大田正常播种后能正常出苗。

4. 小麦品质性状转基因小麦研究　华中科技大学和山东农业大学利用我国大面积栽培小麦品种培育出了籽粒淀粉品质和加工品质显著改良的小麦转基因株系。华中科技大学培育的加工品质改良的小麦转基因品系已获准开展田间试验，部分株系已进入生产性试验。北京市农林科学院构建了高效小麦高分子量谷蛋白5+10亚基基因表达载体，获得转基因植株146株，并筛选出4个优良株系，已进入环境释放。通过回交转育，培育出优质强筋品系4个，其中3个品系的面团形成与稳定时间达到30分钟以上，面包烘烤评分分别为93分、95分，达到了国家一级优质强筋小麦的标准。1个高蛋白质含量品系（京优523）总蛋白质含量为17.5%，产量与对照相当。

植物生物反应器研究取得较大进展

植物生物反应器是指在植物中表达和生产具有重要药用和商业价值的产品，产品包括重组药用和农用蛋白、抗体、酶、激素、白介素、血浆蛋白、疫苗和重要次生代谢产物等。继传统生物反应器如细菌、酵母，以及动物细胞和转基因动物之后，植物作为生物反应器的研究已成为国内外研究的热点。

到目前为止，国内还没有植物反应器产品被批准商品化生产或被颁发药证。在国家高技术研究计划及其他研究计划的支持下，我国植物生物反应器的研究和开发取得了较好成绩，特别是在转基因技术体系及外源基因高效表达体系的建立、在利用植物生物反应器表达和生产药用和农用蛋白如降钙素、人血清白蛋白和植酸酶等、人用和兽用腹泻植物黏膜疫苗、重要次生代谢产物如青蒿素等的研发方面取得了突出进展，使我国植物生物反应器研究和开发整体水平达到了国际先进水平。

一、建立了转基因技术体系及外源基因高效表达体系

建立了用于植物生物反应器研制的植物（油菜、烟草、番茄、生菜、苜蓿、马铃薯、水稻、玉米、药用植物等）转基因技术体系及外源基因高效表达体系，使外源蛋白在油菜油体中的表达量达到种子总蛋白的1%以上、在番茄果实和烟草及生菜叶片中的表达量达到总可溶性蛋白的1%以上、在苜蓿等中的表达量达到总可溶性蛋白的0.2%以上、在马铃薯块茎中的表达量达到块茎总蛋白的0.1%等，这些研究为加快植物生物反应器产品的研制打下了基础。

二、获得了表达鲑鱼降钙素sCT的转基因植物

我国有9 000多万骨质疏松症患者，骨质疏松症已成为困扰世界老年人和妇女健康的主要问题之一。目前临床上用于治疗骨质疏松症的主要药物为鲑鱼降钙素(salmon calcitonin，sCT)，但价格昂贵，因此如何有效而低成本生产鲑鱼降钙素已成为国内外极为关注的问题。同时，能否利用口服表达鲑鱼降钙素的产品（避免注射及鼻喷法给患者带来的痛苦）预防和治疗骨质疏松症也成为国际上关注的热点。在国家863计划的支持下，上海交通大学、中国农业科学院、复旦大学等单位通过优化鲑鱼降钙素密码子组成、利用建立的转基因烟草、生菜、番茄和油菜体系，成功地获得了在烟草和生菜叶片、在油菜油体及番茄果实等中高效表达鲑鱼降钙素sCT（治疗和预防骨质疏松症）的转基因烟草、生菜、油菜和番茄等植物。Southern blot分析证实sCT已整合进植物基因组中，RT-PCR、ELISA和Western blot分析证实sCT已在转基因植物中表达，其中，sCT在烟草和生菜叶片中的表达量达到总可溶性蛋白的1%以上、sCT在油菜油体中的表达量达到种子总蛋白的1%以上、在番茄果实中的表达量达到总可溶性蛋白的1%以上。动物试验（皮下注射、破骨细胞试验）证明了在

转基因油菜和番茄中表达的sCT具有生物学活性（能显著降低血钙浓度、抑制破骨细胞的形成）。目前，所获得的表达鲑鱼降钙素的转基因植物已进入国家农业转基因生物安全性评价的“环境释放”阶段，该研究为利用植物反应器生产鲑鱼降钙素打下了基础和提供了鲑鱼降钙素生产新途径。预计在未来3～5年，我国将有望在国际上率先实现利用植物来生产鲑鱼降钙素的产业化。

三、获得了表达人血清白蛋白的转基因水稻

人血清白蛋白是一种具有多种生物学功能的大分子药物，临床应用上具有非常重要的作用。目前国际国内市场上人血清白蛋白都是从人血浆中提取的。由于血浆来源的紧缺，加上来自血液传播的疾病如艾滋病、肝炎等的威胁越来越严重，因此急需一种安全可靠又可以满足大规模生产的体系来满足人血清白蛋白的市场需求。武汉大学开发了具有自主知识产权的在水稻胚乳细胞特异性表达外源蛋白的系统，该系统采用水稻胚乳特异性启动子与信号肽、密码子优化等技术，利用农杆菌转化水稻粳稻品种中华11号，获得了遗传稳定、高效表达人血清白蛋白的转基因水稻，经蛋白质印迹法和酶联免疫检测方法检测，重组人血清白蛋白在转基因水稻胚乳中特异性表达，其表达量在两个转基因品系中分别达到68和108微克/粒，相当于总可溶性蛋白的13%～30%；免疫电镜的结果显示重组蛋白定位在细胞质和内质网腔内；N端测序结果表明谷蛋白的信号肽正确的切割，重组人血清白蛋白的肽指纹图谱分析表明在水稻胚乳细胞表达的人血清白蛋白与天然人血清白蛋白完全相同；对重组人血清白蛋白的生理生化分析结果，分子量经MALDI-TOF测定为66 564道尔顿；重组白蛋白与天然白蛋白具有相似的园二色图谱，都以α螺旋为主，β-折叠和转角的比例几乎一致；荧光光谱分析结果表明重组人血清白蛋白的折叠正确，形成了与天然状态的蛋白一致的三级结构。经过提取缓冲液的优化和两步离子交换层析，小试纯化工艺已经建立，重组白蛋白的纯度可以达到96%以上，有关重组人血清白蛋白的生物学活性研究，包括动物细胞培养、药物结合能力和动物失血休克模型实验都正在进行中。目前，两种转基因水稻已进入国家农业转基因生物安全性评价的“中间试验”阶段。该研究为利用水稻生产人血清白蛋白打下了基础（图52）。

四、获得了表达植酸酶的转基因玉米

植酸酶是性质优良的饲料添加剂，可以把玉米等饲料原料中大量存在的植酸磷分解成无机磷，提高单胃动物对饲料磷的利用率和动物的生产性能，降低动物粪便中磷的排

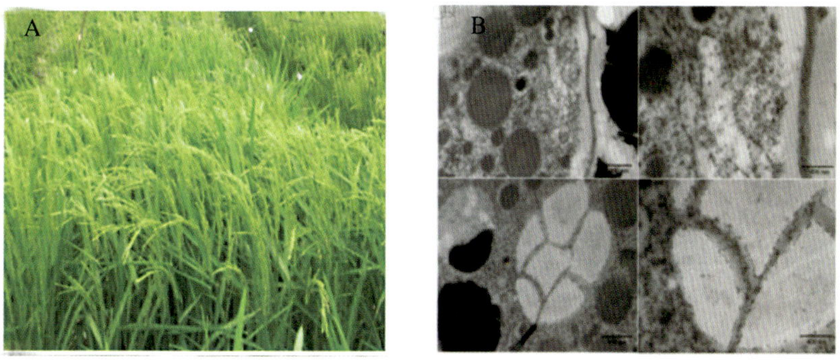

图52 转基因水稻

A. 转人血清白蛋白基因水稻 B. 重组人血清白蛋白经免疫电镜的亚细胞定位，存在于细胞质和内质网腔内

泄量。欧盟各成员国、加拿大以及美国等发达国家为此从20世纪90年代就制定了养殖业强制使用植酸酶的政策，东南亚、日本、韩国近期也将出台法律，把它作为“绿色磷”用以取代传统的无机磷酸盐，在环境保护中发挥了巨大作用。玉米是重要的也是最佳的饲料加工原料，我国玉米总需求量的近80%用于饲料加工，在家禽和家畜饲料中的用量都在50%以上。按我国饲料工业标准的要求，1千克饲料中含0.5千克玉米种子,需添加500单位植酸酶添加剂。也就是说，要求1千克的玉米种子中含1 000单位的植酸酶。因此，植酸酶的需求量巨大。中国农业科学院在第一代植酸酶产品（即利用微生物发酵方式生产植酸酶）的基础上，利用具有自主知识产权的植酸酶基因（ZL97121731.9），开展了利用玉米种子生物反应器生产植酸酶（第二代植酸酶产品）的研究。经过六代选育，得到了多个表达植酸酶并稳定遗传的玉米纯合系，植酸酶活性均在1 000单位/千克以上，最高的达到120 000单位/千克，且转基因玉米种不含筛选标记Bar基因、仅保留植酸酶基因，达到了安全性最理想的要求。动物饲喂实验结果表明，以玉米为载体生产的植酸酶与发酵生产的植酸酶功能相当，可以显著提高动物的生产性能，显著降低动物排泄物中磷的含量。可完全替代微生物发酵生产的植酸酶，满足饲料工业标准要求，标志着饲料添加剂研究进入第二代环保型产品研制的新阶段。“利用玉米种子生物反应器生产高活性植酸酶”项目成果通过专家鉴定达到国际同类研究的领先水平，该项目产业化后将产生每年数十亿元的经济、社会和环保效益。

五、获得了表达人A组轮状病毒VP6蛋白的转基因苜蓿

利用植物来表达和生产疫苗一直是国际上较为关注的热点之一。轮状病毒通过造成腹泻而对人和动物产生极大危害，能否通过

口服表达轮状病毒蛋白疫苗的植物而达到保护人和动物免受其造成的腹泻问题也已成为人们关注的问题。中国农业大学通过优化人A组轮状病毒VP6基因密码子组成（sVP6）、利用建立的转基因苜蓿等体系，成功地获得了表达sVP6基因的转基因苜蓿，sVP6在转基因苜蓿叶片中的表达量达到总可溶性蛋白的0.2%以上。攻毒实验表明，用提纯的表达人A组轮状病毒VP6蛋白的转基因植物总可溶性蛋白口服免疫小鼠,小鼠体内产生了高水平的特异性的抗VP6的血清IgG和黏膜IgA抗体，确证了转基因植物疫苗的免疫原性。小鼠攻毒实验证实表达人A组轮状病毒VP6蛋白的可食用疫苗能够为小鼠提供抵抗其他A组轮状病毒的异源交叉保护。该研究为进一步开发研制黏膜免疫A组轮状病毒疫苗新产品——兽用饲料奠定了基础，为预防和控制轮状病毒造成的腹泻病提供了一条新途径，具有较好的应用前景。

六、获得了高效表达青蒿素的转基因青蒿

疟疾是一种由疟原虫引起的威胁人类健康的恶性传染病，每年至少500万人感染疟疾，造成超过100万人死亡。最近几年，由于疟原虫对于抗疟药物的抗性增强，疟疾造成的死亡率有上升的趋势。青蒿素（artemisinin）是我国科学家在20世纪70年代分离并鉴定的一种含有过氧桥结构的倍半萜内酯，它是继氯喹、乙氨嘧啶、伯喹后最常用的抗疟特效药，尤其对脑型疟疾和抗氯喹疟疾具有速效和低毒的特点。目前，世界卫生组织推荐的最有效的治疗疟疾的方法是青蒿素联合疗法。青蒿素作为一种有效的抗疟药物已经得到国际认同，全球对青蒿素的需求量逐年上升。近年来，随着对青蒿药理研究的逐步深入，科学家发现青蒿素及其衍生物还具有抗炎、抗血吸虫、抗肿瘤以及免疫调节的功能，因此，青蒿素有望成为一种多用途的天然药物。目前，青蒿素的主要来源是从青蒿植株的地上部分提取，但青蒿中青蒿素的含量非常低（0.01%～1%），使得这种药物的商业化生产受到了一定限制。为了提高青蒿素在青蒿中的含量，上海交通大学建立了高效的农杆菌介导的青蒿转基因技术，成功地将青蒿素合成途径的关键酶（HMGR、FPS、ADS和CYP71AV1）基因导入了青蒿；还在国际上率先利用RNA干扰技术，将青蒿素合成途径竞争支路关键酶鲨烯合酶SQS的hairpin结构SQShairpin基因转化了青蒿，通过hairpinRNA介导的RNA干扰作用抑制青蒿素合成途径竞争支路关键酶鲨烯合酶SQS的表达量，从而提高了最终目的产物青蒿素的含量。通过研究，获得了青蒿素含量大幅度提高的转基因青蒿株系，转基因青蒿株系中青蒿素含量达到植株叶片干重的2.8%（对照非转基因青蒿中青蒿素含量为植株叶片干重的1%），还建立了转基因青蒿的微不定芽快速繁殖技术，保障了转基因青蒿的

规模化繁殖和生产，目前已申请了相关国家发明专利6项，该研究为大幅度降低青蒿素生产成本打下了基础，也为其他重要天然药物（如紫杉醇、喜树碱和银杏内酯等）的代谢工程研究积累了经验。

经过我国科研人员的努力，已形成了植物生物反应器研究和开发的技术平台，已成功地建立了成熟的转基因植物技术体系和外源基因高效表达体系，使外源蛋白、疫苗、重要次生代谢产物等在植物中的表达量达到了实用水平。同时，培养和锻炼了既有分子生物学又有育种知识的上百人的植物生物反应器团队，已基本形成了以北京和上海等为主的植物生物反应器研发平台和基地，产学研的合作也在逐步形成，目前，我国植物生物反应器整体研发水平已达到国际先进水平。预计在未来3～5年，我国将在北京和上海等地形成具有国际知名度的植物生物反应器研发中心，也有望在国际上率先实现植物生物反应器重要产品（如降钙素、人血清白蛋白、植酸酶、青蒿素、长春碱等）的产业化，使我国在植物生物反应器这一高技术研发领域占有重要的国际地位。

我国动物基因工程疫苗研发成效显著

动物疫苗是人类同动物疾病斗争、保障食品安全、维护人类健康、提升人类生活质量、提高动物源产品的出口创汇和增加农民经济收入的一种必不可少的重要武器，对于提高人类的生活质量不可或缺。随着人们对动物疫苗认识上日渐深入，对疫苗产品的安全性又提出了新的、更高的要求，疫苗必须安全、有效、同时还应具备价廉、易于推广等优点。目前在国内已有包括“仔猪大肠埃希氏菌病K88K99基因工程灭活疫苗”、“猪伪狂犬病基因缺失疫苗”、“重组禽流感病毒灭活疫苗（H5N1亚型，Re-1株）”、“禽流感重组鸡痘病毒载体活疫苗（H5亚型）”、“鸡传染性喉气管炎重组鸡痘病毒基因工程疫苗”、“猪口蹄疫O型基因工程疫苗”、“犊牛、羔羊大肠埃希氏菌、B型产气荚膜梭菌基因工程灭活疫苗”、“鸡衣原体病毒基因工程亚单位疫苗”、“羊棘球蚴（包虫）病基因工程亚单位疫苗”、“禽流感（H5+H9）二价灭活疫苗（H5N1 Re-1+H9N2 Re-2株）”、“禽流感、新城疫重组二联活疫苗（rL-H5株）”、“鸡传染性法氏囊病基因工程亚单位疫苗”等12种基因工程疫苗被批准商品化生产。

一、腺病毒载体疫苗

利用犬2型腺病毒（Canine adeno virus type-2，CAV-2）为载体，分别构建了表达狂犬病毒糖蛋白膜外区、共表达狂犬病毒糖蛋白（G）和核蛋白（N），以及共表达狂犬病毒糖蛋白和α-干扰素的重组腺病毒，这些重组腺病毒对小鼠均是安全的。其中，共表达狂犬病毒糖蛋白（G）和核蛋白（N）的重组腺病毒制备的疫苗进行了安全和免疫效力试验，结果表明重组腺病毒对小鼠是安全的，免疫效力试验中，肌肉注射组的免疫保护率可达90%。

表达猪流感病毒HA基因的重组腺病毒rAd-H1-GFP和rAd-H1-N1对仔猪免疫后2周能够检测到猪流感病毒H1N1亚型的HI抗体；免疫后6周，重组腺病毒rAd-H1-GFP免疫组的HI滴度达1∶243，rAd-H1-N1免疫组的HI滴度达1∶279。rAd-H1-GFP免疫组能够抵抗H1N1亚型猪流感病毒人工感染，使免疫猪获得完全保护。

表达Asia 1 FMDV全衣壳蛋白的重组腺病毒能够刺激豚鼠产生保护性的免疫反应，保护率达到60%以上。

利用自主分离的禽源腺病毒，在完成了基因物理图谱定位的基础上，构建了转移表达载体，并用于禽类病原保护性抗原基因的表达。

二、鸡痘病毒和伪狂犬病毒等“传统”载体疫苗

在国家863计划的资助下，病毒活载体疫苗研究成绩突出，获得了包括禽流感重组鸡痘病毒载体活疫苗（H5亚型）、猪繁殖与呼吸综合征重组伪狂犬疫苗等为代表的一大批疫苗。

将口蹄疫病毒的P1基因和猪瘟病毒的E2基因分别插入伪狂犬病毒的gE和gG位点，获得了同时表达P1和E2的重组伪狂犬病毒PRVP1E2；以伪狂犬病毒基因缺失疫苗为载体，构建了共表达PRRSV GP5/M蛋白和修饰的猪圆环病毒2型(PCV2)Cap蛋白的重组伪狂犬病毒。体外表达检测证实GP5、M和Cap蛋白均获得表达；鉴于当前高致病性蓝耳病在我国流行严重，而且高致病性蓝耳病病毒的GP5较经典蓝耳病病毒发生了较大的变异。因此，进一步构建共表达经典PRRSV GP5/M、高致病性蓝耳病病毒GP5以及PCV2 Cap蛋白的重组伪狂犬病毒。

以鸡痘病毒为载体，构建的共表达鸡传染性支气管炎病毒S1基因和鸡II型干扰素基因重组鸡痘病毒、共表达新城疫病毒F/HN基因和传染性喉气管炎病毒gB基因重组鸡痘病毒等多价重组鸡痘病毒均能刺激动物产生有效的免疫应答，对各自病原强毒株的攻击产生保护。鸡痘病毒载体在哺乳动物上的应用也得到了发展，构建了针对口蹄疫病毒、针对猪繁殖与呼吸综合征病毒和针对猪圆环病毒多价重组鸡痘病毒，相关目的基因均得到良好表达。

三、基于反向遗传操作技术的高度变异病原疫苗

自利用“反向遗传操作技术”开展“禽流感灭活疫苗（H5N1亚型，Re-1株）”的研

制工作以来，该项技术在禽流感新型疫苗的研究上得到了广泛应用，已经成为克敌制胜的一大法宝。禽源高产流感病毒“反向遗传操作技术”不仅可以用于H5亚型疫苗的研制，还可以为今后研制H7亚型或者其他任何亚型高产流感疫苗株提供一个技术平台。

根据2006年对我国高致病性禽流感流行情况调查的结果，在国内已经出现抗原性与1996年广东鹅分离的禽流感毒株有较大差异的新型毒株。以此为研究的出发点，以CK/SX/06禽流感病毒变异株为表面蛋白（HA和NA）供体，由流感病毒PR8株提供内部基因，通过分子修饰使其成为弱毒株。以该毒株制成的疫苗具有良好的免疫原性，诱导的抗体对早期毒株和同源毒株均具有良好的交叉反应，成为2007年禽流感防控的主导产品（H5N1亚型，Re-4株）。

新城疫病毒（Newcastle disease virus，NDV）作为副黏病毒科的重要成员和模型病毒，因其可同时诱导体液免疫、细胞免疫和黏膜免疫，作为活病毒疫苗载体应用的经济意义十分巨大。目前，利用新城疫病毒La Sota弱毒疫苗株为载体，已经建立了相应的反向基因操作系统，构建了一系列表达禽流感病毒主要保护性抗原蛋白HA基因及其他重大禽类传染病免疫原基因的重组新城疫病毒，作为防制禽类高致病力禽流感/传染性法氏囊病和新城疫的多联/多价重组基因工程活载体疫苗。分别构建了表达我国广东鹅源H5N1高致病力禽流感病毒分离株野生型和裂解位点突变型HA基因、2005年青海候鸟H5N1禽流感分离株野生型和裂解位点突变型HA基因的重组新城疫病毒疫苗株；所有重组新城疫病毒均保持对禽类的低致病特性和高滴度的鸡胚生长特性，高代次连续传代仍然保持生物学特性和外源重组HA基因的稳定表达，对HA基因同源和异源H5亚型高致病力禽流感病毒的致死攻击分别形成100%完全保护，免疫后可诱导高水平H5亚型禽流感特异HI抗体反应，攻毒保护效力与现有灭活疫苗和重组禽痘活载体疫苗相同。目前，表达H5亚型HA基因重组新城疫病毒作为防治H5亚型高致病力禽流感的重组二联活疫苗的产业化进程已经完成，并实现大规模生产，成为国际上第一个推向实际应用的负链RNA病毒活载体基因工程疫苗。新城疫病毒载体在H7亚型禽流感和传染性法氏囊病病毒研究方面也有出色的表现，产生高水平的体液免疫反应。

除此之外，在狂犬病毒HEP-Flury株全基因组3′-N-P-M-G-L-5′的假基因区域（G与L之间），插入一个G基因，构建了携带双G基因的全长感染性克隆。其与辅助质粒共转染BHK-21细胞，获得狂犬病毒HEP-Flury dG嵌合病毒，该病毒能在BHK-21细胞稳定生长，用其制备的铝胶灭活疫苗、蜂胶灭活疫苗、油乳剂灭活疫苗接种成鼠均能产生抗体，但以蜂胶灭活疫苗所产生的抗体水平最高，其次是油乳剂灭活疫苗，二免可诱导更高的抗体，除铝胶疫苗外，它们的抗体水平均大于2.0国际单位/毫升，大大高于OIE推荐的保护水平0.5国际单位/毫升，是进口疫苗的2倍。

四、利用细菌人工染色体技术，构建病毒载体疫苗

自1997年Messerle等人首次报道把鼠巨细胞病毒（MCMV）全基因组克隆为感染性BAC以来，BAC技术在α、β和γ疱疹病毒亚科成员的感染性克隆构建中相继获得成功，成为研究疱疹病毒等大型病毒基因功能、基因修饰、构建改良的活病毒疫苗和病毒载体疫苗的有利工具。2000年，MDV-1 584Ap80C全基因组感染性BAC构建成功，随后CVI988、Md11、RB1B及HVT也被构建成感染性BAC。BAC技术在MDV上的应用，改变了传统的研究模式，促进了MDV反向遗传学及正向遗传学的发展。

五、新型DNA疫苗

核酸疫苗（nucleic vaccine）又名基因疫苗（gene vaccine）或DNA疫苗（DNA vaccine），是一种或多种抗原编码基因克隆到真核表达载体上，将构建的重组质粒直接注入到体内而激活机体免疫系统，因此也有人称之为DNA免疫。当前，除了利用真核载体系统构建的核酸疫苗之外，在利用甲病毒粒子构建的复制子疫苗或自杀性疫苗研究方面也进展良好，在猪瘟、猪繁殖与呼吸综合征等疾病核酸疫苗研究上取得了较为理想的结果。

构建了基于西门利克森林病毒（Semliki forest virus，SFV）复制子载体、表达猪瘟病毒E2基因的新型猪瘟DNA疫苗pSFV1CS-E2，免疫效力研究结果证实，用100微克该疫苗通过肌肉注射途径接种猪只2次（间隔3周），免疫猪可产生猪瘟特异性中和抗体，并能抵抗致死剂量猪瘟强毒的攻击，免疫猪体内病毒血症、病毒载量、病毒抗原分布显著低于对照猪。在pSFV1CS-E2中引入转导蛋白UL49之后的改进型疫苗pSFV1CS-E2-UL49，可诱导接种猪产生较高水平的细胞免疫应答。

改造SFV自杀性DNA疫苗载体pSCA1，使之成为可以同时表达2个外源基因的DNA疫苗表达载体pSCA2，将PRRSV的ORF5和ORF6基因分别插入2个独立的26S启动子下游，获得了同时表达ORF5和ORF6基因的自杀性DNA疫苗表达质粒pSCA5m6，结果GP5和M蛋白均获得表达，并且表达的GP5和M蛋白能形成异源二聚体GP5/M，为进一步开展猪体接种试验奠定了基础。

六、细菌基因缺失疫苗和细菌载体疫苗

细菌基因缺失疫苗的研究主要集中在猪

传染性胸膜肺炎放线杆菌和出血性O157大肠杆菌基因缺失疫苗株上，细菌活载体疫苗则是利用乳酸杆菌、沙门氏菌和卡介苗分支杆菌等无致病性或弱毒疫苗株的菌株为载体表达外源基因构建的重组疫苗。

缺失毒素IIC基因的猪传染性胸膜肺炎放线杆菌（APP）血清7型突变株（HB04C⁻）免疫的小鼠能抵抗APP的感染，该基因缺失菌株免疫猪后能抵抗同种血清型或不同血清型APP的感染；在HB04C⁻基因缺失疫苗株的基础上缺失了毒素IV的A基因构建的双基因缺失疫苗（Δ apxIIC Δ apxIVA）没有毒力，但是仍然具有很强的免疫原性和抵抗强毒APP血清1型感染的能力。APP血清10型毒素IA基因的基因缺失疫苗对小鼠的毒力降低100倍以上，连续传代后基因缺失疫苗株稳定，免疫仔猪后对同种血清型和不同血清型菌株的攻毒均可显著降低死亡率和肺损伤程度。出血性大肠杆菌O157:H7ler/stx基因缺失疫苗株丧失了对Vero细胞的毒性作用，并丧失了对实验小鼠的致病性，具有良好的安全性。用该菌株免疫母鼠后，乳鼠通过吸吮母乳可以获得良好的被动免疫保护作用。

乳酸菌表达系统是新兴新型表达系统，它利用对人和动物有益的细菌作为抗原传递的载体，有效地提高基因工程产品的安全性，并大大简化表达产物的后处理工艺，易于生产、保存，使用方便。它兼具有弱毒苗和亚单位疫苗的优点，可以有效地激发黏膜免疫，筑起抵抗感染的第一道屏障，保护动物健康，并能通过配套的血清学方法区分野毒感染和疫苗免疫，对疾病的控制及其有利。目前，已成功将多种保护性抗原基因克隆入乳酸菌表达载体中，经转化筛选，获得了表达猪传染性胃肠炎病毒S基因的重组乳酸菌疫苗、表达猪细小病毒VP2基因重组乳酸菌疫苗、猪传染性胃肠炎S基因和猪流行性腹泻病毒S基因重组乳酸菌疫苗。试验证实重组乳酸菌遗传稳定性良好，对动物安全有效，目的蛋白稳定表达，可诱导产生高水平的且具有中和活性的SIgA和循环抗体IgG，并可诱导动物产生细胞免疫应答。

表达鸡新城疫F基因的重组李氏杆菌可以稳定分泌F基因，并使改造后的李氏杆菌的侵袭力有一定的降低。

步入21世纪，人类已进入后基因组时代，以病原全基因组序列为基础的一些新的技术平台如RNA病毒的反向遗传技术，DNA病毒的细菌人工染色技术为新一代病毒疫苗研制提供了更广阔的空间。以细菌基因组学和蛋白质组学为基础发展起来的反向疫苗学，采用大规模、高通量、自动化和计算机分析的研究方法，短期内从细菌全基因组水平来筛选出大量具有保护性免疫反应的候选抗原，并完成克隆表达和提纯，无疑将为一些复杂病原体特别是细菌病原体新疫苗的研制开辟新途径。这些技术的应用已经对我国动物疫苗的结构产生影响，以后必将对我国动物疫病的控制产生更大的作用，将会成为我国生物技术产业进入世界领先行列的一张通行证，但不论是何种新型疫苗，除了确保其安全性之外，提高对商业畜禽群体的免疫效力仍是需要长期关注并努力克服的难点。

我国动物生物技术育种发展迅速

近年来，新的生物技术不断涌现，生物技术在动物育种中的广泛应用也不断催生新的研究成果和新兴产业。美国科学家安德鲁一费里和克拉格-米洛因为RNA干涉（RNA interference, 简称RNAi）技术研究的杰出贡献获得2006年诺贝尔生理学或医学奖，而创建基于DNA同源重组的基因打靶（gene targeting）技术的美国科学家马里奥-R-卡佩奇、奥利弗-史密斯和英国科学家马丁-J-伊文思则一起荣获2007年诺贝尔生理学或医学奖。RNA干涉技术和基因打靶技术都是当今生命科学研究热点，不仅在功能基因、基因治疗等研究领域得到广泛应用，在动物育种研究领域也已经展现出巨大应用前景。与此同时，动物分子育种、转基因技术育种、体细胞克隆等动物生物技术在国际上都取得了一系列重大突破。

一、国际动物生物技术发展现状

1. 动物生物技术育种不断取得新的重大突破　现代动物育种工程技术已经不局限于依赖表型选择和杂种优势等，而是通过分子标记、转基因技术等技术对动物品种进行定向、精确改良，从而快速、低成本地培育优良动物新品种。

发现一批控制畜禽经济性状的数量性状基因座位。目前分子育种技术中最关键的问题是挖掘出与畜禽重要经济性状相关的分子标记或候选基因。但是畜禽经济性状大多由多基因控制，因此目前动物分子育种研究热点主要在控制畜禽经济性状的数量性状基因座位（quantitative trait loci，QTL）的发掘、精确定位和应用上。目前国内外研究人员已经找到猪的QTL共1 675个，仅2006年就找到262个，这些猪的QTL分别与猪肉品质、生产性状、繁殖性状及健康性状等281个性状相关；世界各地研究人员也发掘牛的QTL 846个，分别代表91种性状，另外还找到鸡的QTL 657个，这些QTL与鸡肉质、生长、产蛋等112个不同性状紧密相关(http://www.animalgenome.org /QTLdb/)。这些畜禽QTL的发掘，为培育畜禽新品种奠定了良好基础。但是，由于目前所找到的QTL定位精度为500万～4 000万碱基对或50～400个基因，因此存在较大的应用难度。为了解决这个问题，研究人员正在努力对QTL进行精细定位，最理想的结果莫过于直接定位于某个候选主效基因，找到与经济性状紧密相关的数量性状核苷酸（quantitative trait nucleotide，QTN），从而可以直接利用 QTN 对畜禽品种进行选育。目前功能比较明确的 QTN 主要有 4 个，分别是影响奶牛奶品质的DGAT1基因第232个氨基酸突变（赖氨酸←→丙氨酸）和ABCG2基因第 581 个氨基酸突变（酪氨酸←→丝氨酸），以及影响猪和绵羊肌肉的 IGF2 基因第3 内含子的 3 072 位碱基突变（G ←→ A）和MSTN 基因 3’端非翻译区 6 723 位碱基突变(G ←→ A)，这些QTN 已经在多个品种培育中得到应用，将在畜禽新品种培育中发挥重要作用。目前国际上很多研究机构也已经找到一些潜在的QTN，但是其功能和应用前景还需进一步验证。值得一提的是，2007 年 4 月《科学》杂志发表一篇封面文章：美国科学家Sutter 和同事通过全基因组扫描找到了一个与狗体型大小相关的QTL，并确定该QTL附近的 IGF1(类胰岛素生长因子 1)基因的一个单碱基缺失突变决定了狗体型大小（图53）。

图 53 《科学》杂志封面，该封面文章称找到与狗体型相关的 QTL 和候选基因

基因打靶技术、RNAi技术、慢病毒载体技术等新技术应用于畜禽新品种研发。日本研究人员 Yoshimi 等人通过对牛 Ig 和与疯牛病相关的 PRNP 基因的连续基因打靶，首次获得 PRNP 基因单基因位点和双基因位点缺失的基因敲除奶牛；最近研究表明，这些PRNP 基因敲除奶牛在临床解剖、生理发育、组织病理以及免疫和生殖发育方面都很正常，而且在体外实验中能够很好地抵抗疯牛病的传染，这为生产不含朊蛋白的肉、奶制品提供了一种很好的方法。对于疯牛病，Golding MC 等人则利用 RNAi 技术来培育抗疯牛病的动物，他们针对引起牛疯牛病和羊瘙痒病的 PRNP 基因序列设计有效的 siRNA，获得一头转基因羊胎儿，对其检测发现 siRNA 很好的抑制了体内 PRNP 基因的表达。这也是生产抗疯牛病动物新品种的一种很好的策略。

2. 体细胞克隆技术日益完善，克隆产品接近市场　经过10年的发展，体细胞克隆技术已经日趋成熟。从最初一个物种，到目前为止十几个物种相继获得克隆成功，包括绵羊、山羊、奶牛、小鼠、猪、猴、大鼠、猫、兔、骡、鹿、马、狗、水牛、狼等物种。作为研究热点，几十个国家都已经掌握该项技术，如英国、美国、日本、法国、意大利、韩国、中国、阿根廷，甚至越南、泰国等都相继获得多种体细胞克隆动物。世界众多国家和研究机构竞相开展体细胞克隆技术研究，正是其广阔的应用前景。体细胞克隆技术不仅能生产优质经济动物品种，从而缩短优质动物繁殖时间，而且能挽救濒危动物物种，保护动物资源多样性，还能用于高效生产转基因动物和治疗性克隆等等。

对于经济动物克隆，其最终目的是推动克隆动物产品上市，因此各国研究人员重点对克隆动物产品的安全性进行了一系列分析和评估。早在2002年，日本农林水产省就对体细胞克隆牛安全性进行详细的评估调查，并宣布克隆牛肉和奶与普通牛的肉和奶没有区别。2003年，美国FDA进行了克隆牛的肉、奶产品的安全性评估，初步认定克隆产品安全可靠。经过根据详细和深入的研究和评估，2006年12月28日美国FDA公开宣布，克隆动物产品与普通动物产品一样安全，可以食用，并且无须标识。而最新研究也进一步证明了克隆动物产品的安全性。2007年1月，著名美国华裔科学家杨向中教授在《自然生物技术》杂志发表论文，对克隆牛与非克隆牛的血液、肉、奶的组成以及生物化学组分进行了分析，发现克隆牛的肉、奶在组成成分及生理生化指标上与非克隆牛没有差别。他提出到目前为止，所有的材料表明通过核移植技术生产的克隆牛与通过常规育种方法(主要指人工授精和胚胎移植等方法)培育的牛，在生物安全评价指标上没有大的差异。而Gotz Laible等对转基因和克隆奶牛的奶样和奶酪进行了化学组成成分的分析。克隆牛与传统育种获得的牛，脂肪酸和氨基酸表达谱以及矿物质和维生素含量基本一致，并且与同一区域同一饲养条件下的奶牛参考指标类似。这些充分的证据将有利于美国食品与药物管理局对动物克隆产品的认可，从而加快大众对克隆动物食品的接受。虽然目前国际上一些大型奶业、肉制品公司出于自身经济利益反对克隆动物产品上市，而公众大多对克隆技术缺乏了解而一时难以接受克隆产品，但是随着克隆技术优势日益显现和人们对克隆技术的认识日益深入，克隆动物产品成为我们日常消费品将为期不远。

克隆技术要实现产业化，还必须在技术上不断改进，以提高克隆效率、降低克隆成本，并使技术本身更易于掌握。经过各国科学家对影响克隆效率的因素进行富有成效的研究，克隆效率已经从最初的1%～5%，提高到了10%以上。日本科学家实现了对猪的连续克隆，获得了第四代体细胞克隆猪，而美国科学家则对牛进行了连续两代的克隆，获得第二代克隆牛，标志着体细胞克隆技术本身日益成熟。而丹麦科学家Gabor Vajta教授对克隆技术进行了较大的改进，摒弃了昂贵的显微操作仪，而采用普通显微镜即可完成核移植，从而简化了技术难度，大大降低了克隆成本。

克隆技术另一个引人入胜的用途则是生产那些繁殖力低下或濒危灭绝的动物物种。比如人们希望通过体细胞克隆技术大量繁殖出我国的国宝——熊猫，虽然经过多次努力都未能获得成功，但是研究仍然在进行，相信在不久的将来，克隆熊猫将横空出世。另一种不能通过自身交配繁殖后代的物种——骡，通过克隆技术也已培育出健康的克隆后代，从而为利用体细胞克隆技术大量生产繁殖力低的动物物种开辟了一条崭新途径。而2007年韩国科学家培育出的2只克隆狼，则为体细胞克隆技术繁殖濒危野生动物物种的巨大应用前景做出了最好注解。有意思的是，韩国科学家利用克隆技术，将灰狼的体细胞核移植到狗的卵子形成新的克隆胚胎，再将灰狼克隆胚胎移植到狗的子宫，怀孕期满后相继出生2只克隆灰狼（图54）。这一技术路线正是目前大多克隆濒危动物研究所采用的，但是迄今为止仅有韩国科学家获得成功。被克隆的灰狼是韩国环境部指定的一级野生保护动物，韩国境内已经有20年没有发现野生灰狼了。相信随着技术进步，其他濒危哺乳动物如熊猫、老虎、藏羚羊等都可通过克隆技术进行大量繁殖。

图54　韩国科学家培育的2只体细胞克隆大灰狼（韩国一级野生保护动物）

二、我国动物生物技术育种关键技术研究进展

动物生物技术育种是一个系统工程，涉及基因组研究、功能基因挖掘、分子标记筛选、分子标记或候选基因在品种选育中的应用、新品种培育等多种基础研究领域和多项关键共性技术，也包括基因打靶、RNAi技术等新型生物技术的研究和应用。我国科研人员在这些动物生物技术的基础研究、新兴生物技术的探索以及生物育种关键共性技术的建立等方面进行了大量的工作，并取得了一系列可喜的成就。

在基因组和功能基因研究等基础研究领域，我国科学家取得了一批原始创新成果。中国科学院和中国农业大学等单位与国际科研小组合作，绘制出以红原鸡为对象的鸡基因组框架图，该鸡基因组框架图涵盖10.5亿个核苷酸，与人类基因组对比表明两者的相似度为2.5%。同时，我国科学家还领衔构建了乌鸡、肉鸡、蛋鸡等4种不同鸡种之间的遗传差异图谱。该成果发表在2006年7月1日出版的《自然》杂志上。该成果对我国鸡的品种培育将产生非常深远的影响，对我国农业和生命科学研究具有重大的意义。

中国农业大学构建了国际上第一张鸭的遗传连锁图谱和细胞遗传图谱。该研究小组以我国著名鸭品种——北京鸭为研究材料，筛选了88个新的鸭微卫星分子标记；鸭遗传连锁图谱覆盖1 353厘摩，平均标记距离为15厘摩，并通过细胞遗传学方法将这些连锁群定位到鸭的10条染色体上，从而构建成细胞遗传图谱，为我国科学家挖掘和定位具有自主知识产权的鸭QTL、功能基因奠定了基础，同时为利用这些分子标记和遗传图谱进行鸭等家禽的分子育种提供了较好的材料。

自成功绘制出家蚕基因组框架图后，西南大学等单位又成功绘制完成了家蚕基因组精细图谱，建立了拥有自主知识产权的家蚕遗传及基因组数据库，完成了家蚕重要生物学性状相关基因的生物信息学分析，鉴定并克隆了一批重要生物学性状相关基因，将为人类阐明家蚕茧丝蛋白质合成、生长、发育调节、免疫和抗性、性别决定等重要生物性状的分子机理奠定重要的基础，从而在加强原始创新的同时，有效利用国外科技资源，加快推动家蚕基因组的研究和应用，有利于持续保持我国在家蚕基因研究的领先地位。

我国科学家在海洋动物功能基因研究上也取得重要进展。中国科学院海洋研究所构建了栉孔扇贝遗传连锁图谱，并运用FISH技术对虾贝功能基因进行了物理定位：在国际上首先构建了栉孔扇贝的19个连锁群，平均连锁长度10.2厘摩，每个连锁群标记的数量为9.5个，并揭示栉孔扇贝存在一个雌性性别特异性标记。应用FISH技术，首次将虾贝管

家基因β-actin基因家族、重复序列18rDNA和功能基因HSP70等定位于特定染色体上。

经过近几年的努力，我国科学家已经建立了一系列动物生物技术育种相关的关键共性技术，为动物生物技术研究和开发奠定坚实的基础。目前，全国有10家以上的科研单位建立了动物基因组和功能基因研究技术平台，如细菌人工染色体文库、全基因组扫描技术等，克隆了包括鸡类新的性连锁慢羽基因、鸡多趾基因等功能基因；建立了分子育种和常规育种相结合的动物育种技术体系，分子标记在奶牛、绵羊、猪、鸡等畜禽新品种和新品系培育中发挥越来越重要的作用；中国农业大学、中国科学院、上海交通大学、西北农林科技大学、内蒙古农业大学等单位建立了体细胞克隆动物和转基因克隆动物生产技术平台，培育了一批优质种畜和一批转基因动物育种材料。

复旦大学研究人员采用人重组腺病毒为载体表达siRNA，并评估了其在猪IBRS-2细胞、豚鼠以及家猪中对口蹄疫病毒（FMDV）的抑制效应细胞，结果表明，腺病毒能够完全抑制FMDV在细胞水平的复制；在豚鼠实验中，腺病毒的抑制效应亦十分显著，但无论如何改变实验条件动物均无法获得100%保护；在FMDV易感动物家猪中，颈部肌肉注射腺病毒能够明显减轻FMD疾病症状，降低血清中FMDV的抗体水平。这是世界上第一个有关RNAi在FMDV易感动物水平有效性的评估工作。上海转基因动物中心则初步建立了基于体细胞克隆的基因打靶技术，2006年3月该中心研究人员在*Journal of General Virology*发表论文报道利用基因打靶技术获得敲除了一个PrP基因位点的体细胞克隆山羊，经过3个月观察这些基因敲除羊没有异常表现，该中心正在进行PrP基因位点双敲除研究。而莱阳农学院与日本山口大学合作利用RNA干扰与体细胞克隆技术在牛供体细胞中稳定整合了能够抑制PRNP基因表达的shRNA载体，培育成功2头转有抗疯牛病基因的转基因奶牛，目前他们课题组正在对这2头转基因克隆牛进行体外攻毒实验以确定对疯牛病的抵抗效果。

三、我国动物生物技术育种研究进展

我国利用现代遗传育种技术进行畜禽品种培育工作开展较晚，与国外商品化畜禽优良品种相比，我国动物品种培育水平相对落后，畜禽品种的生产能力与国外优良品种相比存在较大差距。目前我国主要畜禽品种都是国外品种，当前在我国畜牧生产中，规模化畜禽养殖场所使用的品种有近80%均是从国外引进，其中猪占90%、鸡占90 %、牛占80%。另一方面，我国动物品种遗传资源丰富，一些地方品种具有独特的生产性能和繁殖性能，如丝毛乌骨鸡、北京鸭、太湖猪等，客观上为进行品种改良创造了良好的基础。

分子标记、转基因技术、克隆技术等生物技术的兴起，并在动物育种中广泛应用，为我国动物育种跨越式发展带来新的契机。动物生物技术育种主要包括分子育种、转基因育种、胚胎工程和体细胞克隆育种等，与传统育种技术相比，能在短时间内准确实现育种目标，能突破种间隔阂实现不同物种优良性状的整合，能同时对多个基因进行选择实现多个优良性状聚合。因此，我国对于动物生物技术育种研究和应用日益重视，近年来也取得了一系列重要研究进展，有望加快我国动物育种进程，缩短与国际领先水平的差距，培育出具有国际竞争优势的我国畜禽优良品种。

1. 动物分子育种研究进展　在牛分子育种方面，利用高密度DNA标记对影响奶牛产奶性状的主效基因（QTL）进行了精细定位，在奶牛的第6条染色体上开发了15个新的微卫星标记，获得了覆盖产奶性状主效基因区域的高密度标记连锁群，建立了分子标记辅助选择与胚胎规模化生产和移植相结合的高效育繁技术创新体系。培育出低脂肪高蛋白种公牛18头，其女儿头胎平均产奶量达8 200千克，第三胎年产奶量可达10吨，乳蛋白含量达到3.52%，乳脂率3.6%。对影响鲁西牛、南阳牛、秦川牛群体中生长发育性状的候选基因进行了初步研究，发现生长激素基因对肉牛的生长发育性状有显著作用。利用8对微卫星DNA位点对5个品种牛的等位基因、杂合度、遗传距离等进行了遗传检测，对草原红牛肉用性状基因标记、延边黄牛的分子遗传结构及微卫星DNA指纹分析、延边黄牛血液蛋白多态、染色体核型分析进行了研究，发现了一些与肉用性能相关的遗传标记。

在猪分子育种方面，通过BLUP和MAS与分子标记辅助选择相结合，探索了多基因合并基因型的途径，并在采用肌细胞膜受体标记技术（S α 100和CAM）及定位分析技术评价肌纤维直径和肌内脂肪与嫩度和风味相关性的基础上，建立了优质瘦肉型猪新品系培育技术体系。在猪3、4、7号染色体上定位了5个影响猪肌肉品质性状的QTL，分离克隆了3个猪新基因，筛选出5个与猪生产性状显著相关的分子标记，应用所筛选的分子标记，在品系群中进行了分子标记检测和遗传效应分析，培育了8个优良肉质瘦肉型猪新品系。

在羊分子育种方面，应用BLUP技术和DNA标记技术筛选出了3个与肉山羊经济性状相关的基因，筛选出了4~5个具有多态性的微卫星标记位点，选育出3个品系的育种核心群。采用MOET、BLUP、分子标记选择技术等，成功培育我国北方2个新品种群——西北肉羊新品种群、华北肉羊新品种群，初步育成2个新品系——肥羔品系和多胎品系，新品种的育成填补了我国无肉用绵羊的空白，并将在我国肉羊生产中发挥重要作用。运用AFLP遗传标记、绵羊冷精子宫角输精技术、胚胎移植等综合技术攻关，培育了超细毛羊新品系，超细型细毛羊羊毛细度普遍达66～70支，20%的细毛羊达到80支，有望在“十一五”期间培育出中国的第一个超细毛羊新品种。

在鸡分子育种方面，采用静态QTL定位和动态QTL定位两种分析方法,定位了影响鸡体重性状的静态QTL位点7个、动态QTL位点9个，影响鸡胫骨长性状的静态QTL位点7个、动态QTL位点6个，影响屠体性状的QTL位点18个，影响体尺性状的QTL位点26个。通过全基因组扫描，首先在鸡1号染色体上发现了影响生长的主效基因，该区域的IGF-I基因成为首选的候选基因。通过对丝羽乌骨鸡和肉鸡IGF-I基因的部分碱基序列测定，发现在其5’调控区存在一处单碱基突变。肉鸡中大部分都是突变型（A），而丝羽乌骨鸡则全部是野生型（C）。大量试验数据证明，该突变位点与一些生长、屠体性状相关显著，对生长速度有显著影响。这些QTL和候选基因的挖掘，对指导我国优质鸡育种具有重要意义。

在鸭分子育种方面，在绘制世界上第一张鸭的遗传连锁图谱的基础上，我国科学家又定位了20个胴体重性状相关的QTL，5个肉质性状相关的QTL，6个与体重性状相关的QTL，以及3个与体型性状相关的QTL，这些成果都是在国际上首次完成，标志着我国在鸭的分子育种研究方面已经走在世界的前列。

2. 转基因动物育种研究进展　转基因动物技术研究在农业领域有2个重要的应用方向：培育畜禽新品种和动物生物反应器制药。虽然转基因动物新品种培育研究起步较早，但是由于动物生物反应器制药技术前景更加诱人，而且更易实现产业化，所以众多研究机构将研究重点集中于此，直到最近几年，转基因动物育种研究才取得一些重大突破。

中国农业大学等单位联合研究相继获得转有人乳铁蛋白、人乳清白蛋白、人溶菌酶等基因的“人乳化”转基因奶牛，种群数量已经达到60多头，而且这些人乳蛋白在每升转基因奶牛乳中含量都超过了1克。由于重组人乳蛋白具有比牛乳蛋白更高的抗菌、增强免疫力等功能，“人乳化”转基因奶牛新品种的培育成功，将具有开发婴幼儿替代食品和功能性乳品巨大市场的潜力。与此同时，重组人乳铁蛋白和人溶菌酶对于引起乳房炎的病毒具有较强的抑制作用，因此有望培育抗乳房炎的转基因奶牛新品种。上海转基因动物研究所也获得了一批转有这些人乳基因的转基因山羊。青岛农业大学则通过体细胞克隆技术获得转有抗疯牛病基因的转基因克隆奶牛，抗疯牛病的效果正在进一步验证中。中国农业大学还通过基因敲除技术和体细胞克隆技术，实现了猪Myostatin基因单位点敲除，从而有望培育出瘦肉率高的转基因猪新品种。天津农业科学院获得4只转有肌肉抑制素前肽基因的转基因山羊，如果该转基因能顺利高效表达，则可达到促进肌肉发育的目的，从而可培育产肉率高的转基因羊新品种。

3. 动物体细胞克隆及胚胎工程研究进展　我国动物体细胞克隆研究呈现遍地开花的态势，体细胞克隆技术在快速繁殖优质种畜中的作用日益显现。继2005年获得我国第一只体细胞克隆猪之后，中国农业大学又成功克隆了欧洲哥廷根医用小型猪，为培育我国具有自主知识产权和国际认可的医用小型猪新品种奠定了基础。与此同时，东北农业大学、上海农业科学院畜牧研究所、广西畜牧研究所等都相继获得体细胞克隆猪，而且这些研究单位不约而同地对我国优良地方猪种进行克隆，如东北民猪、巴马香猪等，对于保护地方猪种遗传资源，快速繁殖地方猪种中最优良的猪种具有重要意义（图55）。

图55　我国科学家培育的部分体细胞克隆猪

A. 我国第一头体细胞克隆猪——五指山小香猪　B. 克隆东北民猪
C. 克隆欧洲哥廷根医用小型猪　D. 克隆巴马小型猪

在克隆羊研究方面，继西北农林科技大学、上海转基因动物研究所、中国科学院等之后，天津市农业科学院畜牧研究所、内蒙古农业大学等单位也加入克隆羊研究热潮中，相继获得健康存活的体细胞克隆羊，标志着这项技术难度较高的技术已经不断改进，变得越来越易于掌握，这正是其走向产业化的关键之一。

另外，新疆维吾尔自治区畜牧科学院在国内首次成功地进行了毛驴的胚胎移植，对于繁殖力较低的毛驴来说，可以加速优质种驴繁殖，加快毛驴品种改良。北京畜牧兽医研究所则实现了胎兔的体细胞克隆，其克隆效率要显著高于成年兔体细胞克隆。

我国动物生物反应器取得较大进展

动物生物反应器技术是利用转基因技术在动物乳腺等组织中大规模生产珍贵蛋白质的一种高新技术，是目前最新最具前景的生物制药技术。动物生物反应器技术是一个跨学科的系统工程，涉及基因克隆、转基因动物制备、蛋白纯化、临床试验等多个环节。目前，国际上第一个转基因动物生物反应器生产的重组蛋白药物——重组人抗凝血酶Ⅲ（商品名：ATryn®）在欧洲获准上市，动物生物反应器制药产业即将形成，将掀起一场前所未有的生物制药产业革命。而我国与国际领先水平的差距主要体现在技术难度更高、资金投入更大的蛋白纯化和临床试验等研究上。但是，通过近几年的努力，我国科学家已经在动物生物反应器技术研究取得可喜的成绩。

一、奶牛生物反应器研究进展

中国农业大学和北京济普霖生物技术有限公司联合研制的60多头转有人乳铁蛋白基因、人乳清白蛋白基因、人溶菌酶等的转基因克隆奶牛，这些外源基因均在转基因奶牛乳腺中获得高效表达，其中重组人乳铁蛋白和人乳清白蛋白的含量分别达到3.4和1.5克/升，这些人乳蛋白转基因奶牛的研制成功为我国开发出“人乳化”牛奶提供了保障，并为培育转基因奶牛新品种和转基因动物生物反应器奠定了基础（图56）。通过建立转基因奶牛快速繁育体系，成功获得第二代转基因公牛，这些转基因公牛将可用于繁殖大量转基因奶牛生产群，有望在2～3年将转基因牛群扩繁至5 000头规模，可满足重组人乳蛋白药品和保健食品的全国需求。目前4种转基因奶牛均已获得农业部转基因生物安全评价中试批件，进入环境释放阶段，以证明这些转基因奶牛可否用于生产安全营养的“人乳化”牛奶；同时进行了相关蛋白的纯化和临床前研究，有望在未来3～5年开发出人乳蛋白的保健食品和新型药物。

内蒙古大学开展了转基因牛生物反应器的研发，建立了体细胞克隆牛和转基因牛生产技术体系，并培育出我国第一头转有人胰岛素基因的转基因克隆牛，目前重组人胰岛素在牛乳腺表达情况正在检测之中（图57）。

图56　“人乳化”转基因奶牛群体

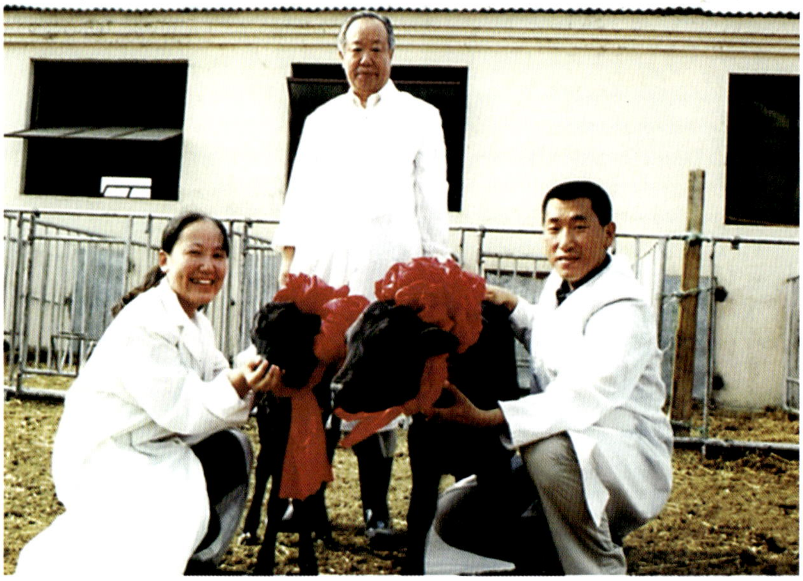

图57　人胰岛素转基因牛

二、家蚕生物反应器研究进展

浙江大学利用家蚕生物反应器实现了我国动物生物反应器研究的重大突破。经过14年努力，将转基因家蚕生产的“巨噬细胞——粒细胞集落刺激因子（hGM-CSF）”开发成口服型生白药物“瑞福康”，攻克了蛋白质药物口服这一世界性难题。该药物于2003年进入临床Ⅰ期研究，是中国第一个进入临床试验的动物生物反应器蛋白质药物。目前该药物正在进行临床Ⅱ期研究，有望成为我国第一个动物生物反应器重组蛋白药物产品（图58）。早在1998年，浙江大学、浙江海宁丝绸集团公司等单位共同组建浙江中奇生物药业股份有限公司，联合开发用家蚕生物反应器生产基因工程hGM-CSF口服药物，目前已完成GMP厂房的建设和生产线的安装，年生产能力为3 000万粒胶囊。此外，该公司的人促红细胞生成素(rhEPO)胶囊和人表皮生长因子片剂已完成动物试验，处于申报临床试验阶段。

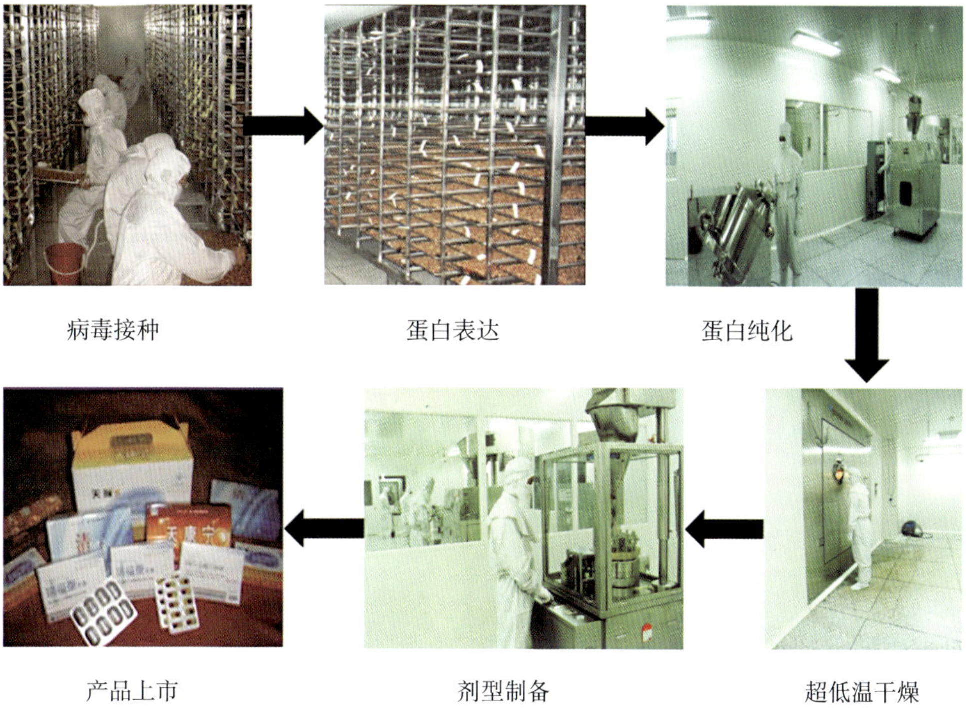

图58　家蚕生物反应器生产口服药物的工艺流程

三、动物生物反应器产业化进展

由于巨大的市场前景，我国动物生物反应器技术的研究与开发从一开始就面向市场，可以说，动物生物反应器技术研发过程也是动物生物反应器产业化推进过程。

1. 政府资金和社会资金共同推动产业发展　在动物生物反应器产业化过程中，不仅有国家和地方政府对于动物生物反应器大力资助，而且有大量社会资金进入这个全新的生物产业，共同推动动物生物反应器研发取得了丰硕成果。与其他新兴产业一样，动物生物反应器技术研究初期，主要是国家和地方政府进行资助。863计划从“九五”期间就开始资助启动转基因动物和动物生物反应器研究；“十五”期间更是将生物反应器列为重大专项加以支持，获得了一批高效表达重组药用和保健蛋白的转基因牛、羊，建立了一批转基因动物研究中心和基地，家蚕生物反应器重组蛋白产品已经进入临床Ⅱ期研究；在新的一个五年规划中，动物生物反应器再次被列为863计划重点项目重要内容，预计“十一五”末，动物生物反应器产品将走向市场，其产业也将初具规模。与此同时，北京、上海等地方政府也对动物生物反应器研究给予大力支持。更令人振奋的是，《国家中长期科学和技术发展规划纲要（2006—2020年）》中所提出要着重发展的转基因动植物新品种培育重大专项，即将启动，无疑对于转基因动物育种和动物生物反应器产业化进程将起到巨大的推动作用。

当动物生物反应器产业发展到一定阶段，敏锐的投资者纷纷介入其中，与研究团队或研究机构组建现代化生物技术企业，共同开发市场前景巨大的动物生物反应器重组蛋白产品。目前，我国动物生物反应器研究基本都有公司参与，而且都是由研发团队技术入股和投资者资金入股共同组建。社会资金的进入，对于研究成果从实验室走向市场，无疑具有无可替代的作用。最具代表性的就是，从事家蚕生物反应器产品开发的浙江中奇生物药业股份有限公司、从事奶牛生物反应器产品开发的北京济普霖生物技术有限公司和上海滔滔转基因工程有限公司、从事山羊生物反应器产品研发的上海杰隆生物工程有限公司和青岛森淼实业有限公司等，都已经成为我国动物生物反应器产业开发的中坚力量。

2. 基地建设成为支撑产品研发和产业发展的关键之一　动物生物反应器制药技术与其他生物制药技术不同之处在于，原料来源于活体的转基因动物，因此必须建立转基因动物的生产、饲养、扩繁及产品提取基地，为动物生物反应器技术研究和产品开发提供支撑，同时将保障该产业长期持续稳定发展。北京济普霖生物技术有限公司与中国农业大学合作，建立了我国最大的转基因奶牛基地，占地20公顷，可饲养1 000头以上转基因牛。而上海交通大学医学遗传研究所与上海滔滔转基因工程股份有限公司合作，建立了转基因动物基地，占地66.6公顷（13.3公顷研发基地，53.3公顷饲料种植基地）、配备先进仪器设备的科研大楼、胚胎实验楼、SPF级小动物实验房等。浙江中奇生物药业股份有限公司则建立了国际上第一个家蚕（蛹）生物反应器中试基地，一次处理蚕蛹18吨。随着产业的发展，这些转基因动物基地将得到完善和进一步发展，将为我国动物生物反应器产业长远发展提供强有力的支撑（图59）。

3. 自主知识产权为新兴产业发展提供强劲动力　动物生物反应器制药技术是一种涉

图 59　现代化转基因动物基地

A. 转基因牛场　B. 转基因羊场

及基因克隆、载体构建、转基因动物制备与繁殖、分子检测、重组蛋白表达检测、重组蛋白纯化、重组蛋白产品安全和功能评价等多个环节的高新技术，具有技术含量高、国际竞争激烈等特点。我国动物生物反应器开发者在研究和开发过程中，就非常注重自主创新和知识产权保护。近两年来，我国每年在转基因动物生物反应器研究领域申请发明专利20多项，授权专利10多项。目前，每个产品开发基本都有一系列专利支撑。例如北京济普霖生物技术有限公司开发的"人乳化"牛奶，涉及人的乳铁蛋白基因全序列及其调控元件、一种提高转基因动物生产效率的方法等国家发明专利；而浙江中奇生物药业股份有限公司开发的生白口服药物"瑞福康"，则涉及家蚕生产基因工程生白细胞药物的方法等发明专利。这些发明专利的取得，标志着我国动物生物反应器产业走自主创新之路，将为这一新兴产业的腾飞提供强劲动力。

4. 产品进入安全评价和临床功能评价阶段　动物生物反应器产品，包括药品和保健食品，在上市前必须经过严格的安全评价和临床功能评价，由于涉及转基因动物，还需通过转基因生物安全评价。据国家农业转基因生物安全管理办公室统计，2007 年共有 9 项涉及转基因动物的转基因生物安全评价申请，其中 5 项为申请进入安全评价第一阶段即中间试验阶段，以评价转基因动物自身安全性，另外 4 项为申请进入安全评价第二阶段即环境释放阶段，以对转基因动物及其产品对于自身安全、周围生物及环境安全的影响进行评价。一旦通过生物安全评价最后阶段即生产性试验，即可进入相关产品的试生产和生产，从而走向市场。

5. 动物生物反应器产品获准上市，新型生物制药产业即将形成　利用转基因技术将药用蛋白基因转入动物基因组中，培育出转基因动物后，转入的外源基因会在该动物的体液如乳汁中分泌出来，通过提纯外源药用蛋白制备成人用药物，该技术即为动物生物反应器制药技术。该技术已经成为最新型的生物制药技术。2006年8月2日，世界上第一个利用转基因动物乳腺生物反应器生产的重组蛋白药物——重组人抗凝血酶Ⅲ（商品名：ATryn®）已经获得欧洲医药评价署正式批准上市，其获准的适应症是先天性抗凝血酶缺失症患者的深静脉血栓症和外科血栓栓塞症，据估计该适应症全球潜在市场每年高达1.5亿美元。目前，该药物在美国的临床Ⅲ期试验已经完成，正在进入美国食品医药管理局的上市审批程序，预计到2008年下半年有望获得美国FDA批准。该药物的获准上市，标志着动物生物反应器制药技术经过20多年的发展终于走向成熟，也标志着动物生物反应器制药技术时代的来临。据美国权威机构预测，到2015年转基因动物生产的重组蛋白产品销售额将达到500亿美元。

目前全世界有二三十家公司致力于开发动物乳腺生物反应器重组蛋白药物，除重组人抗凝血酶Ⅲ外，还有利用转基因绵羊、牛和兔乳腺生物反应器生产的人α-抗胰蛋白酶（抗蛋白酶缺乏性肺气肿药物）、重组组织血纤维蛋白溶酶原激活剂（抗栓药）和人C1抑制剂（治疗血管神经性水肿的药物）等重组蛋白也已经进入或完成临床Ⅲ期试验。

以培育出世界上第一只体细胞克隆绵羊“多莉”闻名于世的英国罗斯林研究所，又在动物生物反应器上取得重大突破：该所科学家成功培育出世界上第一批能在鸡蛋中同时生产2种药用蛋白的转基因鸡。这批转基因鸡的神奇之处在于，首先通过慢病毒载体技术制备出转基因小鸡，通过基因工程技术使重组蛋白被特异分泌到鸡蛋清中，这些技术都是世界上首次在转基因鸡制备上获得成功。这批转基因鸡所下的鸡蛋中含有人干扰素——1α和一种用于治疗皮肤癌和关节炎等疾病的miR24抗体片段。这一重大科学突破展现了一种新的动物生物反应器制药技术，无疑为大规模生产药物提供了非常广阔的前景。

我国生物农药和生物肥料研发稳步推进

目前我们国家的生物农药总产量是12万吨，占农药产量的12%，产值250万美元，占农药产值的10%；产品约411种，苏云金芽孢杆菌制剂登记276种，占农药产品总数量的8%；应用面积约3亿公顷，占农药应用面积的9%（表12）。截至2006年，全国微生物肥料生产企业已达520家，产量580万吨，比1995年分别增加了5倍和50倍（表13）。

表12　2006年我国登记的生物农药情况表

1. 正式登记生物农药品种

名　称	功能	剂　型	企　业
多杀菌素	杀虫剂	原药	美国陶氏益农公司
甲氨基阿维菌素苯甲酸盐	杀虫剂	原药	美国陶氏益农公司
甲氨基阿维菌素苯甲酸盐	杀虫剂	原药	广东德利生物科技有限公司
甲氨基阿维菌素苯甲酸盐	杀虫剂	原药	上海泰禾（集团）有限公司
矮壮素	调节剂	50%矮壮素水剂	青海黎化实业有限责任公司
青虫颗粒体病毒	杀虫剂	1亿个/毫克菜青虫颗粒体病毒原药	湖北武汉武大绿洲生物技术有限公司

2. 新登记生物农药品种

名　称	功能	剂　型	企　业
斑蝥素	杀虫剂	0.01%斑蝥素水剂	甘肃金昌中药技术开发研究所
白僵菌	杀虫剂	1 000亿孢子/克白僵菌母药	安徽省合肥农药厂
白僵菌	杀虫剂	400亿孢子/克球孢白僵菌可湿性粉剂	江西天人生态工业有限责任公司
白僵菌	杀虫剂	2亿孢子/平方厘米球孢白僵菌挂条	江西天人生态工业有限责任公司
白僵菌	杀虫剂	300亿孢子/克球孢白僵菌油悬浮剂	安徽省合肥农药厂
白僵菌	杀虫剂	500亿孢子/克球孢白僵菌母药	江西天人生态工业有限责任公司

3. 老品种新登记剂型

名　称	功能	剂　型	企　业
井冈霉素	杀菌剂	24克/升井冈霉素A水剂	广西易多收生物科技有限公司
儿茶素	杀菌剂	20%儿茶素母药	黑龙江省齐齐哈尔市北方农业高新技术研究所
乙蒜素	杀虫剂	20%高渗乙蒜素乳油	江西益隆化工有限公司
矮壮素	植物生长调节剂	矮壮素原药	河南省安阳市全丰农药化工有限责任公司

（续）

名　称	功能	剂　型	企　业
小檗碱	杀虫剂	0.5%小檗碱水剂	浙江华京生物科技开发有限公司
苏云金杆菌	杀虫剂	8 000国际单位/微升苏云金杆菌油悬浮剂	湖北康欣农用药业有限公司
木霉菌	杀菌剂	2亿个/克木霉菌水分散粒剂	云南星耀生物制品厂
氨基寡糖素	调节剂	0.5%氨基寡糖素可湿性粉剂	山东省泰安市泰山现代农业科技有限公司
阿维菌素	杀虫剂	0.5%阿维菌素颗粒剂	深圳诺普信农化股份有限公司
阿维菌素	杀虫剂	18克/升阿维菌素乳油	广西田园生化股份有限公司等5家
甲氨基阿维菌素	杀虫剂	5%甲氨基阿维菌素苯甲酸盐水分散粒剂	浙江来益生物技术有限公司
多杀霉素	杀虫剂	25克/升悬浮剂	江苏省苏科农化有限责任公司等3家

4. 老品种新登记企业

名　称	防治对象	剂　型	企业数量（家）
苏云金杆菌	杀虫剂	2 000、4 000国际单位/微升悬浮剂	安徽省锦江农化有限公司等2家
淡紫拟青霉菌	杀菌剂	5亿活孢子/克淡紫拟青霉菌颗粒剂	黑龙江强尔生化技术开发有限公司
苦参碱	杀虫剂	0.3%苦参碱水剂	江西省高安金龙生物科技有限公司
氨基寡糖素	调节剂	0.5%、1% 水剂	陕西标正作物科学有限公司等2家
芸薹素内酯	调节剂	0.004%、0.04%水剂	北京中植科华农业技术有限公司等3家
阿维菌素	杀虫剂	0.2%、0.3%高渗、0.5%、1%、1.8%、2%、3%、3.2%、4%乳油、可湿性粉剂、微乳剂、原药	10
甲氨基阿维菌素苯甲酸盐	杀虫剂	0.2%、0.5%、0.8%、1%、1.5%、1.9%乳油、微乳剂、原药	16

（续）

名　称	防治对象	剂　型	企业数量（家）
井冈霉素	杀菌剂	3%、5%水剂、20%可溶粉	华北制药集团爱诺有限公司等4家
印楝素	杀虫剂	0.3乳油	北京晨阳植保制剂厂
多抗霉素	杀菌剂	3%可湿性粉剂	安徽省利辛县大雷达生化有限公司
乙蒜素	杀虫剂	41%乳油	河南省开封东晟化工有限公司等2家
春雷霉素	杀菌剂	原药	瑞士先正达作物保护有限公司
嘧啶核苷类抗菌素	杀菌剂	4%水剂	天津人农药业有限责任公司等2家
以阿维菌素为主与其他化学农药复配的品种	杀虫剂	主要是与高氯、三唑磷、哒螨灵等复配	25
以甲基阿维菌素为主与其他农药复配的品种	杀虫剂	主要是4.2%高效氯氰菊酯/甲氨基阿维菌素苯甲酸盐水乳剂	广西易多收生物科技有限公司等4家
以井冈山霉素为主与其他化学农药复配的品种	杀菌剂	主要是与多菌灵	河南省焦作华生化工有限公司等2家

表13　2006年度我国登记的微生物肥料产品汇总

序号	企业名称	通用名称	商品名称	剂型	主要技术指标	适宜作物
1	秦皇岛领先科技发展有限公司	微生物菌剂	大豆根瘤菌剂	液体	有效活菌数≥5.0亿个/毫升	大豆
2	漳州三炬生物科技有限公司	微生物菌剂	粒粒金	液体	有效活菌数≥5.0亿个/毫升	水稻、花生
3	北京颐永堂生物工程有限公司	微生物菌剂	复合菌剂	颗粒	有效活菌数≥1.0亿个/克	棉花、玉米
4	齐齐哈尔市富尔农艺有限公司	微生物菌剂	复合菌剂	颗粒	有效活菌数≥1.0亿个/克	番茄、小麦
5	东莞市保得生物工程有限公司	微生物菌剂	微生物植物促长剂	粉剂	有效活菌数≥2.0亿个/克	马铃薯
6	东莞市保得生物工程有限公司	微生物菌剂	微生物土壤改良剂	粉剂	有效活菌数≥2.0亿个/克	菜心

（续）

序号	企业名称	通用名称	商品名称	剂型	主要技术指标	适宜作物
7	北京丹路实业公司	微生物菌剂	复合微生物菌剂	粉剂	有效活菌数≥2.0亿个/克	小麦、油菜、番茄
8	圣吉奥（新沂）生物科技有限公司	微生物菌剂	复合菌剂	颗粒	有效活菌数≥1.0亿个/克	小麦
9	盘锦市福东生物技术应用研究所	微生物菌剂	光合生物液	液体	有效活菌数≥5.0亿个/毫升	水稻
10	烟台天泰生物工程有限公司	微生物菌剂	维绿微	液体	有效活菌数≥5.0亿个/毫升	黄瓜、辣椒
11	北京丹路生物工程有限公司	生物有机肥	生物有机肥料	颗粒	有效活菌数≥0.20亿个/克；有机质≥25.0%	芹菜、生菜、玉米、番茄
12	青岛地恩地生物科技有限公司	生物有机肥	“地恩地”生物有机肥	颗粒	有效活菌数≥0.20亿个/克；有机质≥25.0%	花生、马铃薯
13	西安德龙生物科技有限公司	生物有机肥	家家肥	粉剂	有效活菌数≥0.20亿个/克；有机质≥25.0%	番茄
14	鞍钢实业申丰生物工程有限公司	生物有机肥	申丰生物有机粒肥	颗粒	有效活菌数≥0.20亿个/克；有机质≥25.0%	水稻、黄瓜、元葱
15	上海联业生物技术有限公司	生物有机肥	谷霖牌生物有机肥	粉剂	有效活菌数≥0.20亿个/克；有机质≥25.0%	茄子、油麦菜
16	上海联业生物技术有限公司	有机物料腐熟剂	谷霖牌生物有机肥发酵菌剂	粉剂	有效活菌数≥0.50亿个/克	有机物料腐熟
17	海南绿神生物技术有限公司	有机物料腐熟剂	HM农用微生物菌剂	液体	有效活菌数≥1.0亿个/毫升	有机物料腐熟
18	深圳市金圣方生物科技有限公司	复合微生物肥料	金圣方复合微生物肥	颗粒	有效活菌数≥0.20亿个/克；$N+P_2O_5+K_2O$≥6.0%	黄瓜、油菜、玉米

（续）

序号	企业名称	通用名称	商品名称	剂型	主要技术指标	适宜作物
19	沈阳绿洲生物工程有限公司	复合微生物肥料	绿洲菌肥	粉剂	有效活菌数≥0.20亿个/克；$N+P_2O_5+K_2O$≥6.0%	番茄、草莓
20	北京紫康肥业有限责任公司	复合微生物肥料	三维复合生物肥	颗粒	有效活菌数≥0.20亿个/克；$N+P_2O_5+K_2O$≥6.0%	西瓜、黄瓜、生菜
21	山东郁茏生物科技有限公司	复合微生物肥料	郁茏富得快	液体	有效活菌数≥0.50亿个/毫升；$N+P_2O_5+K_2O$≥4.0%	棉花、黄瓜
22	北京填沂凯卓科技发展有限公司	微生物菌剂	“富兰泰克”海藻生物肥	液体	单细胞藻体含量≥1.0×10^6个/毫升	番茄、紫花苜蓿、生菜、西瓜
23	北京德善兆业生物技术有限公司	微生物菌剂	青帝生物菌剂	粉剂	有效活菌数≥2.0亿个/克	黄瓜
24	北京生太平生物工程技术有限公司	微生物菌剂	PGPR菌剂	粉剂	有效活菌数≥2.0亿个/克	油菜
25	上海天英和生物技术有限公司	微生物菌剂	*Organica*（奥克）	液体	有效活菌数≥2.0亿个/毫升	卷心菜、黄瓜
26	佳木斯三兴农业技术服务有限公司	生物有机肥	苗欢牌生物肥（基施旺）	颗粒	有效活菌数≥0.20亿个/克；有机质≥25.0%	大豆、水稻
27	漳州三炬生物科技有限公司	微生物菌剂	灌金液	液体	有效活菌数≥5.0亿个/毫升	辣椒、柑橘
28	湖南自然天成科技发展有限公司	微生物菌剂	光合成菌肥料	液体	有效活菌数≥5.0亿个/毫升	生菜、小白菜
29	河北省微生物研究所	微生物菌剂	复合菌剂	颗粒	有效活菌数≥1.0亿个/克	玉米
30	福建省诏安县绿洲生化有限公司	微生物菌剂	绿珍QS	粉剂	有效活菌数≥2.0亿个/克	白菜
31	长春富田生物科技有限公司	微生物菌剂	筑田菌剂	粉剂	有效活菌数≥2.0亿个/克	玉米、大豆、水稻、黄瓜、番茄、白菜

（续）

序号	企业名称	通用名称	商品名称	剂型	主要技术指标	适宜作物
32	青州鑫意达有机肥厂	微生物菌剂	鑫满园	粉剂	有效活菌数≥2.0亿个/克	辣椒
33	河北省农林科学院遗传生理研究所	微生物菌剂	微生物菌剂	粉剂	有效活菌数≥2.0亿个/克	黄瓜
34	上海汇仁复合有机肥料有限公司	生物有机肥	尹氏牌生物有机肥	粉剂	有效活菌数≥0.20亿个/克；有机质≥25.0%	水稻、番茄
35	北海市福林绿色生物肥有限公司	生物有机肥	发酵鱼粉肥料	粉剂	有效活菌数≥0.20亿个/克；有机质≥25.0%	上海青
36	北京京杭鸿运生物技术有限公司	生物有机肥	祥元生物有机肥	粉剂	有效活菌数≥0.20亿个/克；有机质≥25.0%	玉米、油菜、草坪
37	北京沃土天地生物科技有限公司	生物有机肥	沃土牌生物有机肥	粉剂	有效活菌数≥0.20亿个/克；有机质≥25.0%	菜心
38	北京沃土天地生物科技有限公司	生物有机肥	沃土牌生物有机肥	颗粒	有效活菌数≥0.20亿个/克；有机质≥25.0%	黄瓜
39	河南金圣方肥业有限公司	复合微生物肥料	金圣方复合微生物肥	颗粒	有效活菌数≥0.20亿个/克；$N+P_2O_5+K_2O≥6.0\%$	黄瓜、油菜、玉米
40	北京双龙万通科技有限公司	复合微生物肥料	复合微生物肥	颗粒	有效活菌数≥0.20亿个/克；$N+P_2O_5+K_2O≥6.0\%$	花生、生姜
41	北京沃土天地生物科技有限公司	有机物料腐熟剂	沃土牌有机物料腐熟剂	液体	有效活菌数≥1.0亿个/毫升	有机物料腐熟
42	延边兴农经济开发有限责任公司	有机物料腐熟剂	长天复发酵菌剂	粉剂	有效活菌数≥0.50亿个/克	有机物料腐熟
43	北京京杭鸿运生物技术有限公司	有机物料腐熟剂	祥元生物腐熟剂	粉剂	有效活菌数≥0.50亿个/克	有机物料腐熟
44	黑龙江利天世纪生物有机肥有限公司	微生物菌剂	“初一”复合微生物菌剂	颗粒	有效活菌数≥1.0亿个/克	玉米、大豆

（续）

序号	企业名称	通用名称	商品名称	剂型	主要技术指标	适宜作物
45	山东国科生物技术有限责任公司	微生物菌剂	国科牌微生物菌剂	粉剂	有效活菌数≥2.0亿个/克	小麦
46	济南世纪格润生物工程有限公司	微生物菌剂	格润生物肥	粉剂	有效活菌数≥2.0亿个/克	黄瓜、茄子
47	广州天河奥特农化新技术有限公司	生物有机肥	奥特生物有机肥	粉剂	有效活菌数≥0.20亿个/克；有机质≥25.0%	白菜
48	青岛亚美奥化工有限公司	生物有机肥	亚美奥生物有机肥	颗粒	有效活菌数≥0.20亿个/克；有机质≥25.0%	小麦、萝卜、苹果、花生
49	武汉金禾科技发展有限公司	生物有机肥	金禾圣复合生物有机肥	粉剂	有效活菌数≥0.20亿个/克；有机质≥25.0%	油菜、辣椒
50	山东国科生物技术有限责任公司	生物有机肥	国科牌生物有机肥	粉剂	有效活菌数≥0.20亿个/克；有机质≥25.0%	黄瓜
51	山东国科生物技术有限责任公司	复合微生物肥料	国科牌复合微生物肥料	粉剂	有效活菌数≥0.20亿个/克；$N+P_2O_5+K_2O$≥6.0%	大蒜
52	广东省丰收糖业发展有限公司复肥厂	复合微生物肥料	复合微生物肥	粉剂	有效活菌数≥0.20亿个/克；$N+P_2O_5+K_2O$≥6.0%	甘蔗
53	北京普仁生态技术有限公司	微生物菌剂	有机伴侣	液体	有效活菌数≥2.0亿个/毫升	油菜
54	北京裕丰力多金肥业有限公司	微生物菌剂	金必来	颗粒	有效活菌数≥1.0亿个/克	玉米、黄瓜
55	青岛龙力生物技术有限公司	有机物料腐熟剂	有机物料腐熟剂	粉剂	有效活菌数≥0.50亿个/克	有机物料腐熟
56	北京九隆升微生物资源开发有限公司	有机物料腐熟剂	有机肥发酵腐熟菌剂	粉剂	有效活菌数≥0.50亿个/克	有机物料腐熟
57	华丰源生物科技（深圳）有限公司	生物有机肥	生物有机肥	颗粒	有效活菌数≥0.20亿个/克；有机质≥25.0%	黄瓜

（续）

序号	企业名称	通用名称	商品名称	剂型	主要技术指标	适宜作物
58	淄博沃沣肥料有限公司	生物有机肥	生物有机肥	粉剂	有效活菌数≥0.20亿个/克；有机质≥25.0%	黄瓜、番茄
59	晋中市绿图生物高科有限责任公司	生物有机肥	生物有机肥	粉剂	有效活菌数≥0.20亿个/克；有机质≥25.0%	小麦、甘蓝
60	晋中市绿图生物高科有限责任公司	复合微生物肥料	复合微生物肥	粉剂	有效活菌数≥0.20亿个/克；$N+P_2O_5+K_2O$≥6.0%	玉米、番茄
61	SINTESIS QUIMICA S.A.I.C（阿根廷兴特斯化工有限公司）	微生物菌剂	固氮螺菌NOCTIN AZO	液体	有效活菌数≥2.0亿个/毫升	小麦、玉米
62	SINTESIS QUIMICA S.A.I.C（阿根廷兴特斯化工有限公司）	根瘤菌菌剂	根瘤菌NOCTIN A	液体	有效活菌数≥5.0亿个/毫升	大豆
63	SINTESIS QUIMICA S.A.I.C（阿根廷兴特斯化工有限公司）	根瘤菌菌剂	根瘤菌NOCTIN AP	液体	有效活菌数≥5.0亿个/毫升	花生
64	SINTESIS QUIMICA S.A.I.C（阿根廷兴特斯化工有限公司）	根瘤菌菌剂	根瘤菌NOCTIN	液体	有效活菌数≥5.0亿个/毫升	苜蓿
65	北京格林弘科生态科技有限公司	微生物菌剂	益科乐菌肥	液体	有效活菌数≥2.0亿个/毫升	油菜
66	哈尔滨绿农生物技术有限公司	微生物菌剂	绿硕生物液肥	液体	有效活菌数≥2.0亿个/毫升	水稻、大豆、芹菜
67	哈尔滨绿农生物技术有限公司	微生物菌剂	绿硕生物肥	粉剂	有效活菌数≥2.0亿个/克	大豆、水稻、玉米
68	德州市元和农业科技开发有限责任公司	微生物菌剂	微生物菌剂	粉剂	有效活菌数≥2.0亿个/克	小麦
69	青岛双丰生物工程有限公司	微生物菌剂	绿九洲	粉剂	有效活菌数≥2.0亿个/克	小麦
70	安徽省砀山生物工程研究所	有机物料腐熟剂	生物除臭发酵剂	粉剂	有效活菌数≥0.50亿个/克	有机物料腐熟

（续）

序号	企业名称	通用名称	商品名称	剂型	主要技术指标	适宜作物
71	上海巨景生物科技有限公司	有机物料腐熟剂	生物有机肥发酵促进剂	粉剂	有效活菌数≥0.50亿个/克	有机物料腐熟
72	青岛双丰生物工程有限公司	复合微生物肥料	绿九洲	粉剂	有效活菌数≥0.20亿个/克；$N+P_2O_5+K_2O \geqslant 6.0\%$	大蒜
73	德州市元和农业科技开发有限责任公司	复合微生物肥料	元和绿宝	粉剂	有效活菌数≥0.20亿个/克；$N+P_2O_5+K_2O \geqslant 6.0\%$	黄瓜
74	河南省鼎天世纪实业有限公司	复合微生物肥料	复合微生物肥料	颗粒	有效活菌数≥0.20亿个/克；$N+P_2O_5+K_2O \geqslant 6.0\%$	芹菜、花生、番茄、茶叶、黄瓜、小麦
75	深圳美好家园科技有限公司	生物有机肥	生物有机肥	粉剂	有效活菌数≥0.20亿个/克；有机质≥25.0%	番茄、柑橘、水稻、油菜
76	北京市京圃园生物工程有限公司	内生菌根菌剂	根速壮——丛枝菌根菌剂	粉剂	繁殖体数≥70个/毫升	青椒、芹菜
77	山东京青农业科技有限公司	微生物菌剂	益微有益微生物制剂	粉剂	有效活菌数≥300.0亿个/克	西瓜、黄瓜、棉花
78	长春市双阳区天肥肥业有限责任公司	微生物菌剂	“老溺星”复合微生物菌剂	颗粒	有效活菌数≥1.0亿个/克	玉米、水稻、大豆
79	ORGANIC BIO TECH Co.,LTD 韩国有机生物技术有限公司	微生物菌剂	黑内闻微生物肥	粉剂	有效活菌数≥2.0亿个/克	小麦、苹果
80	ORGANIC BIO TECH Co.,LTD 韩国有机生物技术有限公司	微生物菌剂	一施产生物肥	液体	有效活菌数≥2.0亿个/毫升	花生、番茄
81	太原山大新科技发展有限公司	微生物菌剂	山大沃丰	液体	有效活菌数≥2.0亿个/毫升	黄瓜

（续）

序号	企业名称	通用名称	商品名称	剂型	主要技术指标	适宜作物
82	太原山大新科技发展有限公司	光合细菌菌剂	山大沃丰	液体	有效活菌数≥5.0亿个/毫升	番茄
83	神州汉邦（北京）生物技术有限公司	微生物菌剂	禾神元——微生物菌肥	液体	有效活菌数≥2.0亿个/毫升	棉花
84	河北冀微生物技术有限公司	微生物菌剂	绿保丰	颗粒	有效活菌数≥1.0亿个/克	大豆、棉花
85	临汾市尧都区汾河氨基酸厂	微生物菌剂	地力旺	粉剂	有效活菌数≥2.0亿个/克	苹果、棉花
86	临汾市尧都区汾河氨基酸厂	微生物菌剂	地力旺	液体	有效活菌数≥2.0亿个/毫升	黄瓜、小麦
87	佛山市顺德区宏隆生物科技有限公司	光合细菌菌剂	宏隆菌肥	液体	有效活菌数≥2.0亿个/毫升	水稻、白菜
88	鹤壁市恒隆态环保生物技术研究所	有机物料腐熟剂	HM(菌种)腐熟剂	粉剂	有效活菌数≥0.50亿个/克	有机物料腐熟
89	太原山大新科技发展有限公司	生物有机肥	生物有机肥	颗粒	有效活菌数≥0.20亿个/克；有机质≥30.0%	番茄
90	太原市隆科源有机菌肥厂	生物有机肥	生物有机肥	颗粒	有效活菌数≥0.20亿个/克；有机质≥30.0%	番茄
91	夏县沃丰生物科技有限公司	生物有机肥	生物有机肥	颗粒	有效活菌数≥0.20亿个/克；有机质≥30.0%	番茄
92	晋城沃丰生物科技发展有限公司	生物有机肥	生物有机肥	颗粒	有效活菌数≥0.20亿个/克；有机质≥30.0%	番茄
93	潍坊三强集团有限公司	生物有机肥	三强生物有机肥	粉剂	有效活菌数≥0.20亿个/克；有机质≥25.0%	萝卜

主要产品已由最初的根瘤菌剂、固氮菌剂等少数几个种类迅速扩展到解磷微生物菌剂、硅酸盐菌剂、光合细菌菌剂、芽孢菌、促生菌类菌剂、放线菌菌剂、有机物料腐熟剂、复合微生物菌剂、复合微生物肥料以及生物有机肥等11个大类。生物肥料生产用菌种也由过去的十几种发展到现在的80多种。总体来看，微生物肥料产业呈现快速成长的态势，成为21世纪最具潜力的“朝阳产业”之一。从20世纪90年代开始，我国商品有机肥进入快速发展时期。截止2006年，全国已有各类商品有机肥生产企业2 200余家，实际产量1 500万吨，分别比2002年增加了4倍和3倍。其中有机肥料986家、生物有机肥料296家、有机无机复混肥料809家。商品有机肥作为微生物肥料的重要支撑有力地促进了我国生物肥料行业的快速健康发展。

一、获得一批具有自主知识产权和应用前景的新型杀虫基因，在新型生物农药以及转基因作物培育等方面具有巨大的应用潜力

采集各地区土壤样品3 500余份，新分离了1 200余株Bt菌株，克隆了7个新基因获得Bt杀虫基因命名会的正式命名，获得具有自主知识产权、明确杀虫活性、有应用前景的新基因，为新型转基因作物的构建以及转基因作物的升级换代提供了重要的基因资源。其中：①杀晶体蛋白基因cry7Ba1与已知基因的最大同源性为58.2%，属Ⅱ类新基因，对鳞翅目昆虫具有很高的杀虫活性(如对小菜蛾LC_{50}为95.7纳克/毫升)，在转基因作物以及杀虫工程菌的构建等方面具有巨大的应用潜力。已申请国家发明专利并申请国际专利PCT。杀虫晶体蛋白基因cry1518-45对北方根结线虫有高毒力(LC_{50}为23.2微克/毫升)，与目前已知晶体蛋白氨基酸序列没有任何同源性，是一个全新的杀虫晶体蛋白基因，可用于转基因作物抗根结线虫。②获得了2个具有应用前景的基因（cry8Ga1、cry8Ha1），Cry8Ga1对华北大黑鳃金龟、暗黑鳃金龟幼虫具有杀虫活性；Cry8Ha1对华北大黑鳃金龟、暗黑鳃金龟、铜绿丽金龟幼虫的杀虫活性。2个基因用于生防工程菌和转基因植物的构建，将取代和减少多年以来我国地下害虫防治一直采用的化学药剂拌种、毒饵诱杀、撒施毒土、毒液浇灌等高农药残留的用量，解决世界性地下害虫（蛴螬）对作物（粮食、棉花、油料、蔬菜、糖料、烟草、牧草、花卉、草坪、果树）为害严重的现状。

二、鉴定一批具有自主知识产权和应用前景的致病基因，有望发现新的潜在药物靶标

对野油菜黄单胞菌（Xcc）8004全基因组突变体库，通过创伤接种法和非创伤接种法在寄主植物上，鉴定了16个与Xcc早期侵染有关的候选基因，这些基因主要与细菌的运动与趋化性、鞭毛合成、菌毛合成、双组

分调控等相关，有望发现新的潜在药物靶标。分离一批具有自主知识产权和应用前景的次生代谢产物基因簇，为开发新型生物农药或药物奠定了基础。包括非典型聚酮抗生素Chlorothricin和Tetrocarcin A的基因簇、非典型多肽抗肿瘤Saframycins生物合成基因簇、聚醚类抗生素尼日利亚菌素的结构鉴定与生物合成基因簇、钙离子结合聚醚类抗生素X-14885A生物合成基因簇以及安莎类抗生素生物合成基因簇。试验了黏细菌代谢产物的发酵制备的不同条件，化合物的分离和鉴定分析显示出培养条件变化对产物的影响。开展埃博霉素的合成酶基因簇中的epoK基因，第6个模块的Mt基因和释放域基因的遗传改造研究，为获得具有工业应用价值的突变育种菌株提供可能。

转基因生物安全评价工作进展顺利

近几年来，农业转基因生物的安全性问题已成为国际社会普遍关注的热点和焦点，它是与生物技术紧密相连、相伴而生的，并随着生物技术的发展而动态变化。因此，加强我国的生物安全管理就显得非常紧迫和必要。2006年，我国在转基因生物安全评价、管理和研究方面都取得了明显的进展，为生物技术的健康发展和生物安全管理的顺利实施奠定了坚实基础。

一、转基因生物的安全管理体系

1. 安全评价和管理的法律法规体系进一步完善　我国政府先后制定并颁布了多个转基因生物安全管理法规。1993年12月，国家科委发布了《基因工程安全管理办法》。在此基础上，农业部于1996年7月发布了《农业生物基因工程安全管理实施办法》。从1997年3月开始，农业部每年2次开展全国农业生物基因工程安全性评价申报与审批，将农业转基因生物研究和生产应用纳入安全管理的轨道，取得了很好的效果。为了进一步加强和规范管理，2001年5月国务院颁布了《农业转基因生物安全管理条例》，该《条例》将农业转基因生物安全管理从研究试验延伸到生产、加工、经营和进出口各环节。农业部依据《条例》赋予的职责，负责全国农业转基因生物安全的监督管理工作。2002年以来，以农业部部长令先后发布了与《条例》配套的4个管理办法，包括《农业转基因生物安全评价管理办法》、《农业转基因生物进口安全管理办法》、《农业转基因生物标识管理办法》和《农业转基因生物加工审批办法》。这些法律、法规的实施，标志着中国农业转基因生物安全管理进入法制化、规范化的管理轨道。

2. 初步建立《转基因生物安全管理条例》的配套管理体系　为加强农业转基因生

物安全管理，强化各有关部门的协调配合，经国务院同意，建立了农业转基因生物安全管理部际联席会议(以下简称联席会议)制度。农业部设立转基因农业生物安全管理办公室，成立了国家农业转基因生物安全委员会，负责转基因农业生物的安全性评价和田间试验申请的评价等。国家农业转基因生物安全委员会专门设立食品安全组，对转基因食品的营养成分、毒理性、致敏性和可能的非期望效益等进行科学、严格的安全评价。

在农业部指导下，在各个省、自治区、直辖市的农业行政主管部门设立转基因安全管理办公室，负责所在省份转基因农业生物的田间试验、种植和市场监管等。同时，全国已经有28 000名负责转基因生物安全的执法管理人员接受了相关培训，其中8 300名已获得执法证书。

3. 建立健全技术支撑体系　农业转基因生物安全管理是建立在科学评估基础上的行政执法管理。因此，要做好这项技术性很强的工作，农业部从以下三个方面着手：①建立了安全评价咨询机构，确保农业转基因生物研发的安全。成立了由从事农业转基因生物研究、生产、加工、检验检疫、卫生、环境保护等方面的专家组成的国家农业转基因生物安全委员会，负责农业转基因生物的安全评价工作。各个从事农业转基因生物研究与试验的单位，也应当成立农业转基因生物安全小组，负责本单位农业转基因生物研究与试验的安全工作。②逐步建立和完善三类农业转基因生物安全检测机构，即环境安全、食用安全和产品检验检测机构，分别负责对农业转基因生物的环境安全检测、食用安全检测和产品检验工作，确保农业转基因生物及其产品的研究与应用安全。③逐步完善农业转基因生物安全管理标准体系。通过制（修）订农业转基因生物安全管理标准,实现对农业转基因生物安全评价管理的规范化和科学化。

二、转基因生物的安全评价和审批

根据《农业转基因生物安全管理条例》的规定，凡在中国境内从事农业转基因生物的研究、试验、生产、进口活动必须按规定进行安全评价。安全评价按照植物、动物、微生物3个类别,根据安全等级Ⅰ、Ⅱ、Ⅲ、Ⅳ的不同以及按实验研究、中间试验、环境释放、生产性试验和申请安全证书5个不同阶段进行报告或审批。总之，适用于管理范围内的所有农业转基因生物都要经过安全性评价，批准后方可开展相应的工作。

到2006年，农业部共批准各种农业转基因生物安全评价申请1 723项。其中，试验研究8项、中间试验767项、环境释放344项、生产性试验180项，发放各类转基因生物及其产品的安全证书424项。在安全性评价申请中，以转基因植物申请为主体，占申请总量的77%。转基因植物申请共涉及52种植物，排在前10位的分别是：棉花、水稻、玉米、马铃薯、番茄、小麦、油菜、烟草、杨树、大豆。若按转基因植物性状分类，以抗病、抗虫、抗除草剂等植保性状为主，占申请总量的81%，其他性状中抗旱、耐盐等抗逆性状的转基因植物增长迅速。从种植面积来看，以转基因抗虫棉占绝大多数，其他3种批准商业化的转基因作物几乎没有大面积种植。在动物用转基因微生物研发方面，中国第一个批准商品化的基因工程疫苗是仔猪腹泻大肠杆菌K88/K99二价基因工程疫苗，已获得农业部新兽药证书，进入产业化应用的还有伪狂犬病基因缺失疫苗、禽流感重组灭活疫苗以及饲料添加剂用转基因微生物如转植酸酶基因酵母等。

1. 转基因棉花　转基因抗虫棉已被批准在我国15个省、自治区、直辖市生产应用，是我国目前推广面积最大的转基因作物。推广应用的主要区域包括黄淮海棉区的河北、河南、山东、山西；长江中下游棉区的安徽、湖北、江苏等。已批准转基因棉花田间试验的有18个省、自治区、直辖市，开展试验较多的12个省份包括安徽、北京、海南、河北、河南、湖北、湖南、江苏、山东、山西、新疆和浙江等。

2. 转基因水稻　到2006年，农业部共接受236项转基因水稻的田间试验申请，其中申报中间试验的173项、环境释放的47项、生产性试验16项。目前，转基因水稻已经从抗病虫和除草剂等植保性状向抗逆、改良营养品质、改变代谢途径等方向发展。近年来，具有2～3个复合性状的转基因水稻研发迅速。

3. 转基因玉米　到2006年，我国受理的各类转基因玉米安全性评价申请共118项，我国已批准转基因玉米产品的进口，但尚未批准转基因玉米在国内进行商品化生产。

4. 转基因小麦　中国农业大学、中国农业科学院等8个科研院所申请了40项小麦转基因安全评价，其中，中间试验26项，环境释放11项，生产性试验3项。涉及抗病12项、抗虫8项、抗逆10项、品质改良10项，其他2项。

5. 转基因大豆　自1997年至2005年，农业部转基因安全管理办公室共受理转基因大豆中间试验和环境释放申请14项，批准中间试验7项，环境释放2项；申请项目涉及的性状包括抗虫（7项）、抗除草剂（1项）、品质改良（4项）、增产（1项）和其他性状（1项）。已批准在5个省、自治区、直辖市进行转基因大豆田间试验，包括吉林、北京、辽宁、内蒙古和浙江。

6. 转基因油菜　1997—2005年，我国农业部共批准转基因油菜安全评价申请30件，在54种作物中居第7位。1999年我国首次受理转基因油菜中间试验申请。其后申请数逐年增加，2005年止，共受理中间试验申请22件，环境释放申请6件，生产性试验申请2件。涉及的单位有15个，涉及的性状有抗虫、抗病、品质改良和育性改变等。申请转基因油菜安全评价的省份达11个。

三、生物安全科技研究基础建设初具规模

目前，我国已建有国家转基因生物安全评价与鉴定中心、农业生物安全中心、FAO/WHO食品污染物监测合作中心（中国）、国家生物防护装备工程技术研究中心等国家（部门）开放实验室（中心），初步形成了较为完善的基础设施研究体系。2006年，国家发展和改革委员会还批准了建立“国家农业转基因生物安全评价与检定中心”项目建设。

根据《农业转基因生物安全管理条例》的规定和实际工作需要，在农业部转基因农业生物安全管理办公室的指导下，国家制定了20多项与国际接轨的转基因植物安全评价、标识、检测等的行业技术标准或国家标准，提高了我国在转基因植物研究领域的国际地位和影响。

表12为2006年我国登记的生物农药情况表，表13为2006年度我国登记的微生物肥料产品汇总。

食品安全技术

近一段时期以来，美国、欧盟、日本等发达国家针对我国食品进出口贸易采取了一系列技术措施，频频对我国食品贸易施加压力，严重影响了我国食品国际贸易和食品工业的发展。

党中央、国务院高度重视食品安全工作，一直把其摆在十分重要的位置，加强食品安全监管。中央和国务院有关领导多次在不同场合，对加强食品安全工作做出了重要批示。各地各部门加强食品安全法制、机制和制度建设。

食品安全科技在保障食品安全中的核心支撑作用日趋凸现。“十一五”期间，在前期研究的基础上，国家全面部署食品安全科技研发工作，取得了显著成效。总的来讲，开发出食品安全检测、监控等新产品和软件共49项，发表科技论文293篇，其中在国外发表293篇；申请国内专利85项，其中申请发明专利62项，获得国内专利授权12项；制订国家标准41项，行业标准34项；成果应用数50项，转让成果12项，成果转让获得收入166万元。培养了博士52人，硕士151人。

示范区建设成效进一步明显，组织管理进一步加强，符合不同区域经济发展的食品安全保障运行模式进一步得到完善

建设的9个示范区在强化组织管理、加强科技攻关等方面进一步取得了重大进展，初步建立起了符合我国国情的食品安全运行管理体系。

一、进一步完善组织管理制度，食品安全管理工作协调机制已基本确立

各个示范区在以主管省（市）领导为

组长，农业、卫生、质检、财政、法制办、食品与药品监督管理局等部门参加的领导小组，加强信息交流与沟通，多次召开协调会，强化管理，实行分级管理，责任到人。

二、示范区建设在以政府投入为引导的情况下，进一步整合资源，完善了多元化的投资机制

每个示范区结合本地区的实际情况，充分与国家其他行动计划和本省（市）相关计划结合，如“食品放心工程”、“无公害行动计划”、“阳光工程”等，加强资源整合，并以政府投入为引导，企业投入为主体，全面吸纳社会资金，加强对示范区的科技投入。“十一五”期间，各示范区预计投入经费39 766万元，其中国拨经费为3 225万元，配套比例高达1：12。

三、加强科技攻关，一批关键技术在示范区内得到了应用，食品安全示范区科技支撑作用效果凸显

通过“从农田到餐桌”整个食品链综合科技示范，加强技术集成，各示范企业的经济产值均增效13%以上，带动了示范区年新增直接经济效益6 500万元左右，年间接经济效益达2亿元，示范区创汇水产业产值提高了12%，示范区农民收入增加了8%。

针对重大活动保障方面，应用和完善了一套食品污染（包括兴奋剂）检测技术，包括五大类共131种违禁或限用药物。激素类物质的检测已经应用于“好运北京”系列测试赛的食品安全检测，初步形成了近30项食物中毒的诊断标准，建立了餐饮业科学监管的模式。重大活动中保障食品安全的运行机制和模式初步建立。

在前期示范的基础上，针对茶叶18种农药残留的检测方法已经得到应用。苹果及苹果汁中耐热菌分离，耐热菌的超高压杀菌及耐热菌的全程控制技术、棒曲霉素的吸附分离技术、果汁中果胶的连续化酶解技术等方面取得了突破性进展和创新性成果。直接新增产值2.3亿元，新增利税1.0亿元，新增纯利润5 100万元。

小麦等农作物的科技示范方面，通过科技示范和技术的引进和集成应用，在化肥投入减少20%～30%、农药使用量减少15%～25%的情况下，1.53万公顷示范区内小麦平均每公顷产达到6 675千克，比全省平均公顷产增产858千克，共计增加直接经济效益1 900余万元，平均每公顷增收节支超过1 650元，共创造直接社会经济效益2 530万元。

通过超市的示范，构建了一个含HACCP标准和ISO9000标准结构合理、功能完善、操作性强、符合苏果超市特点的食品安全质量整合型管理体系，提高了管理水平、优化了管理流程、降低了管理成本，填

补国内空白，形成了一套《超市食品安全质量整合型管理体系》，在全行业有推广应用价值。

食品安全快速检测方法体系初步建立

在食品有毒有害物质超衡量检测方面，建立了适合我国国情的食品复杂体系中二噁英、多氯联苯、溴代二噁英、多溴联苯醚等前处理和测定的集成平台技术以及食品中砷、汞元素形态分析技术，二噁英、多氯联苯、多环芳烃、多溴联苯醚等测定已经通过国际分析质量保证考核。

在高通量检测方面，建立了8种致病菌（阪崎肠杆菌等）、4种食源性病毒（轮状病毒等）的基因芯片检测方法。建立了五类不同食品中残留分析样品处理技术、净化层析柱（IAC柱）及基于分子印迹（MIP）技术以及其他兽药多残留检测新方法15个。研制了400张副溶血性弧菌全基因组DNA芯片，建立食品中沙门氏菌和志贺氏菌等16种食源性致病菌和诺沃克病毒、肝炎病毒等2种病毒的PCR-DHPLC检测技术、2种细菌（致泻大肠埃希氏菌等）分型检测的MP-DHPLC快速分型检测技术，完成5项检验检疫行业标准。

针对国外生物毒素、农兽药残留标示物禁运标准物质难以获得等问题，建立了3-甲基喹噁啉-2-羧酸MQCA合成工艺和A型肉毒神经毒素的纯化制备工艺等，制备了3-甲基喹噁啉-2-羧酸、A型肉毒神经毒素、T-2毒素和黄曲霉素B1等标准物质，纯度满足检测技术需求。

针对包装材料中有害物质，建立了包装材料中烷基酚类抗氧剂物质、氟化有机物（PFOS和PFOA）类物质、有机锡类等有机金属物质、邻苯二甲酸二丙烯基酯和邻苯二甲酸等快速测定技术，初步建立代谢组学高通量表征技术平台。

风险评估关键技术及模型初步建立

在收集全国膳食调查和食品污染监测数据20万套基础上，结合我国膳食暴露特点，建立了适合我国国情的暴露评估模型，构建了以3R为核心的细胞与分子生物学技术毒理学安全性评价体外替代模型，毒性终点涵盖了毒理学安全性评价的主要领域，为我国食品毒理学评价提供新的技术手段；建立了食品添加剂用加工食品分类体系框架并已应用于目前的《食品添加剂使用卫生标准》，以及抗氧化剂、漂白剂、乳化剂等特定食品添加剂的安全性评估技术，初步编写出“食品用防腐剂防腐效果评价程序（草稿）”、“食品用酶制剂安全评价指导原则（讨论稿）”和“食品用酶制剂菌种的毒性/致病性试验原则及检验程序（讨论稿）”。完成了大豆异黄酮、茶多酚、葛根素、人参皂甙、花青素、硫氰酸盐、花生功能性短肽、燕麦β-葡聚糖、芹菜素和虾青素的安全性和功效性研究。

食品安全溯源体系进一步完善

根据我国食品产业和食品供应链的特点，构建了以消费者、监管部门和企业等用户为引导的食品溯源系统框架，确定了食品信息分类与编码技术方案，开发了电子标签（RFID）中间件，初步建立了食品以及大型饲养动物食品全程电子编码技术和食品溯源数据库，构建了虹膜识别技术、DNA识别技术和牛肉产地溯源技术体系，牛肉产地溯源的同位素指纹数据库和以电子编码溯源为前提的污染物溯源技术体系基本建立。

同时，采用气相、液相色谱技术、红外光谱、生物技术建立了名酒、茶等产地判定技术，建立起一套灵敏、可靠、快速、准确的鉴别芝麻油和花生油掺伪的方法及相关指纹图谱；建立鲍鱼、苹果、蜂蜜三类食品的光谱、色谱、生物基因检测的研究方法和分析技术。

食品安全标准体系框架已经形成

在“十五”建立食品安全标准体系表的基础上，完成了《食品安全风险分析工作原则》、《微生物风险评估在食品安全标准制定中的应用指南》、《食品安全紧急情况信息交流导则》国家标准的立项，正在申请《食品安全风险评估专用准则》、《食品安全风险分析在食品安全标准制定中的应用准则》、《食品中农药残留风险分析专用准则》3项国家标准，完成了《食品安全风险分析原则及其应用指南研究与制定》报告（初稿），制定了“食品用酶制剂通用卫生标准（草案）”，修订了《食品添加剂使用卫生标准》、《食品营养强化剂使用卫生标准》、制定特定食品添加剂规格标准。

全程控制技术进一步拓展

在粮油蔬果等安全控制技术中，提出了种植过程、贮藏和加工过程的生物毒素（花生黄曲霉素等）的HACCP关键控制点，开展了挤压膨化法、氨气熏蒸法、湿磨法和碱化湿磨法降解和去除玉米及玉米制品中伏马菌素研究，初步提出了降解农药残留和生物毒素的最佳剂量，提出了^{60}Co-γ射线辐照的技术工艺路线；研究了不同水稻品种幼苗吸收积累镉的差异及生理机制，筛选获得可食部分Cd低积累和Cd高积累的水稻品种，了解有机磷和有机氯农药在苹果汁加工产业链中分布规律，初步开发了苹果汁中农药降解的^{60}Co-γ射线辐照对技术、超声波去除技术和超高压去除技术。在粮食储藏中，根据不同生态地区的特点，筛选出低温、气调无污染替代技术。

工业生物技术

工业生物技术是指在工业规模生产过程中使用或部分使用生物技术来实现产品的制造。以微生物或酶为催化剂，大规模生产人类所需的食品、药品、化学品、能源和材料等，是解决人类目前面临的资源、能源及环境危机的有效手段，也是我国21世纪全面建设小康社会的有力保证。以生物催化和生物转化为核心的工业生物技术在支撑社会进步与经济发展的技术体系中的地位已经被提到空前的战略高度，被广泛认为是继医药生物技术、农业生物技术之后第三次浪潮。工业生物技术涉及轻工、医药、化工、饲料、冶金、轻纺、能源和材料等领域。

随着基因工程、细胞工程、酶工程和发酵工程等技术手段的应用，生物技术将进一步拓展到大宗化工产品和手性物质的生产，这必将带来工业生产面貌的巨大变化。

食品发酵工业生物技术

食品工业是我国国民经济的最重要组成部分之一，也是生物技术应用的重要领域。食品工业已连续9年位列国民经济制造业的第一大产业，增长率远远高于国民经济平均增长率，2006年完成工业总产值达到2.43万亿元，占国民经济总产值（GDP）的11%，其中食品发酵工业约占18%。随着基因工程、细胞工程、酶工程和发酵工程等现代生物技术在食品工业中的普遍应用，我国食品工业发酵生物技术研究主要呈现三个特征：一是针对传统的或者已有的食品加工行业的改造和技术革新，降低能耗、提高产率；二是利用生物技术手段对食品资源包括食品原料以及食品加工用工业微生物进行改造，提高食品的营养价值及加工性能；三是开发新的安全的功能性食品添加剂。

一、国内食品生物技术的发展现状

1.食品生物加工行业的改造和技术革新　我国传统食品制造业产业规模大、经济贡献率高，优势明显。2006年我国三类酒制造业年产值近1 488亿元，约占整个食品制造业（包括食品制造业和饮料制造业）的24%；味精总产量近170万吨，产值突破180个亿，产量居世界第一位；酱油总产量500万吨，产值160亿元；食醋总产量250万吨，产值40亿元。近年来，我国传统食品制造业取得了快速的发展，但在激烈的国际竞争中，还存在着核心技术创新能力水平低、产品国际竞争力差、能耗高污染重等缺陷，急需产业升级提高技术经济水平等问题。

针对传统食品行业中的普遍问题，江南大学选择食品生物技术领域中的典型产品和微生物种类，综合运用微生物反应计量学、生化反应和传递动力学、生物反应器工程及代谢工程理论，以获得高产量、高转化率和高生产强度相对统一为目标，对发酵过程进行各种技术优化，发挥微生物的最大生产性能，简化下游处理工艺，开发了基于微生物反应计量学的培养环境优化、基于微生物代谢特性的分阶段培养、基于反应动力学模型、代谢通量分析、辅因子调控和生物反应系统的综合发酵优化技术，大幅度提高了相关产业的技术经济水平。该研究成果不仅获得中国石油与化学工业协会技术发明一等奖、江苏省科技进步二等奖和教育部提名国家科技进步二等奖，更在2006年度获得了国家科技进步二等奖。

2.改良食品原料和食品微生物，提高食品的营养价值及可加工性能　食品原料是食品生物工业处理的对象，而微生物是食品生物工业应用的灵魂，利用现代生物技术改造食品原料和微生物，提高目的产品的营养价值和食品微生物的工业属性，对于提升我国食品工业的科技含量，增强国际竞争力具有重要的作用。

通过基因工程、细胞工程等现代生物技术不仅能够提高农作物产量、改善农作物抗虫、抗病、抗除草剂和抗寒能力，同时也能够加强食品的营养价值、改善风味品质等特性。如利用基因工程技术培育的转基因抗病番茄、抗病甜椒，利用细胞工程技术培育出含水率大大降低的番茄、洋葱、马铃薯新品种，培育出带咸味和奶味的适宜膨化加工的玉米新品种，获得了出油率高、不饱和脂肪酸含量较高的油料作物等。

食品微生物是优势传统食品制造业产业生存、持续发展与实现利润的基础和关键。采用常规的诱变、杂交方法与细胞融合技术进行食品微生物菌种改造和采用基因工程和蛋白质工程技术构建食品工业专用的“基因工程菌”，从而改良食品微生物的生产性能是生物技术在食品工业中的重要应用领域。例如，利用生物技术将α-乙酰乳酸脱羧酶基因克隆到啤酒酵母中进行表达降低啤酒双乙酰含量而改善啤酒风味；构建具有优良嗜杀其他菌类活性的嗜杀啤酒酵母等都已成为纯种发酵的重要措施。青岛啤酒集团通过选育出适合高浓酿造的酵母并成功应用于大生产、自主开发应用典型啤酒污染微生物的PCR试剂盒以及发酵工艺优化等研究，发酵周期成功缩短5天，并有效延长啤酒新鲜度30天，实现了新的高效低耗啤酒生产工艺，2006年节约用水量1 659万吨、用电量22 120万千瓦时、标煤24.88万吨，累计节约资源成本3.22亿元，取得了显著的经济效益和社会效益，该技术获得2006年国家科技进步二等奖。

3.利用发酵工程等现代生物技术生产新型食品添加剂　近年来我国食品添加剂按照较高的增长速度发展，其销售额由2004年的335亿元增加到了2006年的460亿元，主要产品产量由330万吨增加到440万吨（表14）。但从国内食品添加剂行业的现状来看，我国食品添加剂种类少（全球市场上有25 000多种添加剂，而我国仅有1 900多种），种类产品结构不合理。随着人民生活水平的提高，对产品安全、营养等要求越来越高。因此，利用生物法制备食品添加剂和开发新型生物食品添加剂成为目前生物技术在食品工业中研究的主要领域。

表 14　我国主要食品添加剂的发展

主要产品类别	2004年（万吨）	2006年（万吨）	增长
食用香精香料	5.5	7	27%
食用着色剂	26	32	23%
高倍甜味剂	9.9	14	40%
糖醇类甜味剂	36	75	108%
防腐抗氧保鲜剂	10.5	12	14%
增稠乳化剂	6.5	12	85%
品质改良剂	8	12	50%
营养强化剂	12.5	16	28%
增鲜和酸味剂及其他种类	214	260	21%

甜味剂：淀粉糖作为新型甜味剂正在越来越广泛地应用在食品工业中。“十五”期间，淀粉糖产业在规模、产量、品种等方面得到了快速发展，2006年产量达到600万吨。我国淀粉糖生产企业开发的产品具有自主知识产权，利用基因工程、细胞工程构建的专一性强的新酶种，如高转化度糖化酶，异淀粉酶、葡萄糖异构酶、葡聚糖酶等，通过单一酶或多酶反应生产各种淀粉糖新品种，提高淀粉糖得率。目前我国淀粉糖生产企业的

生产规模、生产技术和产品质量均已达世界先进水平，国内市场占有率达90%以上，国外市场占有率也逐步提高。淀粉糖行业利用生物工程技术对农产品进行精深加工，对科技带动农业发展、提高农产品附加值、促进农业产业化发展进程等方面都具有重要意义。2006年我国生产淀粉糖直接利用玉米750万吨，这对于带动农民增收和解决“三农”问题起到了非常有效的积极作用。

糖醇类化合物是目前广泛认可的食糖替代品，具有一定甜度和热量的木糖醇、麦芽糖醇、赤藓糖醇等是目前研究最为广泛并已实现工业化生产的天然功能型甜味剂。传统的化学催化加氢法生产木糖醇，工艺复杂、安全性差，成本较高，已经逐渐为生物法所替代。中国科学院微生物研究所与山东威龙工业集团有限责任公司合作开发了利用细胞内木糖还原酶将木糖还原为木糖醇的技术，目前通过工业性试验，成功建设了1 000吨级的生产线，产品纯度达99%以上，质量明显优于采用化学法的产品。新菌种的获得和新工艺的建立，使生物法木糖醇具有明显竞争优势，可望成为今后木糖醇生产的主要方法。

低聚异麦芽糖等低热量、不被胃酸和胃酶所降解、难以消化的低聚糖被称为功能性低聚糖。利用这些功能性低聚糖，能够有效调节食品的甜度、黏稠度，改善制品口感，调节产品持水性，控制食品热处理的褐变，增加食品的保健功能。低聚异麦芽糖除具有风味好、甜度低、耐热耐酸稳定性强及保湿性好等特性外，还具备促进肠道中有益菌群双歧杆菌增殖，改进机体消化道的微生物群系，抑制腐败菌的生成，增加B族维生素的合成，促进Ca的吸收，抗龋齿等功效，有利于提高机体免疫力，预防和抑制人体高血脂、糖尿病、肥胖病等相关疾病，优化体内微生态环境。近年来，国内低聚异麦芽糖的工业化生产发展迅速，在医药保健、功能性食品以及饲料添加剂等行业得到广泛应用。中国科学院微生物研究所研究了以玉米淀粉为原料经过酶的作用制备低聚异麦芽糖的生产方法，山东环宇集团保龄宝公司利用该技术建立了生产能力达3万吨的低聚异麦芽糖生产线，实现了规模化和低成本生产低聚异麦芽糖的工业化生产。

生物增味剂：薄荷醇是世界三大香料之一，也是环状单萜烯醇中需求量最大的香料，由于具有薄荷香气、辛辣味和凉感，在化妆品、食品、香料等工业大量应用，可用作烟酒香料、多种食品调味剂（如用于配制糖果、口香糖、糕点、果酒、清凉饮料等）、牙膏香精、与其他香料配制花露水等。江南大学通过合理设计反应底物及反应途径成功地筛选获得具有高度立体选择性的脂肪酶产生菌产脂肪酶微生物 *Burkholderia cepacia* ATCC25416，通过反应体系和反应条件等对全细胞不对称水解DL-乙酸薄荷酯制备L-薄荷醇的活性及光学选择性的影响研究，产物光学纯度可达95%以上，生产水平提高到10克/升，达到国际先进水平。

D-核糖在体内具有重要的生理功能，参与多种新陈代谢活动，是生物体内遗传物质基础核糖核酸（RNA）、脱氧核糖核酸（DNA）及若干辅酶和维生素的组成成分，广泛应用于医药、食品、化妆品和饲料工业等领域。在食品工业上，D-核糖可用来合成多种呈味物质；在医药工业中，核糖是维生素 B_2（核黄素）的重要合成原料，还可用来合成类固醇、前列腺素类、萜类化合物、凝乳酶抑制因子等，利用D-核糖还可生产抗病毒和抗癌药物；在临床上，可治疗心肌局部缺血，全面改善心脏功能。随着D-核糖生产工业的发展及其应用研究的深入，D-核糖在食品、医药、临床等领域必将发挥越来越大的作用。山东食品发酵工程重点实验室和山东省食品发酵工业研究设计院联合开发的生物技术发酵法生产D-核糖工艺成本低（40~50元/千克），污染小，属于高附加值产品。本技术利用选育到一株枯草芽孢杆菌突变株，以葡萄糖为原料采用深层通风发酵技术生产D-核糖，发酵速度快，产糖率、转化率高，技术水平达国内领先，工业应用前景非常好。

生物防腐剂：生物防腐剂大多是由微生物代谢产生的抗菌物质，主要包括有机酸、多肽和前提多肽。生物防腐剂由于本身对人体无害，在消化道内可降解为食品的正常成分且不影响消化道菌群等特点，成为国内外食品生物技术研究的重要内容和热点。中国生物防腐剂起步较晚，主要产品包括乳酸链球菌素、纳他霉素、曲酸、溶菌酶、聚赖氨酸等，如乳酸链球菌素的年产量已经达到30吨/年，聚赖氨酸也已经进入工业放大研究阶段。目前，随着新型生物防腐剂产生菌定向筛选与微生物次级代谢调控技术，基因定点突变技术和高纯度制备技术的应用，获得具有重要食品工业用途的新型、高效、广谱和安全的生物防腐已经成为国内生物防腐剂研究的主要任务。

传统的生物防腐剂来源主要集中在细菌，而真菌尤其是霉菌来源的生物防腐剂的成功研究并不多见。随着人们对微生物了解的深入，真菌或者动植物已经成为生物防腐剂新的来源。红曲是中国传统的功能性食品，人们很早就发现其具有防腐的作用。研究表明，红曲霉能产生抗菌活性物质Monascidin A，即橘霉素（Citrinin）。它有良好的抑菌性，能抑制细菌，尤其是革兰氏阳性菌，对革兰氏阴性菌抑制较弱，也能抗某些真菌和原生动物。而国内研究者针对紫色红曲霉（*M. purpureus*）研究还证实，红曲霉产生的部分色素也具有抗菌活性，这些物质对蜡状芽孢杆菌、金黄色葡萄球菌、啤酒酵母、霉状杆菌、枯草杆菌、荧光假单孢菌有强烈的抑菌作用。研究人员还从巨曲霉中分离获得小分子量碱性蛋白质，该蛋白质对丝状真菌生长具有抑制作用，某些根霉也能产生一种对芽孢菌属细菌有独特抑制作用的碱性多肽抗生物质，这些碱性蛋白或多肽可抑制食品、发酵工业中常见的枯草芽孢杆菌、蜡状芽孢杆菌等污染菌，对其他革兰氏阳性菌也有较强的抑制作用。

苯乳酸是近年来人们发现的乳酸菌产生的另一种新型抑菌物质，与Nisin等细菌素相比，苯乳酸有较广的抑菌谱，能够抑制食源性致病菌、腐败菌，特别能够抑真菌的污染，溶解性好、易于在食品体系中扩散，稳定性高、具有良好的pH范围和热稳定性等优点，引起了研究人员的关注。研究人员筛选获得1株苯乳酸高产菌株*Lactobacillus* sp1，研究发现苯丙氨酸对苯乳酸合成的影响具有重要影响。但目前我国苯乳酸的发酵水平还比较低，与工业化生产和大规模应用具有一定的距离，生产水平亟待提高。

其他具有重要生理活性的功能性食品添加剂的生产：辅酶Q10是一种基本生命物质，主要生理作用是辅助催化线粒体中能量体ATP的磷酸还原反应，让细胞能量供应系统能够快速恢复活性，它不仅是细胞代谢和细胞呼吸的激活剂，还是重要的生物抗氧化剂和非特异性免疫增强剂，广泛应用于食品、保健品和医药行业。烟台康泰药业制品公司开发的光合菌发酵法生产工艺已进入工业放大程序，而中国科学院微生物研究所开发的微生物发酵提取工艺在新昌制药股份公司已经实现了工业化，年产量超过50吨，产品全部销往国外，目前该公司已经实施进一步扩大生产规模的计划。

番茄红素是由番茄中提取获得的具有11个碳碳共轭双键的类胡萝卜素类抗氧化剂，其抗氧化能力达到维生素E的100倍，具有抗氧化、防紫外辐射等功能。随着对其生理功能的研究发现，番茄红素不仅对前列腺癌、乳腺癌以及胰腺癌等癌症的癌细胞具有抑制作用，而且对血管硬化和冠心病均有防治作用，因而番茄红素在食品、化妆品以及医药领域具有重要用途。由北京化工大学等开发的发酵法制备番茄红素工艺，发酵水平达到1.4克/升，提取得率达到90%以上，工业化生产试验表明，其生产水平达到1.0克/升，总收得率达到70%以上，达到世界先进水平。

微生物油脂具有一般植物油脂有相似的脂肪酸组成，对微生物油脂的研究主要集中在利用微生物生产经济价值高的特殊营养油脂方面，如富含γ-亚麻酸、二高γ-亚麻酸、花生四烯酸、二十碳五烯酸、二十二碳六烯酸等多不饱和脂肪酸的油脂，这类油脂的主要营养成分在天然动植物油脂中存在量很少，甚至不存在，但具有较大的生理功能和特殊用途。国内开展了大量与功能性油脂相关的研究，如中国科学院开发的利用微生物发酵生产多不饱和脂肪酸（PUFAS）已经实现了中试生产；南开大学利用发酵获得的γ-亚麻酸，采用高技术方法浓缩8倍，使脂肪酸中γ-亚麻酸含量提高到50%～60%。

二、国内食品生物技术展望

我国食品加工业企业已经接近10万个，但农产品加工业产值仅为农业产值的40%，距离发达国家农产品加工业的产值是农业产值3倍的指标还有很大的距离，我国保健食品行业与发达国家也有很大差距。随着我国国民经济的持续高速发展，利用新兴的生物技术改造和加速食品工业的发展尤为迫切。这些现代生物技术在食品工业中的普遍应用，全面提升食品的营养、质量和安全性，开发与生产新型添加剂、保鲜剂和功能食品，改造传统加工方式，不仅有助于实现食品的多样化和食品的营养保健功能，同时也能够实现食品工业与环境的协调进行，促进食品工业的可持续发展。食品生物技术已成为食品工业的支柱，是未来发展最快的食品工业技术之一，具有广阔的发展前景和美好的未来。

生物材料

生物基材料是指利用可再生生物质，包括农作物、树木、其他植物及其残体和内含物为原料，通过生物、化学以及物理等手段制造的一类新型材料，主要包括生物塑料、生物基平台化合物、生物质功能高分子材料等产品，具有绿色、环境友好、原料可再生以及可生物降解的特性。生物基材料作为新材料产业的重要组成部分，既是国民经济发展的重要增长点，也是衡量国家综合国力的重要标志之一。利用丰富的农林生物质资源，开发绿色、环境友好和可循环利用的生物基材料，是国际新材料产业发展的重要方向。现代生物技术的应用推动了生物基材料产业的迅速发展、加速了产业升级换代。近年来，我国生物基材料产业呈现强劲的发展势头，但是目前该产业尚处于发展的初期阶段，创新能力弱、产业规模小、产品市场竞争力不强。

一、国内外发展现状

1.国外的发展现状与趋势　近年来，世界范围的石油供应短缺，加上不可降解的以石油为原料化学合成的塑料造成的白色污染，促使来源于可再生资源的、可持续发展的生物基材料走向市场步伐大大加快。2001年底美国Cargill公司与Dow公司合作在全球率先建立的年生产能力达14万吨的聚乳酸（PLA）工厂投产，2005年初Cargill购买了Dow在该工厂所占的股份，建立了一个完全独资的子公司Natureworks LLC，并计划在今后10年内投资10亿美元，分别在2006年、2009年再建2套装置，总能力达到45万吨/年。2006年3月，世界上最大的零售商Wal-Mart宣布其在美国市场的部分食品将采用PLA作为包装材料，促进了PLA市场的快速发展，预计到2020年全世界聚乳酸的需求量将达到1 150万～2 300万吨，Cargill的生产容量和能力已经远远不能满足聚乳酸巨大的市场需求。

国外咨询公司Intertech Pira最近作了一个全球生物基塑料的市场调查，写成了一篇题为*The Future of Global Markets for Biodegradable Packaging*(《生物降解包装的未来全球市场》）的研究报告。报告认为，从20世纪90年代中期到今天，生物可降解材料的生产能力得到大幅度提升：1995年只有2万吨，而到2006年，全球的生产能力已达到36万吨。该报告指出，2008年全球生产能力会达到60万吨。其中淀粉和聚乳酸占有大约85%的量，15%为其他生物可降解材料。由于市场的驱动，国外成立了许多大小不一的生物可降解材料公司，许多跨国公司也进入这个领域，大量的终端产品应用厂商如汽车制造商宝马(BMW)、丰田(Toyota)、福特(Ford)、马自达（Mazda）以及轮胎制造商固特异(Goodyear）等均进入了这个领域。

2006年，日本生物塑料的生产量已达5万吨左右，预计到2010年将达到10万吨，丰田公司已用甘薯淀粉基塑料制成了汽车配件，富士通公司用玉米淀粉基塑料替代了计算机的塑料外壳，日本电工研究开发了聚丁二酸丁二醇酯(PBS)和聚丁二酸己二酸丁二醇酯(PBSA）并投放市场，用来生产包装瓶、薄膜等。美国杜邦公司剥离石油资产，购买了生物技术公司和组织农业综合企业，并投资近1亿美元巨资开发生物质资源生成生物基化工产品，并将2010年销售额的25%定位于生物质产品，目前用玉米生产1,3-丙二醇(PDO）的成本比化学法降低了25%。美国的森林工业已开始与电力、石油、化工公司合作，利用林木废弃物生产能源及化工产品。德国BASF公司2003年开始以可再生的生物质资源作为化学品生产的主要原料。其他跨国公司如美国宝洁、美国罗门哈斯、美国ADM（联手Metabolix公司)、日本Kaneka公司、日本三菱化学公司、加拿大EPI和韩国LG都投入大量的资金，研究如聚羟基脂肪酸酯（PHA)，聚乳酸和大豆蛋白、淀粉等及其他可持续发展的环境友好材料的产业化工作，并已经有不少产品上市。

2.我国的现状与特点　2006年，我国在聚乳酸、聚羟基脂肪酸酯和聚丁二酸丁二酯等生物材料的生产和应用开发取得了快速发展，引起了国内外材料界广泛的关注。另一方面，2008年的北京“绿色奥运”，也引起了国内外企业开发绿色材料产品的热情，以可持续发展、可生物合成、环境友好为特征的PLA、PHA和PBS产品被国内外企业大量地成功开发出来。2006年11月，浙江海正生物材料股份有限公司年产5 000吨聚乳酸生产线正式开车，成为国内第一条拥有自主知识产权的产业化生产线，实现聚乳酸产业化零的突破。宁波天安生物材料有限公司是国内第一家规模化采用微生物技术发酵生产PHBV材料的企业，已建成全球规模最大的1 000吨/年的PHBV生产线，公司的产品质量已得到客户的广泛认可，使得我国在这一领域领先于国外同行，成本远低于国外同类产品，极具市场竞争力，公司计划在今后几年内逐步将PHBV的年生产能力扩大1万~2万吨。在聚丁二酸丁二醇（PBS）方面，中国科学院理化技术研究所工程塑料国家研究中心与浙江杭州鑫富药业有限公司合作，已建成了世界最大规模的聚丁二酸丁二醇酯（PBS）生产线，年产能力为2万吨。这标志着中国生物降解塑料PBS产业将开创大规模产业化的新纪元。另外，安徽安庆和兴化工公司目前有100吨的生产规模，并可以快速扩大成千吨规模的生产能力。在二氧化碳共聚物方面，最近中国海洋石油总公司（简称中海油）与中国科学院长春应用化学研究所以及内蒙古蒙西公司合作，在海南投资1亿多元建设二氧化碳共聚物生产基地，这将成为目前国际上最大的二氧化碳共聚物生产公司。据预测，随后5~15年我国的生物塑料产业将步入飞速发展期，2010年的产能将达到10万吨，2020年的产能将超过100万吨。

近年来生物基材料产业发展较快的还有生物基平台化合物，如生物乙烯、丙烯酰胺、L-乳酸、1，3-丙二醇等。2004年，我国第一套年产17 000吨的生物乙烯装置在安徽丰原集团成功投产，现在中国石油化工股份有限公司下属的四川维尼纶厂亦具备了年产9 000吨生物乙烯的工业化装置，目前我国生物乙烯的总生产规模达到2.6万吨，新增产值2.6亿元。南京工业大学江苏省工业生物技术创新中心也成功建立了年产100吨的生物乙烯新型反应中试装置，积极开展以纳米分子筛为基质的生物乙醇脱水催化剂的研究初见成效，获得具有自主知识产权的专利技术，并与上述两家企业建立了良好的合作关系。其他产品包括：①用微生物技术，开发出具有我国自主知识产权的从丙烯腈生产丙烯酰胺新技术，取代了传统的化学法，并实现了产业化，已达到年产15万吨的生产规模，新增产值20多亿元。②由于L-乳酸是生产聚乳酸的主要原材料，随着聚乳酸应用领域的扩大，L-乳酸的需求量将逐年提升。目前国内主要的L-乳酸生产企业包括河南金丹、安徽丰原、浙江海正等，2004年我国L-乳酸的年生产能力达到了4万多吨，2006年L-乳酸年生产能力已经达到了8万吨以上，实现产值8亿多元。③国内对微生物发酵法生产1，3-丙二醇的研究已开展了1立方米、5立方米和20立方米中试试验，其中在1立方米发酵罐规模上获得的技术指标达到了国内外同类技术的先进水平，在20立方米发酵罐上进行的中试试验达到国内外同类技术应用的最大规模。据估计预测，到2015年左右我国仅生物乙烯、丙烯酰胺、L-乳酸、1，3-丙二醇等4种主要生物基化学品的市场容量将超过1 000万吨，产值超过1 000亿元。

二、重点产品介绍

1.生物乙烯　乙烯是一种主要的基本有机化工原料，乙烯工业的规模与水平反映了一个国家化学工业发展水平的重要标志。1945年以前，世界上绝大部分的乙烯来自于乙醇脱水法，后来出现由烃类如石脑油和天然气的热裂解生产乙烯的工业装置，在发达国家很快取代了乙醇脱水法，几乎成为当时乙烯的全部来源。但是，由于各国情况的差异及乙醇脱水法自身具有的特点，一些发展中国家从未废弃这一生产乙烯的方法，特别是对于贫油或无油国家及地区尤其重要。20世纪60年代巴西、印度、巴基斯坦和秘鲁等国家相继建立了乙醇脱水制乙烯的工业装置，当时一般规模为年产0.2万～1.0万吨乙烯。1981年，巴西建成3套乙醇脱水制乙烯装置，共计年产乙烯7.4万吨，印度建成4套装置，年产乙烯2.73万吨。20世纪60年代以前，我国基本依靠乙醇路线生产乙烯，就是在大型现代化石油乙烯装置建成的今天，仍有沿用乙醇脱水制乙烯的企业。

2005年乙烯及乙烯主要衍生物如聚乙烯、聚氯乙烯、聚苯乙烯、ABS、乙二醇的年产值大约在4 000亿元，涉及的下游产品的产值约2万亿元。随着我国经济的不断发展，我国已经成为能源与资源的需求大国，特别是我国乙烯的需求量每年都以20%的速度增长，乙烯当量需求预测值为2010年2 600万吨，2020年4 000万吨；乙烯及其下游衍生物的国内市场的满足率平均不到50%，需要大量进口。目前乙烯的生产方法还是主要采用石油催化裂解法，但随着全球性的能源和资源供求关系的日益紧张，以生物乙醇为原料生产乙烯的工艺受到了越来越多的重视。如果我国2020年需求4 000万吨石油基乙烯中的50%用生物基乙烯取代，涉及产值为2 000亿元左右，相当于年节约6 000万吨石脑油，折合原油2.4亿吨。

虽然目前生物乙烯的规模还无法与现代石油乙烯装置相比，但因其利用的是可再生的生物质资源而充分显示了其强大的生命力，因此，通过不断的研究与开发，生物乙烯在技术上是完全可行的。随着石油价格飙涨以及全球性能源危机日益严重，生物乙烯在经济上已经具有了足够的竞争力。另外，生物乙烯相对于石油乙烯更容易纯化，容易得到高纯度的乙烯，从而可以生产超高分子量的聚乙烯，可以制造高技术材料——超高分子量聚乙烯纤维（UHMWPE），在国防、宇航、航天、航空、防御装备等方面有重要特殊用途。目前生物乙烯的研究重点主要是围绕着低成本乙醇生产、高效催化剂的开发以及乙醇—乙烯联产工艺过程一体化技术而展开。

2.丙烯酸（酯）　丙烯酸（酯）类近几年发展迅速，与聚丙烯、环氧乙烷、丙烯腈一样成为丙烯重要的工业衍生物。丙烯酸酯主要有丙烯酸甲酯、丙烯酸乙酯、丙烯酸丁酯和丙烯酸辛酯。在工业上，丙烯酸主要用于生产丙烯酸酯，丙烯酸酯的主要应用领域有涂料和油墨、化纤、纺织、皮革、塑料、黏合剂、造纸等。用丙烯酸生产的聚丙烯和丙烯酸共聚物，传统上只被用作分散剂、絮凝剂和增稠剂。20世纪70年代后期，聚丙烯和丙烯酸共聚物出现了两个崭新的应用市场——高吸水树脂和助洗涤剂，为拓展丙烯酸用途提供了光明的前景，并促进了丙烯酸工业的发展。目前世界上共有18个国家或地区的27家企业生产丙烯酸及酯，其生产和消费主要集中在美国、西欧及日本。2004年上半年世界通用丙烯酸生产能力387.8万吨，通用丙烯酸酯生产能力351.2万吨，预计到2008年世界丙烯酸生产能力将达到447.5万吨，通用丙烯酸酯生产能力将达到416.7万吨。

国内丙烯酸（酯）的主要生产厂家有北京东方化工厂、中国石油吉林石化公司、上海华谊丙烯酸有限公司以及扬子巴斯夫。1984年，北京东方化工厂引进日本技术和设备，建成投产我国首套大型丙烯酸及酯生产装置。进入20世纪90年代，吉联（吉林）化学公司和上海高桥石化公司先后引进日本三菱化学技术，建设的装置分别于1992年和1994年建成投产。2002年我国丙烯酸生产能力为14.1万吨，装置开工率达到109.2%。其中，高纯丙烯酸装置生产能力3.35万吨，产量1.8万吨，装置开工率53.7%。同年，丙烯酸酯（甲酯、乙酯、丁酯）生产能力23.3万吨，装置开工率达100%。2003年初，高桥石化丙烯酸厂由上海华谊(集团)公司收购，成立上海华谊丙烯酸公司。2005年，扬子巴斯夫新建了16万吨/年丙烯酸和21.5万吨/年丙烯酸酯装置，另外上海华谊丙烯酸有限公司新增3.5万吨/年丙烯酸装置以及中国石油吉林石化有限公司新增5 000吨/年丙烯酸项目均已投产。1996—2005年我国丙烯酸的产量年均增长率为6%，而1999—2005年间，国内丙烯酸消费量年均增长速度高达16%，丙烯酸酯消费量年均增长速度也达11%，目前国内的产量增长大大低于消费增长。2005年，中国丙烯酸（酯）需求量达到72万吨，占世界总消费量的24%。受建筑、纺织、包装和卫生材料领域拉动，中国丙烯酸(酯)市场未来仍将高速发展。预计到2010年和2015

年我国丙烯酸（酯）需求量将分别达到116万吨和170万吨，2010年消费量约占世界总消费量的31.4%，届时中国将成为名副其实的世界丙烯酸（酯）消费大国。

化纤工业已成为国民经济主导产业和外向型产业。预计到2010年，中国纺织服装出口额将达到1 200亿美元，约占世界纺织品出口总额的30%。化纤和纺织服装业发展及产品档次提高，对丙烯酸酯类高档纺织浆料、涂料印花浆和加工用胶黏剂等需求必将大幅增长。从长远看中国丙烯酸（酯）产品仍有较大发展空间，但石油资源的紧缺限制了石油基丙烯酸（酯）的推广与应用。随着工业生物技术的进步，利用工业生物技术生产化学品的成本正在逐步下降。乳酸作为一种成本低廉的大宗发酵工业产品，因具备反应性的功能基团羟基，可以通过催化脱水制丙烯酸。生物基丙烯酸的生产成本为1万～1.2万元/吨左右，目前市场价格在2.5万元左右。到2010年，如果石油基丙烯酸（酯）的50%由生物基替代，产值将达到100亿元/年。因此以乳酸为原料生产生物基的丙烯酸，既有可行性又能产生巨大的社会效益，是实现丙烯酸绿色生产的发展方向。目前国内主要有中国石油化工股份有限公司与南京工业大学在合作从事这方面的研究工作，主要研究内容是筛选、改性或定向合成适合乳酸酯脱水的多孔材料。

3. 1，3-丙二醇　1，3-丙二醇（1，3-PDO），是一种无色、无臭、透明的黏稠液体，有吸湿性，能与水、醇、醚混溶，难溶于苯、氯仿等。其化学性质体现了醇和二醇的典型性能，能与酸反应生成酯，广泛应用于增塑剂、洗涤剂、防腐剂、乳化剂等的原料中。目前，1，3-PDO的用途主要在于：①作为聚合物单体合成可生物降解的性能优异的高分子材料。20世纪90年代中期，工业上成功开发出了以1，3-PDO为原料生产新型聚酯纤维PTT的工艺。PTT较PET（聚对苯二甲酸乙二醇酯，又称涤纶）、PBT（聚对苯二甲酸丁二醇酯，又称尼龙）具有更优良的性能，兼具PET的高功能性和PBT的易加工性。1998年，PTT产品被美国评为六大石化新产品之一，世界很多跨国化学工业公司如Shell和DuPont等都对它产生了浓厚的兴趣。随着更多新性能的发现及其应用领域的拓展，PTT已成为当前合成纤维品种中的开发热点。②在药物合成领域中得到了应用。如1，3-PDO经氧化可合成3-羟基丙酸和丙二酸，再与尿素反应可合成环状碳酸酯。③作为原料合成油漆，可把弹性和硬度有机地结合起来，使其用途更加广泛，如用作蛇形管外层涂料、罐头油漆和粉末喷涂材料等。它所具有的优良性质目前只有用相当昂贵的1，6-己二醇才能达到。④其他用途，包括用于增塑剂、洗涤剂、防腐蚀和乳化剂的合成，也用于食品和化妆品等行业。

尽管化学法是当前世界上生产1,3-PDO的主要方法，但化学法生产成本高，而且造成环境污染，因此人们把目光转移到生物法生产上，并进行了大量的研究工作。美国杜邦、道化学、德国拜尔、赫司特、英国ICI等都投入巨额资金和庞大科研力量进行生物技术的研究，在许多方面已取得令人瞩目的成果。美国杜邦生物原料公司和Genercor公司正在合作开发由微生物法生产1,3-PDO的工艺。该研究是以生物技术为特征的“绿色工业”向传统石油化工提出强有力的挑战。杜邦公司采用单糖和多糖等碳水化合物作为碳底物,通过与脱水酶基因的单一微生物接触,在适当的发酵条件下制备1,3-PDO。该公司在生物工程技术取得了重大突破，已申请了多项专利，2003年实现生物转化法生产1,3-PDO，2004年实现工业化。与化学合成法相比,生物工程法具有条件温和、操作简便、副产物少、选择性好、节省能源、设备投资少和环境良好等特点，是一种生产成本最低、污染最少的方法。

国内主要有清华大学、山东大学、江南大学、大连理工大学等单位从事发酵法生产PDO的技术研究，经过国家“十五”科技攻关计划的支持，已经取得了突破性进展。清华大学与华东理工大学协作，对以克雷伯氏菌和葡萄糖作为辅助底物发酵生产1,3-PDO进行了研究，结果表明葡萄糖单独作为底物发酵时不生成1,3-PDO，以葡萄糖和甘油为混合底物时，则可以显著提高菌体浓度。在甘油为底物的批式发酵过程中，通过掺加葡萄糖作为辅助底物可以提高1,3-PDO的转化率，同时可缩短发酵时间。通过选择合适的葡萄糖掺加速率，较单一甘油的发酵结果，1,3-PDO的转化率最高可达64.9%，生产强度为1.005克/(升·时)，提高了139.9%。采用掺加甘油发酵工艺发酵，最终1,3-PDO浓度、转化率和生产能力可分别达到397.7毫摩尔、0.625摩尔/摩尔和6.86毫摩尔/(升·时)。2003年12月，清华大学已经完成微生物发酵法生产1,3-丙二醇的中试鉴定，研究达到国际领先水平。2005年10月开始，清华大学联合海纳百川生物工程有限公司，对国家“十五”科技攻关重点项目1,3-丙二醇进行最后攻关研究。2006年6月17日顺利通过了部级鉴定验收，产品纯度达到99.92%，超过了Shell和DuPont公司产品，样品经上海石化、仪征化纤、辽阳石化等用户试用，聚合所得PTT产品的特性黏度、色相等关键指标超过由国外PDO合成所得的PTT。该公司年产3 000吨1,3-PDO产业化装置计划2007年年底建成投产，将成为国内最大的1,3丙二醇生产基地。

4. L-乳酸　乳酸是重要的有机酸之一，在食品工业上广泛用作酸味剂、防腐剂。乳酸，特别是L-乳酸，对人和畜无害，而且具有很强的杀菌作用，可直接用作手术室、病房、实验室、车间等场所的消毒剂。乳酸经过聚合可生成聚乳酸。为此受到全世界普遍关注。乳酸的两个功能基团可以进行多种化学反应，包括聚合、酯化、还原和取代反应。利用这些反应，乳酸可被用来生产多种在工业和消费品领域中具有重要用途的产品，包括高聚物（如聚乳酸）、溶剂（如乳酸乙酯、乳酸丙酯、乳酸丁酯等）及含氧化学品（如丙二醇、环氧丙烷、丙烯酸等）。作为一种能够由可再生碳水化合物转化而来的重要平台化合物，近年来乳酸受到了全世界研究人员和生产企业的极大关注。2005年全球乳酸产量已经达到12万吨，其中20%～30%应用在新的工业领域中。随着乳酸新的、大宗的应用不断开发，全球乳酸的市场需求将持续增长。

目前发现的主要乳酸生产菌株包括乳杆菌 *Lactobacillus delbrueckii*，*L.casei*，*L.amylophilus*，*L.helveticus*，*L.bulgaricus* 和 *L.plantarum* 等，也有使用 *Enterococcus faecalis* 和真菌 *Rhizopus oryzae* 进行生产的报道。其中同型发酵乳杆菌被认为是具有较高应用潜力的生产菌株。如 *L.casei* 的乳酸产率可以达到5.6克/（升·时）；*E.faecalis* 的乳酸发酵浓度可达到14.4%。从2003年开始，已经有6株乳杆菌的全基因组序列陆续发表：*Lactobacillus plantarum*，*L.johnsonii*，*L.acidophilus*，*L.sakei*，*L.salivarius*，*L.bulgaricus*。还有若干株乳杆菌的全基因组序列正在美国联合基因研究所测定。乳杆菌基因组信息的全面解码，对代谢工程研究产生了巨大的推动作用。代谢工程技术已经可以用来改变发酵液中乳酸异构体的比例。如缺失 *L.helveticus* CNRZ32的ldhD基因（编码D-乳酸脱氢酶），总乳酸产量不变，但L-乳酸产量增加了1倍。缺失 *L.plantarum* 的ldhL基因（编码L-乳酸脱氢酶），菌株只产生D-乳酸；若过量表达ldhL基因，尽管LDH酶活提高了13倍，但是L-乳酸产量几乎没有变化，表明LDH的酶活不是生产L-乳酸的限制因素。近年来主要研究结论是ldhL基因的过量表达不一定能直接促进L-乳酸产量的提高。另外，也有很多研究者通过导入启动子、终止子、引入目的基因或对适用于不同宿主的载体进行修饰等，开发了一些适用于乳酸菌代谢工程的载体系统。

乳酸的发酵生产有许多工艺路线。有些用工厂的淀粉废弃物为原料，用5种乳酸菌的混合体进行连续同步糖化与发酵，电渗透纯化；也有用乳清或木素纤维素为原料进行乳酸的生产。目前多数生产企业都利用同型乳酸发酵菌株，采用批式、补料分批式或连续发酵模式，生产过程中用 $Ca(OH)_2$ 或 $CaCO_3$ 使pH保持在5～6，并形成乳酸钙，2～

4天后乳酸对葡萄糖的得率可达到90%左右，乳酸钙的终浓度在15%左右。含有乳酸钙的发酵液经板框压滤去除细胞后，经活性炭处理、蒸发，再用硫酸酸化，将乳酸钙转变为乳酸和不溶的硫酸钙。滤除硫酸钙的滤液进一步用活性炭柱和离子交换处理,蒸发纯化，获得技术级乳酸，由于其纯度、热稳定性不高，还不能用于硬脂酰乳酸盐、聚合物、溶剂和其他高附加值产品的生产。高纯产品的生产方法是用甲醇或乙醇将技术级乳酸酯化，蒸馏法回收产生的乳酸酯，经水解和蒸发，产生无色的高纯热稳定产品，醇则得以循环使用。近年来为了提高产品的产量和产率，开发了很多能将细胞循环使用的发酵工艺，主要是通过细胞固定化、膜反应器细胞循环体系或者原位电渗析、离子交换等技术，结合批式、补料分批式或连续发酵模式，开发了一些新型的发酵工艺。细胞循环利用不仅提高了乳酸产量，而且降低了对有机氮源的消耗，而原位分离技术与发酵过程的耦合则一定程度上解除了产物抑制。

由于L-乳酸是生产聚乳酸的主要原材料，随着聚乳酸应用领域的扩大，L-乳酸的需求量将逐年提升。在国内，乳酸生产厂家有20余家，主要生产企业包括河南金丹、安徽丰原、浙江海正等，2004年我国L-乳酸的年生产能力达到了4万多吨，2006年L-乳酸年生产能力已经达到了8万吨以上，实现产值8亿多元。但是这些企业多采用间歇发酵法生产，主要以玉米和薯干淀粉为原料，生产规模小，多数厂家生产能力不超过1 000吨/年，技术不成熟，产品质量不稳定，光学纯度不高，环境污染较为严重，亟待改进与调整。

5.聚有机酸　聚乳酸(PLA)是以乳酸或丙交酯为单体人工合成的一种脂肪族聚酯，它具有优良的生物降解性、生物相容性和可吸收性，在生物体内经过酶分解，最终形成二氧化碳和水，不污染环境，因而被认为是最有发展前途的可生物降解的高分子材料，备受国内外关注。由于聚乳酸的基本原料乳酸是人体固有的生理物质之一，对人体无毒无害。因此，作为一种重要原料，聚乳酸可像聚氯乙烯、聚丙烯、聚苯乙烯等热塑性塑料那样加工成各种下游产品，包括薄膜、包装袋、包装盒、食品容器、一次性快餐盒、饮料用瓶等等。由于透气性好，它还可以作为一种出色的材料用于纺丝织布，加工成聚乳酸内衣、外套和袜子等纺织品。同时，它可以加工成医院中需求量极大的医生、护士、病人穿的专门服装，以及病床的床单等医用纺织品，使用后可自动降解，不会污染环境。聚乳酸的另一大用途是加工农用地膜以取代目前普遍使用的聚乙烯农用地膜。这种产品最大的优点是，使用一段时间后无需人工清理，它会与土壤中的微生物以及光照等共同作用，自动分解成为二氧化碳和水，有效解决了聚乙烯农用地膜对环境造成的污染。随着时代的发展与科技的进步，聚乳酸作为一种应用广泛的环保型高分子新材料，发展前景十分看好。预计在2005—2010年期间，随着聚乳酸生产成本逼近传统塑料成本，市场应用的大力拓展，聚乳酸的普及使用将进入高峰期，其建设热潮将在全球展开。

PLA大都通过丙交酯开环聚合法合成，但近年来以乳酸为原料的各种PLA合成方法已经取得了进展，尤其是直接缩聚法，在国外已有报道用直接法获得高分子量的PLA，其研究进展日趋引人注目。乳酸直接缩聚的研究始于20世纪30年代，著名的美国高分子化学家Carothers曾探讨了乳酸、PLA、丙交酯之间的关系。由于早期乳酸直接缩聚法合成的PLA相对分子质量低，一般不足3 000，作为材料的应用价值不大，以后，仅有直接合成相对分子质量超过1万的零星报道。1995年，日本专利报道了相对分子质量超过10万的合成技术，从此打开了PLA的应用市场。

美国Cargill公司从1988年开始PLA的研究，采用玉米淀粉为原料，经发酵制得乳酸单体，然后聚合成PLA。1994年该公司最先在世界上建设了工业规模的PLA工厂，年产能力4 500吨。1997年，美国Cargill公司与Dow化学公司合资成立Cargill Dow Chemical公司，开发和生产PLA，产品商品名为“Nature WorkTM”，当时生产能力为16 000吨/年。美国Cargill公司与Dow公司合作在全球率先建立的年生产能力达14万吨的聚乳酸（PLA）工厂，于2004年投产，这是至今世界上最大的PLA生产装置。该装置投产后，产品受到一些国际知名大公司的重视，可口可乐公司、邓禄普太平洋公司等已将PLA应用于制造杯子、高尔夫球座及食品包装材料等。为了扩大市场份额，Cargill Dow公司宣布与三井化学品公司合作进行PLA的应用开发，随后还与日本钟纺合纤、三菱树脂、尤里卡、可乐丽等公司进行合作应用研究，开拓新的应用领域。2005年初Cargill购买了Dow在该工厂所占的股份，建立了一个完全独资的子公司Natureworks LLC。2006年3月，世界上最大的零售商Wal-Mart宣布其在美国市场的部分食品将采用PLA作为包装材料，促进了PLA市场的快速发展，预计到2020年全世界聚乳酸的需求量将达到1 150万～2 300万吨。国内对PLA的研究和开发基本处于起步阶段，有一些研究和生产单位对乳酸的聚合进行了研究和开发，如中国科学院长春应用化学研究所、复旦大学、华南理工大学、浙江大学、武汉大学、天津大学等。2006年11月，浙江海正生物材料股份有限公司年产5 000吨聚乳酸生产线正式开车，成为国内第一条拥有自主知识产权的产业化生产线,实现聚乳酸产业化零的突破。

聚苹果酸（以下简称PMLA）是一种以苹果酸为唯一单体的完全生物可降解性高分子。PMLA主要有3种结构：α型、β型和γ型，唯一存在于生物体内的只有β型，是目前研究的热点。PMLA能被某些微生物先降解为低聚物，然后形成苹果酸等单体，并最终降解为二氧化碳和水。PMLA的降解效率很快，在菌体内几个小时就能被全部降解为单体。国外对于PMLA及其衍生物的研究开始于20世纪60年代，对于其性质、用途及其合成方法都有研究，合成方法主要集中于化学法，据报道在国外已有规模化的生产，而国内对于PMLA的研究则非常少。

6.聚羟基脂肪酸酯（PHA） 聚羟基脂肪酸酯（Polyhydroxyalkanoate，简称PHA），是一族由微生物合成的功能性生物多单体聚酯，在生物体内主要作为细胞内碳源和能源的贮藏性物质而存在，到目前为止已有约80种不同的脂肪酸作为PHA的单体在约300种细菌中被发现，这些结构单元的碳原子数从3到14之间，有饱和或不饱和的侧链、脂肪族以及芳香族聚侧链等等，目前认为PHA在细菌中的积累是自然界一种普遍存在的现象，已有超过90个属的细菌被发现可以合成超过150种以上不同结构的PHA。PHA不仅具有一般化学塑料所具备的热塑性，可拉丝，压膜，注塑；而且具有生物相容性，生物降解性，低透气性，高比重，无毒等特殊优点。它的这些性质使它不但可作为合成塑料的替代品以降低“白色污染”的程度，且能作为食品包装材料以延长保质期、作为手术缝线骨板等生物医学材料、长效药物农药的缓释材料等特殊之用。随着技术的发展、成本的降低及世界范围内对环保意识的觉醒，产品已进入实质性开发阶段，市场需求渐增。

PHA具有许多独特的性质，有望成为合成塑料的替代品。但是目前PHA的生产规模远小于常规的石化基聚合物(petrochemically based polymers)。这主要有以下三方面的原因：底物成本高；下游的纯化分离成本高；产率和生产强度相对较低。使得PHA的价格比石化基塑料至少高一个数量级。为降低成本，德国、韩国、日本、美国以及中国的科学家做出了巨大努力。工作主要集中在改善菌株的性能和开发更有效的发酵及分离纯化技术。在菌株改良方面，最基本的策略就是在宿主菌中过表达PHA生物合成的关键酶基因，提高相关酶的活性。自1988年第一个来自*Ralstonia eutropha*的基因在*E.coli*中实现表达并积累PHB以来，许多来自其他微生物的phb基因都在*E.coli*中实现了异源表达，*R. eutropha*是天然的PHA产生菌已被用于PHBV的生产。如ICI的BIOPOL——第一个商品化的PHA产品PHBV以及目前国内天安生物材料有限公司的PHBV产品。重组*R.*

*eutropha*生产PHA的工作亦有许多报道。在*R.eutropha*中表达PHA生物合成基因可以提高PHB的合成速率。对phbC基因表达的研究表明，在*R.eutropha*中过表达phbC基因可以使PHBV产物中3HV组分的比例增加。这些成功的例子表明，通过代谢工程手段可以提高PHA的生产效率，控制单体的组成和共聚物的分子结构。到目前为止，有商业化生产潜力能够生产短链PHA的重组微生物只有重组*E.coli*和重组*R.eutropha*，而现有报道的这两种重组微生物的工作都还只限于实验室研究，尚未有将其用于规模化生产的报道。采用重组*E.coli*生产PHBV，对宿主和培养条件都有较多要求。如使用缺陷型宿主或使用诱导剂等。工程菌株发酵的放大工艺还有许多问题需要解决，如何在工业化规模下实现基因的高水平表达，保持重组质粒的稳定性都是亟待解决的重要问题。从商业化的角度来说，最根本的是要降低生产成本。值得注意的是，围绕这一目标，工业界投入了大量的人力物力，研发的重点在于利用代谢工程菌株生产具有不同特性的聚合物。如METABOLIX公司和Proctor & Gamble公司开发出的P（3HB-CO-4HB）产品NODAX。

国内，利用微生物生产PHA的研究已经开展多年，清华大学、江南大学、中国科学院微生物研究所等单位都是国内较早进行这方面研究的单位。大部分工作停留在实验室条件下的诱变育种，条件优化和后处理等方面。清华大学构建了高产PHB的大肠杆菌工程菌，并已在江苏南通进行了中试；清华大学进行的中链PHA的研究，也已在广东汕头进行了中试，并有部分产品出口美国，但这2项技术成果尚未有进一步的产业化报道。对PHBV的研究只有中国科学院微生物研究所和江南大学，但近几年未见到江南大学的研究报告或其开发的技术进行产业化生产的报道。中国科学院微生物研究所是国内现有产业化生产PHBV技术的提供方，其选育的生产菌株可以直接利用淀粉水解糖以及丙酸或戊酸为底物积累PHBV，已成功地建立了小试技术。通过对发酵过程的有效控制，同时达到了*R.eutropha*的高密度培养，PHBV的高产和较高的3HV比例。以丙酸为前体，3HV组分占PHBV的12.4%，PHBV生产强度达到2.50克/（升·时）。

宁波天安生物材料有限公司是国内第一家规模化采用微生物技术发酵生产PHBV材料的企业。在国家“十五”863计划的支持下，与中国科学院微生物研究所、中国科学院长春应用化学研究所合作，已成功的解决了工业规模生产PHBV过程中的许多工程问题。公司技术人员发明的水相提取PHBV技术已获得国家发明专利，并已申请国际专利，具有国际先进水平。公司是国内第一家规模化采用微生物技术发酵生产PHBV材料的企业，已建成全球规模最大的1 000吨/年的PHBV生产线，公司的产品质量已得到客户的广泛认可，并通过了国家授权的权威部门的卫生指标检测和毒理试验，使得我国在这一领域领先于国外同行，成本远低于国外同类产品，极具市场竞争力。目前，公司与中国科学院微生物研究所合作，开展重组*R. eutropha*生产PHBV的研究，以进一步降低生产成本拓展产品的应用范围，并计划在今后几年内逐步将PHBV的年生产能力扩大1万～2万吨。

7.正长链二元酸及其下游产品　长链二元酸（DCA）是合成香料、工程塑料、耐寒增塑剂、高级润滑油和聚酰胺热熔胶等产品的重要原料。发酵法生产DCA是20世纪70年代兴起的微生物发酵技术在石油化工领域的应用。它以原料来源广、反应专一性强和反应条件温和等优点取代了传统的化学合成法，在国内外受到普遍重视。以DCA为原料的下游产品开发不仅可以增加精细化工新产品种类，还可以进一步提高DCA的附加值，为液体石蜡深加工开辟市场。

长链二元酸是一系列特种合成材料的基础单体原料，长链二元酸及其衍生单体可以生产特种尼龙、聚碳酸酯、粉末涂料、香料、热熔胶、特种润滑剂等。目前市场上只有化学法生产和半合成法生产的两三种长链二元酸单体在工业规模上应用于以上产品中，而生物法可提供从C9到C18甚至C22的系列长链二元酸单体，这些新型特种长链二元酸单体具有更优良的性能，可以与化学法生产的长链二元酸竞争市场，同时，不同性质的系列特种长链二元酸单体将会衍生一系列具有不同性质的新功能材料。尼龙市场是世界上长链二元酸的最大市场，也是国内的最大潜在市场。尼龙的学名是聚酰胺，可以分为纤维应用和非纤应用，其中纤维应用约占总量的2/3。目前尼龙的世界总需求量约为600万吨/年，其中非纤应用的尼龙树脂约为160万～170万吨/年。尼龙的主要品种有尼龙6、尼龙66、尼龙612、尼龙11和尼龙12，其中尼龙6和尼龙66属低端尼龙，其用量最大，约占聚酰胺总消费量的90%，而尼龙612、尼龙11和尼龙12属高端尼龙。我国目前的高端尼龙几乎全部依靠进口。根据海关记录，我国每年进口尼龙11和尼龙12树脂约7 000吨，其中3 000吨以管材形式，3 000吨以粉末形式，另1 000吨以其他形式进口，按单价14万元/吨计算就花费9.8亿元。粉末涂料是一种无溶剂涂料，因其符合国际流行的“四E”原则（经济、环保、高效、性能卓越）而迅速发展。家电、运输、建筑和一般工业是粉末涂料的主要应用领域。粉末涂料包括环氧聚酯混合型、丙烯酸型、聚氨酯型、聚酯型等各种系列产品。长链二元酸及其衍生产品可以用作粉末涂料的固化剂，并且，与其他传统固化剂相比，长链二元酸及其衍生物作固化剂可以使涂料的储存性好，在硬度、光泽度、耐用年限、耐化学性和弹性等性能上也相当具有优势，并且能使原来仅限于室内应用的配方用于户外粉涂。由于天然麝香极为稀缺，市价昂贵且难以获取，因此人们一直寻找便捷有效的途径人工生产其替代品。麝香酮是天然麝香中具有生理活性的主要有效成分，可以代替天然麝香，麝香T也在国内外市场中十分走俏。十五碳二元酸(DC15)是合成麝香酮和环十五酮的重要原料，十三碳二元酸（DC13）则是合成麝香T的原料。这2种长链二元酸都难以用化学法合成。目前麝香T的全球市场缺口有数百吨。十三碳二元酸合成的麝香T的价格目前在每吨10万元左右，存在一定的利润空间。

目前杜邦公司以化学合成法生产十二碳二元酸，该法以正丁烯为原料，这个化学合成工艺需经过七步反应，该法存在明显的缺点：有机单酸作为杂质存在，因为它可以终止聚合反应，除去单酸将会增加生产成本，这是一个棘手的问题；不能生产碳链更长的二元酸。生物法利用烷烃或脂肪酸为原料，通过微生物与脂肪酸代谢相关的酶系将原料转化为相应的长链二元酸，可提供从C9到C18甚至C22的系列长链二元酸单体，目前常用的菌种是热带假丝酵母。国内外从20世纪50年代末就开始了生物法生产长链二元酸的研究，国外著名的大公司如杜邦、汉高、通用等都投入了大量的人力物力进行生物法生产长链二元酸的开发，国内许多研发机构如中国科学院微生物研究所、抚顺石油研究所以及上海植物生理生态研究所等。生物法生产长链二元酸在我国经过多年研究后，目前关键技术以取得突破性进展，进入工业化生产，发展迅速。以长链二元酸为原料，生产衍生产品热熔胶、特种尼龙制品、涂料和香料原料的工艺国内业已开发成功，并已进行工业规模生产。如果应用开发能及时跟上，产品价格能与国外合成法的产品价格相竞争，该类产品将有较好的国内外市场前景。目前国际上大规模产业应用的长链二元酸主要是壬二酸（美国康宁，约2.5万吨/年）、癸二酸（中国，约3万吨/年）和十二碳二元酸（美国杜邦，日本宇部，德国德固萨等公司，约10万吨/年）。壬二酸是油酸裂解而得。癸二酸的出发原料为蓖麻油，由于受气候、种植面积、蓖麻油的其他工业用途等因素的制约，癸二酸的工业用量一直徘徊不前；十二碳二元酸是采用化学法生产的产品，少数生产商在国际上居垄断地位，价格长期居高不下，严重影响下游产品的成本；同时由于化学法不能生产十二碳二元酸以外的其他长链二元酸，使得下游产品应用领域有所局限。国内通过国家科技攻关计划的资助，目前已在山东建成年产5 000吨规模的工厂，生产从C9

到C18的系列长链二元酸单体。

8.聚氨基酸　聚谷氨酸是由微生物合成的一种细胞外高分子氨基酸聚合物。聚谷氨酸这种聚阴离子物质是由L谷氨酸和/或D谷氨酸单体之间通过氨基和羧基形成的肽键连接形成的氨基酸均聚物。PGA具有极佳的成膜性、成纤维性、阻氧性、可塑性、黏结性、保湿性和可生物降解等独特的理化和生物学特性，因而具有增稠、乳化、凝胶、成膜、保湿和黏接等功能，PGA及其衍生物可广泛用作药物缓释材料，土壤、沙地的蓄水保水剂，食品的水凝胶以及高强度纤维等。是一种对人体和环境无毒害的生物相容性新型天然高分子。

聚赖氨酸是日本酒井平一和岛昭二两位博士在大量筛选有价值的放线菌时发现的一种新型聚合物，用由25～30赖氨酸残基聚合而成，经过进一步研究发现其具有强烈的抑菌能力，可以作为防腐剂用于食品的保鲜。目前聚赖氨酸已在日本工业化生产，采用葡萄糖为原料使用链霉菌发酵法生产。聚赖氨酸在日本应用多年，2004年5月通过FDA的批准，日本的生产企业正积极拓展海外市场。

聚天冬氨酸天然存在于软体动物和蜗牛类的壳中，相对分子质量分布很宽，为1 000至数十万，除具有水溶性羧酸的性质外，还具有可贵的生物降解特性，它的用途极为广泛，可取代对环境造成污染的很多化学品，是一类对环境十分友好的生物高分子材料。因此自其1850年首次人工合成以来，逐渐受到世界上各大化学公司的关注，其中以美国、德国以及日本等国的化学公司对聚天冬氨酸的研究最为活跃，美国Donlar公司和德国Bayer公司等都有工业装置投入生产。它具有优异的阻垢分散性能和良好的可生物降解性，优于同类产品聚丙烯酸，是公认的聚合物水处理剂的更新换代产品。聚天冬氨酸能促进作物生长并改善土壤，是一种优良的肥料增效剂，因具有降黏性，还是一种绿色钻井液降黏剂。

9.淀粉基塑料　20世纪70年代以来，欧美和日本等国科学家提出了降解塑料概念，近30年来开发了一系列降解塑料产品，其中淀粉基塑料约占2/3。90年代后，经过反复争论和多年实践，淀粉作为开发具有生物降解性聚合物产品的潜在优势已达成共识：淀粉在各种环境中都具备完全的生物降解能力；塑料中的淀粉分子降解或灰化后，形成二氧化碳气体，不对土壤或空气产生毒害；采取适当的工艺使淀粉热塑性化后可达到用于制造塑料材料的机械性能；淀粉是可再生资源，取之不绝，开拓淀粉的利用有利于农村经济发展。

淀粉/聚乙烯醇共混型淀粉塑料由于它不含聚乙烯、聚氯乙烯等难降解树脂，因而可以全生物降解，其力学性能与聚乙烯相似，而生物降解性能良好，因为其含淀粉较高，而聚乙烯醇及加入的助剂也是可以生物降解的，经在国内不同区域多点测试，表明在48个月内能完全降解，且检测有关土壤无有害物质产生。

三、总结与展望

以石油生产的烯烃（乙烯、丙烯、丁二烯）和芳烃（苯、甲苯和二甲苯）为基本有机原料的石油化工产业在20世纪得到了迅猛发展，取得了辉煌的成就，创造了大量的物质财富，满足了人类社会不断增长的物质需求，促进了人类社会的发展和人类文明的进步。但是，人类进入21世纪后，石油化工产业的发展开始受到了限制，生产过程和产品使用过程中存在的污染问题一直不能根治，原料供应不能适应产业发展的要求。

21世纪是生物世纪，从化石经济向生物经济过渡，由生物基产品替代石油基产品，是社会经济发展的一种必然趋势，是工业可持续发展的必由之路。在经济发展模式上，生物经济是一种更加优越的经济发展模式，生物基材料产业是生物经济的重要组成部分。发展生物基材料制造技术将有利于减少我国经济对石油资源的依赖程度，有利于加快我国产业结构的调整，有利于我国化工等行业摆脱能耗高、物耗高、污染严重之困境，是化学工业可持续发展的重要机遇。

生物基材料制造技术的开发呈现学科融合交叉的突出特点，体现了现代技术科学的活力与优势，是产生重大突破性成果的策源地。生物基材料制造技术，已成为当今科技发展的最重要前沿之一，是世界知识产权争夺的战略制高点之一。开展生物基化学品制造的新技术研发，特别是生物高技术、化工现代技术、工业成熟技术的组合集成，大幅度降低生产成本，对提高我国生物基材料制造的国际竞争力具有重大意义。

另外，生物基材料的制造将对生物质产生巨大需求，这将会给农业和林业的发展提供难得机遇，有利于“三农”问题的解决，走出一条具有中国特色的农村现代化发展道路，为我国全面建设小康社会提供必要的保证。抓住时机，大力发展生物基材料制造技术，大力发展生物经济，将会对各行各业产生一系列革命性的影响。从长远发展战略来看，这将是我国启动循环经济，贯彻以人为本、全面协调可持续发展的科学发展观的一条重要途径。

酶与生物催化

酶是工业生物技术的一个核心技术。现在，工业酶的应用已经渗透到化工、医药、食品、饲料、纺织、材料、发酵、能源等各个重大工业领域。目前全世界单纯的酶制剂市场规模虽然只有20多亿美元，但是支撑着其下游数十倍的工业。酶的大规模工业应用，是缓解全球性资源危机、能源短缺和环境恶化问题的重要途径。"十一五"规划提出，到2010年，在保持国民经济平稳较快增长的同时，单位GDP能耗要下降20%，主要污染物化学需氧量（COD）和二氧化硫排放量下降10%。我国的轻工（造纸、食品、纺织等）和化学制药等占COD排放的60%以上，其中造纸行业占30%左右，而恰是这些领域，酶的应用和潜力最为显著。此外，利用生物质通过生物炼制来生产化学品和能源，是化石资源替代的一个全球性战略方向，这要求能够大规模供应低价、高性能的纤维素酶等酶制剂。通过酶的大规模工业应用来改造传统加工业，节能减排，并推动新型生物质加工业，已经成为国际性的重要趋势。生物催化利用生物催化剂（酶或者全细胞）进行催化和物质转化。按国际大公司的经验，20%左右的非石化化学品（包括医药化学品）生产过程有望采用生物法（其中酶法和全细胞催化各约占一半），按目前我国GDP口径估计，我国化学品生物催化制造产业的产值可达2 000亿～3 000亿元，采用生物法化同时将有效地降低我国相关的污染排放和能耗、物耗，因此，生物催化对我国制造业的提升具有重要意义。下面就酶与生物催化的技术、产品与应用和未来趋势三个方面，回顾2006年我国相关的进展。

一、技术发展

酶和菌种的筛选方法在这个领域继续发挥很大的作用，包括从各种不同环境，特别是极端环境中发掘新菌、新基因、新酶。我国在该领域处于与国际同步的水平。中国科学院微生物研究所保藏的微生物资源已超过30 000株。代表性的新酶发现如中国科学院微生物研究所从嗜酸热脂环芽孢杆菌*Alicyclobacillus acidocalarius*中筛选到了1个新甘露聚糖酶基因，酶反应最适温度80℃，pH4.0，推测是糖苷水解酶的新家族。江南大学从*Bacillus* sp.中分离到了1种新中温酸性α-淀粉酶，最适pH为5.0，最适反应温度为40～50℃。国内若干单位建立了瘤胃、沼气池、土壤、海洋等多样环境样品的元基因组技术文库与技术平台，绕过微生物的培养和鉴定，直接从自然界的微生物菌群中直接提取DNA进行酶基因的筛选和表征。中国科学院上海生命科学研究院对福寿螺内源性多功能纤维素酶进行了探索性研究。

为了使天然酶能够更好地应用于工业生产，通常必须对其进行分子改造。我国在该领域处于与国际同步的水平，特别是酶的定向进化技术，在科研界得到了进一步推广。如上海植物生理生态研究所通过分子改造，获得了耐热的D-氨基甲酰水解酶突变株。清华大学成功开发了热诱导和紫外诱导的大肠杆菌自动裂解体系，构建的自动裂解表达载体主要是通过在物理信号启动子（热/紫外光）控制来源于噬菌体的裂解基因*SRRz*的表达，实现菌体裂解，释放胞内酶，从而进行基于酶活的测定和筛选。用物理信号启动子实现菌体自动裂解，避免了使用化学试剂，同时也免去了胞内酶处理的大量烦琐的过程，是一种经济而高效的适用于高通量筛选的表达体系，在酶的定向进化中将具有重要应用。该体系已经转让给瑞士的Dual Systems Biotech公司。

酶的高效制备需要工业规模的高效工程菌表达体系，但是由于种种原因，我国在该领域的技术比较落后，许多有潜在应用价值的工业酶基因，由于规模化表达受限而得不到进一步的评估和商业化开发。现在这种状况在得到改进。如江南大学对地衣芽孢杆菌等体系、复旦大学对克鲁维氏酵母进行了初步的探索。中国科学院微生物研究所则报道了通过相关转录激活因子的改造，在实验室规模上将木霉纤维素酶的表达提高了93.6%。

酶的固定化载体我国发展势头较好，已经涌现出若干载体供应商如西安的蓝晓公司，其提供的载体根据独立的实验室规模评估，已经接近国际同行的性能水平。此外，天津大学对有序双孔结构材料在酶固定化载体做了有益的探索。吉林大学李正强研究小组则致力于中空多孔性分子筛载体（“网中鱼”，fish in net）的应用，在胰蛋白酶和乳糖酶的固定化上获得了初步的结果。

二、产品和应用

我国酶制剂企业数目多，规模普遍偏小，产品以粗制品、低水平的重复为主，集中于糖化酶、蛋白酶、淀粉酶等少数产品，缺乏国际竞争力，但是近年来的一个亮点是植酸酶。2006年先进的企业发酵酶活达到了15 000国际单位/毫升，全国产量达到8 000吨，销售额1.5亿元，占有了国内市场80%的份额，并开始出口东南亚等国家。

北京化工大学开发了酶法生产生物柴油技术，已与多家企业进行了合作。清华大学开发了具有自主知识产权的脂肪酶合成生物柴油的产业化技术。基于该技术，全球第一套酶法生产生物柴油的工业化生产装置（2万吨/年）于2006年底在湖南海纳百川公司正式投产运行，运行效果很好，受到了国内外同行和美国最大的生物柴油制造公司REG、美国知名工程公司CHEMTEX等的高度关注。制备出的生物柴油样品经权威部门检测，全部技术指标符合美国、德国及欧盟生物柴油标准。

深圳市绿微康生物工程有限公司开发了“废纸脱墨用碱性脂肪酶”技术，目前已成功应用于在涂布白纸板、石膏护面纸、白面牛卡、仿牛卡及文化纸等的脱墨工序，产品应用效果在实践中得到了充分验证，获得广东、山东、河北、福建、浙江等地造纸企业的良好评价。如用于石膏护面纸，纸浆白度提高8度以上，胶黏物结垢大大减轻，废水COD降低约50%，处理成本相应减少。

浙江工业大学腈转化酶生物转化已经形成我国的生物催化工作的一个亮点。乳酪短杆菌腈水合酶生物转化烟酰胺在浙江莱益生物技术有限公司已经建立了年产1 000吨的生产装置并已经投产。年产150吨羟基乙酸的生产线已经在浙江海宁投产，销售良好。肾脱氢肽酶I抑制剂西司他丁关键手性中间体（*S*）-2，2-二甲基环丙甲酰胺生物法生产项目已经在浙江海正药业股份有限公司进行中试研究，进展良好。

浙江大学以脂肪酶作为催化剂实现了酶法拆分外消旋氰醇高效制备重要手性化工中间体S-氰醇的工艺，并以其作为中间体合成了最终产品S-生物烯丙菊酯。

吉林大学初步建立了脂肪酶合成医用高分子聚酯的工艺，合成的聚酯样品达到了与商品聚己内酯CAPA6501（英国苏威公司）同样的热学性能，具有良好的机械加工成型性能。

三、未来趋势

在酶（生物催化剂）的发现方面，通过对基因组信息的充分发掘寻找有重要应用价值的生物催化剂基因将继续是一个趋势；同时从节能出发，常温酶和低温酶的发现将得到更多的关注。在酶的分子改造方面，近年来，由于计算生物学技术的发展和人们对酶的认识的加深，酶的分子改造开始向“理性”设计回归，出现了目前流行的半随机半理性酶分子设计方法（或称理性进化），如对有限位点进行组合饱和突变的方法。这些方法在我国将开始得到推广。酶的表达体系技术将进一步得到应有的重视和发展。目前酶应用基础技术的一个国际性研究热点是使用纳米级材料固定化酶，开发酶的人工分子机器，拓宽酶的使用范围，我国在该领域的研究也开始起步。

在具体产品和应用上，传统的制药及精细化学品制造领域和新兴的能源领域（如纤维素酶和半纤维素酶以及淀粉水解酶类等）是当前酶与生物催化技术的热点。在化学品制备中，根据丹麦Woodley研究小组的统计，已经应用于常规工业化过程的反应包括酯酶/脂肪酶和蛋白酶对底物的手性拆分和水解，酮的不对称还原等；正在扩大应用的反应有腈水解酶催化的腈水解反应和醇腈酶催化的氰醇合成反应；已取得较大进展而且有较高工业化应用价值的反应有转氨基反应、烯酸还原反应、羟基化、单加氧酶催化的Baeyer Villiger反应、环氧化物水解、环氧化、卤代反应等。德国Wandrey研究小组则通过各种渠道，收集了大量工业化的生物催化过程编辑出版，并于2006年推出了第二版（书名为

Industrial Biotransformations，由Wiley-VCH出版；相应的中文版《工业转化过程》第一版和第二版由化工出版社出版）。根据其统计，目前已经公开的就有160多个生物催化过程，产品大部分是高端的精细化学品。而由于产业界出于知识产权的保护而并未公开所有的过程，所以实际使用的生物法过程应该更多。特别值得注意的是β-内酰胺类抗生素（包括青霉素类和头孢霉素类）的全酶法制造。作为全球医药领域销售额最大的品种之一，这些品种占世界抗生素销售额的65%～70%。传统的化学半合成方法对环境造成了极大的污染。因此，欧美企业加强了对酶催化合成新技术的研究，提出了β-内酰胺类抗生素全酶法合成工艺的目标，并已经取得了部分的成功。如DSM公司已经成功将固定化青霉素酰化酶应用于酶法合成阿莫西林，其收率已经超过化学法水平，达到90%以上。抗生素的酶法工艺应该是我国生物催化工作的一个重点。

由于工业酶制剂具有重要应用前景，而前期研发投入巨大，在工业酶制剂的研发上，目前出现了政府和企业的共同参与前期研发的国际性趋势。以纤维素酶的研发为例，为降低纤维素酶大规模工业应用成本，美国能源部已经投资近2亿美元的研发经费，会同相关企业协同攻关。我国政府也开始加大了对工业生物技术领域的科研投入，如2006年为"工业酶的分子改造技术"863重点项目资助3 500万元。

我国酶和生物催化研究和开发项目已取得重要进展，积累了一定的经验。但在将来的工作中要注意技术创新，否则缺乏与国际公司竞争的源头，同时注意产品和技术的衔接，把产品开发放到与国际公司同等的技术水平，特别要避免长久以来的产品开发的低水平重复。

生物冶金

矿产资源的开发与利用是我国经济发展的物质基础，随着不可再生矿产资源的不断开发利用，富矿资源日趋枯竭，以贫、细、杂为突出特点的难选冶矿石所占的比例不断上升，致使常规选冶方法在技术和经济上面临严峻的挑战。把微生物技术应用于矿业工程，为解决矿产资源的综合利用问题提供了新的技术路线。通常所说的生物冶金技术是指利用微生物的氧化、还原、分解、吸附等直接或间接作用，将矿石中的有价金属溶解出来，再从溶出液中用湿法冶金方法分离、富集和回收有价金属，是矿冶工程和生物工程交叉的一门新型学科。20世纪80年代以来，生物冶金技术是湿法冶金领域中的热点研究课题，它具有设备简单、流程短、建设与操作成本低、对环境友好以及可利用处理低品位复杂矿石等技术特点，现已成为世界各国矿冶工程研究和应用的热点之一。在国家提倡科技创新的背景下，“九五”开始，国家自然科学基金、国家重点基础研究（973）、国家高技术发展计划（863）、国家科技攻关和国家科技支撑等计划中陆续开始安排了一些生物冶金关键技术研究课题，2007年在“863”资源环境技术领域立项了“生物冶金关键技术研究”重点项目。这些工作，都符合国家节能减排和建设创新型国家的发展方向。

一、我国生物冶金技术的发展还处于初级阶段，还需深入研究，加大发展力度

中国是世界上最早采用生物冶金技术的国家之一，早在公元前2世纪，就记载了用铁从硫酸铜溶液中置换铜的化学作用，堆浸在当时就是生产铜的普遍做法。不过是在采铜、铁过程中不自觉地利用了自发生长的某些自养细菌浸矿。由于以前的重视程度不够，发展水平与国外相比还存在一定的差距。近年来，我国在微生物浸出的研究方面加大了力度，取得了相当大的进展，有些领域已经实现了商业化应用。

我国微生物冶金技术开始应用在难处理金矿的氧化预处理阶段，采用的工艺为含砷难处理金精矿生物搅拌预氧化—氰化浸金。山东烟台黄金冶炼厂2000年建成投产生物预氧化厂，加工的矿石为难处理含砷金精矿，处理量为60吨/天。山东莱州黄金冶炼厂于2001年4月建成并投产，生产能力100吨/天。辽宁天利生物氧化提金厂于2003年7月建成投产，处理量为150吨/天，氧化矿浆浓度为26%，金、银回收率分别平均达到96.32%和81.31%，生产成本280元/吨精矿左右。

近年来我国生物冶金技术在低品位硫化铜矿堆浸提铜工业中发展较为迅速，规模不断扩大。1997年5月，德兴铜矿采用细菌堆浸技术处理含铜0.09%～0.25%的废石，建成了生产能力2 000吨/年的生物堆浸—萃取—电积提铜厂；由北京有色金属研究总院与福建紫金矿业集团有限公司共同承担和完成的国家“十五”科技攻关课题“生物冶金技术及工程化”，2005年12月在福建紫金山铜矿建成年产10 000吨阴极铜的生物堆浸—萃取—电积提铜矿山，取得了良好的经济效益。

随着不断的探索与研究，我国生物冶金技术的应用领域不断扩大。2004年，北京有色金属研究总院在云南建成微生物堆浸技术处理含砷低品位镍钴矿，培养了抗砷的高效专属中温菌，提高了镍、钴回收率，工业试验获得成功。

总体来说，我国生物冶金技术的工业应用规模较小、应用矿山较少、矿种单一，需加大力度发展，在工业化应用方面与国外先进水平相比还存在着差距。由于国内有90%的原生硫化矿为复杂低品位矿石，因此这一

技术应用前景十分广阔。目前，以中南大学邱冠周教授为首席科学家“微生物冶金的基础研究”已顺利通过中期验收，取得了较大成绩。该项目以教育部为依托、由中南大学为第一承担单位，北京有色金属研究总院、山东大学、中国科学院过程工程研究所和长春黄金研究院等单位协作承担，这标志着我国有色金属矿产选冶领域的基础研究进入了与国际一流水平同步的发展阶段。

二、技术趋势

生物浸矿技术是生物、冶金、化学、矿物等多学科交叉技术，从开发到部分工业应用已有三四十年的历史，理论水平有了极大的提高，部分领域的工业化应用已经成熟。但是随着矿产资源的不断开发，矿种变得更加复杂化，生物冶金的应用也遇到极大的挑战。在未来10多年，我国从事生物冶金技术的研究工作者将在浸矿微生物生长、选育，微生物与矿物的作用等多方面展开深入研究，进一步拓宽生物冶金技术的应用领域。

1.耐寒、耐高温高效浸矿菌种的开发　微生物冶金领域的一个非常重要的任务是高效菌种的开发。其途径有两条:一是从大自然中去筛选天然菌种，二是通过遗传工程技术培育出对高含量重金属有抗性、矿物氧化能力强、可用于提取特定金属的高效菌株。高温菌种也因其反应速度快、金属溶解率可达99%以上而备受重视，它的主要优点是能利用生物浸出中释放的能量，具有更快的反应动力学，减少回收后续过程需要的热量，可以浸出黄铜矿。中国科学院微生物研究所、中南大学、北京科技大学等单位驯化出高温菌*Sulfolobus*应用于黄铜矿的浸出，浸出150小时后，铜的浸出率可达90%以上。北京有色金属研究总院培育出2株耐寒高效浸矿菌，应用于高海拔（4 600米）次生硫化铜矿的浸出，浸出20天，铜的浸出率达到80%以上。高效菌种的研究开发对微生物冶金领域的发展具有重大意义。

2.深入研究微生物浸矿机理　细菌与硫化矿物的作用机理非常复杂，接触作用、直接作用和复合作用的三大机理均存在争议，目前为止尚缺乏突破性进展，限制了理论研究的深化和该工艺的工业化。其内在机制的阐明是近几年工作的一个重要方向，多位专家从胞外聚合物层、细菌的吸附、矿物溶解电化学等方面着手，逐步探明其作用机理。

3.贵金属和稀有金属的生物吸附　利用微生物的代谢产物来固定金属离子，如利用固定化的柠檬酸菌产生的HPO_4^{2-}固定镉、铅和铀，1克干细胞可吸附9克铀；利用微生物产生的某些大分子聚合物吸附溶液中的金属离子的技术已用于工业废水处理；还可利用革兰氏阳性菌细胞壁厚的特点固定较多的金属离子，Charly和Bull用假单胞菌和金色葡萄球菌的混合物进行实验，发现1克干细胞可固定300毫克银。

4.煤中硫的生物脱除　煤炭是我国的主要能源，目前产量超过10亿吨，煤燃烧释放出的SO_2严重污染了环境。煤中硫约有2/3以硫铁矿形式存在，而硫铁矿多以微细浸染状、星散状出现，给常规浮选脱硫带来困难。生物浮选法（Bioflotation）在煤浮选领域的应用主要是利用硫氧化细菌对硫铁矿或煤颗粒在矿浆中的选择性吸附，改变硫铁矿或煤表面的可浮性，增加二者间表面的可浮性差异，从而达到分离目的。虽然微生物浮选法脱硫还存在一些问题，但它具有其他脱硫方法无法替代的优点，必将具有广阔的发展前景。

5.铝土矿脱硅　我国铝土矿资源较丰富，但具有高硅、高铝、中低品位为主的特点，传统的烧结法粗液脱硅采用直接或间接加热加压脱硅工艺，因而存在脱硅温度高（＞160℃）、压力大（达588千帕），蒸气的消耗量大，设备运行维护复杂，或溶液冲稀严重或加热器表面结疤十分严重，脱硅指数较低，影响后续作业过程等一系列弊端。微生物脱硅可以避免铝土矿细磨，减少Al_2O_3的损失等优点，被认为是有前途的方法之一。目前用来脱硅的微生物主要是硅酸盐细菌。

6.生物浮选药剂的研制　药剂是传统浮选发展的瓶颈，研制新浮选药剂是迫在眉睫的事。细菌及其代谢产物可调节矿粒表面的性质，使其疏水或亲水，因而人们利用它来作为选矿浮选过程中的捕收剂、抑制剂和絮凝剂。国内外专家已着手开始研究，展示出良好的应用前景。

7.废旧电路板有价金属的回收　随着信息设备更新换代速度的加快，产生了大量的电子废弃物，废旧电路板的数量也逐年增加。其不同于一般的固体垃圾，它含有铅、镉、水银、六价铬、聚氯乙烯及卤化物阻燃剂等多种重金属和有毒有害物质，处理不当势必会对环境造成严重的影响，同时废弃电路板中又含有金、银、钯、铂等贵金属，有很高的经济价值。南京大学对氧化亚铁硫杆菌氧化回收电路板中的铜进行了探索研究，15天左右铜的浸出率可达到90%以上。今后在这方面的研究将会不断扩大。

三、标志性成果

1.嗜酸氧化亚铁硫杆菌及其活性的基因芯片检测方法　嗜酸氧化亚铁硫杆菌（*A.f*菌）属于硫杆菌属，化能自养，能氧化金属硫化物，是生物冶金中最常用的菌种，同时也是研究最多的浸矿微生物和目前完成全基因组序列测定的唯一浸矿细菌。利用传统的检测方法进行*A.f*菌及其冶金性能的鉴别存在工作量大、仅反映表现型或仅反映某一基因特征等缺陷，同时，它们很难在基因型与表现型之间建立连接。中南大学研究了应用基因芯片检测*A.f*菌活性，它具有高通量、高灵敏度、高自动化和快速、实时检测等优点。它能反映整体基因型特征并在基因型与表现型之间建立连接。并建立了标准，该标准可从大量不同环境中简单、快速、准确地筛选高效*A.f*菌，对解决生物冶金过程浸出速度慢、浸出效率低两大难题具有重要意义。同时，也弥补了中国在国际标准上的空白。

2.磁选育、分离菌种新方法　在不同培养基上培养的细菌，适应性、浸矿性能有所不同。采用磁选机将磁黄铁矿按照不同磁感应强度进行分离后，作为选育菌种的磁性培养基，筛选出不同磁性培养基中生长的最适菌群。研究表明：强磁性培养基可以选育出以短杆状、无磁性颗粒菌为主的菌群，而弱磁性培养基可以选育出长杆状、有磁性颗粒菌为主的菌群。选育出的菌种与原始菌种相比，完全氧化培养基中亚铁的时间从88小时缩短到30～46小时，其中尤以中磁性矿物选育的菌种氧化活性最高。

研究了磁泳分离细菌的新方法，在外加磁场的作用下，部分细菌具有微弱的趋磁性，基于细菌的这种特性，设计了磁泳分离仪，将菌体内含有磁性颗粒的细菌分离开。此技术进一步完善和改进了传统的微生物分离方法，大大促进趋磁细菌的研究，而且它与浸矿工艺的结合大大促进了我国生物冶金的研究步伐。

3.银的固定化细菌吸附　随着科技的发展，贵金属的使用越来越广泛，但贵金属的资源越来越少，贵金属回收具有非常重要的意义。中国科学院生态环境研究中心发明了有效吸附回收含银废水中银离子的生物吸附剂与制备方法。用含镉离子的培养基培养蜡状芽孢杆菌，在提高细菌镉耐受能力的同时，提高了对银离子的吸附能力。此技术进一步提高了我国稀贵金属的综合利用水平。

4.低品位硫化铜矿生物提取技术产业化应用　“十五”期间，以福建紫金矿业集团股份有限公司紫金山铜矿为工程化实施基地，北京有色金属研究总院为技术开发依托单位，于2005年12月28日建成了我国首座硫化铜矿石生物堆浸—萃取—电积提铜矿山，其规模年采矿石330万吨，矿石铜品位为0.38%～0.45%，年产阴极铜1万吨。本项目首创了本地微生物选育与改良方法，获得低pH下浸矿性能优良的嗜酸诱变菌，并开发以嗜酸诱变菌活性控制为核心的堆浸工程技术，提高了浸铜效率；查明了次生硫化铜矿和黄铁矿的溶解差异性，通过控制电位解决了高S/Cu比铜矿石浸出过程酸铁平衡问题。该项目标志着我国在低品位硫化铜矿资源高效利用技术方面又取得了重大突破，使我国大量的低品位硫化铜矿得以经济开发利用，提升了我国有色金属工业技术水平，促进了我国矿冶行业技术进步和国际竞争力，对于保护环境、节约资源、实现人类与自然和谐发展具有深远的意义。

造纸的生物制浆、生物漂白

世界工业生产正面临着一场新的革命性浪潮，绿色生产或清洁生产将逐渐取代传统的工业生产模式，利用高环保、高节能生物催化剂改造传统化学催化将成为这场技术革命的核心。酶作为生物催化的核心组成，其开发应用将越来越受到未来产业的高度关注。但天然的酶制剂由于其自身稳定性的缺陷严重地限制了酶在多种工业生产环境中的应用，在许多工业生产过程中存在许多天然酶制剂难以适于的极端环境，如高温、酸碱等，因此长期以来酶制剂应用仅限于少数产业中，其高效、专一的催化特性也受到严重制约。因此为适应未来产业的需要，开发改造新型适于各种特殊环境的酶制剂是未来绿色催化的一个重要前提。利用基因工程分子生物学技术，对酶分子进行定向进化改造，以期获得高性能、高活力能够胜任工业生产环境的新型酶制剂，是酶制剂未来开发和应用的重要手段之一。

分子定向进化技术作为新兴生物技术起始于20世纪末，它模仿了自然界生物分子进化的历程，通过人为因素加大了分子突变频率，使我们能够在极短时间内获得大自然中可能需要几万年的各种分子突变体。

世界上工业发达国家所用的造纸制浆原料以木材为主，约占93%，废液多采用高成本的化学法进行回收处理，但环境破坏仍然严重。我国是一个森林资源不足的国家，多年来主要依靠发展草类原料制浆造纸来满足日益增长的需要。草类原料主要为禾本科茎秆如稻草、麦草、芦苇、甘蔗渣、竹、高粱秆、玉米秆等，浆种结构以禾草化学浆及半化学浆为主，对草浆的漂白多采用低成本的元素氯/二氧化氯漂白过程，产生的废液中含有大量二噁英类致癌致畸物质，对环境造成极大的危害，同时更增加了污染治理的难度。再者，数目众多的中小纸厂规模小，设备陈旧简陋，缺乏必要的废液处理设施，废液中含有的污染物大多没有处理，直接排入水体，一个纸厂污染一条河的情况随处可见。许多纸厂由于黑液的污染被迫关闭。因此，消除造纸工业给环境带来的污染、给人类造成的危害，已是当务之急。

20世纪80年代初，西方工业国家工业污染控制战略出现了重大变革，以污染预防取代了污染治理，芬兰率先将生物预漂白技术引入制浆造纸工业中。在1986年国际造纸工艺生物技术研讨会上，芬兰科学家报道了用木聚糖酶预处理未漂硫酸盐浆可以增进其漂白性。这一报道激发了生物预漂白的研究和开发，许多国家还进行了生产规模的工厂试验。用木聚糖酶对纸浆进行预漂白，可以减少化学漂白用氯量30%～40%，废液中有机氯化物与毒性物含量显著减少，目前国际上发达国家已广泛采用木聚糖酶生物漂白新技术改造造纸工业。进入20世纪90年代欧美等发达国家造纸企业和研究机构专门成立了国际生物制浆联盟，专门针对造纸生物漂白技术等制定相关标准和政策，这些生物技术的发展在全世界范围内对造纸工业产生了巨大影响,美国和加拿大等国世界最大造纸企业已纷纷采用生物制浆和生物漂白技术，很大程度上降低了造纸企业对环境的巨大威胁，进入21世纪，随着各国政府对地球环境的高度重视，由于生物制浆和漂白技术具有大幅降低温室气体排放等优越性，生物技术在造纸工业中的应用和推广已成为造纸行业的一个重大发展方向，传统化学造纸技术将逐步被生物制浆、生物漂白等新兴技术所取代。

目前，国际知名的众多造纸企业如奥地利的Leykam公司、加拿大的DOMTAR公司、日本最大的Oji公司都已大规模利用生物技术替代传统化学制浆漂白技术进行商业化纸张生产。但非常遗憾的是在国内由于多种因素导致尚无一家造纸企业采用先进的生物造纸技术进行生产，作为全球最大的造纸国家之一，这无疑会对我国未来相关企业的可持续发展带来严重隐患。

要使木聚糖酶漂白技术得到企业的真正应用首先要解决耐碱性木聚糖酶高效生产的问题，降低生物漂白的成本，通过构建耐碱性木聚糖酶基因工程菌，使木聚糖酶得到高效表达，提高产酶能力，从而降低酶制剂成本是该项技术发展的必然趋势，使用工程菌生产木聚糖酶的另一大优点就是可大幅度降低或消除野生产酶菌或诱变菌产生的纤维素酶对纸浆漂白的不利影响，目前国外发达国家几乎都已采用工程菌生产木聚糖酶。

用于生物漂白的木聚糖酶经历了三代的发展。第一代木聚糖酶主要为酸性酶，最适作用pH在4.5～5.0左右，耐热性较差；第二代木聚糖酶中性酶，最适作用pH在6.0～7.5左右，耐热性较好；第三代木聚糖酶为的碱性木聚糖酶，最适作用pH在8.5～10.0左右，甚至更高，耐热性好。目前，对第三代木聚糖酶的研究与应用正在进入高潮，采用基因工程与蛋白质工程手段获得性质优良的耐热耐碱木聚糖酶已成为各相关实验室的研究重点，期望不久的将来重组酶会更有效地应用于漂白工艺中。

然而，木聚糖酶生物漂白并不能完全替代化学漂白，能减少污染却不能最终消除污染，因此，要从根本上消除有毒氯漂废液的污染，还需进行生物漂白，即完全采用生物手段除去纸浆中残留的木质素。近年来，利用各种木质素降解酶进行生物漂白的研究正在迅速兴起，其中，漆酶脱颖而出，成为各国竞相研究的热点。佐治亚大学的研究者发现由朱红密孔菌（*Pycnoporus cinnabarinus*）分泌的漆酶能有效地降解合成的木质素。然而，木质素类物质结构复杂多变，仅依赖于一种酶的作用远远不够，采用木聚糖酶—漆酶的共同作用有望完全降解掉纸浆中残留的木质素类物质，这已是公认的生物漂白最佳技术途径。

近年来，我国科研工作者也陆续开展了生物预漂白的研究，中国科学院微生物研究所、山东大学等单位在这方面都取得了一定进展，由山东大学微生物技术重点实验室承担的国家“九五”攻关课题“造纸工业用酶—木聚糖酶的研究应用”研究中较为成功地利用微生物木聚糖酶进行纸浆的生物漂白，大大降低了用氯量。在“十五”“863”预研中成功地尝试了采用木聚糖酶和木质素酶联合纸浆漂白实验，达到预期效果。然而目前采用的菌株产酶能力有限，工业化生产成本过高，使生物漂白技术难以被厂家接受，因此必须采用分子生物学技术，构建这类酶的高产基因工程菌，使这些酶能够工业化生产并大量用于纸浆的生物漂白。

工业生物技术平台与技术装备

工业生物技术的发展为传统工业注入了新的生命力，将彻底改变工业文明依赖于矿物质材料的能源和资源结构，使人类社会的发展真正实现与自然相和谐的可持续发展。传统的粗放型经济增长方式必定走到尽头，未来的发展必须走新型工业化道路，走资源节约型、环境友好型的道路，对我国更是如此。

工业生物技术的共同问题是生物催化剂的发现、优化、改造与工程化利用。因此，开展共性技术的研究，建立快速、高通量的高产菌株和高性能酶筛选技术，构建现代工业生物技术关键技术平台和装备，对提高我国工业生物技术的创新能力至关重要。

工业生物技术涉及多种平台技术，包括工业微生物基因资源发掘技术、工业生物催化剂的快速定向改造技术、微生物代谢工程技术、工业微生物基因组和功能基因组学研究技术、生物过程工程及装备技术平台。必须从战略高度和长远目标密切注意这些技术的进展和发展趋势，建立有关技术平台，为实现可再生资源的高效转化和清洁生产而努力。

一、菌种改造与基因工程技术

1.国内发展现状

(1) 常规育种。在工业生物技术领域，微生物产生菌的遗传特性往往是工业规模高效生产的关键问题之一，其中常规的诱变育种目前仍是工业生物技术中常用的菌种选育方法之一，常规的育种方法可分为诱变育种、推理选育和原生质体融合等方式。

紫外线诱变是常用的诱变育种方法，山东鲁抗集团对苏云金芽孢杆菌紫外线诱变后，通过结合镜检斜面培养、摇瓶培养伴孢晶体形态两步初筛，再经过摇瓶发酵复筛，提高了正突变的被选中几率，提高了菌种选育的效率。近年来低能离子注入在菌种诱变中的应用越来越多，由于离子束诱变集理化诱变因子于一体，具有突变率高、突变谱广的特点，其突变率一般要比自然突变率高1 000倍以上，为工业微生物诱变育种提供了广阔的空间，南京工业大学的何冰芳等在离子束诱变技术中采用海藻糖作为保护剂提高突变率和诱变效果，对于抗干燥性能较差的微生物采用离子束诱变技术进行菌种选育具有实际指导作用。

在常规诱变育种过程中，常用的筛选方法有随机筛选和推理选育两种：随机筛选方法较为可靠，但随机性大，需要进行大量筛选。而推理选育可大大减少筛选的盲目性，目前推理选育最常用的方法有抗前体及其结构类似物突变株的筛选、抗自身及其结构类似物突变株的筛选、抗分解代谢物阻遏突变株的筛选、代谢障碍突变株的筛选等。推理选育还有其他一些方法，如链霉素抗性突变株的筛选、形态突变株的筛选、磷酸盐抗性突变株的筛选、膜透性突变株的筛选、金属离子抗性突变株的筛选等，这些方法均是依据产物生物合成途径及代谢调控机制而设计的。华药集团在去甲基万古霉寨生产菌株东方拟无枝酸菌的菌种选育中，利用核糖体工程育种方法，筛选得到的新菌株在发酵水平以及改善气丝及孢子生长贫瘠方面均有较大提高。首轮采用链霉素抗性筛选，得到突变株斜面外观丰满程度明显好于原对照株，发酵效价提高11.9%；第二轮组合链霉素和利福平抗性结合高能电子诱变育种，进一步巩固了育种成效，得到一系列代谢特点呈多样性的菌株，发酵水平较原出发菌株提高45.8%，代谢速度加快，传代稳定性亦得到显著改善。

原生质体融合技术是微生物遗传育种上一项重要技术，具有遗传信息传递量大，不受亲缘关系的影响，可有目的地选择亲株以选育理想的融合株，便于操作等优点，在遗传育种中具有广阔的应用前景。原生质体融合技术包括遗传标记的筛选、原生质体的制备、融合与再生，以及融合子的鉴定。融合子的筛选是原生质体融合技术的关键，常用的融合子筛选方法有营养缺陷型遗传标记、抗药性标记、荧光染色标记或失活原生质体供体法等。另外，温度敏感型、糖发酵和同化性能、呼吸缺陷和形态等亲本标记选择方法也用于融合子的筛选，克服了营养缺陷型和抗药性标记等的缺点，而且更适合于远缘杂交。目前国内用于工业微生物菌种选育的原生质体融合技术相当成熟，已形成原生质体诱变、灭活原生质体融合、电诱导原生质体融合、原生质体再生、原生质体转化等一系列技术。如石药集团即采用原生质体融合技术对头孢菌素C的菌种进行了选育，取得初步成效。

（2）基因工程改造。近年来，在国家有关科研计划的支持下，我国科技工作者应用各种现代生物技术手段，以工业生物过程为应用目标，取得了多项突破。

中国科学院上海有机化学研究所与华东理工大学合作，以促进红霉素D转化为红霉素有效成分A为主要目的，在工业生产菌中开展代谢工程研究，调节红霉素合成后修饰途径的羟化酶（eryK）和甲基化酶（eryG）表达，优化红霉素D转化为红霉素A两条代谢途径的通量分布。对所构建的9株工程菌在摇瓶培养中进行考察，发现强化红霉素工业生产菌的*eryK*和*eryG*基因后，并使羟化酶基因表达水平适当高于甲基化酶基因，可有效地改善红霉素组分，使有效成分A的比例达到98%，并使红霉素产量提高20%以上，说明所设计的代谢改造策略可用于优化红霉素工业生产菌组分、提高产量。目前正进一步考察重组菌的稳定性，并在50升规模的反应器水平对这些摇瓶培养结果进行验证，以便用于工业生产。

中国科学院微生物研究所以筛选到具有耐乙醇的*E.coli*菌株ET为出发菌株，遗传操作敲除菌株染色体上编码丙酮酸甲酸裂解酶的基因（*pflB*），获得*pflB*缺失突变株（Δ *pflB*）。通过克隆和导入*Zymomonas mobilis*丙酮酸脱羧酶基因（*pdc*）和乙醇脱氢酶基因（*adhII*），构建了产乙醇重组*E.coli*菌，其乙醇耐受能力达50克/升，葡萄糖或木糖发酵生成乙醇的产率达理论值的84%以上。并利用*E.coli*基因芯片技术，结合基因组全序列信息和糖代谢途径中代谢物的分析，初步确定影响乙醇产率的相关基因（编码乳糖脱氢酶、乙酸激酶基因）。

中国农业科学院生物技术研究所利用宏基因组文库表达筛选方法和PCR筛选方法，克隆了35个极端酶基因。应用定点突变、易错PCR、Family shuffling等定向进化技术构建了植酸酶、甘露聚糖酶、脂肪酶的突变文库，筛选到多种性质得到改良的突变酶。完成了植酸酶工程菌在5升罐中的发酵研究，确立了稳定的发酵工艺，耐热酸性植酸酶PHY-M39的发酵效价稳定达到21 000国际单位/毫升。

江南大学利用辅因子工程技术优化假丝酵母类微生物性能。在调控胞内ATP水平方面，已筛选出一株F0F1-ATPase活性降低65%的突变菌株N07，导致细胞内ATP水平下降23.7%，与出发菌株比较，N07菌的葡萄糖消耗速度和丙酮酸生产速度分别提高了34%和42.9%，发酵周期缩短12小时；在调控胞内NADH水平方面，在光滑球拟酵母(*T. glabrata*)中过量表达来源于乳酸乳球菌编码形成H_2O的NADH氧化酶基因，获得了NADH氧化酶活性提高6.9倍的突变株；在调控胞内Acetyl-CoA水平方面，通过在*T. glabrata*中过量表达来源于乳酸乳球菌的编码乙酰辅酶A合成酶（Acetyl-CoA synthase）的*ACS2*基因，使乙酰辅酶A合成酶活性提高3.8倍，在添加10克/升乙酸的基础上，使得胞内乙酰辅酶A含量提高53%，α-KG积累量提高47.8%。

华北制药集团新药研究开发有限责任公司同时利用传统育种和基因工程方法，对维生素C生产菌进行选育和改造。通过亚硝基胍（NTG）诱变获得一株能以NH_4Cl为唯一氮源的突变菌株，2-酮基-L-古龙酸产量达到95.8毫克/毫升，比出发菌株提高了12%。采用离子束和NTG诱变获得具有不同表型的正突变的突变株，对突变株进行多母本递进式原生质体融合，获得多轮融合子库，为下一步研究打下良好的基础。他们还对产酸菌表达谱基因芯片的数据进行了分析，发现了一批可能与2-酮基-L-古龙酸代谢相关的基因，为发酵工艺的改进提供了线索。此外，不仅建立了产酸菌定点插入和敲除系统，还以产酸菌生产菌种为出发菌株，采用电转化的方式，将Tn5转座子导入其中，使Tn5转座子随机插至产酸菌染色体引起突变，已经成功建立了一个小规模的突变库，包括2 100余株菌，并对其中的部分菌株进行了产量相关性状的筛选，共筛选600株菌，在已经筛选的菌株中，有2株菌的生产能力较出发菌株提高了1%。

中国科学院微生物研究所与天津科技大学合作，优化了大肠杆菌的基因敲除技术，建立了red重组系统，并将其应用于L-苏氨酸工程菌的构建，获得了高产L-苏氨酸的基因工程菌。

在对必特霉素基因工程菌的改造中，中国医学科学院医药生物技术研究所通过DNA同源双交换技术，对原必特霉素基因工程菌中的螺旋霉素3-O-酰基转移酶基因进行部分删除（仅仅达到失活该基因的目的），获得了异戊酰螺旋霉素I为主要组分的基因工程菌。

（3）高通量筛选。以分子生物学为基础的基因工程、代谢过程、精细工程及各种组学研究为定向构建功能细胞培养株提供了广阔的前景，为解决我国菌种生产水平几十年来一直处于落后局面的现实问题提供了重要科学基础，但要真正实现以这些功能细胞培养来达到改造目标还存在很多困难。这些困难中除了如何从复杂的生物信息中提取改造目标外，如何以有效的高通量筛选方法从海量的细胞株中获得高产菌株（或细胞株）是另一个重要问题。

我国菌种筛选技术的现状与国外相比还相当落后，筛选方法和技术手段仍然停留在20世纪50年代国内刚刚开始生产抗生素时的状态，菌种筛选的效率低下，导致我国菌种生产水平落后，主要高产菌种靠引进，但与国外真正高产菌种仍存在较大差距，如国际上红霉素发酵水平已经达到15 000单位以上，而我国红霉素水平还在8 000单位，青霉素发酵水平国外为120 000单位，而国内为70 000～80 000单位，其他品种如头孢菌素、阿维菌素等的发酵水平都与国外有较大差距。

我国菌种筛选技术落后的主要原因之一是，无论是随机选育还是理性选育，经典的菌种初筛和复筛都是在没有任何检测参数的摇瓶或试管中进行的，初步筛选出的菌株都要经过小试（台式发酵罐）—中试进行发酵工艺的逐步调整和放大，这种筛选模式在我国沿用了半个多世纪没有明显改变过。这些客观条件决定了菌种筛选量实际上是相当有限的，而对于以提高产量为目标的生产菌种筛选而言，无法像筛选某种营养缺陷型那样建立选择性培养基，或类似于反应圈的可视化筛选模型，只能以目标物的定量分析为检测指标而直接筛选，因此要求有巨大的筛选数量为基础，高通量技术路线和专用装置是筛选高产菌种的基本保证。

近几年用于微生物菌种高通量筛选装置及其相关技术不断发展和成熟。所谓的高通量筛选的关键在于如何使筛选过程微量化、自动化和标准化。用于菌种高通量筛选生物反应器研究开发方面,国际上正朝着高通量、微型化、自动化和仪器化方向发展。如美国马里兰大学、MIT、德国雷根斯堡大学、英国伦敦大学等等都在加紧开发具备高通量特性的微型生物反应器，有些产品已经在不少大型制药公司得到商品化应用。目前国际上出现的微型生物反应器在结构上大体包括三类：孔板式微反应器、微流控芯片实验室和基于现有摇瓶或发酵罐原型缩微化的微反应器。微型生物反应器虽然形式各异，但都具有以下功能和特点：多参数在线检测功能，可同时测量pH、DO、pCO_2、OD等重要参数；高通量分析功能，在一台微反应器上集成的微发酵罐数可达6、12、24、48、96个不等；体积小，其体积一般小于100毫升，有的甚至小至5微升，微流控芯片则为纳升级规模。此外，还有造价低、减少昂贵原材料消耗、降低劳动强度等优势。

我国在菌种高通量筛选技术研究方面刚刚起步，相关装备技术开发还是一片空白。

而就我国的科研单位和企业的经济实力而言，近期内，甚至将来很长一段时期内尚无能力大量购买国外价格高昂的、自动化程度高的高通量筛选设备。因此自主研发用于菌种选育和开发的高通量、微型化生物反应器装置是提高我国高产菌株筛选技术和能力的基础和保证。否则很难改变我国发酵行业的高产菌种主要靠引进的局面，由此而影响影响我国生物技术产业化的发展。

2.发展展望

（1）组学研究技术。人类基因组计划和随后发展的各种组学技术把生物学带入了一个系统科学的新时代。系统生物学是生命科学研究领域的一门新兴学科，它利用基因组学、蛋白质组学、代谢组学、生物信息学以及数学、物理学等学科的研究手段，通过对某一生物系统的所有组分进行分析，描绘出该系统的生物网络和代谢途径，构造出一个初步的系统模型，然后通过改变生物体内、外环境等方法不断对初始模型进行修订，从而获得一个理论预测能够反映出生物系统真实性的理想模型。

这种生物技术从3个应用方向快速发展和延伸，即人类基因组学/生物医药、植物基因组学/农业生物技术、微生物基因组学/工业生物技术。我国在前两个方向上非常重视，“十五”期间投入了大量的资源进行研究开发，但是微生物基因组学/工业生物技术没有引起足够的重视。利用各种组学技术，采用基因芯片微阵列技术对菌体转录组进行分析，采用2D电泳、时间飞行质谱分析蛋白质组，通过直接把代谢产物或途径与转录谱、蛋白质谱、转录调控谱等相关联，可以快速地筛选到影响菌种功能的大量基因，在细胞过程开发中有可能产生跳跃式而不是递增式的改良。中国科学院、上海生物信息中心、华东理工大学、华药集团等在对维生素C、红霉素等产生菌的功能基因组、生产菌株突变体库构建、生产菌株基因基因操作系统建立，高产菌株的选育、PQQ基因工程菌株构建等方面取得了重要突破。

（2）全局转录工程（global transcriptional machinery engineering，gTME）。利用传统菌种选育和各种现代生物技术手段构建和筛选得到功能强大的“细胞工厂”（细胞株）是提高生物过程效率的基础。在构建功能细胞时，我们所面对是微生物细胞内由基因、蛋白、代谢物、各种信号分子及它们之间相互作用组成的复杂动态代谢网络，面临的问题往往是必须对细胞代谢途径或网络中的多个基因表达进行有效的调控，同时还需考虑细胞能量、前体、辅因子的供应以及产物的转运和进一步代谢等多方面因素。可以这样认为，以构建高效功能细胞为目标的代谢工程研究，它的发展趋势是，必须站在全局和系统的高度对细胞的代谢进行分析和调整，引入系统生物学的观点，利用全局转录工程（global transcriptional machinery engineering, gTME）等新方法，同时对代谢网络中的多个基因表达进行有效调控。中国科学院微生物研究所、青岛能源研究所、清华大学、华东理工大学等都已开展这方面工作。

二、发酵过程优化与放大

1.国内发展现状

（1）发酵过程优化技术。发酵生产过程中经常会遇到控制不同的操作条件时，基本相同的投料量会得到完全不同的产量，相差几十个百分点甚至数倍的状况，这就存在一个发酵过程优化问题。发酵过程优化指的是针对已经提供的菌种，在生物反应器（发酵罐）中通过操作条件的研究，或发酵罐装备的选型改造，达到发酵产品生产最优，即生产能力最大、成本消耗最低或产品质量最高。

在发酵过程优化研究中，长期以来人们最常用的是试差法，近年来，结合发酵过程细胞代谢情况，利用多尺度工程研究方法对发酵过程进行优化研究得到了充分的应用。

常规试差法：所谓常规试差法也就是对发酵过程的各种操作条件进行试差优化研究，以使发酵过程得以优化。近年来，在发酵优化试差研究中最具代表性的是利用各种数学方法对发酵培养基配方的优化研究，如江南大学通过单因素试验和快速登高法对乳酸菌产L-阿拉伯糖异构酶的培养基进行优化，确定了发酵优化培养基和最佳的操作条件，使酶的产量有了很大的提高；另一方面对发酵操作过程的优化，如补料、不同的pH、DO控制策略等也是人们研究的热点。如天津科技大学在批式发酵优化条件基础上，通过对流加补料方式、补料速度等发酵过程的各种参数，包括产酸率、转化率、发酵周期等的影响进行了研究，确定了L-缬氨酸补料分批发酵的优化条件，在最优补料分批发酵条件下，L-缬氨酸产量达52.45克/升，糖酸转化率达34.97%，结果明显优于分批培养。

代谢工程：代谢工程中被用于指导发酵过程优化的最重要部分是代谢途径分析，其中有代谢通量分析（metabolic flux analysis MFA）和代谢控制分析（metabolic control analysis MCA）两种方法。MFA是针对“全局的”细胞代谢途径，即胞内所有生化反应组成的整个代谢网络，通过计算定量网络每一个分支的通量，也可通过标记底物（如^{13}C葡萄糖、甲醇等）利用核磁共振（NMR）定量分析合成同一代谢物的不同途径所占的通量比率，比较在不同生理条件下的代谢通量比率，得到不同代谢途径间的相互关系或发现新的代谢途径。因此，MFA不仅能用来描述特定菌株的生理特性，还可以用于目的产物生产能力的提高。然而，代谢通量分析仅仅是菌体生理状态和代谢状况的静态反映，很难描绘出菌体随时间和生长环境的变化而发生的动态的代谢流分布情况的改变，为此实时代谢流（real-time metabolic flux）分析与控制已逐渐成为过程优化与控制的主要方法。实时代谢流能从动态的角度考察细胞内代谢流分布情况及其随时间、环境因素等的改变，反映出菌体基因型在生物反应器复杂环境中的瞬时表型，从而实现基因表达、微生物代谢迁移和工程改变等多尺度的互动分析，目前国内工业生物过程的实时代谢流研究还处于起步阶段，华东理工大学的国家生化工程技术研究中心开展了围绕实时代谢流检测的相关装置研究，如发酵过程智能化高精度补料技术、发酵过程在线细胞形态观察及定量分析技术、发酵过程尾气质谱仪分析技术及应用、发酵过程活菌浓度在线测量技术及应用等，所有这些技术的应用将为实时代谢流分析在发酵优化研究中的应用奠定了一定基础。

多尺度工程研究方法：长期以来，发酵过程优化与放大所依据的基本思想和方法是采用细胞外的参数检测为基础的最佳工艺控制点为依据，实质上这只是化学工程宏观动力学概念在发酵工程上的延伸。随着生命科学研究的深入发展，对细胞内的过程机理越来越清楚了，但是基于单一生理调控机制出发的研究往往只揭示了生理调控的局部和某一时段的特点，仅靠高度分支化和具体分散的研究是难以对整个生物反应器过程优化控制和放大起决定性作用。生物反应器中多尺度问题的提出就是试图采用工程学方法解决生物过程的复杂系统问题，把生物反应器中复杂的生物过程分解为不同尺度的特性研究，了解不同尺度的事件之间的关系。每个尺度都有不同的学科原理和变化规律，研究它们的量变到质变，以及由此形成的对复杂系统总体的影响，这样才有可能解决发酵过程优化所面临的局部与整体的关系。

华东理工大学国家生化工程技术研究中心在上述研究基础上形成了一套基于参数相关的发酵过程多水平问题研究的优化技术和发酵过程多参数调整的放大技术。在多个产品的发酵过程优化研究中，通过对发酵过程宏观代谢流特征参数（如氧消耗速率OUR、呼吸商RQ）的跨尺度测量与多尺度系统分析方法，实现了发酵过程优化。如在2007年工业规模头孢菌素C的发酵过程研究中，通过发酵过程呼吸商的变化，发现了发酵过程对基质油利用的差异，最终又发现了工业规模发酵罐混合与供氧是导致发生这一差异的原因，使发酵单位有了重大突破。

（2）发酵过程放大技术。在完成了发酵过程的优化研究后，为了达到实验室成果或小试研究成果向工业规模转化时，一般都采用逐级放大的中试规模过渡。即使如此，当小试优化结果放大到生产罐时，甚至采用完全相同的操作条件，结果往往都会有很大差异。这种现象还经常发生在一些高产菌种从国外引进过程，产量大多达不到引进时的目标。发酵过程放大困难的原因就在放大时不可能同时做到几何相似、流体运动学相似和流体动力学相似，当在小试研究时某一个对生产产生影响的重要因素没有被观察到，而这个因素恰恰在放大时成为关键因子时，就会造成整个发酵过程的失败。因此，发酵过程放大也是整个发酵产业中不可忽视的一个重要方面。

逐级放大：在发酵放大过程中最常用的一种方法即为逐级放大方法，特别是对一些规模较大的发酵罐，人们不得不采取逐级放大的办法，如从几十升的发酵罐先放大到吨级发酵罐，在获得了相关操作参数后，再放大到几十吨甚至于百吨级的发酵罐，而在放大过程中的准则，一般均为单位体积功率相等、单位体积通气比相同或选用相同的搅拌桨形式等，但这样的一个过程往往较耗时，实际情况很难把握，而且有时也不一定能够非常顺利地完全实现小试的生产能力。

宏观代谢流：通过对表征细胞宏观代谢流特征参数实现发酵过程的放大是近年新兴的一种放大方法，此方法的核心是将在小试研究中获得的宏观代谢流特征参数在工业规模发酵罐上重现，也即数据驱动型的放大方法。华东理工大学国家生化工程技术研究中心，提出了在以代谢流分析与控制为核心的发酵实验装置上进行研究，由此可得到用于过程放大的状态参数或生理参数，只要在放大的设备上得到完全相同的反映代谢流等生理数据变化曲线，就可以较好地克服上述放大过程中的问题，因而提出了发酵过程参数调整的放大技术。如在工业规模维生素B_{12}发酵过程中，通过宏观代谢流特征参数OUR与DO的相关调控，成功实现了从3吨发酵罐到120吨发酵罐的放大；而在工业规模红霉素发酵过程中，通过调整发酵过程宏观代谢流参数趋势一致的方法成功实现了从120立方米发酵罐到370立方米发酵罐的初步放大（图60）。

图60　正在制造的370立方米红霉素发酵罐

计算流体力学研究与应用：发酵过程放大中的重要因素之一即大型发酵罐的设计，涉及众多方面：以细胞生理代谢特性一致为基准的根据OUR、KLa以及所选用的搅拌桨特性测算不同发酵罐规模所需的搅拌功率研究；根据OUR与菌体细胞剪切适应量选择不同规模发酵罐的搅拌器形式、转速或其他结构的研究；搅拌器的混合与剪切特性的冷态研究，特别是利用计算流体力学（CFD）软件对不同类型与规模的生物反应器流场相关特性如剪切力分布、气体分布、流场特性等诸多特性参数进行了定量计算，进而给放大的发酵罐设计提供依据或对现有工业规模发酵罐进行流场特性研究而实现放大。

华东理工大学在灰黄霉素发酵放大过程中，发现原定设计的放大发酵罐形式有可能不适应灰黄霉素菌的代谢特性，所以当发酵罐从30吨放大到50吨后，通过CFD研究发现了由于灰黄霉素发酵的米粉发酵基质导致发酵过程的发酵液的严重非牛顿流体特性，导致发酵罐内的氧分布情况的严重变化，通过改进使发酵单位提高了15%以上，获得了放大的成功。

2.国内发展展望

（1）基于生物过程生物信息学的过程优化。在工业微生物过程研究中，经常发现，虽然在生理学和分子生物学研究中已揭示了大量的生理调控机制，但是由单一生理调控机制出发做出的解释往往缺乏全局性的概念，只揭示了生理调控的局部和某一时段的特点，因此难于对整个过程控制和优化起决定性作用。

此外，在深入开展微生物过程研究中如何整体性看待遗传和生理也是很重要的问题。但是，在现有的生物过程研究中往往是先进行遗传育种，然后进行发酵条件优化，在过程中忽略遗传和蛋白信息流的改变，以及代谢过程中物料流的变化引起的代谢流变化相关联性，也就是说把菌种改造的基因特性与发酵过程优化研究分割开来。

为此，华东理工大学与上海生物信息中心根据所研究生物过程的复杂程度与目前已掌握知识的局限性，提出采用自上而下的研究方法，即从完整的系统开始，将生物过程分解成多个组成部分及相互作用，在具有现代科学技术研究结果的普遍现象即“数据超载”情况下，探索如何实现数据→信息→知识的转化，理解数据的真正含义以及它是如何与所要解决的问题联系在一起的。

（2）基于流场特性与生理特性研究相结合的放大技术。随着生物技术发展，已经认识到以工业生产为目的的生物系统的功能取决于外界环境刺激与胞内功能基因的共同作用。这就要求要在综合考虑胞外环境及菌体生理特性的基础上进行工业生物过程的优化与放大。而实际工业生产过程多为液态培养，因而菌体的外部环境的研究即归结为生物反应器内流场特性研究，由此得到不同条件下的温度场、浓度场、剪切力场等；细胞的行为则通过菌体生理特性来表达。通过将两者整合起来研究其相互作用规律从而为生物反应器的优化与放大开辟一条崭新的科学思路。

于是，华东理工大学、南京工业大学等在以代谢流分析与控制为核心的发酵过程参数调整的研究方法基础上，提出了把生理参数相关分析与生物反应器流场特性分析相结合的生物过程优化与放大技术，也就是把多参数相关技术与CFD研究技术相结合的生物反应器过程放大技术。

三、生物催化与酶反应技术

1.国内发展现状　生物催化在精细化学品、药物中间体以及大宗化学品工业生产中的应用价值日益突出，成为国内学术界近年来关注的热点。许多具有特定催化性能的生物催化剂被筛选出来，然而它们从实验室走向工业应用还需要考虑到反应系统的成本、产物的分离纯化、环境友好性、酶的重复利用性等过程因素，本节主要综述了国内近年在这些应用技术方面的研究进展。

（1）生物催化与分离过程耦合。过程耦合可以缩短生产流程、简化操作，降低成本，一向是人们研究的热点。生物反应—分离耦合可以有效地解决产物抑制、热力学平衡等问题，有利于提高生产速率以及反应转化率。根据反应体系的特点以及产品的性质开发高效的反应—分离耦合体系，是许多生物催化反应成功的关键。基于生物反应过程以及产品的多样性，反应—分离耦合的形式以及所涉及的分离技术也各不相同。按分离单元与反应单元结合的紧密程度，可将生物反应—耦合过程分为原位生物反应—分离耦合以及异位生物反应—分离耦合。

（2）两相分配生物反应介质体系与原位生物催化—分离耦合。生物催化在常规介质中常面临底物在水溶液中溶解度小，底物或产物抑制微生物生长、产物易被进一步降解等实际困难。原位产物去除（in situ product remove，ISPR）近年来受到高度重视，其中两相分配生物反应器是生物催化介质工程解决上述问题的有力工具之一。其基本原理是，在两相系统中，一相是由水溶液组成的生物反应相，生物催化与转化过程在反应相或两相界面进行；另一相是以添加成相组分为主的萃取相，对底物或产物进行两相分配。两相分配体系中以有机溶剂两相系统、双水相系统研究较多，其应用于酶、整细胞生物反应均有报道。

华东理工大学在非水相生物催化方面做过较多工作，例如解析了脂肪酶催化酸酐与手性或潜手性醇的不可逆酯化机理，构建了高效的非水相酶反应器，成功实现了L-薄荷醇丙酸酯和（R）-α-单苯甲酰甘油酯等重要手性精细化工产品的连续和半连续合成，近年来还在糖苷化合物的逆向水解合成上取得进展。

然而同一两相分配生物反应器很难同时满足成相组分的生物相容性、本身的生物降解性、底物（产物）的溶解性、成相组分的价格等多个条件。近年来，浊点系统、离子液体、CO_2超临界流体系统等新型介质被引入两相分配系统，在生物催化反应工程中的应用也得到了广泛的关注。

（3）浊点系统。非离子表面活性剂溶液不同于离子型表面活性剂溶液的特征之一，是达到一定温度或有添加物存在的条件下，溶液自动分相而形成表面活性剂浓度很小的稀相和富含表面活性剂的凝聚层相（coacervate phase）。稀相表面活性剂的浓度高于或与临界胶束浓度一致。溶液分相时的温度称为浊点，该系统称为浊点系统（cloud point system，CPS）。CPS不但具有分相平衡快、能耗少等优点，而且条件温和、对环境友好。随着生物科学的发展和人们对环境、能源问题的高度重视，CPS也越来越受到人们的重视。

上海交通大学王志龙等报道了将浊点系统应用于青霉素G酶促水解合成6-氨基青霉烷酸（6-aminopenicillanic acid，6-APA）的过程。用一组摇瓶模拟离散逆流生物反应器。在这种离散逆流操作模式下，青霉素G被在浊点系统中固定化的青霉素酰化酶水解为6-APA。副产物苯乙酸被有效转运至辅助相（凝聚层相），而产物6-APA和底物青霉素G被有效转运至水相，并在其中发生酶水解反应。实验结果显示，产物浓度和产率分别从批次操作模式的38毫摩尔和50%提高到逆流操作模式下的50毫摩尔和65%。然而，对操作参数如流加点位置（feed point location）、辅助相和水相的体积比、底物起始浓度等的考察发现，仅仅应用连续逆流操作模式，很难同时得到高产物浓度和高产率。这可能是因为酶的最适pH相对较高，而产物的萃取需要较低的pH。

（4）室温离子液体。室温离子液体是指全部由离子组成在室温下呈液态的化合物。它们在很宽的温度范围内（熔点在室温及室温以下，沸点高达300～400℃）呈液态，基本上无蒸气压；有高的电传导性；有大的电化学窗口（电化学窗口是指阳极和阴极间的分解电动势差）；对众多的有机化合物、有机金属化合物、无机及高分子化合物是特别好的溶剂。离子液体通常被认为是高极性溶剂，有的与水相溶（如BMIM·BF_4，BMIM·$MeSO_4$，其中：BMIM=1-丁基-3-甲基-咪唑盐），有的与水不相溶（如BMIM·PF_6，BMIM·Tf_2N），有的与有机溶剂相溶，也有的不相溶，这样就可与有机溶剂、水混溶与不溶形成双相或多相反应体系。离子液体制备简单，易循环使用，其性质（极性、黏度、密度）可以通过改变阴离子或阳离子的取代基而调节，也可能彻底改变，可以选择性地将某种有机阳离子和某种阴离子结合在一起，“设计”合成具有适合某种反应或分离特殊需求的离子液体，因此常被称为可“设计”溶剂。又因为离子液体基本无蒸气压，同挥发性的有机溶剂相比，是环境友好的溶剂。离子液体有好的耐强酸性，有优异的化学和热稳定性，因而能在较高的温度下使用。

清华大学Lu等以壳聚糖（chitosan，Chi）和1-丁基-3-甲基-咪唑四氟硼酸盐（BMIM · BF_4）为基础，建立了一种新的聚合物/室温离子液体复合材料。这种复合物可作为酶和蛋白质的固定化介质。以血色素（hemoglobin，Hb）作为模式蛋白，用复合物修饰的玻璃碳电极检测，在蛋白质和玻璃碳电极之间的直接电子传递中得到了一对准可逆的氧化还原峰值。Chi-BMIM · BF_4-Hb/玻璃碳电极的例子证实在氧和三氯乙酸还原过程中生物催化活性发生显著增加。热重分析法（thermogravimetric analysis，TGA）提示Chi-BMIM · BF_4-Hb复合物比Chi-Hb的热稳定性更好。用紫外—可见光谱研究Chi-BMIM · BF_4-Hb膜的性质，显示蛋白质在溶液中具有极佳的稳定性和好的生物相容性。这种基于聚合物和离子液体的独特复合材料将在直接电化学、生物传感器和生物催化中有广泛的应用价值。

（5）超临界流体。超临界流体（super critical fluid，SCF）是指某些气体或液体在一定的温度和压力下处于似液非液似气非气状态时的流体。超临界流体作为酶反应的介质，具有明显的优点：①有似液体的高密度、似气体的高扩散系数、低黏度和低表面张力，因此显示出较大的溶解能力和较高传递特性，从而大大降低酶反应的传质阻力，提高酶反应速率。②反应底物的溶解性对超临界的操作条件（如温度、压力）特别敏感，通过简单改变操作条件或附加其他设备，就可达到反应物和底物分离的目的。③无毒、不可燃、化学惰性、易与反应底物或产物分离、价格便宜等。这些优点使其在工业上应用前景广阔。

中国科学院化学研究所分子科学中心利用脂肪酶Novozym435在有2个功能基团的底物（乙烯基乙二醇）和乙酸乙酯之间催化转酯反应，研究了超临界CO_2流体对反应转化率和选择性的影响。发现在超临界CO_2流体下，平衡反应的转化率明显提高，产物中乙烯基乙二醇单乙酸酯的选择性得到了提高，乙烯基乙二醇二乙酸酯的形成被抑制，而且选择性可以通过改变CO_2的压力来调节。

（6）异位生物催化—分离耦合。异位生物催化—分离耦合是指在反应器外，额外增加一个分离器，将反应器中的反应介质引到外部分离器中，对产物进行异位分离，并将产物分离后的反应介质重新返回反应器中继续使用。视产物性质不同，使用的分离手段包括：蒸发、萃取、吸附、沉淀/结晶、膜过滤等。在其中又包括许多小类，必须根据产物的特性以及具体的生物反应体系选择合适的反应—分离耦合技术。

华东理工大学采用苹果加工过程中的废弃物——苹果籽粉作为天然酶源，可以有效合成红景天苷等一系列天然糖苷，而且所有的催化剂、溶剂和过量的底物都可以重复使用或者回收利用。红景天苷是一种具有抗缺氧、抗辐射和抗疲劳活性的天然糖苷，可以增进机体的抗缺氧能力，延缓衰老。反应在清洁无毒的叔丁醇介质中进行，生成的葡萄糖苷可以用氧化铝柱吸附法从反应体系中分离，而过量的底物则可回收再利用。苹果籽粉经戊二醛交联后，形成多孔网状结构的固定化酶，可以显著改善生物催化剂的稳定性，半衰期从29天提高到51天。生物反应器中（图61）的产率可以达到1.9克/（升·天），而产品纯化后纯度达到99.3%。

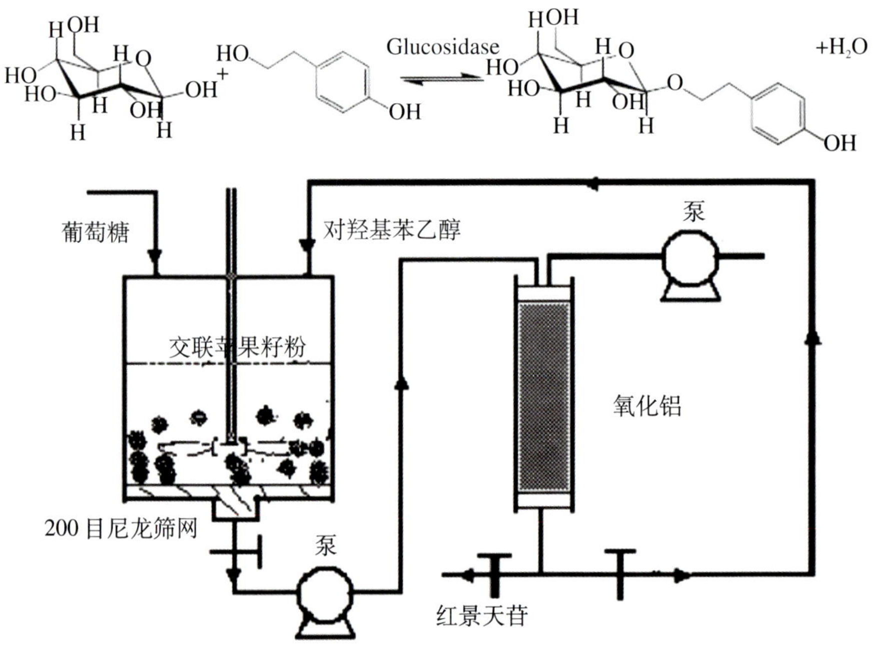

图61　以交联苹果籽粉为催化剂，在与氧化铝吸附柱偶联的固定床酶反应器中高效生产珍稀天然产物红景天苷

（7）辅酶再生体系。氧化还原酶作为催化剂在生物合成手性化合物和聚合物、构建生物传感器、降解环境污染物等方面非常具有吸引力。然而，由于反应需要辅因子如NAD和NADP，它们的实际应用有相当的难度。这些辅因子通常价格昂贵，因此，能否有效进行辅因子的再生就成为氧化还原酶能否实现工业规模生物转化的关键因素。现在辅因子再生的化学过程已经非常清楚，挑战更多地来自如何用固定化酶系统来实现再生；对于工业过程来说，固定化酶便于催化剂的回收和连续使用。这个问题已经成为许多有价值的酶反应过程工业化的主要障碍，而且大多数涉及到辅因子的生物转化过程在工业中是由整细胞来完成的，而整细胞生物催化往往具有反应速度慢、培养基成分复杂，产物分离困难等缺点。20世纪90年代以来，随着工业生物技术的快速发展，带有辅因子再生能力的固定化酶反应系统成为人们研究的焦点。可持续的辅因子再生方法可以分为两类：膜法捕获和固相附着。

一般来说，膜法捕获的优势在于可以使用游离的辅因子，这样辅因子可有良好的移动性和高活性，但需要根据辅因子的分子大小考虑膜孔径的大小。通过物理捕获或吸附形成的固相辅因子也面临类似的问题。这个参数导致了传质限制的反应动力学。将辅因子共价结合到固体支持物上，可使结构更开放，从而减小传质的限制。但化学修饰又可能显著降低催化剂的活性。Wang等设计了一种微囊状的人工细胞（图62），其中含有附着了辅因子和酶的纳米颗粒，以期望结合膜捕获和固相附着两种方法的优点。微囊表面有纳米尺度的孔，可以进行有效的分子扩散，如底物供应和产物的移除。这种微囊体可用于工业规模的填充床或悬浮式反应器，并进行连续反应。

（8）酶的固定化。酶的固定化是生物技术中最为活跃的研究领域之一。作为固定化酶技术的重要组成部分，载体的结构及性能在很大程度上直接影响着固定化酶的催化活性及操作稳定性。综合性能优良的载体材料的设计与制备是固定化酶技术领域的一个非常重要的研究内容。对传统材料的改性和新

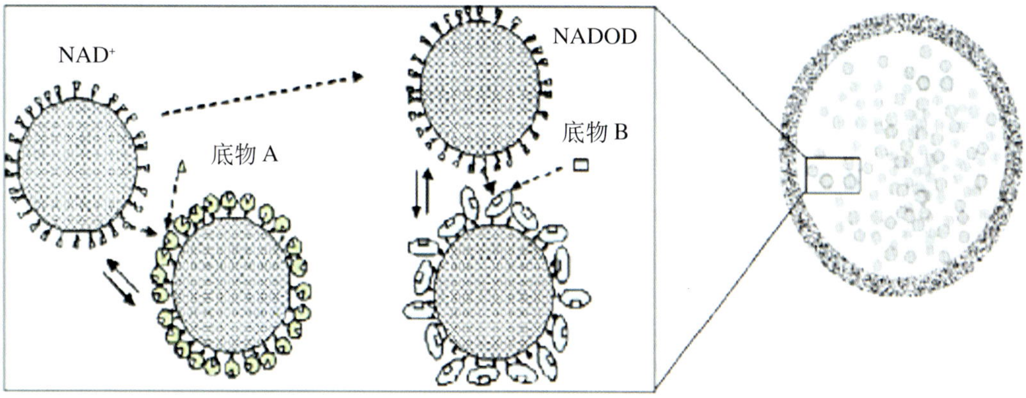

图62 人工细胞——纳米颗粒驱动的多酶催化体系

通过颗粒碰撞，多孔微囊（直径约100微米）内部的纳米颗粒（表面附着了酶和辅因子）可以提供酶和辅因子之间的相互作用

型载体材料如纳米磁材料的研究开发，是当前酶固定化研究的热点，将促进固定化酶在各个领域的广泛应用，详情参见最近的综述。

2.我国未来发展展望　生物催化与生物转化已经作为工业生物技术的主体写入了国家中长期科技发展规划。预计在未来5～10年内，我国在生物催化剂的创制与改性、固定化材料及方法、新型生物反应介质及反应器系统，以及在手性化合物等精细化学品的工业制造领域将会取得显著性进步。同时从长远来看，生物转化也将在生物质能源和大宗化学品的生产领域发挥不可替代的作用；但目前我国在该领域才刚刚起步，今后需要投入更多的人力和财力，加大生物质炼制方面的研发力度，以便促进我国生物经济的健康快速发展。

四、产品分离纯化技术

在工业生物技术中，产物的分离纯化是关键之一，其成本常常占生产过程总成本的一半以上。我国已经在传统发酵产品的分离上取得了很大进展，但在高附加值的基因工程、细胞工程和代谢工程产品的分离纯化上还需做大量工作。在2007年中，我国分离纯化工作者们重点研究了分离纯化介质的制备，系统地探索了不同材料和不同表面性能的层析介质的合成及应用，并对酶、蛋白质生产中的折叠复性及修饰做了一系列的探索，取得了优异的成绩。

1.分离纯化介质的研究进展　生物分离纯化需要各种特异性介质，如各种膜和层析微球。2007年，我国重点研究了尺寸均一可控的琼脂糖层析介质、纤维素层析介质、壳聚糖层析介质以及亲水性聚合物微球等，取得了以下进展。

（1）尺寸均一可控的琼脂糖层析介质。中国科学院过程工程研究所生化工程国家重点实验室采用SPG膜乳化结合冷却固化法制备琼脂糖层析介质，得到粒径均一可控的琼脂糖凝胶微球。选用膜孔径为4.7微米、5.7微米、10.2微米和19.6微米的膜制备可得到不同粒径的琼脂糖凝胶微球。其中，凝胶微球粒径与膜孔径之间呈很好的线性关系，通过选择合适的膜孔径可制备所需粒径的琼脂糖凝胶微球。

（2）超大孔纤维素层析介质的研制。天津大学成功研制具有高柱效和动态吸附容量的超大孔纤维素介质，并实现了规模制备，达到0.2升/批。与普通微孔纤维素介质相比，超大孔介质的超孔的孔径达到1～2微米级。层析过程流体力学特性研究证明了超孔的贯通性，即提供流体对流通道，有效降低背压和提高理论板数，使柱效在300～1 200厘米/时的范围基本保持不变，动态吸附容量亦高达静态容量的84%～87%（微孔介质低于60%）。另外，利用接枝聚合技术提高配基修饰密度，使介质的吸附容量提高1倍以上。

设计发明了新型双向电层析装置，即同时施加交变横向电场和单向纵向电场。层析实验证明，与单向（横向或纵向）电场的电层析方法相比，双向电场的电层析方法可以在较低的电场强度下获得更高的动态层析吸附容量（达到无电场情况的4.5倍），比单向电场的电层析提高1倍以上。该方法为电层析装置的放大和在超大孔介质在电层析过程中的应用研究奠定了基础。

（3）合成高聚物分离介质。国家生化工程技术研究中心（北京）采用膜乳化法制备种子乳液，结合种子溶涨法制备出了粒径均一的PHEMA亲水性微球产品，并将其应用于植物药用成分的分离，得到了较好的分离效果；另外，对膜乳化法制备的粒径均一的聚苯乙烯微球进行改性，大大提高了其比表面积，并进行了苯同系物的分离研究，筛选出了结构和配基合理的微球产品。

①甲基丙烯酸羟乙酯（HEMA）与二甲基丙烯酸乙二醇酯(EDMA)共聚物微球(简称PHEMA微球)的制备及应用。PHEMA微球采用种子溶涨法结合悬浮聚合法制备，其中种子乳液采用膜乳化法制备，解决了粒径均一的极性微球既不能用亲水性膜，又不能采用疏水性膜制备的难点。微球粒径与膜孔径之间呈很好的线性关系，可以通过选择合适的膜孔径制备所需粒径的PHEMA微球，从而实现对微球粒径的控制。

②超高比表面聚苯乙烯多孔微球的制备及应用。生化工程国家重点实验室以苯乙烯为单体、以二乙烯基苯(DVB)为交联剂，利用微孔膜乳化法合成了超高比表面聚苯乙烯多孔微球。该方法解决了过去粒径均一的多孔微球需要多步溶涨法(Ugelstad法)制备的问题，大幅度节省了时间和成本。

通过膜乳化结合悬浮聚合制备的高比表面均一聚苯乙烯聚合物微球，其特点为：表面特性由疏水苯基构成，无需额外修饰即可直接填装作为反相色谱分离柱；粒径大小及分布可通过膜乳化法一步完成控制，与多步溶胀法合成的商品化反相介质相比，工艺路线更短，合成更容易控制。因此该微球介质有望成为一种性能优良的低压反相色谱介质。

③聚甲基丙烯酸环氧丙酯大孔及超大孔基球制备。浙江大学制备了聚甲基丙烯酸环氧丙酯大孔及超大孔基球。微球平均粒径为4.85微米，粒径分散系数为3.5%，有良好的单分散性；超大孔分布峰值为320纳米，其中大孔结构为双峰分布，分别为45纳米和60纳米；微球可耐9.1兆帕压力；热稳定性达到130℃，化学稳定性pH1.0～12.0。

（4）糖类和聚合物类膨胀床分离介质的制备。浙江大学制备了多种用于膨胀床分离的多糖类和聚合物类介质。其中，琼脂糖/不锈钢复合产品效果最好，可望用于工业生产中。通过筛分技术可获得50～100微米、

100～200微米及大于200微米以上等不同粒度分布的产品，pH使用范围1～12。对于高聚物树脂包覆或复合无机添加剂的膨胀床研制证明，只有通过化学改性才能增加无机添加剂的化学表面特性来增强相互间的互溶性，制备相关的产品。

（5）装置放大及产业化。

①“高通量膜乳化器”重大科研装备研制成功。生化工程国家重点实验室主持完成的“高通量膜乳化器”重大科研装备研制项目研制成功，为生物分离、药物制剂等成果的转化，以及推动膜乳化技术和相应新产品的发展奠定了基础。

新研制的高通量膜乳化器实现了加料、乳液制备、乳滴质控、乳滴聚合及后处理等全过程的计算机控制和数据记录、集成；改变不同孔径的微孔膜可以制备不同液滴直径的乳液；所制备的液滴均匀性、重复性良好；设备能自动控制，操作简便，运行平稳，可以用于多种乳液及微球的制备，达到了中试制备的规模，是一种全新的乳液制备装置，具有重要的实用价值及广阔的应用前景（图63）。

图63　高通量膜乳化设备

②色谱饼的优化设计。西北大学现代分离科学研究所完成了直径为2厘米和5厘米的分析型和半制备型色谱饼的优化设计，特别是对这2种色谱饼的分布器进行了进一步的优化设计，并以其对生物大分子的分离度，质量回收率和活性回收率为指标，完成了这2种型号色谱饼的定型工作。通过装填不同的色谱分离介质，可转化为系列产品。此外，现在正在对直径10厘米、20厘米和30厘米色谱饼进行优化设计，已完成了图纸设计，目前正在进行外加工。

③特异性免疫球蛋白纯化工艺的建立和放大。国家生化工程技术研究中心（北京）与国内某大型生物制品有限公司合作，采用伴侣层析平台技术将人破伤风、人乙型肝炎、人狂犬病免疫球蛋白比活提高了4～10倍，达到《中华人民共和国药典》相关产品规程的要求；采用层析新工艺和研制的层析介质，获得高纯度的无细胞百日咳单组分疫苗，在我国同行企业中居领先地位。并与企业合作，于2007年2月将破伤风免疫球蛋白的伴侣层析纯化工艺成功放大到20 000人份规模，产品的各项指标达到或优于《药典》规定的标准。应用该技术预期每年可新增产值500万

元以上，该技术已得到企业的高度评价，并出具了项目的中试成果证明。

④国家生化工程技术研究中心（北京）已向用户提供分离介质。目前，国家生化工程技术研究中心（北京）已成功开发了凝胶过滤、离子交换、疏水等常规琼脂糖分离介质和特异性分离介质，并在国内部分研究院所和企业中得到应用，其中有针对于重组HBsAg（CHO及酵母表达）分离纯化的特种丁基介质和离子交换介质，用于基因工程标记蛋白快速纯化的金属螯合介质以及用于AT-III分离的肝素亲和介质等，并可根据用户需求提供不同性能和不同配基密度的介质。

2.分离纯化技术的研究进展

（1）生物小分子的分离纯化。

① PHEMA微球在天然产物分离中的应用。高分子多孔微球在小分子量的天然产物分离纯化方面有独特的优势。采用粒径为33微米的PHEMA微球用于淫羊霍甙粗品的分离纯化中。采用制备柱进行PHEMA微球装填作为分离柱使用，以水/乙醇体系进行淫羊霍甙粗提物的分离，分离结果表明，PHEMA对粗品的分离效果较好。

②琼脂糖基质氢键吸附色谱介质的合成与应用。琼脂糖是从海藻中提取出来的天然的线性、水溶性多糖。琼脂糖基质介质孔度高（90%～96%），表面积大，有弹性，非特异性吸附低，具有很好的生物相容性，可以在线使用强碱、强酸、高浓度有机溶剂进行清洗，更换溶剂时介质体积不发生变化，从实验室到工业规模的放大过程中没有明显的瓶颈。该介质广泛用于人用生物制品的生产，具有极佳的安全性，适用于附加值较高的中成药的制备。生化工程国家重点实验室经研究证实高浓度、高交联度的琼脂糖介质对中药有机小分子可有效分离多酚类化合物。

目前高浓度（12%）、高交联度的商品介质Superose12颗粒直径为10微米，操作压力大，不适于规模生产。生化工程国家重点实验室在12%浓度、30微米直径琼脂糖颗粒上使用与Superose12同样的交联方法自行合成了分离介质用于中药有机小分子的分离纯化。成功地从含量4%～15%的粗提取物中一步纯化得到高纯度（92%～99%）的丹参素、原儿茶醛、丹参酚酸B、黄芩甙、白藜芦醇、白藜芦醇甙等多酚类化合物。

③聚酰胺介质氢键吸附色谱分离纯化中药有机小分子。聚酰胺是通过已内酰胺聚合而成的尼龙-6（锦纶、卡普隆）及由己二酸与己二胺聚合而成的尼龙-66。聚酰胺对鞣质具有极强的吸附能力，可将其与目标化合物分离，可用于注射剂和口服液的开发。已利用聚酰胺介质成功地从含量4%～15%的粗提取物中一步纯化得到较高纯度（80%～95%）的丹参素、原儿茶醛、丹参酚酸B、黄芩甙、白藜芦醇、白藜芦醇甙等多酚类化合

物，工艺简便易于放大。

（2）生物大分子的分离纯化。

①建立了多亚基蛋白质纯化平台，显著提高基因工程乙肝疫苗的活性收率。基因工程疫苗分离纯化收率低是个难题，生产中的收率常常不到20%。研究发现，基因工程疫苗是多亚基组成的复杂蛋白质，在层析中容易引起亚基解离和表面结构的改变，由此产生大量失活。通过采用多角度激光散射—高效分子排阻色谱—准弹性激光光散射联用技术，获得了多聚亚基蛋白在分离纯化各阶段的分子量、分子尺寸大小及其分布等重要信息，从层析介质与蛋白质之间的作用入手，探索了固定相介质和流动相介质对多亚基蛋白质结构的影响，发现多亚基蛋白质的失活的原因。

对此，重新设计了固定相和流动相，通过配基密度的调整减少多位点吸附，结合Timashiff优先水化的热力学理论发展了纯化伴侣技术，有效地抑制了多亚基蛋白质在层析纯化过程中的失活。建立了分离汉逊酵母表达的HBsAg组合层析新工艺，与传统的超速离心方法相比，具有操作时间短、易于放大，而且针对性地开发了分离酵母表达的乙肝疫苗的高性能离子交换和疏水介质，采用新研制的介质分离获得了质量达标的乙肝疫苗，收率提高1倍以上，与中国疾病预防控制中心的某生产企业合作，进行了5 000人份规模的中试，工艺路线如图64所示。

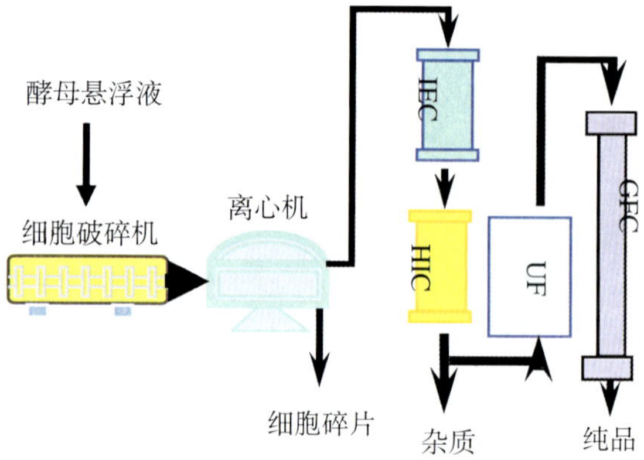

图64　乙肝疫苗组合层析工艺流程

采用本工艺的三步层析和一步超滤，获得的汉逊酵母乙肝疫苗抗原收率最高为140毫克纯品/升细胞破碎液。

②特异性吸附介质合成及特异性免疫球蛋白分离纯化。人破伤风免疫球蛋白（human tetanus immunoglobulin）系由乙型肝炎疫苗免疫后，再经破伤风类毒素（tetanus toxin）免疫的鲜血源中，采集破伤风效价高的血浆或血清，经低温乙醇法提取的特异性免疫球蛋白，主要用于预防和治疗破伤风，尤其适用于对破伤风抗毒素（TAT）有过敏反应者。低温乙醇法制备的破伤风免疫球蛋白（以下简称“破免球蛋白”）常常因活性较低而不能有效地预防破伤风，需要做进一步的纯化。

生化工程国家重点实验室利用抗原（破伤风类毒素）与抗体（破免球蛋白）的特异性相互作用，以琼脂糖微球为基质，经环氧活化偶联破伤风类毒素，制备得到与破免球蛋白具有特异性相互作用的亲和层析介质。基于该介质开发了新型高效的层析工艺路线，实现了从低温乙醇组分Ⅱ原料中将特异性破伤风免疫球蛋白分离纯化的目标，纯度提高100倍以上，活性收率达到50%～60%，并通过了国家《药典》规定的小鼠法活性验证。并于2007年2月将破免球蛋白的伴侣层析纯化工艺成功放大到20 000人份规模，产品的各项指标达到或优于《药典》规定的标准。应用该技术预期每年可新增产值500万元以上，该技术成果得到企业的高度评价，并出具了项目的中试成果证明。

③色谱饼在血清蛋白质组学样品制备中的应用。蛋白质组学样品中高低丰度蛋白的分离及对低丰度蛋白的鉴定是当今蛋白质组学研究的“瓶颈”。利用负载量大、柱压低且适合于分离高黏度复杂样品的疏水型色谱饼对人血清蛋白质组学样品进行第一维色谱分离，最后对二维RPLC收集样在未酶解的情况下用MALDI-TOF MS进行检测，发现通过色谱饼不仅可以用来分离复杂样品，并且通过大量样品的处理，对低丰度蛋白具有很好的富集作用。因此，利用分析型，甚至制备型色谱饼为基础建立多维液相色谱分离技术，实现对低丰度蛋白的制备，再结合拥有强大鉴定能力的质谱进行检测。这一新型技术平台可以说在蛋白质组学研究中有相当的优势和特色，对蛋白质组学的研究与发展也有重大意义。

由西北大学研发的色谱饼新技术，已申请欧洲专利，并顺利通过PCT审查，国际申请号为：PCT/CN02/00333。有望2008年初可以获得欧洲专利授权。该专利技术不仅可用于生物大分子的分离纯化，而且可对*E.coli*发酵得到的基因工程产品进行纯化并同时复性。将其用于基因工程产品的后处理工艺中，可省去传统工艺中的沉淀、过滤、离心分离、复性及除杂蛋白等过程，能显著简化纯化工艺，缩短生产周期和降低生产成本，在基因工程技术中具有广阔的应用前景，将改变生物大分子分离纯化的未来。

（3）生物大分子折叠复性。中国科学院过程工程研究所的科研人员采用强阴离子交换色谱对由*E.coli*表达的rhGM-CSF复性与同时纯化工艺进行了研究。分别研究了流动相pH、在流动相中添加不同比例的GSH/GSSG以及不同浓度的脲对rhGM-CSF复性与同时纯化的影响。结果表明，三者对其复性效率和质量回收率均有较大的影响。GSH/GSSG可有效提高rhGM-CSF二硫键的正确对接和复性效率，而低浓度的脲则可有效抑制蛋白沉淀，可大大提高质量回收率。在最优化条件下，SAX在30分钟内一步可使rhGM-CSF在分离纯化的同时进行复性，其比活为1.66×10^7国际单位/毫克，质量回收率为58.8%，纯度可达到96.2%。

采用离子交换色谱对由*E.coli*表达的rhG-CSF的复性与同时纯化工艺进行了研究，

在30分钟内一步可使rhGM-CSF在分离纯化的同时进行复性，其比活性为3.0×10^8国际单位/毫克，质量回收率为49%，纯度可达到96%。此外，采用金属螯合亲和色谱对rhG-CSF进行了复性并同时纯化。该法仅通过一步色谱分离，减少了复性过程中rhG-CSF的聚集，复性后的rhG-CSF的比活性为1.8×10^8国际单位/毫克，纯度为97%，质量回收率为32%。

多孔共聚物聚甲基丙烯酸环氧丙酯—二乙烯基苯[Poly（Glycidyl Methacrylate-Divinylbenzene），P（GMA-DVB）]微球，由于聚合物的疏水骨架，特别是苯基，与蛋白质之间存在有强烈的不可逆的吸附作用，这种作用甚至会破坏蛋白质的生物活性。生化工程国家重点实验室采用分子量为4 000的聚乙二醇（PEG4000）对P（GMA-DVB）微球进行化学改性，合成了PGMA-PEG4000柱，大大增强了P（GMA-DVB）微球的亲水性，成为一种优良的蛋白质复性用介质。溶菌酶复性的实验结果表明：采用弱疏水性的PGMA-PEG4000疏水柱复性溶菌酶时，蛋白收率达到92%，活性收率达到85%；而采用同样弱疏水性但侧链较短的NP10Sepharose HP柱时，活性收率却只有30%左右。PGMA-PEG4000柱的复性效果明显优于其他3种疏水介质。并且当复性蛋白浓度达到近0.8毫克/毫升时的活性收率为73%，为大规模、高浓度下的复性提供了可能。

西北大学的科研人员将具有人工分子伴侣性质的聚乙二醇键合到硅胶基质上，将硅胶表面改性成中等疏水性表面，合成了5种PEG型人工分子伴侣蛋白折叠疏水色谱分离介质，并将其应用于还原变性蛋白牛胰岛素、溶菌酶等的折叠与复性研究，表明这些具有人工分子伴侣作用的聚乙二醇配基对蛋白二硫键的正确配对和折叠具有重要的协同作用。他们还将这些分离介质应用于rhIFN-γ、rhG-CSF和rhGM-CSF的复性与同时纯化中，取得了满意的结果。特别是对于rhIFN-γ，不同固定相配基对rhIFN-γ的复性效率和质量回收率有显著的影响。

五、大规模细胞培养及其生物反应器

与其他各行业的装备制造业一样，生物反应器为生物技术产业再生产和扩大再生产提供共性技术和关键技术，生物反应器产业本身产值不大，但其在生物技术产业链中却起着重要作用。有时一个新的生物反应器技术的应用和推广，就可能促进某一生物技术产品的产业化形势变化，提高生产能力，或降低生产成本，可节约能耗达数十亿元之巨。

具有先进的生物过程优化和放大能力是生物反应器设计的核心技术。由于在生物反应器中所发生的反应是在分子水平的遗传特性、细胞水平的代谢调节和反应器工程水平的混合传递等多尺度（水平）上发生的。因此，如何利用生物反应器中的多参数检测技术和在线计算机控制与数据处理技术，把细胞在反应器中各种表型数据与代谢调控有关的基因结构研究关联起来，是反应器过程优化与放大的重要内容，也是当前国内外竞相发展的具有原创性的知识产权技术，对促进生物技术产业化发展具有重要意义。由此可见，提供包含以上功能并具有自主知识产权的商品化生物反应器应是我国生物反应器产业的重点之一。

1.国内生物反应器设计与发展现状

(1) 大型生物反应器设计与制造技术研究。我国近年来以青霉素、红霉素等为代表的抗生素，谷氨酸、赖氨酸等为代表的氨基酸，柠檬酸等为代表的有机酸，淀粉酶糖化酶等为代表的酶制剂产量与规模迅速扩大，其发酵生产关键设备发酵罐也同时向大型化发展，和国际接轨。如抗生素发酵容积已普遍扩大至100～150立方米。目前国内最大标准式发酵罐为东阳光公司红霉素发酵罐，其公称容积亦为370立方米。在生产规模应用的发酵罐大部分的形式,仍然是机械搅拌式、液体喷射循环式和压缩空气鼓泡式三大类型。

①机械搅拌式发酵罐。主要是从径向液流的涡轮搅拌器向轴向液流的翼型叶轮及其组合结构的方向发展。早先在机械搅拌式发酵罐通常装有数个径向圆盘涡轮搅拌器，但容易使被搅拌的介质分层而形成几个区，因而在罐下部和上部之间形成氧分压梯度，导致罐内上、下部之间的KLa值的差异。近来发酵罐的搅拌系统多采用在罐底部安装一个用来分散空气的涡轮搅拌器，其上再安装一组轴流式搅拌器，用来循环培养介质、均匀分布气泡、加强热量传递和消除罐内上、下部之间含氧量梯度差。特别是在大型的发酵罐中，选用径、轴流混编的搅拌系统取得了很好的效果，其底层的径流搅拌能把通入发酵罐的空气迅速分散成小气泡，并在底部均匀分布；上层的轴流搅拌能提供罐内的整体循环混合，使气泡在整个罐内进一步均匀分布，并能有效防止小气泡的聚并，增加了气液混合的时间和空间，因而能更好地提高发酵液中氧的传递速率，增加溶解氧浓度，进而提高发酵单位。目前对于如抗生素等高耗氧的发酵罐，华北制药集团、石家庄制药集团等大型发酵企业，以及一些如浙江长城减速机公司等专业公司都普遍采用以上技术。

②液体喷射循环式发酵罐。这类罐型有塔式和罐式两种，通过动力输送培养液经过设在顶部或底部的喷嘴在高速液流下与压缩空气或自行吸入的空气进行混合，在反应器内自上而下或自下而上地经过或不经过导流筒或筛板进行分隔，实现发酵过程。对于大型发酵罐，由于搅拌罐的功率消耗太大，发展这类罐型仍然受到重视。研究开发的重点是喷嘴形式的结构。总的趋势是由双喷嘴向

单喷嘴方向发展，从改进几何尺寸着手，提高气液比和混合效率。对于大型的罐式生物反应器，一种较新的构型是液体由下方的喷嘴进入发酵罐的底部后，经过倒锥形折流装置沿着径向分散，与来自上方的喷嘴送入的气体同样被到锥的上底折流，相互混合，均匀分布，由罐底上升，实现发酵过程的传质和混合。这对于非丝状菌的大规模培养很有实用价值。国内也有工程开发的介绍，部分曾在中试规模进行试验。

③压缩空气鼓泡式发酵罐。这类发酵罐在1984年英国ICI公司以导流筒内多孔板分布结构的超大型内循环罐型用于烃类发酵生产酵母取得成功以后，近一二十年来开发的结构多种多样。国内已有100吨罐用于山梨醇发酵试验，400吨罐用于衣康酸的生产和200吨以上多种规模的谷氨酸生产，有环隙气升式、外循环气升式等不同构型，都有比较显著的混合传递效果。

有关这类罐型的功耗指标，一般的内循环气升式罐功耗为3.5千瓦/立方米，其KLa仅为350/小时循环气升式反应器的功耗为5千瓦/立方米，其KLa亦仅400/小时。国外对这类反应器的主要开发进展是追求节约功耗、提高溶氧水平，如多层筛板式反应器的功耗水平为3.5千瓦/立方米，而KLa可达1 000/小时。国内在这方面还存在较大差距。

目前气升式发酵罐在培养基较稀薄、供氧量要求不过分高的条件下（如维生素C发酵）得到了较为广泛使用，其他喷射式叶轮发酵罐、外循环发酵罐也有一定的用途。但在发酵工业中，仍数兼具通气又带搅拌的标准式发酵罐用途最为普遍，在我国标准式发酵罐被广泛使用抗生素、氨基酸、有机酸等各个领域。

大型装置的利用的另一个问题是放大问题，即大型发酵罐的几何结构和动力结构等可设计参数的确定，也就是说将放大规模的状态参数转化为操作或设计参数又有一个研究过程，需要对积累性的工作基础进行理论提升。例如根据OUR、KLa以及所选用的搅拌桨特性测算不同规模发酵罐所需的搅拌功率；根据OUR与菌体细胞剪切适应量选择不同规模发酵罐的搅拌器形式、转速或其他结构的研究；搅拌器的混合与剪切特性的冷态研究，计算流体力学的应用研究；大型发酵罐高功率搅拌器的加工与动平衡研究，以及传动装置技术和整体罐结构设计研究；根据耗氧率进行发热量估计及传热面积的研究：不同传热结构（夹套、蛇管、半圆管和激光焊接膨胀型蜂窝夹套）的传热效果、强度、无菌性能研究和造价衡算；放大效应的计算机控制补偿的设计研究以及具有补偿控制能力的计算机数据采集与控制系统以及上述研究的数据库建立与推广应用。

因此，如何在放大的罐体上实现相同代谢流参数为目标的设计，需要从生物学、化学工程、机械制造、传感技术到计算机控制技术的协同努力。

(2) 商品化生物反应器。生物反应器是多专业技术发展的综合体，由于反应器零部件技术的进步，必须及时更新产品设计，为用户提供性能更好且价格合理的反应器产品。由于生物反应器中的反应是在基因、细胞和反应器工程水平上多尺度发生的，因而真正利用生物反应器实现过程优化是有难度的，从理论到实践的提高，并进一步在生物技术产品生产中发挥作用。为此，国外许多专业公司以生物反应器作为商品化装置实现市场化，建立生物反应器生产标准，实施ISO9001管理，提供符合用户要求及质量稳定的产品，把售前宣传和售后服务等与整体应用技术提高相结合，取得了很好的效果。

我国生物反应器的研究一直受到国家有关部门的重视，在国家攻关“七五”、“八五”期间先后立题，并集中国内有关单位攻关，解决了在生物反应器研制中的几个关键技术问题，并形成了早期产品。但由于计划经济时代国家攻关计划与产品开发脱节，再由于当时国内配套基础差，以及各种体制和观念上的问题，严重影响产品质量，故长期来未能在我国形成规模化的产业。我国商品化生物反应器的市场相当大的一部分被几家国外公司占领，主要有德国B.Braun、美国NBS、瑞士Bio Engineering、日本以及韩国等，占据了我国市场的70%左右。

近年来，国内有关生物反应器产业发展较快，有关产品生产的公司企业已达10多家，在这些公司的努力下，一改过去基本由国外产品占领国内市场的局面，特别在低端产品上已基本由国内控制。但是这些公司大都主要从事中低档产品生产，企业技术力量以仿制为主，着重于以降低生产成本为目标的零部件替换研究，虽然产品的标准有所下降，但也能满足一般用户的需要，特别对生物技术产业刚起步的或优化放大要求不高的企业或教学单位，低价的产品已能适应他们的要求。但是对一些性能要求高的商品化生物反应器，如SIP自动灭菌与CIP清洗的全自动生物反应器、生物反应器的自动取样与分析系统等，一些重要器件如耐高温灭菌的隔膜阀的抗疲劳、抗膨胀性以及器件加工工艺与标准都有差距，特别是一些符合GMP要求的高端生物技术产品所需的装备或成套设备主要还是由国外公司提供。由于这些国内公司缺乏生物过程技术的研究力量以及工艺、工程、装备一体化的研究体系，因而不能随着生物技术发展有同步生物反应器的开发能力，例如对于大规模动物细胞生物反应器，至今国内还没有符合要求的定型产品推出。此外，对与生物技术深度结合的高度自动化的实验室装置缺乏试制能力，因而只能是简单的外型仿制和跟踪，缺乏创新的自主知识产权产品。

由此可见，面临着生物技术的深入发展，如何解决提高生产能力为目标的行业技术改造，以及和国外高档产品的市场竞争，我们必须大力开发具有自主知识产权的性能优越的反应器技术并商品化，以适应推动生物技术产业化进一步发展的需要。

(3) 以代谢流分析为核心的生物反应器。长期以来发酵过程优化与放大所依据的基本思想和方法是采用细胞外的参数检测为基础的最佳工艺控制点为依据的静态操作方法，实质上这只是化学工程宏观动力学概念在发酵工程上的延伸。例如，用氨水调节pH时，关心的是最佳pH，却不注意氨水加量的动态变化及其与其他参数的关系。在溶解氧浓度（DO）测量与控制时，关心的是最佳DO值或临界值，不注意细胞代谢时的耗氧率。显而易见，用在以活细胞代谢为主体的发酵过程就有很大的局限性，应该重视细胞代谢流的存在。

国家生化工程技术研究中心（上海）的研究人员在研究了生物反应器中的细胞过程特点后，提出了生物过程的多尺度问题研究，试图采用工程学方法来解决高度分支化和具体分散的生物技术研究难以对整个生物反应器过程优化控制和放大起决定性作用的问题。形成了一套基于参数相关的发酵过程多水平问题研究的优化技术和发酵过程多参数调整的放大技术。

随着过程传感技术和计算机技术的发展，设计了一种用于生物过程多尺度研究的新概念发酵装置，已由上海国强生化工程装备有限公司组织生产，定型为FUS-50L（A），最近又在原有基础上进一步改进提高，推出了符合cGMP标准的新型产品FUS-50L（cGMP）（图65），该装置以生物反应器中物

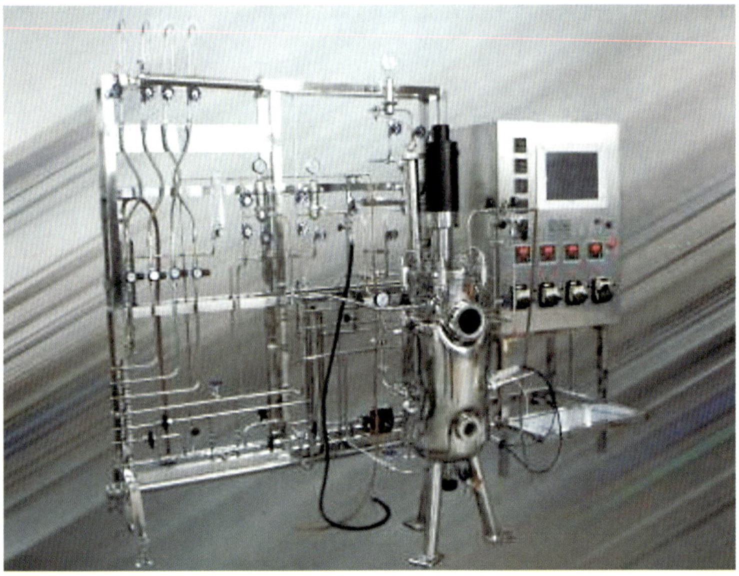

图65　用于代谢流分析的实验室FUS-50L（cGMP）发酵罐

料流检测的观点，具有14个以上在线参数检测或控制，并开发了一个适应多种反应器特点，融合多种过程理论和控制理论，便于发酵过程工艺分析和优化操作的软件包。在鸟苷发酵过程中，从反应器测量参数上发现了细胞代谢流迁移，由此实现了过程优化。该产品先后成功地应用在青霉素、红霉素、饲料金霉素、链霉素、黄霉素、泰乐霉素、棒酸、鸟苷、肌苷、基因工程白蛋白、基因工程疟疾疫苗、基因工程植酸酶、胰岛素原(PIP)、基因工程必特螺旋霉素等多种产品发酵优化研究中，大幅提高发酵单位能力，且优化结果一般可由几十升发酵罐直接放大到上百吨的工业生产发酵罐。

(4) 生物反应器中试系统设计。对于生产规模大的传统生物技术产品，为了对已经通过前期研究（实验室研究和市场分析）的产品进行过程优化研究，在中试规模上达到高生产水平或质量，并进而为车间生产提供工艺放大依据和设备设计依据，或是进行小批量生产，提供应用试验样品或供市场试销，近年来许多有关发酵产品生产的企业迫切需要建立一个多功能的中试发酵车间。

随着以“多尺度”观点的发酵研究技术的发展，中试车间的有关装备的软硬件技术和研究方法以上述内容为核心进行建设，以便有效地解决发酵过程的优化与放大问题。考虑到装置系统的通用性以及为生产用罐的设计提供数据，其中一些关键设计参数如搅拌功率及搅拌桨形式、发酵热及高效传热装置设计、通气流量设计等必须有足够的调节余量或选择。此外，参数检测必需配置较完整传感（约14个参数以上）与数据处理系统，发酵罐结构与制造技术（如罐体材料、焊接、抛光、夹套结构与制造、搅拌装置制造技术等）应先进，为今后的发酵过程优化与放大设计提供重要的工程设计数据。

在中试系统中，一个重要的设计目标就是生物反应器群控技术的过程控制与数据处理，这不是通常意义的下位计算机所能实现的。因此，如何根据不同情况选用计算机系统就成为一个重要问题。近年来，随着计算机技术的发展，在生物反应器系统中可以选用的计算机系统有单片计算机、PLC、工业控制计算机、现场总线计算机控制系统和DCS系统等，其中现场总线系统与大容量计算机相结合可以很好地适应发酵中试系统的控制与数据处理要求。可以采用将智能嵌入式计算机系列的智能模块技术、高性能网络通信技术、信息处理技术、综合自动化控制技术与生物反应控制有机结合。设计成每个罐使用一块现场总线模块独立控制，各个罐相互独立，用分散的虚拟控制站取代集中的控制站，增加系统的可靠性。同时多个罐的控制回路用以太网连到一个IPC组成的操作站，组成小型的局域网。采用常规控制系统软件包对所有发酵罐进行控制，具有高安全性和连续操作的特点。又以上位计算机进行数据通讯的集中显示系统，具有贮存量大、数据处理使用方便和直观的人机界面特点。

（5）动物细胞大规模培养生物反应器研制。由于细菌等原核细胞表达系统在转录及修饰方面的缺陷，许多重要价值的蛋白质，特别是基因工程药物、疫苗、抗体等糖基化的需要，使哺乳类动物细胞表达系统成了一个更合适的工具，因此，哺乳类动物细胞表达系统引起了大家重视。以哺乳动物大规模培养技术为基础的生物制药产业在美国等西方国家得到了迅速发展，数十种产品已进入市场，取得了巨大的经济和社会效益。

然而，目前国内的情况是，由于抗体等其他细胞表达产品装药量大，我国科研单位已经掌握的早期生物药开发技术很难应用到新型药物生产工艺上，需要重新摸索；由于细胞株等上游配套技术的落后、反应器研制技术的差距以及缺乏有关生化工程的研究等原因，因而缺乏必要的条件去掌握高表达细胞株构建和大规模细胞培养技术，难以突破技术瓶颈。

由于动物细胞无细胞壁，对营养要求严格，因此细胞是否附着于固体或半固体表面生长（贴壁培养）、培养基中血清的使用、抑制因子的积聚度、渗透压等等问题一直是动物细胞大规模培养的关键技术。此外，动物细胞对pH、溶氧、温度、剪切应力、抗污染等环境因子的高敏感性，实现动物细胞生化反应器的大型化、自动化和精巧化也成为大家关注的问题。国外用于生产的动物细胞生物反应器已趋于大型化（最大到吨级规模）、多参数与高度自动化的计算机控制系统以及适应动物细胞对环境因子高敏感性的反应器精巧设计制造，并形成商品化供应用户。我国自“七五”至“八五”攻关期间立题开展有关动物细胞生物反应器研究，取得了较大进展，但哺乳类细胞培养技术要求高，技术壁垒大，有关单位在未能掌握核心技术的情况下，单凭模拟很难开展工作，我国有关动物细胞生物反应器产业仍近乎空白。

从当前发展趋势来看，悬浮细胞、无血清培养，是目前世界范围内各大生物公司产业化生产的发展方向。悬浮细胞、无血清培养在规模化生产提高单位产量、细胞的高密度培养、高密度表达、简化生产工艺、降低生产成本、保证大规模生产的产品质量等方面，都起到非常重要的作用。是高度生产化的最有效的途径。是目前世界各大生物公司竞相开发的前沿课题。也是美国FDA要求各生物公司建立的规模化生产技术平台。

从反应器类型来看，早期动物细胞反应器较多采用贴壁培养反应器，其中微载体的使用可使贴壁细胞的培养像悬浮培养那样进行，但近年来特别是血液、淋巴组织、许多肿瘤细胞（包括杂交瘤），以及一些其他转化细胞系都采用悬浮培养反应器，已形成各种类型，其中推广较多的有美国NBS公司的填充床生物反应器，但大多只能在实验室规模应用，一些适合于生产规模的更新类型的悬浮培养反应器也正在开发，如瑞典的BIO公司和德国的B.Braun公司。

此外，从代谢流分析来看，动物细胞对营养的严格要求都是与胞内代谢有关，不同途径消耗的各种营养物的比例实质上是细胞代谢状态迁移的结果，特别是近年来细胞代谢工程的研究，有关代谢流的分布，基因水平和细胞水平的代谢调控研究文献大量报道。因此，以过程代谢物质流检测为目标研究动物细胞生物反应器的多参数传感技术，通过计算机的数据采集系统，实现过程参数相关的优化技术研究，有可能取得过程优化技术的重大突破。

以上海国强生化工程公司为代表的专业公司初步研制成功5升和50升动物细胞反应器（图66），并在哈药集团生物工程公司成功应用，清大天一生物技术等公司也在无血清培养基商品化开发方面开展研究，这些研究对填补我国大规模动物细胞反应器空白起到一定的积极作用。但要根本改变局面，必需迅速全面组织力量，从动物细胞反应器的关键技术的有关部件和材料研制出发，加强装备制造工艺研究力量，然后结合动物细胞过程工艺特性，形成装备设计与工艺要求的统

图66　我国自行研究的50升动物细胞大规模培养生物反应器

一。此外，在研制过程中要注意及时吸收最新的各领域技术进步，如计算机软硬件技术、新材料技术和生物技术等，形成具有自主知识产权的装备产品。

2.今后发展趋势——基于过程生物信息处理的生物反应器过程研究　长期以来以微生物等为代表的生物过程研究，是基于经典的以动力学为基础的工程学概念和经典的以化学计量学和热力学研究为基础的生物学概念。随着过程工程技术和生物技术的进展，对过程系统的认识由宏观到微观，由还原论到综合论，必需引入现代的工程学和生物学基础，特别是在深入开展微生物过程研究中如何整体性看待遗传和生理就成为过程优化与放大的重要问题。在现有的生物过程研究中往往是先进行遗传育种，然后进行发酵条件优化，在过程中忽略遗传和蛋白信息流的改变，也就是说把菌种改造的基因特性与发酵过程优化研究分割开来。在研究过程中，我们还经常发现由单一生理调控机制出发做出的解释往往缺乏全局性的概念，只揭示了生理调控的局部和某一时段的特点，因此难于对整个过程控制和优化起决定性作用。

以上情况，实际上提出了发酵过程系统生物学研究的重要性问题。系统生物学不同于以往的仅关心个别的基因和蛋白质的实验生物学，它要研究所有的基因、蛋白质以及组分间的所有相互关系。显然，系统生物学是以整体性研究为特征的一种大科学。工业微生物过程的系统生物学研究的主要内容是：把生物反应器体系作为相对封闭的生态系统，用系统生物学的方法来研究微生物内在的生理活动、微生物之间的相互作用、微生物与外在环境相互作用关系。这种全域性研究可以发掘微生物生物合成调控基因，为代谢工程改造菌种、重构微生物基因组及表达调控系统提供理论基础；发掘发酵过程参数优化的分子机制，为进一步优化发酵过程参数提供理性依据。

在研究方法上，强调宏观的差异分析法。这种研究方法以系统生物学为背景，直接把代谢产物或途径与转录谱相关联建立高通量筛选平台，有可能产生跳跃式而不是递增式改良，并且把菌种改良与发酵过程开发统一起来，提供的研究基础还可以用于其他工业生产菌株，可以加快菌种高效筛选与过程开发。

以上研究理论的深入和技术方法的进步，必定反映在生物反应器结构与功能的变化，特别是提出了从基于参数传感技术的反馈控制发展为以信息处理为基础的生物过程检测与分析。提供了大量的过程检测数据，但不是pH和DO电极那样只是提供了一个单变量的方法，而是以各种谱分析为主要内容的可以同时测量很多变量的多变量方法。这些谱分析有各种质谱仪（MS），其中包括用于发酵尾气成分分析的气体质谱仪和测定各种微生物系统的有机物的热裂解质谱仪（PyMS）；各种红外谱分析（IR），其中包括用于营养成分消耗和产物形成的近红外（NIR）以及在红外指纹区应用的中红外（MIR）；用于生物细胞或生物有机物分析的拉曼振动谱（raman spectroscopy）；研究生物系统电极极化性能的非线性双电极谱的双电报系统（dielectric spectro.）。对这些谱图测量所得到的海量数据，在数据处理时必须有功能强而粗犷的高维快速分析功能，可以采用多元化学计量学方法。

此外，有关工业微生物过程的系统生物学的研究方法，在转录水平上可采用基因芯片分析转录组，在翻译水平上采用2D电泳、时间飞行质谱分析蛋白质组，在调控网络上采用染色体免疫沉降方法分析所有的转录调控位点等。由此可见，用于生命科学测定技术与分析仪器所得到信息已开始作为重要的发酵过程检测参数，如何解决生物过程的信息处理以及与控制系统之间的关系就成为一个值得关注的问题。

六、生物过程检测与控制

在工业生物过程中，过程参数的检测和控制是实现产品高效、稳定生产不可或缺的条件。参数检测是实施工业生物过程控制的基础，但在相当长的一段时间内，由于相关检测技术的限制以及对工业生物过程的认识还停留在胞外过程，对工业生物过程的参数检测大多停留在与培养环境相关的参数上，如温度、pH、溶解氧、通气流量、罐压、泡沫检测、搅拌转速、液位、补料速率等环境或操作参数。这些参数的检测方法已比较成熟，并已形成了商品化的产品。近年来，随着对细胞生长、代谢和产物形成机理的逐步深入理解，人们开始关注工业生物过程中与细胞生理代谢特性相关的参数的变化对产品生产的影响，开发了部分生理参数的检测方法和装置。

1.国内技术发展现状

（1）细胞浓度。大量细胞的存在是工业生物过程得以持续进行的前提条件，长期以来人们一直试图在线检测工业生物过程中细胞的浓度。如天津大学化工学院生化工程系设计了一套比浊法细胞浓度在线检测系统，并应用于5升发酵罐中木糖醇发酵过程细胞浓度的在线检测。试验结果表明该细胞浓度在线检测值和实测浓度总体趋势吻合较好，但由于气泡等干扰的存在，数据偏差较大。

基于比浊法的细胞浓度传感器存在着多个不足，如无法克服培养基中固体成分的干扰，无法区分死细胞和活细胞，容易受细胞大小影响，等等，在实际应用中存在较大误差。近年来出现了的基于原生质电容测定原理的细胞浓度在线测量技术，该测定技术能有效克服比浊法的若干不足。上海国强生化工程装备有限公司已研制了基于该原理的在线活细胞传感器，该仪器根据活细胞具有密闭的细胞膜系统，在交变电场条件下活细胞的内带电细胞质迁移，活细胞极化形成电容，根据测得的电容大小可计算出活细胞的浓度（图67）。

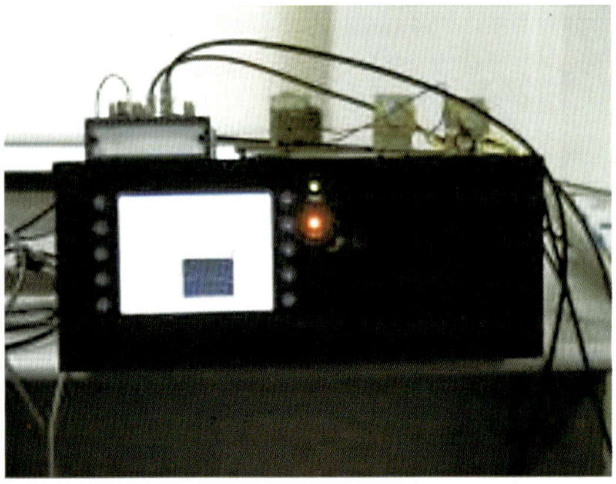

图67　活菌浓度在线测量仪原型机装置

华东理工大学应用该在线活细胞传感器研究了重组毕赤酵母高密度发酵过程中活细胞浓度的变化情况，在线计算出发酵过程中活细胞的呼吸强度，及时了解发酵过程细胞生理状态，为发酵过程控制提供了高效的分析手段。

（2）尾气成分。尾气成分的分析是获取工业生物过程中气态或可挥发性物质的代谢情况的重要方法，已有多个单位开发出了基于不同分析原理的装置。

重庆川仪总厂有限公司等厂家生产了基于顺磁性和不分光红外吸收原理的尾气O_2和CO_2分析装置，该装置在我国工业生物过程中得到了大量应用。通过测定尾气O_2和CO_2浓度，并结合通气流量和发酵液体积等参数，可计算出OUR、CER和RQ等代谢参数。

聚光科技（杭州）有限公司开发了基于半导体激光吸收光谱（DLAS）技术原理的在线气体分析系统，可现场在线分析过程气体，省却了采样分析系统必需的采样预处理装置，较好地解决了国内外普遍采用的采样分析系统存在响应速度慢、精度低、结构复杂、成本高、恶劣环境适应能力弱等缺点。

质谱仪是检测尾气成分的另一类重要装置，其中比较成熟的是四极杆质谱仪。四极杆质谱仪的工作原理是利用高能电子流轰击气体样本，使得样本中的分子或原子丧失电子甚至被打碎，形成各种离子碎片，将离子碎片按照质荷比进行分离，检测不同质荷比的离子碎片的强度，可推算出对应组分的浓度。四极杆质谱仪在分析气态和可挥发性物质时具有精度高、稳定性好、多种组分检测和多回路检测等优异性能，是检测尾气成分是一种理想装置。20世纪70年代国外已有研究单位将质谱仪应用到发酵过程，随后一些发酵制药工厂也配置质谱仪进行尾气成分在线测量。国内浙江海正药业公司于20世纪90年代在将64回路的质谱仪（图68）用到发酵车间的尾气成分分析，并将分析结果用于工艺优化，取得了一定的效果。

华东理工大学国家生化工程技术研究中心从美国Extrel公司引进过程质谱仪，研究了过程质谱仪应用于耗氧、厌氧和动物细胞培养等各种类型工业生物过程的共性问题，

图 68　多路采样系统

如样气预处理（图 69）、数据集成和数据分析，为过程质谱仪到国内工业生物过程的应用打下了良好的基础。

（3）细胞形态。形态是细胞生理特性的主要表型特征之一，在发酵过程中经历着复杂的变化，不同阶段的细胞形态往往不同，只有特定形态的细胞才能高效地合成所需要的产物。人们很早就注意到了细胞形态对生产的影响，在日常观察中积累了大量能描述细胞形态与产量之间关系的知识。华北制药集团公司研究了青霉菌的菌丝形态对发酵过程的影响，表明种子时期的菌丝形态良好是青霉素发酵高产、稳产的保障。近年来，国内有一些单位开发了能离线提取出细胞形态定量参数的软件包，如华东理工大学的发酵过程菌丝形态分析软件，能从菌丝形态图像中自动提出菌丝长度、菌丝直径和菌丝平均

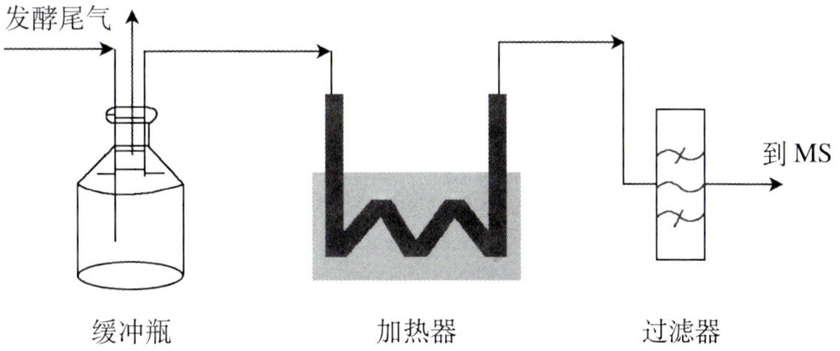

图 69　处理系统

生长单位等参数，并成功应用到了头孢菌素 C、青霉素、链霉素和阿维菌素等多个发酵过程的工艺优化研究。

为了能更好地实时了解到发酵过程中细胞形态的变化，上海科源、国强公司与华东理工大学合作研制了在线细胞显微观察仪，该装置由光学系统、CCD 摄像机和数据处理软件包组成，可直接插入到发酵罐接口中，从而实现在线监控发酵过程中细胞的数量变化和形态变化。数字化的显微图像经计算机

软件处理后可得到有关细胞大小分布、细胞浓度、细胞形态和细胞成活率等信息。目前该在线细胞显微观察仪已形成商业化产品(图70)。

图70　细胞显微观察仪

(4) 培养液成分。培养液成分的在线检测一直是工业生物过程研究的一个热点和难点，可分为原位和非原位检测两大类。原位检测方法将检测探头直接插入反应器，再利用红外光谱、荧光光谱和离子敏场效应晶体管传感等技术来分析组分浓度。但生物过程通常要求纯种培养，要求检测装置不能污染生物过程，许多检测技术因不符合此条件或者其他方面的原因而不能用于原位检测，需要把培养液样品连续自动地从反应器中取出，再在反应器外对样品进行自动分析。在各种取样技术中，因消耗样品量极少且可与多种检测方法相结合，流动注射分析（flow inject analysis，FIA）技术是运用最广泛的取样技术。样品从反应器取出后可运用各种方法分析，比较新颖的有生物传感器、色谱分析、质谱分析、核磁共振分析和生物分子交感分析等方法。

尽管有很多文献报道了葡萄糖、铵氮、甲醇、乙醇、氨基酸和有机酸等多种成分的在线检测方法，但大部分还停留在实验室研究阶段，能真正应用到工业生物过程的并不多。华东理工大学生物反应器国家重点实验室采用衰减全反射傅里叶变换红外光谱技术(ATR/FT-IR)研究了山梨醇生产山梨糖的发酵过程，确定了基质山梨醇和产物山梨糖特征吸收峰，建立了特征峰吸光度与浓度的相应关系，可同时监测发酵过程中山梨醇和山梨糖浓度的变化。山东省科学院生物研究所采用固定化酶传感器和流动注射分析技术研制了谷氨酸、乳酸、葡萄糖生物传感器，并在谷氨酸发酵过程中得到应用。

（5）控制技术与系统。在获取生物过程检测参数数据的基础上，可对过程实施控制，使其按照既定的轨迹运行。目前有比较成熟可靠的装置能在线实时地检测到温度、pH、溶解氧、补料速率等环境或操作参数，因此对这些参数的在线控制是可行的。

温度、pH和溶解氧控制在一般的工业生物过程中都会实施，控制方式差别不大，而补料是生物过程控制中的关键操作，随着生物技术的发展，现代生物过程对补料计量、补料精度及周期的要求越来越高，不同的发酵车间往往采用不同的控制方式。目前在工业生物过程中应用得较多的有杯式、阀式和称量式等3种补料系统。

杯式补料系统：在工业生物过程中，目前国内工厂运用比较多的是杯式补料系统，例如诚益通、康拓的杯式补料系统。这种补料系统通过计量杯，可以实现定时定量补料，每杯料液可以一次性加入，也可以将一杯料分几次加入（例如用于pH控制的补料计量杯）。通过这种方式，可以实现间歇式的补料，而且可以补加的料液品种较多，可以满足绝大多数工业生物过程的需求，因而得到广泛运用。这种补料系统对物料含固量有一定要求，以防止堵塞。

阀式补料系统：这种补料系统，通过控制进出物料阀的开关次序，完成进料、料满和出料的整个补料过程，在红霉素发酵中得到过运用。这种补料方式补料准确度较高，但其对阀体的整体要求较高，适用于含固量很少的料液。

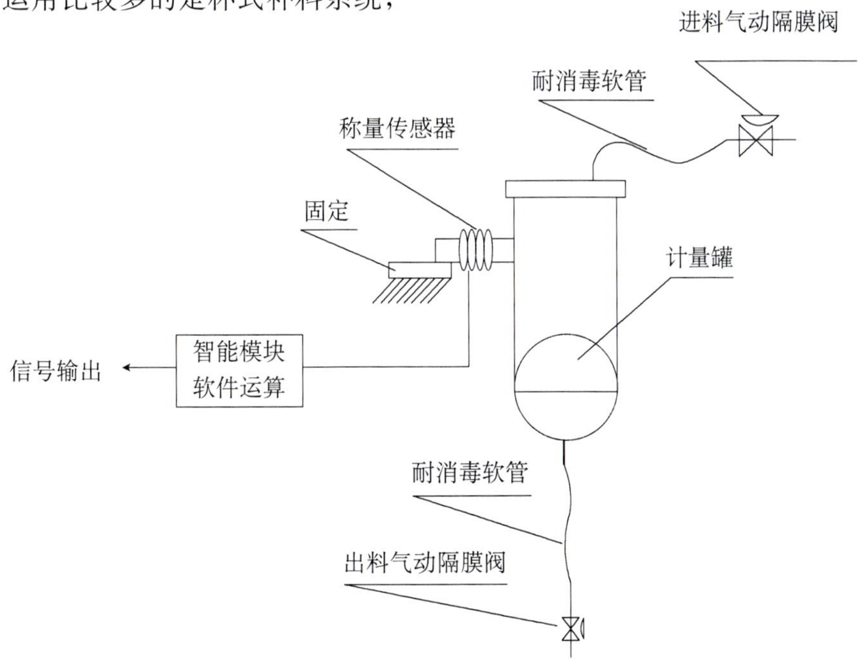

图71 补料系统

称量式补料系统：上海国强生化工程装备有限公司研制了基于称量式的补料系统(图71)。该系统具有1%FS的高控制精度、能设定补料量和补料速率、自动过滤噪音、使用寿命较长、进出料管路有堵塞自动报警和模块式结构设计等特点，补料系统的执行器可分别配置蠕动泵或气动隔膜阀，可适用于实验室或工业规模发酵罐的补料（图72)。

图72　车间的称量式补料装置

工业生物过程控制的最终目的是提高产品的产量或产率，因此研究各种环境参数、操作参数和细胞代谢参数对产品的影响，并在此基础上建立模型，根据模型对过程进行控制，将是工业生物过程控制的重要发展趋势，但由于生物过程的复杂性，生物过程中的细胞形态、菌体生长速率、营养物消耗速率和产物形成速率等很多代谢参数还难以在线实时获取，尽管通过一些软测量的方法可估计出一些参数的值，但离实际的工业应用尚有不少距离，还需要大量的研究工作。

2.今后发展趋势——基于生物过程信息处理的计算机网络系统　进入21世纪以来，随着信息技术的发展，中国经济的各个领域都在迎接着信息化革命的浪潮。生物技术产业作为一个新兴的领域，同样也面临着信息化的挑战和机遇，而且这种信息化的挑战和机遇贯穿了从小试研究、规模化生产以及商业运作的整个生物技术产业链。目前在工业生物技术信息化过程中，一方面，随着生物技术以及相关学科的迅猛发展，生物过程数据出现海量化，例如各种过程参数、代谢物谱、蛋白谱、转录谱等过程信息的涌现，而另一方面，各种信息相对独立，缺乏相关分析、集中分析、知识提取等处理手段，信息处理和管理的能力相对不足。因此，需要大力发展基于生物过程信息处理的计算机网络系统，在获得海量生物过程数据的同时，能够及时地处理数据，从中提取对过程分析和优化有用的信息，并且加强信息的管理和协作共享，推动工业生物技术的整体发展。

随着信息产业技术在工业生物技术领域的运用，国内许多工厂建立了计算机数据采集和自动控制系统，包括基于工业控制计算机、PLC、智能模块和集散控制系统（DCS）等的计算机系统。同时，国内工业生物过程信息化得到了一定的发展，目前，许多工厂建立了基于生产车间DCS系统的过程信息化平台，例如北京东方诚益通工业自动化技术有限公司、浙大中控技术有限公司的DCS系统等，通过这些DCS系统，不但可以对生产过程进行监测和控制，而且可以对过程数据进行存储、显示和初步分析，这为工业生物过程的信息化提供了基本的技术平台。同时也应该看到，目前国内工业生物过程的信息化仍然存在一些局限性，主要为：

（1）各种过程数据相对独立，不利于整体过程信息的分析和提取。许多工厂的DCS系统仅仅是完成基本过程实时数据的监测和控制，没有将其他数据，例如离线检测数据等进行综合，而且缺乏工业生物过程蛋白谱、转录谱等多尺度的参数，这样也就无法进行更深入的过程分析和优化。

（2）目前的绝大多数DCS系统仅仅是完成过程数据的采集控制和存储，缺乏数据分析和信息处理功能。仅有少数工厂的DCS系统安装了过程数据分析软件，例如biostar数据分析软件等。

（3）各个车间和部门的计算机系统相对独立，没有统一形成一个有机的、权限限制下共享协作的整体计算机网络，常常是过程数据、分析和管理等子网络相互分离，没有充分发挥计算机网络共享协作的乘数效应。

由此可见，为了充分挖掘生物过程各种数据中的信息，推动过程的优化和放大，需要充分发挥计算机信息化处理技术在工业生物过程领域的运用，从而建立基于生物过程信息处理的计算机网络系统。对于这种基于生物过程信息处理的计算机网络系统，可以以现有的DCS系统为基础，将实时过程数据、离线检测数据、蛋白谱数据、转录谱数据等多尺度参数进行融合和集中处理，通过相关分析等信息提取手段，挖掘出对过程优化和放大有用的信息和领域知识，同时在权限限制和保密的前提下实现信息的共享、信息操作的协作以及专家知识的传授，从而推动工业生物过程整体技术的发展（图73）。

这种基于生物过程信息处理的计算机网络系统既可以在实验室规模建设，完成平台服务和小试研究，也可以在工厂规模建设，实现大规模生产的过程分析和优化放大，同时，还可以利用Internet网络技术，将不同地域的网络实现互联，实现远程的信息共享和信息处理协作，进行远程过程监视和诊断，充分发挥领域专家的作用。

七、生物技术平台与孵化器

1.我国生物平台技术与孵化器发展现状

（1）我国生物技术平台发展现状。“十五”计划“创新药物和中药现代化”重大科技专项成功组织实施，我国建立和完善了900多个重要技术平台和基地，形成了从基础研究、应用开发、中试到产业化不同阶段相对完整配套的生物技术创新体系。其中包括“动物细胞表达产品的大规模高效培养技术平台”课题和“生物技术药物规模化制备

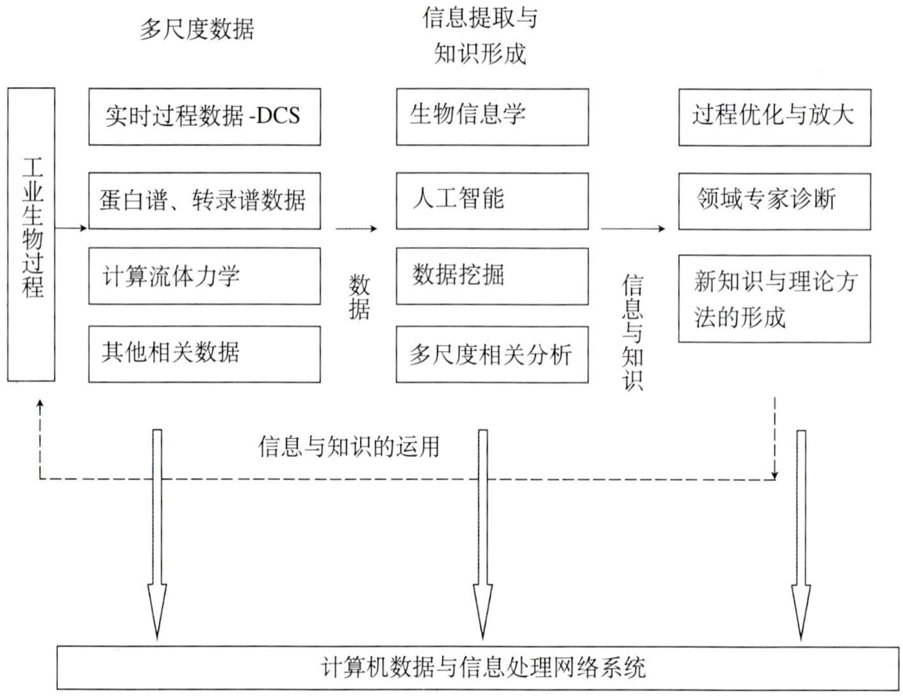

图73　过程信息处理的计算机网络系统

技术平台”课题。通过这些课题的组织实施，共获得相关技术专利12项，申请专利36项，在发酵技术、蛋白复性技术、仿生亲和纯化技术、工程细胞改造优化、无血清培养基研制等方面取得了重要进展，进行了20多个目标产品的工艺放大，组建了一支高水准的专业队伍，初步建立了我国具有一定示范作用的动物细胞大规模高效培养技术平台和基因工程菌大规模高效培养技术平台。

需要指出的是，以上大多产品技术大多停留在小试研究阶段，离真正投入工业化生产还有很大距离。我国以工业放大为目标的中试研究在企业集团或各种孵化器已有很多，但普遍存在的只是在购置现成的国内外设备基础上进行常规一般的操作试验，缺乏以放大为目标的工艺、工程、装备一体化的研究，技术含量低，因此提供不了有关工业规模设计所需要的基本数据。以华东理工大学国家生化工程技术研究中心为核心的研究队伍，在“九五”、“十五”期间提出了以代谢流为核心的多参数相关分析研究技术，并完成了一系列用于研究的相关装置技术，在10多个生物技术产品优化与放大研究上取得成功。“十一五”期间在承担的“大宗发酵产品的先进发酵工艺技术”863重点项目中，又进一步以红霉素、头孢菌素C为目标开展以生物反应器流场特性与菌体生理特性相结合的放大技术研究，在中试研究数据基础上已成功地放大到160立方米和370立方米规模。但由于经费缺乏等原因，没有进一步发展和在全国推广。

为了拓展生物过程工程技术在生物技术与医药领域的推广应用与技术服务，从而提升全行业的产品工艺水平，加快实验室成果转化为新产品的步伐，促进国内生物技术领域的科技进步和产业化发展，上海市科学技术委员会、上海研发公共服务平台立项建设上海生物过程工程专业技术服务平台。该平台将建设一个以先进生物过程工程技术为核心的有多种技术支撑的生物技术与生物医药领域的专业技术服务平台，作为上海研发公共服务平台专有技术服务系统的子平台，形成以生物过程工程技术为基本内容的生物技术产业技术支撑体系和服务链，其中包括生物过程信息技术、菌种（或细胞）构建与筛选、生物过程工艺优化与放大、生物反应器设计与改造等工艺、生物技术工程装备一体化设计等。该平台将以上海地区优势单位已有的生物过程工程专有技术为核心，通过官、产、学、研密切合作，在国内首次建立开放式、模块化运作的生物过程工程共性技术平台和服务基地。平台还将以先进的生物过程工程技术为核心，为科研院所和企业自主创新提供研发、设计、试验、检测、推广等服务，由此带动上海地区乃至全国的生物技术与医药行业技术进步。

先进工业生物技术创新基地是中国科学院在知识创新工程三期中重点建设的基地之一，根据国家区域经济发展的需要，中国科学院计划建立南北两个中心，目前分处天津、湖州的两个工业生物技术研发基地正在筹建之中。其中，湖州基地将以生物基材料的研发为主，而天津基地则侧重在生物能源与生物基化学品的研发，工业微生物研究在这两个基地中都将占很大份额。

先进工业生物技术创新基地重点部署了基因资源挖掘利用技术平台、“组学”导向的微生物高通量筛选技术平台等，以及工业生物技术研发基地与产业基地。通过“院地合作”，建立新型开放式平台，逐步实现各种创新资源的有效整合，全面奠定我国由化石为原料的工业经济向生物质经济过渡的技术和产品基础。通过建立新型运行机制的天津工业生物技术研发基地，以创新、产业化为方针，以市场为导向，承接上游研究成果与思想，研究开发工业生物技术领域中的关键技术与共性技术，进行核心技术的创新与集成，提高工业生物技术成果的先进性、配套性、成熟性和工程化水平，实现技术、人才、资源、资金和管理的优化集成，推动工业生物技术成果的产业化。以中国科学院的技术与人才优势，加强与地方的合作，形成支持地方经济、发展我国生物经济的重要力量。

（2）我国生物孵化器发展现状。随着我

国对生物医药产业投入力度的加大及过去20年科技研究成果的积累，产业对生物孵化器的孵化服务及专业技术服务的需求逐步上升。近年来，各地开始认识到建立专业孵化器对地区相关产业发展的加速作用，对生物孵化器的支持力度逐年加大。

生物医药专业孵化器根据建设内容可分为硬件平台建设和软件平台建设。专业技术型企业孵化器除了提供通用型企业孵化器的一般办公环境外，还要为在孵企业提供专业化的实验条件、中试和专业化的技术平台，减少了初创企业公用技术设施的投入，这属于硬件平台建设方面的内容；此外，专业技术型孵化器还拥有专业化的技术支持、管理培训，在很大程度上为初创企业在技术研发、生产运作、经营管理及市场开拓方面节省成本，这属于软件平台建设方面的内容。软件平台的建设比硬件建设更为重要，专业孵化器的核心竞争力在于是否在专业技术领域具备技术优势，作为生物医药专业孵化器，组建一支掌握领域内国内一流的、具有国际水平的生物工程技术的技术队伍，是生物医药专业孵化器能否成功运作的关键。

专业生物孵化器可为生物技术中小企业提供物理空间和基础设施，提供一系列服务支持，降低创业者的创业风险和创业成本，提高创业成功率，促进科技成果转化，帮助和支持科技型中小企业成长与发展，培养成功的企业和企业家。张江高科技园区等研发服务技术平台已经通过联合国家级研发测试中心、科研院校、跨国公司研发中心，建立起包括公共实验室、中试车间、大型通用仪器和通用测试平台在内的一整套公共技术服务平台技术，强化了产学研合作机制；并在创业服务体系上，建立了包括由技术支持体系、孵化转化体系和市场实现体系组成的技术创新服务平台，健全的中介服务体系，多元化的投融资渠道，高效的人才服务中心，畅通的信息服务平台等。

国内生物科技项目的具体实施依托于国内的技术研发单位、生物技术企业孵化器和研发服务技术平台。这些专业孵化器包括北京生物产业孵化基地、广州国际企业孵化器、上海新生源孵化器、北京海银科医药技术孵化器、上海风林生物孵化器等，研发服务技术平台包括张江高科技园区、中关村生物医药园、中关村生命科学园、成都市生物与医药公共技术平台、大连生物医药研发中心等。

2.我国生物平台技术与孵化器发展展望

（1）国内生物技术平台发展展望。尽管我国在生物过程工程技术的研发方面取得了一定的成果，但是这些技术成果的应用推广范围和产业化程度均较低，造成我国大多数工业生物过程的生产现状仍然处于简单的初级或中级水平，工业生物加工过程的科技创新和人才培养都处于令人忧虑的状态。最突出的问题体现在两个方面：一是新产品的转化能力差，缺少具有自主知识产权的产品中试、放大技术平台，不能迅速把实验室成果转化为工业产品。二是与发达国家相比，我国生物技术工业的工艺水平低下，使得原料利用率低10%～20%，产品回收率低5%～15%，而能耗高20%～30%；导致最终产品质量低，企业缺乏竞争力，无法提升产业规模和效益。

要解决上述差距和问题，促进我国生物技术产业的快速发展，提升国际竞争力，一方面必须在加强生物过程工程的研究开发、大力发展生物中下游技术、培养一大批生物过程工程专业技术人才的基础上，通过技术应用推广和专业技术服务，提升产品工艺技术水平和产品质量，降低生产成本，增强企业产品的市场竞争力，从而推进生物技术全行业的科技进步。另一方面，只有加强生物过程工程的研究和专业技术服务，建立从实验室到工业化的快速技术平台，才能使生物技术实验室的发明、发现迅速转化为生产力，不断开发出高值化产品，形成可持续发展的创新能力，同时使我国前期在生物技术上游（细胞工程、基因工程等领域）大量投入产生的前期成果得以回报。

通过建设专业技术服务平台，可以促进专业化服务机构发展，促进技术转移和成果转化，为中小企业孵化提供配套专业技术服务，由此将促进产学研合作，加快研发的分工合作和新的专业技术的成熟，使研发活动流程化、规模化，将极大地缩短研发进程，提高研发效率。

建设一个有多种技术支撑的，与生物技术产业化研究密切关联的生物过程工程专业技术服务平台，形成产业技术的支撑体系和产业链已经是我国发展生物技术相关产业必不可少的重要措施。这个平台要以科技成果工程化、运行机制企业化、发展方向市场化为指导思想，以解决生物技术研发与产业化的共性、关键技术为主要任务，带动行业技术进步为目标，最终强化我国生物技术的自主创新能力和产业化能力。

（2）国内生物孵化器发展展望。不可否认，国内大部分生物医药孵化器在建设和管理上仍然延续传统综合性孵化器的模式，运行效率不高，资源浪费，不能充分发挥出推动相关产业规模、促进科技成果转化的功能。当前我国的生物医药孵化器主要存在资金不足、服务体系的专业化程度低、尚未建立科学的用人机制、缺乏自我研发能力等问题。

我国的生物技术企业多数是技术型的公司，其产品就是项目，最终要进入产业，技术交易是一个必备的环节，作为生物医药孵化器必须帮助入驻企业解决产业链的形成。

专业孵化器关键在于技术支持服务，包括项目的筛选、评价体系、对项目的帮助、平台建设中的设备操作管理人员等技术人员，在每个环节中都有技术的成分，因此，专业孵化器中必须有一批懂技术的人员。

建立高效的管理团队，构建较为理想的专业孵化器治理结构是实现生物医药孵化器的科技成果转移功能、决定其能否生存发展的关键因素。

能源生物技术

能源生物技术是指可直接应用于初级能源或最终燃料生产的生物工艺和技术。能源生物技术的主要应用目标是生产生物能源。生物能源是相对化石能源和其他能源（如核能）而言的，主要指各种可直接用作燃料的生物质本身或由生物质加工制备的燃料。前者称作初级（或一次）生物能源，如可直接燃烧以提供热量的树木和秸秆，后者称为次级生物能源（或生物燃料）如沼气、酒精、生物柴油和生物制氢等。此外，能源生物技术还包括可应用于传统化石能源生产并提高生产效率的生物技术，如可提高原油采收率的微生物采油技术。

由于能量密度低、储运不便，初级生物能源虽然使用历史远比次级生物能源长很多，但其受重视的程度却远不如后者。从全球范围来看，提到生物能源，人们普遍更容易联想到次级生物燃料，特别是燃料酒精和生物柴油。相应地，人们也更多地将能源生物技术理解为有关次级生物燃料特别是燃料酒精和生物柴油生产的生物技术和工艺。

进入21世纪以来，全球能源政策正在面临着一个决定性的转折：来自生物质、太阳、水、风和地热等可再生能源正在逐步替代矿物能源。不但能源短缺的发展中国家如此，能源丰富的发达国家也在悄然地调整能源政策。发展生物能源，我国完全有能力再造一个“绿色”大庆，不仅能够大大缓解能源短缺的压力，而且能够创造就业机会、增加农民收入，能够减少CO_2排放，改善生态环境，起到“一举三得”的作用。

一、燃料乙醇

1.概述　2005年是我国“十五”计划的最后一年，河南天冠集团30万吨燃料乙醇装置和安徽丰原生物化学股份有限公司（丰原生化）32万吨燃料乙醇装置，先后建成投产。至此，在国家发展和改革委员会制定的《变性燃料乙醇及车用乙醇汽油“十五”发展专项规划》指导下批准建设的，总量为102万吨的燃料乙醇生产能力全部建成投产。

黑龙江华润酒精有限公司、吉林燃料乙醇有限公司和丰原生化均以玉米为原料生产燃料乙醇，前两条生产线采用传统带渣发酵技术路线，联产玉米油和DDGS蛋白饲料，而丰原生化则采用清液发酵技术路线；河南天冠以小麦为原料，分离麸皮后，提取谷朊粉，发酵醪乙醇精馏后产生的废糟液采用沼气发酵的技术路线处理。

我国人口多，耕地少的基本国情，使以玉米和小麦等粮食类原料大规模生产燃料乙醇，始终存在与人（畜）争粮的问题。利用农林生产中副产的各类生物质，生产燃料乙醇和其他化工产品，一方面可望减轻我国经济和社会发展对进口原油的过度依赖，另一方面还可以在一定程度上促进农村经济发展，因此得到了国家的鼓励和支持，在《国家中长期科学和技术发展规划纲要》中，“农林生物质综合开发利用”被列为重点领域的优先主题。

2.自絮凝颗粒酵母乙醇连续发酵新技术的产业化　大连理工大学承担的国家“十五”科技攻关项目“自絮凝颗粒酵母乙醇发酵技术”，在丰原生化建立了万吨级规模产业化示范工程装置，2005年通过了教育部组织的科技成果鉴定及国家科技攻关项目验收，其技术成果总体上达到了国际先进水平，主要技术指标如下：

（1）酵母细胞以自絮凝颗粒的形态在发酵罐中实现固定化，发酵罐中酵母细胞密度显著提高，与以往研究开发的各种载体固定化酵母细胞乙醇发酵技术相比，既没有载体材料消耗产生的附加成本，又消除了载体材料对副产品饲料质量的污染，创新性强。

（2）在发酵终点平均乙醇浓度达到12.5%，残还原糖低于0.25%的条件下，平均发酵时间缩短到30小时以下，与目前普遍采用的游离酵母细胞乙醇发酵技术相比，发酵时间缩短1倍，发酵罐设备生产强度指标相应提高1倍。

（3）自絮凝颗粒酵母具有良好的沉降性能，能够在沉降罐中自沉降分离，节省了清液发酵条件下游离酵母分离所需蝶片离心机的设备投资和运行能耗。

这一新技术在丰原生化国家燃料乙醇试点工程中得到了应用，建立了如图74所示六级发酵罐串联，燃料乙醇生产能力为20万吨的装置，其中自固定化酵母细胞乙醇连续发酵悬浮床生物反应器（发酵罐）被放大到了1 000立方米。2005年11月20日，装置一次试车取得成功，随后投入稳定运行。

3.非粮原料乙醇发酵技术　非粮原料种类很多，包括甘蔗、甜高粱、木薯及各类农林废弃物等。

甘蔗一般不直接作为乙醇生产原料，因为压榨得到蔗汁的浓度比较低，直接发酵生产乙醇时，发酵终点乙醇浓度也很低，不仅精馏操作能耗高，而且废糟液量大，其治理的能耗更高；另一方面，糖厂蔗糖结晶后得到含糖浓度很高的母液废糖蜜，是乙醇发酵

图74　自絮凝颗粒酵母乙醇连续发酵新技术
建设的燃料乙醇生产装置

的良好原料，以糖蜜为原料生产乙醇是所有原料品种中最简单的技术路线。

我国适宜于甘蔗种植的省份非常有限，主要在广东、广西和福建，其产量和种植成本远远高于巴西等南美国家，而且我国食糖目前还不能完全自给，因此不管是以甘蔗还是糖蜜为原料，生产燃料乙醇，都有原料资源供给的局限性。

甜高粱也属糖质原料，如果采用液体发酵，其技术路线与以甘蔗为原料的乙醇生产相同，如果采用固体发酵，则效率很低。甜高粱种植虽然不像甘蔗种植那样受气候条件制约，但其收获之后长期贮藏，保证燃料乙醇工厂常年生产的低成本稳定原料供应，则是突出问题。

以木薯为原料生产乙醇技术也已经非常成熟。与甘蔗一样，木薯种植也受气候条件制约，我国广西和东南亚地区是木薯的主产区。以木薯为原料生产燃料乙醇的关键是原料价格，而不是技术。

以木质纤维素为主要成分的农林废弃物生产燃料乙醇，自20世纪70年代以来一直是欧美等发达国家重点支持的领域，目前仍然存在很多技术屏障，使其作为燃料乙醇生产原料，在经济上还无法与糖质和淀粉质原料竞争。

2005年，我国4个燃料乙醇试点生产企业，在完成国家核准的总量为102万吨燃料乙醇生产的基础上，均开展了以秸秆为原料生产燃料乙醇的技术开发工作，建立了百吨至千吨级规模的乙醇发酵装置，重点开展如下几方面的研究工作：

（1）原料预处理技术。

（2）纤维素酶技术。

（3）混合糖发酵技术。

（4）过程优化集成及综合利用技术。

其中，高效率低成本纤维素酶和高效率发酵水解液中混合糖工程菌株的构建，是木质纤维素类生物质生产燃料乙醇能否实现产业化的关键。我国在这些方面虽然取得一定进展，如河南天冠和安徽丰原的纤维素酶固体发酵技术滤纸酶活已经达到每克200～400活力单位，山东大学微生物技术国家重点实验室在共代谢五碳糖和六碳糖酵母工程菌株构建方面也取得了一定进展，但总体上与加拿大和美国等发达国家相比，还有很大差距，已经建立的几套中试装置，尚不能稳定运行，为工业化装置建设，提供可靠的技术经济分析。随着“十一五”期间国家在这一领域科技投入的大幅度增加，我国在这一领域与欧美等发达国家的差距会减小，并逐步建立符合我国国情和特色的木质纤维素类生物质燃料乙醇生产技术体系。

二、生物柴油

1.概述　化石资源是储量有限的不可再生资源，正走向衰竭。据估计，可开采石油储量仅可供人类使用约50年，天然气约75年，煤炭200～300年。进入21世纪，面临化石资源不断枯竭、环境污染日益加剧的严重局面，燃料油容易带来环保问题，转向以可再生生物资源为原料，可再生生物能源为能源，减少对石油资源的依赖，已经成为世界各国经济发展中的迫切需求。

生物柴油（biodiesel）作为一种石化柴油的替代能源，是通过三酰基甘油转酯化获得的长链脂肪酸甲酯。生物柴油采用可再生资源为原料制成，具有与石化柴油相近的燃烧性能。是继燃料乙醇之后的第二大生物质液体燃料。生物柴油主要优点表现为：①它是一种可再生能源，可缓解目前对石油的依赖；②与环境友好，基本不含硫和芳烃，可被生物降解、无毒、对环境无害；③具有优良的润滑性能；④比普通柴油有更高的闪点，储藏、运输和使用都更加安全。作为优质的柴油代用品，生物柴油属环境友好型绿色燃料。

目前，美国、欧盟、阿根廷、马来西亚、前南联盟国家、印度、日本、巴西等几十个国家和地区生产销售生物柴油。美国是最早研究生物柴油的国家。1992年美国能源署及环保署都提出生物柴油作为清洁燃料，美国总统克林顿1999年专门签署了开发生物质能的法令，其中生物柴油被列为重点发展的清洁能源之一，国家对生物柴油不收税。2003年销售量8万吨。2006年美国生物柴油产量约为9.46亿升。2007年美国共有近200家生物柴油企业处于建设、开工或建成投产状态，生物柴油总产能将达到853万吨/年。

欧盟是生物柴油发展最早也是最快的地区。2001年78万吨，2003年142万吨，2005年315万吨，2006年产量达到607万吨。为促进生物柴油产业的发展，欧盟通过相关法令，规定成员国在2010年生物燃料使用量在燃料总量中的比重达到5.75%，2020年达到20%。预计2010年欧盟生物柴油产量将达到1 700万吨。目前仅欧共体内有近40套生产装置，最大装置年产25万吨。德国农民种植可得到1 000马克/公顷补贴，并对制造生物柴油免税，德国目前已有1 000多家生物柴油加油站。

日本1995年开始研究用煎炸油生产生物柴油，在1999年建立了259升/天用煎炸油为原料生产生物柴油的工业化实验装置，可降低原料成本。目前日本生物柴油产量可达40万吨/年，售价仅为80日元/升。巴西是世界上最早掌握生物柴油技术的国家之一，于石油价格暴涨的20世纪70年代推出生物柴油计划，年产量一度达到50万吨。但1998—1999年，原油价格回落到10美元/桶，发展遭遇困难。2002年重新启动生物柴油计划，以本土丰富的蓖麻油为原料，建成了一家年产214万吨的企业，2005年的掺和比例达到5%，计划2020达20%。韩国引进德国生产技术，以进口菜籽油为原料于2002年建成10万吨生产装置，目前正在建一套10万吨/年的生产装置。

东南亚地区凭借丰富棕榈油产量和油脂化工产业的经验，大力发展棕榈油基生物柴油产业。在马来西亚，2006年该国生物柴油年产量约为50万吨，并主要出口欧洲、韩国、日本和印度等需要进口石油的国家。2007年生物柴油产量有望达到150万吨。印度尼西亚生物柴油产业发展刚刚开始，但该国政府表示，2012年掺和比例达到20%，今后几年生物柴油发展目标是将生产能力逐步扩大到500万～600万吨。菲律宾与美国合作开发生产椰子油基生物柴油。据报道，2004年已有3家公司生产了3 300万升，并出口日本，协助日本实现5%计划。泰国、印度、澳大利亚等30多个国家均在扩大油料作物的种植，发展这些产业的同时为生物柴油厂提供原料。

我国从2000年开始进行生物柴油的研究和开发，最初由几家民营企业把生物柴油的技术产业化，主要以餐饮业废油为原料。原料稳定性差，质量难以保证，生物柴油绝大部分直接供应给运输企业或作为工厂和施工机械的动力燃料。2005年全国生产总量约10万吨。《中华人民共和国可再生能源法》公布后我国的生物柴油进入了大规模产业化的准备阶段，目前全国已有大大小小的生物柴油项目上百项，其中有多家10万吨级以上的生物柴油生产厂正在筹备建设中。2007年底，国家发展和改革委员会正式立项在大型国有企业中石油、中石化和中海油筹建万吨级生物柴油示范项目。据统计，2002年我国车用柴油消费量约1 800万吨/年，预计2020年车用柴油消费量将达6 100万吨/年，按柴油市场的2%份额计算，要求生物柴油产量达122万吨/年。

2.我国的生物柴油生产技术和环境已基本成熟，适当改进后就可以应用　生物柴油由于竞争力不断提高、政府的扶持和世界范围内汽车车型柴油化的趋势加快而前景更加广阔。我国政府和一些企业对生物柴油已越来越重视。2005年，国家863计划启动“生物能源技术开发与产业化”项目，其中设有“生物柴油生产关键技术研究与产业化”课题。2006年1月1日开始实施《中华人民共和国可再生能源法》，这充分说明国家鼓励利用可再生能源改善中国目前的能源结构，发展生物柴油代替部分燃料以减少石油的进口。2006年6月，财政部颁发了《可再生能源发展专项资金管理暂行办法》，《办法》明确指出，重点扶持发展生物乙醇燃料、生物柴油。2007年，国家发展和改革委员会编制的《生物产业发展“十一五”规划》出台，并正式立项建立生物柴油示范项目。生物柴油国家标准《GB/T20828—2007柴油机燃料调合用生物柴油（BD—100）》已于2007年5月颁布实施。目前，对于生物柴油产业的发展一定需要政府的积极引导，一是尽快制定鼓励开发生物柴油有潜力原料的开发。二是尽快推进生物柴油产业的健康发展。三是进一步完善安全管理法规与评价体系，制定积极的研发与产业化政策，以保障生物柴油产业的健康稳定的发展。

汽车柴油化是汽车工业的一个发展方向。现代柴油机采用了电控发动机控制系统、高压燃油直喷式燃烧系统以及废气排放控制装置，已完全克服了传统柴油机的缺点，能够满足现行的国际排放标准，而这些装置和技术要求柴油含硫量低，有良好的安定性及润滑性，较高的十六烷值和清净性等。随着现代柴油机使用生物柴油燃料技术的成熟，目前在世界范围内出现的这种汽车车型柴油化趋势会进一步加快。据专家预测，在2010年以前，柴油需求年均增长3.3%，到2010年，世界柴油的需求量将从目前的38%增加到45%。而世界范围内柴油的供应量严重不足，给生物柴油留下广阔的发展空间。

制约我国生物柴油的工业化的主要原因有二：原料价格昂贵；转化工艺水平低。因此，开发新型的油料作物和新型转化酯化合成工艺，提出一条经济可行的燃料油合成的工艺路线，是生物柴油技术研究的关键问题。

多年来，国内科研单位在国家科技攻关项目的支持下，开展了大量的生物柴油相关技术的研究工作。对小桐籽、油棕、光皮树、黄连木、油菜籽等能源植物进行了大量的研究，对木本油料树种已有一定的基础，建立了品种选育、原料种植、油料加工及综合利用的技术推广体系。小桐籽、黄连木等油料树种的培育建立了多个育种资源库，形成了较为成熟的良种选育和丰产栽培技术。我国面积巨大的宜林荒山、边际土地和丰富的油料植物资源以及国家相应政策，为能源林建设提供了发展的基础，为生物柴油产业发展提供了可持续的原料供应保障。

2001年以来，很多的大学和科研院所积极开展生物柴油的生产技术的研究开发。对液体酸、液体碱、固体酸、固体碱、超临界、生物酶催化剂等工艺路线进行了长期和系统的研究，对不同来源的油料的生产工艺进行了尝试和小试研究。建立了不同原料的化学法和生物法较成熟的生产工艺，同时副产物甘油的深加工也做了深入的探索。建立了完整的从原料加工、转酯化反应、产品分离提取到副产物联产开发的生物柴油生产工艺路线。

2007年以来，在国家政策的大力扶持和引导重点生物柴油的背景下，三大石油企业也正式进入了生物柴油项目的立项和建厂准备，在原料的种植、生物柴油产品市场、储运和分销方面进行了系统的分析和规划，为生物柴油进入市场做好了准备。

到目前为止，技术路线主要有3条，第一条是以化学法，目前液体碱催化是国际采用的工业化生产方法，大部分研究工作主要集中在对原料及新型高效催化剂选择上，国际上许多公司和企业都有液体碱工艺的专利技术。第二条工艺路线是脂肪酶工艺，在“十五”期间，我国已有完整的酶法生物柴油生产技术，并建立百吨级规模的中试装置，酶法生物柴油生产技术被认为是近期可望取代化学法的环境友好的新技术，目前国内已有3家民营企业采用不同的脂肪酶建立万吨级生物柴油生产装置。第三条工艺路线是“近/超临界”反应工艺，目前国内外还没有工业化装置，我国2006年建成了2 000吨/年的中试装置。

国内有多家科研院所、大专院校在能源油料植物和生物燃料油技术领域做了大量的前期基础研究。如石油化工研究院、北京化工大学、清华大学、四川大学、中国生物质能技术开发中心、中国农业工程设计研究院、沈阳农业大学、华东理工大学等。我国生物柴油产业起步不久，且率先在民营企业实现。海南正和生物能源公司、四川古杉油脂化工公司、福建卓越新能源发展公司等都建成了1万～2万吨/年的生产装置，目前餐饮业废油是价格最低的生物柴油原料，民营企业主要以餐饮业废油和皂化油下脚料为原料，还生产一些高附加值的产品来增加利润。2006年以来，已有几十家企业和科研院校合作，在国家和地方政府的支持下，规划建立万吨级生物柴油生产装置。

“十一五”规划中明确规定，要大力发展可再生资源，扩大生物柴油的生产能力。目前，从原料来源到生产技术，乃至产品的市场流通，良好的社会环境，基本成熟的生产技术，已初步具备了推广应用的基础。可以预计，在未来几年内，中国在该领域的研究将会有突破性进展并达到实用水平。

3.技术趋势

（1）原料的开发。发展生物柴油的关键是原料的供应。我国发展生物质能源的战略特点是“不与人争粮，不与粮争地，不与传统行业争利，不与发达国家争资源”。能源植物是生物能源发展的基础，我国生物资源丰富，但专门的能源植物特别是具有较大规模、不与粮争地、能够满足工业连续生产需要的能源植物并不多。政府已经明确定位能源植物采用非食用木本油料植物。我国现已大量报道了利用菜籽油、大豆油、米糠下脚料、地沟油和野生植物小桐籽油等为原料生产生物柴油的小试或中试工艺。生物柴油生产企业的主要原料是废弃油脂、油脂加工企业的皂角和部分植物油脂，废弃油脂包括泔水油、地沟油、牛羊皮油、烤鸭油等。

在生物柴油生产总成本中，原料成本最大，为70%～80%。世界各国都选择有自身优势的原料来发展生物柴油，例如：美国采用转基因大豆油，欧盟和加拿大等国家以“双低”菜籽油，而马来西亚、印度尼西亚则以盛产的棕榈油为原料发展生物柴油，日本使用回收煎炸油和动物油脂，印度使用非食用植物如小桐籽，巴西使用豆油和蓖麻籽油。寻求含油率高、再生周期短、能够稳定供给的原料是当前生物柴油研究的重中之重。

植物原料包括乔木（如黄连木、文冠果）、灌木（如麻疯树）和草本植物（如沙棘）等。根据中国林业科学研究院的调查，目前我国主要燃料油植物有151科697属1 554种。目前正重点开发非食用木本油料植物，如中国林业科学研究院和四川大学在全国分别对黄连木和麻疯树进行了全面系统调查，建立了良种繁育基地，并完成了cDNA文库的构建及质量的鉴定，为进一步分离克隆与油脂形成密切相关的关键酶基因奠定了基础。现阶段，我国发展小桐籽、黄连木等木本油料生产生物柴油处于油料树的规划、育种和规模化种植阶段，中石油、石化和中海油公司已经规划在云贵、海南、四川等地大量开小桐籽的育种和规模化种植。小桐籽是现在国内外研究的主流油料植物。小桐籽原产美洲，现广泛分布于世界热带、亚热带地区，在气温较高的地区一年开花结实2次，果实含油率35%～50%，最高60%，游离脂肪酸含量在8%左右。我国小桐籽资源大部分为野生或半野生，主要分布在四川、贵州、云南、海南和我国台湾等地。同时，石油和石化公司已经开展与东南亚国家联合种植棕榈园的合作，为原料的多元化作储备原料。结合地方特色一些非食用的油脂植物，如花椒油、蓖麻油等也被作为规模化生产生物柴油的补充原料油。目前，我国麻疯树、黄连木等油料植物可满足500万吨/年生物柴油装置的原料需求。废弃动植物油回收每年可生产约200万吨生物柴油，因为传统应用领域和收集问题，只能作为生物柴油原料的补充。

另外，微生物和藻类油脂的研究正在被许多的研究机构所重视。美国国家可更新实验室（NREL）通过现代生物技术建成“工程微藻”。“工程微藻”脂质含量增加到40%～60%以上（自然状态微藻脂质含量5%～20%）。“工程微藻”中脂质含量的提高主要由于微藻细胞中关键酶基因乙酰辅酶A羧化酶（ACC）的高效表达，改善了脂质积累水平。目前，正在研究选择合适的分子载体，使ACC基因在细菌、酵母和植物中充分表达，还进一步将修饰的ACC基因引入微藻中以获得更高效表达。利用“工程微藻”生产柴油具有重要经济意义和生态意义，其优越性在于：微藻生产能力高、用海水作为天然培养基可节约农业资源；比陆生植物单产油脂高出几十倍；生产的生物柴油不含硫，燃烧时不排放有毒害气体，排入环境中也可被微生物降解，不污染环境。清华大学在专利（CN 1446882）中公开了一种用淀粉酶解培养异养藻快速热解生产生物柴油的方法，通过异养转化细胞工程技术获得了脂含量高达细胞干重55%的异养藻细胞。北京化工大学利用基因工程改造酵母细胞，使酵母产油率达到30%以上。微生物生产的油脂可以成功转化为生物柴油。微生物油脂和工程微藻为解决生物柴油原料来源问题开辟了一条新途径。

（2）生产工艺。目前，国内外的工艺主要有物理法和化学法。物理法分为掺和法、微乳化法和热裂解法；化学法有酸催化、碱催化、酶催化和超临界法，其核心反应是酯交换反应。

物理法生产的生物柴油产品质量稳定性差，因含有胶质和有机酸等，车用时，易析碳，燃烧不完全，产品并非真正意义上的生物柴油，此法逐步被淘汰。

液体酸催化是最常见的基本方法之一，但反应速度慢，温度较高，却存在对设备腐蚀、设备投资较高等问题。液体碱催化方法经验丰富，是目前工业化的生物柴油装置基本上都是采用这种方式。其反应速度快，产品质量稳定。但酯交换反应前必须将原料进行处理成为中性油，对酯交换原料中的水、胶质、脂肪酸等含量有严格要求，而且后处理成本与生物催化剂相比，过程复杂，成本能耗高，需要处理大量的甲醇和酸碱中和及水洗工艺。一些新的研究和工艺不断开发成功，如加拿大多伦多大学开发成功的新工艺，是在反应体系中加入共溶剂，使甲醇和油脂成为一相，克服了传统工艺传质方面的缺点，大大加快了反应速度，5万吨／年的工业化装置正在建设中。现阶段，液体碱法与其他工艺相比有明显的成本优势，是国际工业化生产的主流装置，生产专利商较多，如德国鲁奇公司，意大利梅洛尼公司，意大利BDT公司。

固体酸、固体碱催化方法是很有前途的化学方法。固体酸催化剂工艺消除了液体酸工业中的强腐蚀。固体催化剂可再生，适用于毛油中含脂肪酸较高的原料，如麻疯果油，可以一步甲酯化原料中的游离脂肪酸和甘油酯脂肪酸。但固体酸催化剂目前仍处于研发阶段，未有中试和商业化应用的报道。固体碱与液体碱催化法相比，突出的特点是，减少了酸碱中和步骤和洗涤步骤，废液、废渣排放较少；克服了传统液体碱法对原料要求苛刻、流程复杂、甲醇与油脂不互溶传质差等缺点。同时，固体碱催化法所制备的副产品甘油的纯度较高，可超过98%。其催化剂为主要为铝、镁、铯等双金属氧化物，为尖金石结构，可再生使用，但催化剂的制备难度较大，使用中稳定性较差。目前一些新的研究和工艺不断开发成功，如法国石油研究院开发成功了一种新工艺，采用尖晶石结构的固体催化剂，16万吨/年的工业化装置正在建设中。加拿大的Ectek International INC.也开发了新工艺，采取固体催化剂和膜分离技术，已建成800升/天的装置。

酶催化方法是一种有前途的方法，反应条件温和、醇用量少、污染物排放少、产品分离纯化简单。但是，酶的催化活性往往不稳定，存在低碳醇中毒问题，制备较困难，且价格昂贵，限制了该法的应用。用于催化合成生物柴油的脂肪酶主要是酵母脂肪酶、根霉脂肪酶、毛霉脂肪酶、猪胰脂肪酶等，由于脂肪酶的来源不同，其催化特性存在很大差异。酶法生产生物柴油具有条件温和、醇用量小和无污染物排放等优点。并且对于原料油脂要求低，可以处理水含量、游离脂肪酸含量较高的不同来源的油脂，下游过程与液体碱法相比更加简单，废水废渣排放少，降低了生产成本。但是，酶的稳定性和活性是限制酶作为生物柴油生产的不利因素，反应体系中的水、甘油、脂肪酸含量、溶剂、短链醇、毛油中的胶质、磷脂等组分对酯交换过程的转化率和酶的稳定性和活性有着不同的正面或负面的影响。目前，溶剂体系的选择、不同来源的底物原料、新酶源的开发和利用，催化剂的改造和优化、高效固定化酶方法等都是生物酶法生产生物柴油的研究热点，提高耐受短链醇体系的脂肪酶和高活性高稳定性的固定化酶已经成为近来酶法研究趋势。根据文献报道，目前主要是针对商业化脂肪酶（如诺维信脂肪酶）做了很多的技术改进研究，如溶剂的选择，固定化酶的预处理方法，不同油料、不同底物酰基受体的选择，两步法（酯化+转酯化）替代一步醇解，抑制性底物和产物的调控（如甲醇、磷脂、甘油等）以及多种商业化酶的组合使用（如Novozym435结合Lipzyme TL IM）等，目的是提高脂肪酶对生物柴油高转化率、酶操作的高稳定性和耐受性。

超临界法是由Saka和Kusdiana提出的一种新颖的生物柴油生产方法，它只要是油脂类物质与超临界状态下的醇类物质进行酯交换反应，反应速率快于均相催化法，产率也高于均相催化法。另外，后期分离简单，对原料的要求较低（游离脂肪酸、水含量等）。但超临界流体法本身也存在些一些问题，如反应温度和反应压力高（300～350℃、45兆帕），醇油比相对较大（42∶1），能耗大，对设备材质要求高等。日本住友公司开发成功了无催化剂的超临界甲醇醇解工艺，可以加工高酸值油脂，且产品质量高，1万吨/年的装置预计2006年建成。目前国内科研单位研究了一种接近超临界状态的“近/超临界法”，降低温度（250℃左右）、降低压力（5兆帕）并加入少量的诱导剂作为催化剂，降低苛刻的操作条件和对设备的要求。

生物柴油技术的开发与应用在发达国家受到高度重视。国际上一些著名跨国公司如斯科特（Sket）、鲁奇（Lurqi）、汉高（Henkel）、住友、拜耳（Bayer）、IFP等相继开展了相关技术的研发工作或建立生产装置。目前广泛采用的是常压液体碱酯交换工艺，装置生产规模一般为2万～20万吨。最近一些新的工艺不断开发成功，如法国石油研究院的Esterfip-H工艺，加拿大多伦多大学的BIOX工艺，日本住友公司超临界甲醇醇解工艺，这些工艺都在应用开发过程中。

（3）生物柴油联产工艺研究。随着生物柴油的规模化生产，其副产物甘油的再利用将成为生物柴油大规模产业化发展所面临的严峻问题。1，3/1，2-丙二醇，3-羟基丙醇，环氧氯丙烷、环氧丙烷等都是甘油的下游产品。其中1，3-丙二醇（PDO）作为合成新型聚酯PTT的主要原料近年来迅速发展，其成本的高低直接影响PTT工业化生产和推广使用。以生物柴油的副产品甘油为原料生产高附加值的1，3-丙二醇，不仅降低了1，3-丙二醇生产成本，同时也解决了生物柴油副产物甘油的出路。因此，生物柴油及1，3-丙二醇联产工艺受到了广泛关注。在生物柴油的生产过程中，可得到约10%的副产物甘油。近年来，发酵法生产1，3-丙二醇技术飞速发展，以生物柴油副产物甘油为发酵底物生产1，3-丙二醇，可降低生产成本，提高过程的经济性。

根据美国生物柴油协会报道：长链脂肪酸甲酯直接用途除生物柴油燃料之外，还可以用作工业溶剂、沥青稀释剂、合成调味剂等；间接用途主要是生产高碳醇，然后进一步加工成增塑剂、润滑剂等工业原料。因此，生物柴油产业链的综合开发成为目前的研究热点，也为生物柴油的进一步发展提供了更为广阔的空间。

如何降低生物柴油生产成本，对于生物柴油工业的发展至关重要。从长远考虑，开发新型的生物柴油专用油料，降低生物柴油原料价格，并可稳定、大量供应是生物柴油产业的关键。同时，开发新型高效的催化剂，优化生产工艺，降低污染，减小能耗是目前生物柴油生产中必须面对的问题；生物柴油产业链的开发，副产物甘油利用高值化，以及适度的生产规模都是必须解决的问题。

4.标志性成果

(1) 酶法生产生物柴油工艺路线。目前，北京化工大学、清华大学等单位已开展了这方面的研究工作。

北京化工大学在国家“十五”攻关项目和863项目的支持下，在长期研究的基础上，选育出高产脂肪酶菌株，并建立了工业化脂肪酶和脂肪酶固定化生产装置。根据脂肪酶氨基酸序列构建了基因工程菌。自主知识产权的固定化脂肪酶成本仅为进口商业化生物柴油脂肪酶的2.5%。该固定化脂肪酶成功应用于生物柴油、聚酯、二元酸酯、蜡酯、维生素系列棕榈酸酯等，目前已经获得专利和申请专利共6项。2005年4月“200吨/年生物柴油合成新技术”通过了中石化组织的专家鉴定，一直认为该酶法生产工艺为国际先进水平。该工艺建立了完整的脂肪酶法生物柴油转化和分离提取工艺，消除了低碳醇、甘油等原料对传统脂肪酶的毒副作用，大大提高了生物催化剂的催化活性和使用稳定性，降低了反应成本和分离成本，在40℃，油醇比1∶3，10%固定化酶用量，转化率可达95%以上，产品收率90%以上，产品性能达到德国标准，台架试验证明N、S排放和颗粒排放大幅度降低，动力性能与0号柴油相似。以生物柴油生产技术为主体的“以脂肪酶为催化剂的绿色化学合成工艺”2005年获得中国石油化工协会技术发明奖一等奖。并已完成菜籽，大豆、棉籽、小桐籽、蓖麻籽、黄连木、椰子油、棕榈油等油种的毛油、精制油、地沟油、酸化油等数十种油料的小试工艺，取得了阶段性成果，形成了脂肪酶生产、酶固定化、酶膜反应器和分离精制等一系列的自有知识产权的生产技术。工艺特点是，能适应不同原料组成的油料，一步转化、转化效率高、反应时间短、成本低等。目前，北京化工大学同上海绿铭科技发展公司合作建立了一套年产2万吨的酶法生产生物柴油工业化生产装置，与秦皇岛领先科技股份有限公司合作建立一套年产10万吨的酶法工业化装置，已与2007年9月正式动工兴建。

清华大学提出利用醋酸甲酯代替甲醇与油脂，采用丹麦诺维信公司的商业化脂肪酶为催化剂，进行酯交换制备生物柴油，据文献报道，其反应条件是40～50℃，油醇比1∶4，酶用量65%，得到最高脂肪酸甲酯收率为

92%。在该工艺中，脂肪酶不需处理可直接连续循环使用，并且表现出良好的操作稳定性。2005年酶法生产生物柴油工艺通过教育部组织的专家鉴定，2006年12月同湖南省益阳的海纳百川生物工程有限公司合作建立了一套酶法生产生物柴油的工业化生产装置(2万吨/年)，2007年7月《湖南省年产10万吨生物柴油项目初步设计方案》通过了专家组审查。

（2）高压近临界法生产生物柴油工艺路线。石油化工科学研究院和清华大学已开展了这方面的研究。2005年5月石油化工科学研究院完成高压酯交换工艺（SRCA）小试工艺，并通过了中石化技术鉴定，2005年11月在中石化石家庄炼油厂建成了2 000吨/年的中试装置，2007年11月初通过了中石化总公司的项目评审，评审意见表明该装置达到中试试验要求。目前申报了11项国家专利和2项世界专利。目前正在筹建5万吨/年的工业示范装置。共完成了菜籽油、棉籽油、地沟油和棕榈油4种植物油制备工艺的试验，取得了阶段性成果，形成了自主知识产权的生产技术。具有明显的特点，与超临界方法相比，采用更低的温度（260℃）和更低的压力(6兆帕)，原料适应能力强(不需要对油脂原料进行预处理)，降低原料成本，无催化剂介入(直加入微量诱导剂)，减少处理环节消除废物排放，反应时间短且转化率和选择性较高。并完成了菜籽油、棉籽油、地沟油、棕榈油、酸化油5种植物油的实验工作。

（3）生物柴油和副产物联产。副产物甘油的联产开发方面，清华大学采用自有专利技术直接利用生物柴油的副产粗甘油发酵生产1,3-丙二醇，该技术已完成了50立方米的发酵试验。北京化工大学利用生物柴油副产物甘油发酵法生产1,3-丙二醇，生物柴油生产过程中的副产物粗甘油无需进一步处理即可用于1,3-丙二醇的发酵。大连理工大学也已在实验室采用膜过滤将脂肪酶催化甲醇或乙醇与油脂反应生成生物柴油和微生物转化甘油为1, 3-丙二醇两个过程偶联起来开展研究。酶法制备生物柴油和生物柴油副产物甘油发酵生产1, 3-丙二醇的工艺耦合正不断走向成熟。

三、高效沼气发酵技术

沼气是解决农村能源的重要组成部分。沼气技术（厌氧消化）在实现废物资源循环利用，改善农村能源、环境、卫生条件和有利于温室气体减排方面的作用日益受到世界各国政府的重视。20世纪70年代末80年代初，当时全国17 000万农户中严重缺烧户占47.7%，即8 000多万户全年缺烧3～6个月。农村大约全年要烧掉4亿多吨秸秆，折合为22 000万吨标准煤，还有几千万立方米的木材和大量的禽畜粪便。这些生物能直接燃烧转换率很低。秸秆、粪便和薪柴的转化率分别只有10%、18%和15%，而沼气的热效率可达到60%。我国幅员辽阔，各地自然资源条件各不相同，发展高效沼气发酵技术，促进我国沼气工程的技术升级和广泛应用，是解决我国农村能源和生态问题的最有效途径。

1.发展现状与趋势　20世纪80年代以前，发展中国家主要发展沼气池技术，如印度和中国的家用沼气池。以农作物秸秆和禽畜粪便为原料生产沼气，主要用作生活炊事燃料；而发达国家则主要发展集中厌氧消化技术，处理禽畜粪便和高浓度有机废水。目前，日本、丹麦、荷兰、德国、法国、美国等发达国家均普遍采取厌氧法处理禽畜粪便，而印度、菲律宾、泰国等发展中国家也建设了大中型沼气工程和处理禽畜粪便的应用示范工程。采用新的自循环厌氧发酵技术，荷兰IC公司已使啤酒废水厌氧处理的产气率达到10立方米/（立方米·天）的水平，从而大大节省了投资、运行成本和占地面积。美国、英国、意大利等发达国家将沼气技术主要用于处理垃圾，美国纽约斯塔藤垃圾处理站投资2 000万美元，采用湿法处理垃圾，日产26万立方米沼气，用于发电、回收肥料，效益可观，预计10年可收回全部投资。英国以垃圾为原料实现沼气年发电18兆瓦，今后10年内还将投资1.5亿英镑，建造更多的垃圾沼气发电厂。

欧盟国家目前的法规非常明确地倡导有机废物的循环利用和资源化，这就促使许多欧盟国家在财政上资助生物质能项目，鼓励发展和推广沼气技术。德国、丹麦、美国等经济发达国家进行的沼气技术研究，主要是从环境保护、生态卫生方面考虑，而发展中国家包括中国的沼气技术研究，除重视以上两个方面外，对能源效应也比较重视。

近年来，基于16SrDNA等分子生态学研究技术的发展，有效地克服了传统微生物分析检测方法中的缺点，大大提高了分析检测的速度以及结果的准确性、全面性。分子生态学技术能有效分析复杂微生物群落结构及其多样性，且无须培养微生物，已经被广泛应用到海洋、土壤、高温、高盐及污水处理等环境微生物多样性研究中，但在沼气发酵微生物研究方面的应用还不深入。分子生态学技术包括宏基因组技术的应用，为揭示沼气发酵环境中微生物种类和遗传多样性开辟了一条全新的途径。

对于沼气发酵主要功能微生物——产甲烷菌，世界各国均投入了大量的人力、物力加以研究，取得了较大进展。1994—1997年，在美国能源部（DOE）的资助下，以Ohio州立大学为主的一批科研单位及生物公司集中研究了产甲烷菌的微生物学、生物化学和分子生物学，重点完成了嗜热甲烷杆菌*Methanobacterium thermoautotrophicum*和詹氏甲烷球菌*Methanococcus jannaschii*的基因组测序。截至2005年6月，已完成了6株产甲烷菌全基因组序列的测定，为开展产甲烷菌代谢调控机制的研究奠定了良好的基础。

2.国内研究进展　我国政府历来重视沼气技术的开发应用。从"六五"计划开始国家组织了沼气技术的科研和技术开发，国家计委、经委、科委和农业部每年都安排了对沼气科研的专项投入，累计科研投入约1 200万元。但是一些原有的关键性技术问题并未得到根本性解决，在推广应用中又不断有新的技术问题出现，这些技术问题的累积一定程度上影响和制约沼气建设的快速健康发展，国家及时地组织人力、物力进行专项研究和攻关，将会有力地促进沼气技术的不断进步与创新，从而大大地推动沼气在农村和城镇的推广应用，使沼气建设从数量、质量和应用水平上都跃上一个新的台阶，成为我国能源建设可持续发展战略中的重要组成部分，发挥积极的作用。

到2002年底，我国农村建成1 110万口左右的农村户用沼气池，年产沼气40亿立方米，相当于343万吨标准煤或28亿千瓦时发电量。以处理规模化的禽畜场的粪便为主的"能源环保"生态农业工程，2002年累计达到1 560处，比上年增加211处，增长16%。总池容达76.51万立方米，年产沼气1.837亿立方米，年处理有机废物污水5 013万吨，发电968.4万千瓦时，供气户数10.991 9万户。2002年，根据沼气建设发展的基础和需要，农业部编制了《2003—2010年全国农村沼气建设规划》，这项规划确定在全国现有1 000万农户沼气池的基础上，到2005年再用3年时间再建1 100万户，达到2 000万户，使1/10的农户使用沼气。2010年全国沼气池总量达5 000万户，使全国20%的农户用上沼气。2002年全国农村沼气工程经费投入总计33.64亿元，其中：中央4.1亿元，省地县乡投入8.4亿元，用户自筹资金21.14亿元。2003年9月中央安排10亿元农村沼气建设国债资金项目启动。这个项目涉及全国24个省份的540个县、6 000多个村，103万农户将从中受益。我国农村的沼气发酵，因为条件的限制，一般都采用常温发酵。我国地域辽阔，气候类型复杂多样，南北气候差异很大。这样的气候特点对我国农村沼气的推广应用与发展，带来了很大的影响。实际生产中，当气温低于10℃时仍有少量的沼气产生，这是耐冷微生物作用的结果。但是耐冷微生物在常见的生态环境中的数量要比中温微生物少许多，代谢速率缓慢，在温度不断变化的环境中很难靠自然选择形成优势菌群。所以通过生物技术的手段，筛选、驯化和培育低温耐冷沼气发酵微生物菌种，不仅是开发低温沼气发酵微生物菌种的有效途径，同时也是解决冬季低温条件下沼气发酵的根本方法。因此，开展低温沼气发酵微生物菌剂的研究和产品开发对于扩大沼气技术应用的区域范围和解决冬季产气问题有重大的意义。

我国沼气工程的技术水平与发达国家相比仍存在一定差距，主要表现在新技术开发不力、利用技术单一、工程规模小、应用技术水平低、转化效率低下。本项目针对当前我国生物沼气工程在资源利用率、资源利用范围、沼气产率、稳定高效运行等方面存在的技术问题，通过高产沼气微生物群落结构分析和组成控制技术的建立和应用，实现农村沼气池和大中型沼气工程的高效运行；通过沼气微生物生化指标的快速检测和监控技术的建立和应用，实现农村沼气池和大中型沼气工程的可控运行，促进我国沼气工程的技术升级和广泛应用。

四、生物制氢

1.概述　后续能源是一个广泛的概念，主要包括核能、太阳能、风能、生物质能、氢能等。在所有的可替代能源中氢能是一种理想的清洁能源：氢气本身无毒，燃烧时的产物是水，不产生CO_2，不造成环境污染，和其他传统的能源物质相比，氢气还具有能量密度高，热转化效率高，输送成本低等其他优点。因此氢能是一种十分理想的能源载体。

和其他制氢方式相比，生物制氢自身有许多潜在的优势，体现在：①所使用的原料极为广泛而且成本低廉，包括植物等可再生生物量、城市和工业有机废弃物、高浓有机废水等。②所需要的能量来自生物质能或太阳能，是可再生资源。③生物反应条件温和，可以在常温常压下进行，所需设备和操作费用低。④反应气体产物为H_2和CO_2或O_2，生产过程清洁、安全。基于以上诸多独特的优点，可以预见，生物制氢技术将成为人类实现可持续发展的关键技术。

2.我国生物制氢研究与世界差距较小，发酵生物制氢联产技术已具备规模化生产条件　生物制氢的概念在1966年被提出，但是直到20世纪70年代，世界性的能源危机出现，微生物制氢的实用性才得到重视，期间进行了大量的研究工作，但是到了80年代，随着石油价格的下降，生物制氢的工作又进入了一个低潮，90年代之后，随着人们对化石燃料作为能源对世界环境带来的一系列危害，使得世界再一次把目光聚焦在微生物制氢技术上。特别是近几年，美国每年用于生物制氢技术研究的费用平均达到几百万美元，而日本在这一研究领域每年的投资则是美国的5倍左右。在欧盟框架计划内，也有长期跟踪生物制氢的项目，并成立了相关的组织机构，计划在2020年实现生物制氢的工业化应用。

我国的生物制氢研究始于20世纪90年代，特别是在2000年以后，在国家973计划、863计划以及自然科学基金的支持下，在生物制氢领域加大投入，取得了一系列原创性的成果，特别是在暗发酵生物制氢领域，我国的相关技术研发与世界同步。我国的暗发酵生物制氢在世界上首次实现了工业示范生产。

哈尔滨工业大学有机废水发酵法生物制氢技术生产性示范工程于2004年投入运营，采用以“生物制氢—产甲烷发酵—交叉流好氧”为主体的高浓度有机废水生物制氢和废水处理综合工艺系统，产氢反应器体积达到63立方米，产氢量为5.3立方米（氢气）/[立方米（反应器）·天]，转化率达到0.83立方米（氢气）/[千克（MVLSS）·天]，报道产氢成本为1.4元/立方米（氢气），实现了项目的商业运营。该项目获得了2007年度国家科技发明二等奖。

3.技术趋势　要解决发酵生物制氢转化率低的问题，通过常规的菌种选育和发酵工艺优化已无法适应其需要。近年来，研究者已经逐渐意识到应该把分子生物学的手段引入到发酵生物制氢的研究中来。对混菌培养体系的研究前沿是通过分子生物学、代谢工程和微生态学等手段解析菌群结构、代谢流分布，以实现系统功能最大化；对产氢菌种的研究前沿是利用基因工程、代谢工程和系统生物学等手段改造菌种，提高其氢气转化率。

从工业生物技术和环境生物技术发展的角度来看，利用可控性强的多菌协同作用的混合培养（复合微生物体系）具有重要的研究价值。目前，分子生态学的技术逐渐被应用到发酵生物制氢体系的解析中来。例如采用PCR-DGGE进行菌群结构分析；采用FISH获取菌群的定量分布信息；采用定量PCR研究特定功能菌种在菌群中的分布等。我国哈尔滨工业大学在混合菌群的分子生态解析方面做了大量基础性工作。

从20世纪90年代后期发酵生物制氢逐渐受到重视以来，研究大都集中在新菌种的开发、发酵过程的优化上，对于菌株的代谢工程改造的研究实例一直相对较少。但是近年来，特别是最近两年，逐渐有报道通过代谢工程改造产氢菌的研究。对产氢菌代谢工程改造主要集中在对氢酶的强化上。例如Morimoto等在类腐败梭菌（*Clostridium paraputrificum*）中实现了铁氢酶的同源表达，产氢速度达到野生型菌株的1.7倍。但是在*E.coli*中的表达铁氢酶却没有成功，可能是由于梭菌和大肠杆菌对于铁氢酶表达的附属基因系统不相同造成的。Yoshida等在大肠杆菌中实现甲酸氢解酶FHL的过表达（使FHL负调控*HycA*失活，强化*fhlA*表达），以甲酸为底物时，氢气的产率提高了2.8倍。Ooshima等利用一种荚膜红细菌的吸氢酶缺陷型菌株*Rhodobacter capsulatus*进行发酵产氢，H_2产率提高了2.7倍。Maeda等在*E.coli*中表达了来源于*cyanobacterium Synechocystis* PCC 6803的氢酶hoxEFUYH，能够抑制*E.coli*中的吸氢酶1和2，从而使产氢效率提高41倍。此外，由于厌氧所产生氢气本质上是由代谢流中剩余还原力转化而来的，对于整个厌氧代谢途径的改造也有可能强化产氢。Yoshida等敲除了大肠杆菌中乳酸脱氢酶*ldhA*和富马酸还原酶*frdBC*，使得氢气转化率从原始菌株的1.08摩尔(氢气)/摩尔(葡萄糖)提高到1.82摩尔(氢气)/摩尔(葡萄糖)。清华大学化工系在发酵产氢菌种的代谢途径解析，氢酶基因的克隆及功能分析，产氢代谢途径改造以及辅因子工程方面进行了大量基础性工作，取得了一系列原创性成果。

4.标志性成果

（1）重要发酵产氢菌产气肠杆菌的荧光定量追踪及NADH途径解析。清华大学化工系在973计划，自然科学基金的支持下，针对产气肠杆菌进行了一系列基础性工作。建立了好氧荧光恢复方法实现在厌氧体系对产氢细菌的定量追踪，并成功应用于解析混合培养系统的菌群定量分布；对于产气肠杆菌重要的NADH产氢途径，提出并验证了其跨膜NADH依赖氢酶分子模型，以该途径为介导，实现了外源辅酶对胞内代谢的控制，解析了影响产氢的原因；此外，在产气肠杆菌厌氧发酵代谢流分析中引入NADH途径，完善了厌氧代谢网络模型，并且建立了产气肠杆菌代谢工程快速高效操作平台。

（2）高效微生物制氢系统与工艺。厦门大学的生物制氢课题建立了针对农作物秸秆、淀粉类物质和有机废水的高效分解系统。筛选到具有高效分解秸秆和淀粉类物质的微生物分解菌株。分解菌株对稻草秸秆的糖化率可达40%以上，对甘蔗秸秆的糖化率可达38%以上。淀粉分解菌株能在48～72小时内将10%的淀粉分解90%以上，在48小时后达到最大产糖量。为大规模利用能源植物（甘蔗、甜薯等）和农作物秸秆制备燃料氢奠定了基础；构建了高效微生物产氢系统。利用生物技术手段选育到20多株具有高产氢活性的微生物菌株，产氢菌株能利用淀粉和糖类物质为底物催化产氢，产氢的最高速率达15立方米（氢气）/［立方米（反应器）· 天］，产氢的平均速率达6.1立方米（氢气）/［立方米（反应器）· 天］；研制了3套规格为20升、40升和450升的生物制氢反应器。其中40升连续流生物制氢反应器与生物氢储存、燃料电池和电动设备等整合为生物质分解制氢及氢能—电能转化一体化系统；建立了微生物分解和微生物制氢的工艺技术和条件。根据某些生物能相互作用并形成一种稳定胶团结构的特性，获得了能与产氢微生物形成胶团且不影响其产氢活性的生物截留系统，产氢微生物被固定在胶团内，解决了连续流生物制氢过程中有效截留活性微生物的难题。

（3）有机废弃物两步生物产氢技术的研究。中国科技大学课题建立了通过一步厌氧发酵反应器酸化有机废弃物并部分产生氢气，再利用光合细菌在二步反应器中将厌氧发酵的产物进一步转化为氢气的新方法和新技术，克服了厌氧发酵法产氢效率低和光合细菌法无机直接利用有机废弃物连续产氢的缺点，取得如下主要进展：成功地利用上流式厌氧污泥床（UASB）反应器培养出了产氢活性高、沉降性能好的产氢颗粒污泥；实现了光生物产氢反应器的连续运行。光生物产氢反应器能够有效地将厌氧发酵产氢反应器的上述液相产物转化为氢气，产生的气体中氢气最大比例可达到90%；建立了稳定运行产氢反应器的新方法和新技术，优化了两步生物产氢系统的运行参数。连续运行的两步生物产氢反应器可以有效地将含糖废水、固体秸秆废物和水生植物浆液中的碳水化合物转化为氢气，系统的最大产氢能力为17立方米（氢气）/［立方米（反应器）· 天］。

(4)粪便污水高效光合细菌产氢技术。河南农业大学对利用粪便污水作为原料的高效光合产氢菌群的筛选与培养、产氢工艺条件、固定化方法、太阳自动跟踪采光及光导纤维导光系统、太阳能光合产氢细菌光谱耦合特性等关键理论与技术问题进行了较系统的深入研究，并取得了一些重要进展。在选育以畜禽粪便为原料的光合产氢菌种方面筛选出7株具有极高的原料转化效率的光合产氢菌株。研制成功带有自动跟踪太阳且可调滤光的太阳能高效聚焦采集系统，并开展了该系统的光传输与光谱耦合性能优化研究。研制成功具有较高表面积和体积比的新型环流罐式光合生物制氢反应器，并系统地研究了光在反应器中传输过程的衰减特性。较系统地研究了太阳能光合生物制氢过程的热动力学特性，揭示生物制氢过程的热动力学特性对光合细菌产氢酶活性和产氢速率的影响规律。

(5) 微藻两步法间接光解水制氢研究技术。中国科学院大连化学物理研究所以微藻生物制氢为研究方向，系统开展海洋绿藻可逆氢酶生物光解水制氢的机理与工艺研究。

亚心型扁藻（*Platymonas subcordiformis*）是典型的海洋绿藻，其可逆氢酶可用于光解水制氢。对扁藻的两步法间接光解水制氢工艺研究发现，无硫海水培养基能显著提高扁藻的光合放氢能力，比在天然海水中的高13倍。扁藻在经暗培养诱导后，在Carbonyl cyanidem-chlorophenylhydrazone（CCCP）作用下光照培养，扁藻在指数生长期末期表现出最大产氢能力。扁藻细胞在高光强条件下，不但生长速度快，单位细胞叶绿素含量低，且产氢能力强，但减小氢分压对扁藻产氢过程具有抑制作用。该研究小组对应用扁藻产氢过程中的工艺条件也进行了优化，确定扁藻产氢最佳藻密度为6～8 × 10^6cells/毫升，高密度扁藻可重复利用5次进行产氢。采用碱性燃料电池和产氢系统偶联，实现了120小时的连续产氢，总氢气产量达到54.4毫升。上述研究表明扁藻的两步法间接光解产氢技术具有可行性，是生物水解制氢的重要研究方向之一。

产 业 篇

我国发酵工业发展现状

行业总体概述

发酵工业属于生物工程高新技术领域，是以淀粉质（粮食、薯类等）及糖质为原料，通过微生物发酵技术进行深加工，获得高附加值产品的产业。发酵工业有着悠久的历史，随着科学的发展，发酵工业又是现代生物工程的重要产业部门。

目前，发酵工业主要包括氨基酸（谷氨酸为主）、有机酸（柠檬酸为主）、淀粉糖、酶制剂、酵母、淀粉和具有特种功能的发酵制品等产品。“十五”期间，发酵工业的品种增多，产量增加，已经全面完成了预期的目标。进入“十一五”以后，发酵工业继续健康而平稳的发展，2006年主要发酵产品产量900多万吨，平均年增长率在20%以上。其中味精产量170万吨，占世界产量的70%以上，位居世界第一位；柠檬酸及其盐和酯产量达到72万吨，出口57万吨，创汇4亿美元，其产量和贸易量均居世界第一位；淀粉糖（醇）是近年来增长最快的产品，在玉米深加工产品中产量最大，达到560万吨，产量仅次于美国，居世界第二位。预计2007年主要发酵产品产量将近1 100万吨（表15、表16）。

2006年8个主要产品总产量近1 000万吨，2007年8个主要产品预计总产量近1 100万吨，年总耗粮食占我国工业食品用粮的比例很大。这对发展粮食生产、延长农业产业链，对提高粮食的综合利用和增值转化、促进农业发展、农民增加收入等具有非常重要的意义。同时，从发酵工业对粮食深加工的的需要出发，将向农业提

表 15　中国发酵工业及相关的主要产业部门

序号	产　业	产　品	
1	淀粉	工业淀粉、食用淀粉、药用淀粉、变性淀粉等	
2	发酵制品	氨基酸	谷氨酸、饲料用赖氨酸、苯丙氨酸、苏氨酸、精氨酸、小品种氨基酸、强力鲜味剂（肌苷酸、鸟苷酸）等
		有机酸	柠檬酸、乳酸、衣康酸等
		功能食品	香菇多糖、灵芝多糖、红曲色素等
		酶制剂、酵母（食用、饲用）	
3	淀粉糖及多元醇	葡萄糖（浆）、麦芽糖（浆）、糊精、饴糖、高果葡糖浆、啤酒用糖浆、功能性低聚糖（低聚果糖、低聚木糖、低聚异麦芽糖）等	
		山梨糖醇、木糖醇、麦芽糖醇、甘露糖醇、低聚异麦芽糖醇等	
		乙二醇、环氧乙烷、丙二醇等	
4	酒精	食用酒精、医用酒精、工业酒精、燃料乙醇等	

表 16　2006 年、2007 年中国发酵工业主要产品产量（万吨）

产　品	2006 年产量	2007 年预计产量
味精	170	185
赖氨酸	32	38
柠檬酸	72	76
乳酸	8	11
酶制剂	53	60
酵母	15.5	19
淀粉糖（醇）	560	615
特种功能发酵制品	80	91
共计	990.5	1 095

出各种专用型原料的需求，从而带动粮食生产结构的调整和优化，最大幅度的提高粮食资源的综合利用率和产品的附加值，从而提高农业的综合效益，促进农业生产的发展。

近年来，特别是2003年以来，随着化石能源在全球范围内的供应趋紧，以生物化工为代表的粮食深加工业，主要是玉米深加工业发展迅速，发酵工业已经成为农产品加工业中发展最快的行业之一。发酵工业的原料由原来的玉米、大米、小麦、薯类等多种原料，转变为以玉米为主，玉米已经占到所用原料的80%左右。因此，全国消耗的玉米量快速增长。2006年发酵工业消耗的玉米数量达到 2 309 万吨，加上酒精等消耗的玉米数量共计达到 3 589 万吨（表 17、图 75）。

表 17　2006 年以玉米为原料的发酵工业及其他行业主要产品（万吨）

行　业	产　品	产　量	玉米消耗量
淀粉加工产品	发酵制品	460	1 069
	淀粉糖	500	850
	多元醇	70	120
	变性淀粉	70	120
	其他医药、化工产品等		150
酒精	食用酒精	174	560
	工业酒精	142	448
	燃料乙醇	83	272
合计			3 589

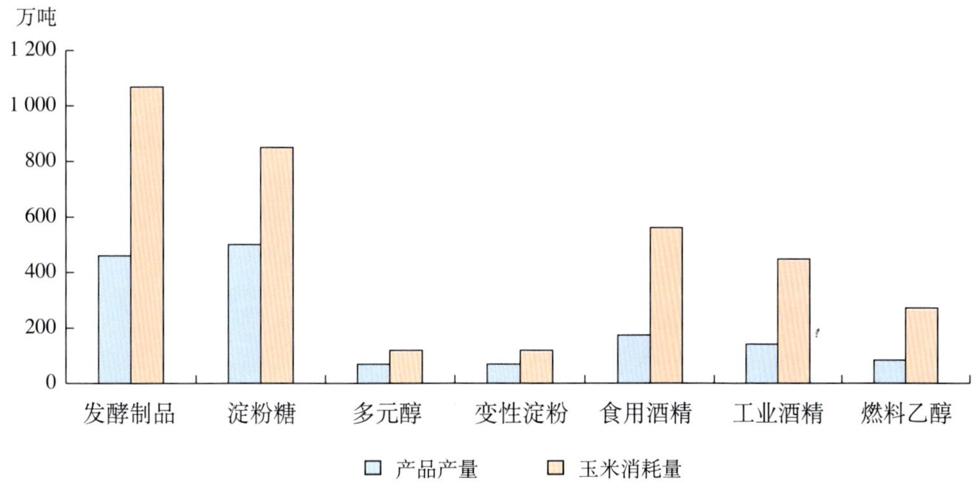

图 75　2006 年以玉米为原料的发酵工业及其他行业主要产品

企业规模现状

发酵工业发展初期，企业规模较小，没有自己的核心技术，竞争能力很弱。近几年来，特别是“十五”、“十一五”时期，在国家政策的正确指导下，整个发酵工业通过新建、兼并和重组等方式，提高了产业集中程度，向着集团化、规模化、集约化的方向发展，逐渐出现了一批驰名中外的大型和特大型加工企业。发酵工业是利用生物工程技术对农产品进行深加工的行业，其综合利用的水平在很大程度上影响着企业乃至行业的综合效益。因此，经过多年的市场竞争和行业协会的有效引导，行业的产业结构得到有效调整，企业的竞争力大为提高。目前我国已拥有玉米综合加工能力亚洲第一、世界第三的大型企业，并且在多元醇加工领域还拥有有自主核心技术的大型企业。

2007年，淀粉糖和高活性酵母已经被列入中国名牌，其中有6家企业的淀粉糖、2家酵母企业的高活性酵母被评为2007年中国名牌，这是几十年来发酵工业发展取得的成果，是广大企业家、技术人员和职工共同努力奋斗的成果。

此外，近20多年来我国的发酵产品在国际市场上销售较好，出口量增加，如有机酸、氨基酸等产品。

1．氨基酸行业　氨基酸行业中的味精生产企业经过前几年行业产能的大量增加和激烈竞争，规模小的企业正逐渐退出，行业产能正向具有规模优势、技术优势和品牌优势的企业集中。河北梅花味精集团有限公司、河南莲花味精股份有限公司、山东阜丰发酵有限公司、山东信乐味精有限公司、沈阳红梅味精股份有限公司、山东菱花集团公司、山东齐鲁味精集团有限公司、江苏菊花味精集团有限公司等企业的年产量均达到了较大的规模，大部分达到或超过了10万吨。

2．淀粉糖及多元醇行业　从20世纪60年代初到90年代末，我国的淀粉糖行业一直处在探索阶段。2000年以前全国产量仅有50多万吨，20世纪初，行业开始起步并迅速发展，到2006年产量达560万吨。据统计，2003年分布在全国的淀粉糖厂有200多家。到2005年，情况发生了改变，产业集中度加大，20万吨以上的规模占据了全年产量的70%以上，同时生产企业总数量减少了15%左右，可以看出企业发展已具规模化。淀粉糖企业基本都通过了ISO9000认证，有不少企业还通过了ISO14000和HACCP、GMP认证，使淀粉糖产品整体接近国际先进水平，部分产品已达到国际先进水平。

山东省禹城市功能糖产业发展较早，在国内率先实现多种功能糖的产业化生产，培育了山东福田药业有限公司、山东龙力生物科技有限公司等拥有核心技术的大型糖(醇)企业。2005年末，由中国轻工业联合会、中国发酵工业协会授予山东省禹城为中国功能糖城。

近几年，淀粉糖行业先后推出了两届淀粉糖20强企业，这些企业的淀粉糖产量占到了全国淀粉糖总产量的90%，以鲁洲生物科技有限公司、西王糖业控股有限公司为代表的淀粉糖20强企业的出现，标志着我国淀粉糖工业进入了企业+产品的双品牌时代。这说明了我国淀粉糖工业的规模化发展已经取得了重大成果，为我国淀粉糖企业规模化发展以及与国际企业接轨营造了良好的行业环境，打下了坚实的基础。

3．酶制剂行业　自20世纪60年代起，我国开始生产酶制剂产品，现有生产能力60万吨左右。目前我国酶制剂生产企业（包括企业自产自销的酶制剂厂）大多数为中小型企业。酶制剂行业自2001年6月以来，评出了第一届、第二届全国酶制剂行业重点生产企业，有22家生产企业入围，如北京东华强盛生物技术有限公司、江阴市百圣龙生物工程有限公司等企业。多年来我国酶制剂行业一直保持较高的发展速度，2001—2006年酶制剂产品产量平均年增长率10%以上，其中20家重点企业产品产量平均年增长率达到28%。目前酶制剂产品不仅满足了国内需求，还部分出口到国际市场。2000年，全国酶制剂出口量占总产量的15%，2006年增长到23.7%。这说明我国酶制剂产品质量已经有了大幅度提高，为国际市场所接受，正在向外向型发展。随着改革开放的逐步深化，我国引进国外资金、技术，已建有数家合资或独资的酶制剂生产企业，如诺维信、杰能科等，对促进我国酶制剂行业的发展起到了良好的推动作用。

4．酵母行业　酵母广泛应用于食品工业、医药工业和畜牧业。尤其是在食品工业中，酵母作为优良的发酵剂，应用领域已从面包行业发展到酿酒行业。随着我国经济的发展和人民生活水平的提高，酵母工业得到了很大的发展。国内已有10多家高活性干酵母生产企业，数家鲜酵母、药用干酵母、酵母抽提物、微量元素以及养殖酵母等生产企业。这些企业均以蔗糖糖蜜为主要原料，酵母总产量已从1997年的1.4万吨上升到2006年的15万吨。湖北安琪酵母股份有限公司为高新技术上市公司，年产高活性干酵母5万吨，居全国和亚洲第一；广东丹宝利酵母有限公司、马利酵母有限公司等龙头企业对发展中国的酵母工业做出了贡献。这些龙头企业的产品在行业内占有主要的份额，产品质量高而稳定，品牌具有一定的知名度，在国际上也占有一定的地位。

5．有机酸行业　近几年，以柠檬酸产品为龙头的有机酸行业进入到一个快速发展阶段，我国柠檬酸产量和出口量已经连续数年位居世界第一。L-乳酸、衣康酸等产品也具有一定的生产规模，为生物质产品替代石油化工产品开辟了一条新途径。

2002年原国家经济贸易委员会、对外经济贸易合作部和国家环境保护总局联合发布的《禁止未达到排污标准的企业生产、出口柠檬酸产品公告》对柠檬酸生产企业排污情况有了很高要求，一些规模较小、生产工艺落后的企业遭到了淘汰，一些企业规模较大、环保达标的企业得到了更快速的发展，出现了一批引领行业发展的龙头企业，安徽丰原生物化学股份公司柠檬酸产量居世界第一；山东柠檬生化有限公司、日照鲁信金禾生化有限公司、潍坊英轩实业有限公司、宜兴协联生物化学有限公司等企业的柠檬酸产量也居行业前列。

2006年全国乳酸生产近10万吨，其中河南金丹乳酸有限公司生产规模3万吨以上，居全国第一位。乳酸产品出口量也达到3万多吨。

产业结构现状

发酵工业经过几十年的发展，产品结构逐步得到了优化。发酵工业的产品已经由传统的初级产品淀粉、酒类等向精深加工扩展，氨基酸、有机酸、多元醇、淀粉糖、酶制剂、酵母等产品所占比重不断扩大，产业链得到延长，资源利用效率有所提高。但是目前我国发酵制品依然以大宗发酵产品为主，如味精、柠檬酸、淀粉糖等，新型发酵制品所占份额依然较小。

随着国家经济的发展和人民生活水平的提高，发酵产品产量一直处于稳步增长的状态，是农业产业化的主要行业之一。图76为2001—2006年我国发酵工业的主要产品产量。

1.氨基酸行业　40年来我国的氨基酸行业快速发展，特别是近10年来，发展速度更是惊人。目前，我国氨基酸行业整体上已具相当规模，成绩斐然。以谷氨酸为代表，40多年的平均增长速度为17%，全国味精产量（不含台湾省）已由水解法生产的4 200吨发展到2006年的170万吨，占世界总产量的70%，产量居世界第一位，是世界第一生产国和消费大国，我国已成为世界谷氨酸、味精生产中心。

在味精生产快速发展的带动下，近年来其他种类氨基酸生产也得到了较大的发展。经过广大企业家和科技人员的共同努力，在

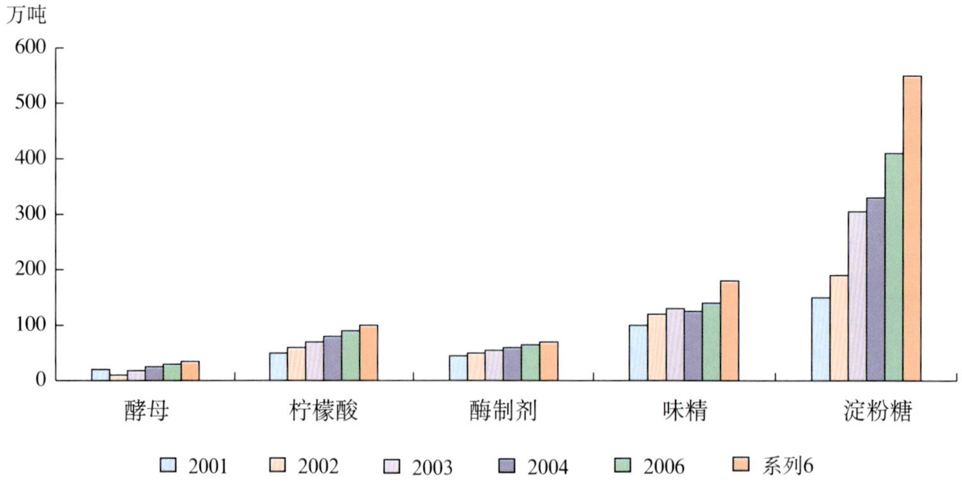

图76　2001—2006年我国发酵工业主要产品产量

短短的数年间使饲料用赖氨酸迅速投入产业化生产，赖氨酸是世界上仅次于味精的第二大氨基酸品种。2005年我国的赖氨酸产量超过20万吨，除了满足国内需求外，还有部分出口，使我国饲料用赖氨酸从原来的纯进口国一跃成为出口国。

我国目前以发酵法生产氨基酸的品种已超过10余种，包括苏氨酸、色氨酸、亮氨酸等小品种氨基酸也陆续小规模生产，但技术水平仍需不断提高，品种仍需不断开发。从整体上看，氨基酸行业的技术水平不断提高，原材料消耗大幅降低，技术装备日益改进，先进的管理理念和管理方法已在行业中广泛应用，与国际接轨的各种认证已经普遍采用，综合的国际竞争优势已经体现出来。

2．淀粉糖及多元醇行业　淀粉糖及多元醇的发展均超额完成了“十五”纲要目标，2005年淀粉产量达到1 000多万吨、淀粉糖为400多万吨。2006年淀粉糖及多元醇产量为560万吨。随着发酵技术和酶制剂种类的增加和质量的提高，我国规模生产的淀粉糖（包括多元醇）的种类已经从原有的6个增加到28个，包括果糖、葡萄糖、麦芽糖、果葡糖浆、啤酒用糖浆、全糖浆、海藻糖、山梨醇、麦芽糖醇、甘露醇、赤藓糖醇、木糖醇等。产品种类也从原来的甜味剂扩大到多种花色品种和具有保健功能的功能糖，对提高人民的生活质量和健康素质起到了很大的作用。但是，不论是产品种类还是应用领域依然有很大的开拓和发展空间。

3．酶制剂行业　随着发酵工业各行业的发展，对新酶制剂产品的需求日益高涨，客观上促进了酶制剂行业的发展。酶制剂品种除了传统的三大品种淀粉酶、糖化酶和蛋白酶以外，饲料用酶、复合酶等（果汁、纺织、面粉加工等用酶）的开发和生产成为新的经济增长点。目前我国已实现工业化生产的酶种有20多种。产品以糖化酶、α-淀粉酶、蛋白酶等三大类为主，此外还有中性脂肪酶、碱性脂肪酶、果胶酶、纤维素酶、葡萄糖异构酶、凝胶酶、β-葡聚糖酶、木聚糖酶、α-乙酰乳酸脱羧酶、植酸酶等。5年来，酶制剂行业20家重点企业的产量和销售额，平均年增长率分别达到28%和19%，高于一般的发酵工业。

4．酵母行业　酵母品种包括高活性干酵母系列、鲜酵母、啤酒酵母、酿酒酵母、发面酵母、种用酵母、药用酵母、富硒酵母、富铁酵母、含锌酵母以及养殖酵母等，酵母抽提物、微量元素酵母等近两年也有了较大发展。利用生物高新技术生产的高活性干酵母，近年来年增长率一直保持在20%以上，品种已经从原有的面包活性干酵母发展到应用于酒精、葡萄酒、白酒、黄酒、食醋以及营养保健品等行业的专用高活性干酵母。

5．有机酸行业　以柠檬酸产品为龙头的有机酸行业进入了一个快速发展的阶段，我国柠檬酸（一水、无水）及其盐类的产量和出口量已经连续数年位居世界第一。发酵法生产L-乳酸、衣康酸、L-苹果酸、酒石酸、草酸等产品也具有了一定的生产规模，为生物质产品替代石油化工产品开辟了一条新途径。

6．特种功能发酵制品行业　自20世纪90年代以来，我国具有特种功能发酵制品的研究、开发和产业化取得了很大的成就。如低聚糖行业，日本能生产的低聚糖类品种，目前在国内几乎都能工业化生产，且很快形成几万吨生产规模。此外，已经产业化的还有活性肽类、功能性糖醇类、功能红曲、真菌多糖、微生态制剂、生物防腐剂等。国内已形成工业化生产的功能肽有：酪蛋白磷酸肽、白蛋白多肽、降血压肽、高F值低聚肽和谷胱甘肽等。广东星湖科技公司在国内首先生产出呈味核苷酸包括肌苷酸和鸟苷酸（一般称为I+G），使我国成为继日本、韩国之后世界第三个生产呈味核苷酸的国家。

产业布局现状

发酵工业的主要原料是玉米，玉米是我国三大粮食品种之一，产量约占全国粮食总产量的1/4。1998年全国玉米总产量达到了1.33亿吨，是1980年产量6 172万吨的1.15倍；2006年全国玉米总产量达1.449亿吨。总体看来，自1996后，除2000年外，我国玉米播种面积基本在2 500万公顷上下波动，增减幅度较小。我国近年玉米产量、消费量和播种面积见表18和图77。

表18　我国近年玉米产量和消费量统计表

年　份	年产量（亿吨）	消费量（亿吨）
1999/2000	1.281	1.150
2000/2001	1.060	1.156
2001/2002	1.148	1.155
2002/2003	1.213	1.126
2003/2004	1.158	1.178
2004/2005	1.302	1.229
2005/2006	1.394	1.372
2006/2007	1.449	1.393

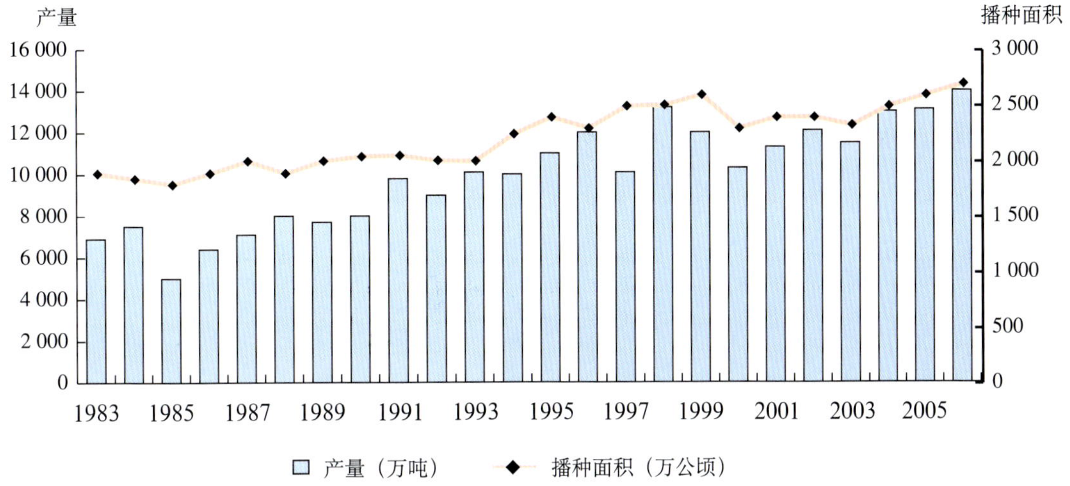

图 77　中国玉米播种面积及产量情况

玉米在我国种植范围很广，结合各产区的农业自然资源状况，以及玉米在谷类作物中所占的地位、比重和发展前景，把我国玉米划分为6个产区（图78）。

考虑到运输成本、原料贮存等因素，发酵产业布局近几年向原料产地转移的趋势明显。围绕粮食主产区，已形成了东北和黄淮海两个玉米加工业密集带，集群式发展的格局初步显现。2006年，东北三省、内蒙古、山东、河北、河南和安徽等8个玉米产区发酵

图 78　中国玉米种植区划

工业的产值迅速增加，新增能力最快的省、自治区依次为内蒙古、吉林、黑龙江和辽宁。

以发酵工业有代表性的味精产品为例，经历几年的演变，味精主产区散布在山东、河南、河北、江苏、浙江、广东等地，特别是山东，2006年产量达到近50万吨，占全国味精总产量的1/4强。从2007年上半年数据统计来看，味精主产区依然是山东、河南、河北、江苏、浙江和广东几省。近年全国味精生产分布情况见图79、图80。

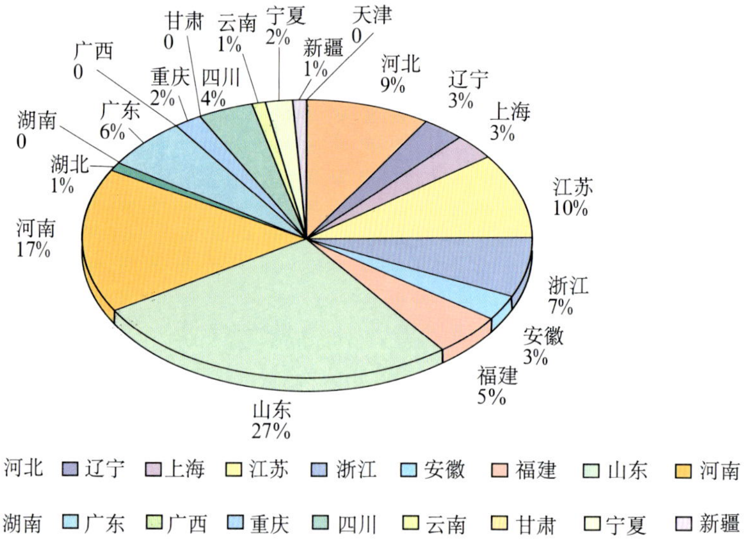

图79　2006年全国味精生产分布情况

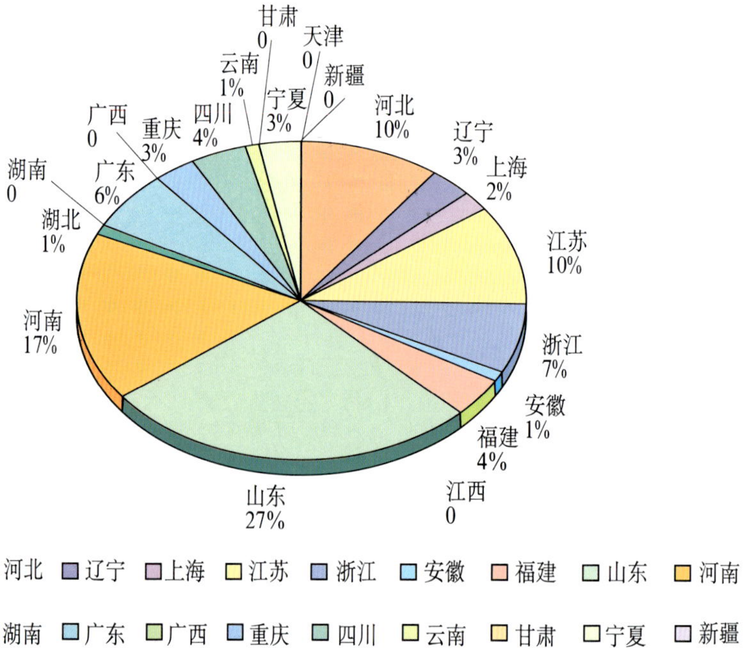

图80　2007年上半年全国味精生产分布情况

能耗、水耗及污染物排放现状

发酵工业是农产品深加工产业，也是农业产业化的延伸。要解决节粮、节水、节能和环保问题，必须走资源节约型循环经济的发展道路。与发达国家相比，我国部分发酵产品的单位耗粮、耗水、耗能都比较高。因此，未来发酵工业的发展面临着减少资源消耗和加强环保治理的双重压力，从而使行业发展的部分产品生产成本有所提高。在原料利用方面，主要原料的利用效率要显著提高，坚持清洁生产，副产物得以综合利用，不断延长产业链，对加工过程中产生的副产品全部回收利用，降低资源消耗，建设资源节约型的新型发酵产业。具体发酵行业的能耗、水耗等指标见表19。

发酵工业的废水、废渣糟中含有丰富的蛋白质、氨基酸、糖类和多种微量元素，具有较高的COD值。随着发酵产品产量的稳步增长，产生的废水、废气和废渣也明显增加。发酵工业中以柠檬酸、味精和酵母发酵产生的有机废水量较大。

目前，行业已经制订和实施了《柠檬酸工业污染物排放标准》、《味精工业污染物排放标准》，《酵母工业污染物排放标准》正在制订之中。因此，发酵工业的有机废水治理任务很重，要达到的废水的排放指标要求如表20所示。

“十五”期间，各行业积极开展资源综合利用，利用高新技术和传统工艺相结合，将各种组分充分回收和利用，做到物尽其用，在提高附加值的同时，减轻和消除对环境的污染。在环保治理方面，大部分企业领导非常重视，并投入大量资金对发酵生产过式程中产生的废水、废渣和废气进行治理和回收利用，取得了显著的成绩。

1．氨基酸行业　味精作为氨基酸行业中的重要产品，其污染物排放问题也是行业

表19　发酵行业的能耗、水耗等指标要求

行　业	产　品	玉米消耗（吨/吨产品）	能源消耗（吨标准煤/吨产品）	水消耗（吨/吨产品）
淀粉	淀粉	≤ 1.5	≤ 0.9	≤ 8
发酵制品	味精	≤ 2.5	≤ 2.8	≤ 100
	柠檬酸	≤ 1.8	≤ 2.5	≤ 40
	乳酸	≤ 2.1	≤ 2.5	≤ 60
	酶制剂	≤ 3.0	≤ 2.0	≤ 10
淀粉糖	葡萄糖	≤ 1.7	≤ 0.9	≤ 14
	麦芽糖	≤ 1.7	≤ 0.8	≤ 14
多元醇	山梨醇	≤ 1.7	≤ 1.5	≤ 25

表 20 发酵行业的污染物排放要求

行业	产品	排放的化学需氧量 CODcr 值（千克/吨产品）	外排废水的化学需氧量 CODcr 值（毫克/升）
淀粉	淀粉	≤ 1.2	≤ 150
发酵制品	味精	≤ 20.0	≤ 200
	柠檬酸	≤ 6.0	≤ 150
	乳酸	≤ 9.0	≤ 150
	酶制剂	≤ 1.5	≤ 150
淀粉糖	葡萄糖	≤ 2.1	≤ 150
	麦芽糖	≤ 2.1	≤ 150
多元醇	山梨醇	≤ 3.8	≤ 150

发展过程中的共性和关键问题。在味精的生产过程中将高浓度有机废水进行有效处理，通过综合利用，生产出副产品饲料蛋白粉、固体硫酸铵和液体蛋白，高浓度有机废水实现零排放。同时改革相关工艺，使味精总收率提高，同时提高了劳动生产率，改善了员工的劳动强度；利用生产工艺中相对洁净、温度又较高的水，循环利用于配料中，大大节约了味精生产用水。

2. 淀粉糖行业　在淀粉和淀粉糖行业，将生产用水封闭循环利用；利用膜分离技术，回收淀粉废水中的蛋白质，再进行污水治理，既回收了蛋白资源，又达到了保护环境的目的，产品质量和收率也明显提高。

3. 酵母行业　酵母生产采用了清洁生产工艺，对酵母高浓度有机废水进行综合治理，从而使高浓度有机废水得到根本治理。同时，在排放源头实行清污分流，浓淡分开治理，减少清水的处理环节，降低处理运行成本，实现中水回用；对高浓度废水进行四效板式蒸发浓缩后，干燥造粒制成商品有机肥料；低浓度废水采用生化技术进行处理，达标后排放。

4. 有机酸行业　柠檬酸生产企业作为我国有机酸行业的典型代表，在《禁止未达到排污标准的企业生产、出口柠檬酸产品公告》（2002 第 92 号）的基础上积极开发新的柠檬酸提取技术，如江南大学和天津科技大学，分别开发出不用钙盐的柠檬酸提取新技术，革除了沿用多年的提取方法，减轻了对环境的污染。

科技自主创新情况现状

发酵工业的快速增长，在很大程度上得益于产业的技术进步，以及新产品、新工艺、新设备的不断开发与应用。企业越来越多的重视科研开发，投入持续增长，据调查，发酵工业企业R & D投入平均达到销售收入的4.5%，最高的可达10%以上。获得的专利成果逐年递增。

1. 氨基酸行业　在氨基酸行业，节能新技术、有机废水的资源化综合利用技术、清洁生产新工艺方面都取得了很大的成绩。如：夹点技术应用于过程系统节能；在大型发酵罐、种子罐、离心机、结晶罐、空压机等设备上使用变频器减低电耗；用不锈钢膜分离技术替代离心、沉降、蒸发、吸附等传统的分离手段，提高生产效率，降低运行成本，简化操作。

2. 淀粉糖行业　淀粉糖行业中啤酒专用糖浆的研制及生产，缓解了我国生产啤酒原料紧张的局面，进一步拓展了淀粉糖的应用领域，扩大了市场；自主研发的新型糖源固体结晶果葡糖的研制成功，使其成为真正意义上的蔗糖代用品，为固体粉状淀粉糖走进千家万户创造了条件；玉米皮水解制结晶木糖获得了国家发明专利，并在企业中得以应用。此外，低压喷射液化设备研制及推广应用、四效、五效蒸发器的应用、多效真空板式蒸发器的应用、连续结晶技术在结晶葡萄糖的应用、新型高效酶制剂的开发应用等一批创新成果大大降低了淀粉糖的生产成本。

3. 有机酸行业　有机酸行业的生产工艺不断优化，使能耗和原料消耗明显降低，发酵设备利用率不断提高，膜过滤装置广泛应用，减少了发酵染菌，大大地提高了产品质量；采用连续胶带过滤机使发酵液过滤快、节能效果显著；连续离子交换装置开始在国内柠檬酸行业得到应用，设备利用率和自动化程度高，树脂用量和原料消耗大幅减少；采用适合一水柠檬酸、无水柠檬酸及盐的离心机，实现了全自动连续化生产，满足了各种规模和不同产品质量的需要，大幅度提高了劳动生产率；产品烘干和包装仓储设施，在预防机械杂质、产品结块和筛分、改善产品外观等质量提高以及提高自动化程度和劳动生产率方面，采用了很多新的技术和装置，获得了显著的效果，个别企业甚至达到了药品生产的GMP标准。

有机行业的提取工艺中，先进的色谱离交分离技术彻底代替了传统的钙盐法，提高了产品质量，简化了生产工艺，大幅度地减少了污染物的排放；连续错流变温色谱提纯技术成为柠檬酸生产的重大革新，为国内外首创，居世界领先水平，获得了中国发明专利。环保处理技术、设施得到很大提高，大部分企业能够有效利用沼气发电、制冷、锅炉燃烧、提供给附近居民家庭使用等。

4. 酶制剂行业　我国酶制剂行业在增加品种的同时，技术水平也有了较大的提高。通过基因工程技术的应用，对酶制剂生产菌株进行改造，发酵活力及生产水平得到大幅度的提升。高效新型过滤器的推广应用，改造了空气过滤系统，从根本上解决了行业中发酵染菌率高的问题。此外，培养基配方的优化、反应器的选择、采用膜过滤技术进行后处理等一系列工艺技术的改进推动了整个行业的快速发展。

5．功能性发酵制品行业　功能性发酵制品科技含量高、创新性强，符合当前发展健康产业的发展方向。低聚糖类是功能性发酵制品中开发最早、品种最多、产量最大的一类，运用先进的膜分离技术分离低聚果糖、低聚异麦芽糖取得了突破；玉米芯酶法制备低聚木糖获得了国家技术发明二等奖；低聚异麦芽糖从50型发展到90型；辅酶Q10的成功开发打破了日本多年来的垄断；从天然酵母中提取得到的酵母β-葡聚糖，在饲料、保健品、药用和化妆品中得到应用。

我国发酵工业发展趋势

纵观发酵工业的发展现状，随着全球一体化的加快，市场竞争全球化日益加剧，我国的发酵工业产业既要面对国内原材料成本的上升、产能的不断扩张以及环境治理的压力，又要面对产业政策和产业结构调整的严峻挑战，发酵工业要实现可持续发展的目标必然的发展趋势及发展思路如下：全面落实科学发展观，积极推进产业结构优化升级，促进产业健康协调发展，逐步形成大宗发酵产品为基础、新型发酵产品产业为先导、生物酶产业和配套设备产业支撑、大、中、小产品协调发展的产业格局，坚持科技引领，节约发展、清洁发展、健康发展，从而实现可持续发展。

产业结构发展趋势

目前我国发酵制品依然以大宗发酵产品为主，新型发酵制品所占份额小，因而随着市场竞争的加剧，出口政策的调整，导致企业必须大力开发新型发酵制品，加快新型发酵制品向自主研发制造延伸，推进产品结构调整，提高新型发酵制品的比重和水平，优化企业产品结构和布局，推进产品的多元化。

1．氨基酸行业　味精、赖氨酸等大宗氨基酸行业的产品，针对其发酵生产现状、市场需求状况以及出口政策的调整等方面的影响，产品产量及利润空间已趋于饱和，发展空间不大。因此小品种、特殊用途氨基酸等高利润产品发展空间广阔，苏氨酸、色氨酸、亮氨酸、异亮氨酸、缬氨酸、蛋氨酸等产品将逐步扩大生产规模。

2．淀粉糖行业　一般淀粉糖含有多种糖类成分，除蔗糖外，还有麦芽糖、异麦芽糖、低聚糖等等，除甜度略小于蔗糖外，它具有蔗糖不具备的功能，如品种多、规格多样，可以适应不同食品加工的要求。因此，随着人民生活水平的提高，对淀粉糖的要求迅速提高，促进了淀粉糖的发展。因此，淀粉糖行业的发展在保持现有发展的基础上，保健用的功能性淀粉糖产品及特殊用途淀粉糖产品的研发、淀粉糖非食品工业用途的开发将成为今后发展的趋势。同时以生物质糖类等为原料，替代以石油为原料生产的部分化工产品的开发也将被进一步拓展。

3．酶制剂行业　酶制剂是发酵产业的核心技术，它的开发和应用能够提升应用产业的地位和发展速度，增加产品种类，提高产品质量。目前，我国酶制剂的发展较快，基本满足了大宗产品生产的需求。未来几年，特种复合酶制剂，如新型淀粉糖、面粉加工、肉类加工、油脂加工、调味料生产、饲料、制革、纺织、纸浆和造纸等专用复合酶制剂，以及满足食品加工业和其他行业发展所需要的酶制剂的开发和生产将加快脚步，逐步形成多品种、多用途、比例合理、协调发展的产品格局；而原有的酶制剂生产要继续提高酶活性，提升产品的档次，创国内和国际名牌。

4．酵母行业　未来几年，酵母行业将以继续发展酵母以及相关产业，提高酵母企业的生产水平，进一步缩小与国际酵母大公司的差距为目标。国内高活性干酵母的产量将持续增长，增长率为10%～20%左右；酵母抽提物、微量元素酵母等酵母相关产品的开发、饲料酵母的生产发展将被持续推进，酵母相关产品占总销售收入的比重会逐步提高。

5．有机酸行业　有机酸行业中占重要地位的柠檬酸产量预计将以年增长8%的速率递增，出口量也将随之增长，产酸增长30%，发酵周期缩短10%，总收得率上升5%，粮耗减少7%，电耗减少20%，水耗下降10%。

乳酸的发展关键在于聚乳酸的未来应用范围，以及与石油化工产品的比价，如果石油价格在100美元以上并继续上扬，乳酸的生产技术进一步提高，聚乳酸的价格能够和石化产品比价，乳酸产量将以飞快速度发展。

衣康酸在国内还未能够得到很好的应用和开发，世界上也主要是一些发达国家在使用。随着人民生活水平的日益提高，对食品包装、食品安全高度重视，“十一五”期间我国在这些方面的进步将是显著的，衣康酸的发展也将是显著的。

6．特种功能发酵制品行业　由于功能性发酵制品产品多，种类多，现国内生产企业上规模的不多。未来几年要重点扶持有前途的产品，形成龙头企业，并培育出能代表行业发展实力的名牌产品。根据目前现有状况和国际发展趋势，低聚糖类、肽类和天然抗氧化剂类等这三大类产品将会扩大生产规模。同时功能食品应用领域将会被重点研究和开发，拓宽市场需求，研究有复合性功能的制品，如低聚糖类自身有促进有益菌增殖的功效，如将低聚糖类和微生态制剂协同研究，可充分发挥各组分的作用。

随着具有特种功能的发酵制品新产品的出现，市场的需求也在增长。尤其是营养强化剂、抗氧化剂、不饱和脂肪酸、益生菌、食用色素、生物防腐剂、调味和调香剂等都是消费者需要的，也会大力发展。

7．生物质新产品

(1) 多元醇。多元醇包括以糖类为原料，利用现代生物技术生产的四元醇、五元醇、六元醇等。目前，国际应用最多的是：丙二醇、山梨醇、甘油、季戊四醇和三羟基丙烷。有些多元醇是以石油为原料生产的。随着石油的消耗，利用生物质产品为原料生产多元醇已经在世界范围内广泛展开。此外，乙二醇、丙二醇、木糖醇、麦芽糖醇、甘露醇、赤藓糖醇等都有潜在的发展余地。

(2) 生物质工程材料新行业。利用生物工程技术可以将生物质如淀粉类、纤维素类等可再生资源用发酵法或生物转化法生产化工产品、材料、食品、饲料、燃料、热能、电能等产品，国家尤其对以玉米等农产品为原料生产化工产品替代石油化工产品非常重视，已经先后启动和实施了各种计划。目前研发进度比较快的产品有：聚乳酸全降解塑料、环氧乙烷、纺织用聚酯纤维原料乙二醇、生物柴油（酯化法和酶法）、二氧化碳全降解塑料等。其中，以生态塑料——聚乳酸发展的前景看好，国外已经投入产业化生产，如美国、德国、英国等。国内许多单位正在加紧研究和开发。目前聚乳酸的聚合技术尚需突破，生产成本也需要大幅度降低，才能与塑料制品竞争。随着石油价格的波动和上涨，发展生物材料替代石油化工产品是必然的发展趋势。国内生物产业界应该抓住机遇，在技术成熟时投入产业化生产。

总之，我国将加大新型发酵制品的开发、研究与推广，鼓励和扶持新型发酵制品的生产与研发，同时建议组织专项资金给予支持。

科技创新发展趋势

自主创新成绩的取得使发酵工业已经形成较为扎实、稳固的技术支撑系统，也更增强了我们通过科技创新推动行业向纵深发展的决心和信心。但是，在大好形势下我们依然清醒地认识到我国发酵工业整体来看无论在技术水平还是研发能力上与发达国家还有很大差距，生产方式比较粗放，污染严重、消耗大，资源综合利用水平低。

面对这些挑战，唯一的、也是最有效的手段依然是依靠科技进步，不断提高企业自主创新能力，大力开展发酵工业循环经济支撑技术的研发和推广应用，在提高资源综合利用、降低生产成本、降低能耗、水耗、拓展新的应用领域上狠下工夫。

发酵工业产品种类繁多，每种产品的生产又都不尽相同，但归根结底有其共性存在，发酵产品从原料到最终产物可以分为四个部分：

原料→发酵→提取→废气物处理

四个部分在未来均有广阔的研发、拓展空间。

1. 发酵原料的发展趋势——开发非粮原料资源　近年来，随着化石能源在全球范围内的供应趋紧，以生物化工为代表的粮食深加工业发展迅速，发酵工业已经成为农产品加工业中发展最快的行业之一。发酵工业的原料以玉米为主，玉米已经占到所用原料的80%左右。2006年发酵工业消耗的玉米数量达到2 309万吨，加上酒精等消耗的玉米数量共计达到3 589万吨。依照发酵工业目前的发展状况看，玉米的消耗量将会逐年增加。然而，由于玉米资源有限，虽然从2000年以来连续丰收，但市场价格不降反升，引发其他粮食作物价格也不同程度的上涨，国家因此调整了玉米加工产业政策及指导性意见，适度发展玉米加工业。

受以上国家产业政策、我国粮食产量的制约以及粮食价格上涨因素的影响，发酵工业的原料供给面临很大压力，同时行业的利润空间降低，某些小行业的发展受到很大威胁。在这种情况下，原料的多元化成了发酵工业必然的发展趋势。

原料的多元化的方向应着重开发糖蜜、木薯、甜高粱、纤维素、半纤维素等生物质非粮原料在发酵工业生产中的应用，需要通过提高转化生物质非粮原料的纤维素酶、半纤维素酶等的技术水平得以实现。非粮食原料发酵我国已有所研究，目前主要应用在燃料乙醇方面，主要利用的原料有木薯、甘蔗、甜高粱、废糖蜜等，这些研究若产业化成功，将为发酵工业其他行业的发展奠定良好的基础。

2. 发酵工艺技术的发展趋势　发酵工艺技术发展体现在两个方面，一是现有菌株的进一步改良以及新型菌株和新型酶品种的构建及选育，属于微生物制造范畴；另一方面是发酵过程的控制与优化，包括发酵过程代谢流的优化与人工智能控制两个方面。发酵工艺技术的优劣决定着生产的成败，是至关重要的一环。

发酵产品的生产离不开菌种的选育，包括氨基酸产品、有机酸产品、酶制剂产品、酵母产品等。以谷氨酸为例，国内发酵法生产L-谷氨酸的生产水平与国际同行业尚有较大差距，国内行业平均产酸水平在105克/升，平均糖酸转化率为55%，而国外产酸水平在120～160克/升左右，糖酸转化率60%以上，影响产酸水平的主要因素就是生产菌种的差异。发酵工业的发展，离不开酶工程的技术进步，而我国酶制剂行业的自主发展取决于酶工程菌株的选育。

目前工业生产用的菌株几乎全部是传统诱变方法选育出的改良株。经过几十年的发展，传统的诱变方法已经难以继续大幅提高菌株的生产性能。而基因工程育种具有目的性强、育种周期短、克服远缘杂交的障碍等优点，因此，需要采用分子切割、基因重组、原生质体融合、基因转导、基因表达、代谢途径工程等多种技术手段结合进行定点突变菌株的选育，获得耐高糖、产酸率高的目的遗传标记稳定的高产菌株，可以有效避免传统诱变方法选育菌种的筛选问题。

在微生物初级代谢产物中，通过生化改造达到育种的目的已有成功的例子，如通过多拷贝载体增强，使终产物脱敏的3-脱氧-D-阿拉伯糖-景天糖酸酶基因以及编码分枝变位酶和预苯酸脱水酶等代谢分支点基因(它们对L-色氨酸和L-苯丙氨酸的反馈抑制不敏感)的表达,构建了高产L-色氨酸的谷氨酸棒杆菌突变株,该菌株同时可大量产生L-苯丙氨酸等。

目前在国内大中型发酵企业，对发酵过程的控制还依赖于传统经验模式，现有技术手段只能对外在的温度、溶氧等条件和因素进行监测和调控，只能针对外部条件进行滞后性的处理和调控，并不能从根本上系统的分析和解决发酵过程中遇到的问题，滞后太久或处理不当很容易引起发酵失败，对大宗产品发酵会造成很大的危害。因此，需从根本上研究发酵过程控制的理论和关键技术，代谢流关键技术的研究是关注的焦点之一。

代谢流分析、途径分析等方法是代谢工程中代谢网络分析的基本方法。依据代谢网络定量分析原理，构建产物生物合成的代谢网络，在此基础上对产物的生物合成网络进行途径分析及代谢流分析。围绕胞内代谢反应，使用物料衡算方法，对所有主要的胞内反应建立一个基于化学计量的代谢流平衡模型(MFB)，并利用该模型对代谢网络进行定量分析和网络优化分析，计算发酵不同阶段不同途径的代谢流分布，根据发酵过程中代谢流的迁移，总结代谢流迁移规律，寻求代谢流中的扰动因子，以此指导产物高产菌的发酵条件优化及条件控制，并且通过改变发酵过程中的关键节点处的代谢流分配，达到提高产酸水平的目的。

应用发酵工程、代谢模型、代谢工程、酶学等方法和技术，建立能够描述、揭示和预测代谢流外部调控普遍规律的代谢模型，从微观或生物反应机制机理的层面为实现新型、集约式发酵过程在线最优化控制系统提供指导和理论依据。

使用人工智能、计算机、数据库等技术，研发大宗发酵产品的产业化生产过程的故障诊断和早期预警系统是发酵工艺技术未来发展的另一关注的焦点。利用此人工智能系统可以实现生产过程的在线状态监测、早期故障诊断和预警，以保证生产过程高效率、无故障、平稳的操作运转。

3、分离提取技术发展趋势 在发酵工业中，由于发酵液的组分多样，使产品的分离、纯化极为复杂。分离纯化的成本通常可占总成本的60%以上。与发酵技术的发展相比较，分离、浓缩和纯化产品的“下游”过程技术的发展显得不相适应。随着生物技术的飞速发展，对与之相配套的生物产品分离纯化的方法以及发酵过程控制技术提出了更高的要求。传统的分离纯化方法（转鼓真空过滤、离心、吸附树脂、交换树脂、萃取以及蒸发等）存在产物浓缩程度低、能耗大、试剂消耗量大、易使目标产物变形失活等缺点。为了提高目的产物收率，降低能源消耗，加快分离速度，增强产品质量，实现清洁生产，今后分离提取技术发展的主要方向是膜分离技术和色谱分离技术，优化结晶等分离工艺，提高产品质量。

膜分离具有分离、浓缩、纯化的功能。根据材料的不同，可分为无机膜和有机膜，无机膜主要是陶瓷膜和金属膜，有机膜是由高分子材料做成的，如醋酸纤维素、芳香族聚酰胺、聚醚砜、聚氟聚合物等。使用的滤膜的孔径一般为微米级，依据其孔径的不同可分为微滤膜、超滤膜、纳滤膜和反渗透膜，在下游过程中，膜分离可以用于整细胞的回收、发酵液的澄清、酶和蛋白质的浓缩和纯化。在上游过程中，膜与传统的发酵结合在一起，组成的酶膜反应器可以提高发酵的产率。膜分离技术在发酵领域的应用将越来越受到关注，将在发酵工业的下游和上游过程中发挥日益增大的作用。

色谱分离技术作为现代分离技术的重要代表，在发酵工业领域将发挥更大的作用。目前工业上应用的色谱分离技术主要是模拟移动床（SMB）技术，传统的模拟移动床间歇操作，需要大量的柱子才能实现有效的性能，并且其相应的水耗较大、出料浓度较低。这些缺点是未来研究开发必须克服的难点。为了提高产品质量，节约能源，降低生产成本，更充分的发挥色谱法的生产潜力，发展新一代的连续色谱技术——多级模拟移动床(多级SMB)、顺序式模拟移动床（SSMB）技术以及NS2P新型分离双谱技术是必然趋势。SSMB模拟移动床系统可以集约连续、逆流、精馏及回流等机制，使色谱分离在保持精度的前提下，低成本地实现规模化，它的研发将是一次革命性的突破，可以提高精细分离产业化的起点。在各种新型分离技术中，SSMB模拟移动床色谱技术因其既有实现高精度分离又有实现规模化的能力，必将成为实现我国发酵行业技术升级的一个重要的关键分离技术。

多组分产物的分离提取技术也将是另一个研发热点，发酵工业产品母液往往含有多个有效组分，如能同时分离提取，必将会缩短生产周期，节约能源，减少废水排放，带来巨大的经济效益。通过研发NS2P技术来实现三种以上组分的分离，可作为FAST分离技术的一部分。大力发展NS2P技术对于增加目的产物收率、降低生产成本、提高生产效率具有重要意义。色谱分离技术作为现代分离技术的重要代表，具有环保、高效、低能耗、高通量的优势，完全符合发酵工业未来一个阶段发展的主流趋势，必将产生巨大的社会效益和经济效益。

此外对于传统分离纯化方法应该坚持走技术革新之路，挖掘旧有技术新的技术潜力，例如结晶工艺的发展方向是引入连续或半连续的结晶技术。传统的pH全程下调试等电点结晶工艺存在很多缺陷，不仅pH等电点难以稳定调控，而且可以产生大量的细晶，影响产品质量。为了减少大量细晶和晶核的出现，提升产品品质，提高产品收率，开发连续间歇耦合结晶工艺，发展连续或半连续结晶和可自动淘析细小晶体的淘洗技术。利用发酵液相对高的pH将其溶解后再回到结晶器中，提高了目的产物的收率。通过技术升级可设定一个适宜结晶的恒定pH，避开了蛋白凝固而刺激“初级成核”现象的出现，避免结晶操作中产生大量细晶，从而提高产品品质。

4．废弃物处理的发展趋势　按照发酵行业国家环境治理“十一五”发展规划，2010年，发酵行业减排CODcr14万吨，占国家“十一五”期间减排任务的20%，单位耗水量平均降低40%，实现年节水8亿立方米；单位能源消耗平均降低20%，年节约电能92亿千瓦时，折合标准煤300万吨；单位粮食消耗平均降低25%，实现年节粮1 500万吨，增加工业总产值350亿元。因此，必须从发酵工程上、中、下游各个环节减少水资源消耗，提高能源利用效率和原料利用率，减少污染物排放，提高污染物治理和清洁生产科技水平，逐步实现生产和环境的协调发展。

在发酵废弃物中，大多数固体废弃物已可以资源化，目前最大的问题是发酵废液的处理问题，由于发酵废液中含有高CODcr、高NH_3-N、高盐、高色度，因此处理起来比较困难。根据发酵废液中CODcr值不同，可将发酵废液分为三种：超高浓度发酵废液，CODcr值在10 000～50 000毫克/升之间；高浓度发酵废液，CODcr值在5 000～10 000毫克/升之间；低浓度发酵废液，CODcr值在5 000毫克/升以下。

经过近几年的技术改造及相关技术集成，当前处理超高浓度发酵废液的工艺是：发酵废液→提取菌体蛋白→多效浓缩→喷浆造粒→发酵生物肥，在此工艺中，虽然解决了发酵废液资源化的问题，为企业创造出较大的经济效益，然而却带来了一定的烟气(VOCs—气溶胶复合气体污染物)，造成二次污染。此种复合污染气体采用洗涤法、溶剂吸收法、吸附法、催裂解法、传统的氧化还原分解等方法处理，效果均甚微。因此，需要采用新型生物氧化还原降解法解决有机物（VOCs—气溶胶复合污染物）排放问题，减少二次污染问题。

然而，发酵行业的COD排放总量110万吨，占全国总排放量的20%左右，60%是高浓度废水所造成，其中高浓度废水CODcr浓度约5 000～10 000毫克/升，氨氮300～500毫克/升。目前国内发酵工业污水处理主要采用A/O或者SND法进行二级生化处理COD和脱氮，二者在处理高浓度氨氮含量的废水处理COD和脱氨氮时效果都不好，主要因为处理废水过程中的硝化和反硝化过程必须分步在不同的装置内进行，投资成本大，且硝化过程需要补碱，反硝化过程须外加甲醇补充碳源，运行复杂，费用直线上升，同时处理的能源消耗较高，运行成本高，因上述原因导致了目前发酵行业的高浓度废水处理存在相当的难度和问题。因此，未来技术的发展趋势可以通过定向基因技术选育构建的同时，进行生化/硝化/反硝化反应的新型智能环保高效好氧脱氮微生物菌群在同一反应装置内同时进行。目前A/O或者SND法中必须分开在2～3个不同装置内发生的生化/硝化/反硝化三个步骤反应，利用整个微生物菌种间的反应关系形成物质间微循环的链式反应，让COD作为生化/硝化/反硝化反应中必须碳源的被利用和消除，来完全处理高浓度废水中的COD有机负荷和氨氮负荷，提高了污水处理的生物能效，解决目前的高COD和高氨氮处理问题；同时，也可以通过基因定向选育或者构建新型微生物菌种，通过偶联发酵高浓度废液生产油脂来解决上述问题。

另外，高无机盐是发酵废液最主要的特征，因为在发酵和提取过程中不同程度地加入了大量的酸、碱等，高浓度无机盐废液的治理是瓶颈，也是共性问题。为此要发展相应的元素循环技术，膜蒸馏浓缩技术等分离循环技术将盐再生为酸和碱循环利用，最终实现最大限度减少酸、碱的使用量，达到废物资源化和高值化。

综上所述，发酵工业未来的科技发展趋势将以多元化的原料解决粮食原料所带来的局限；采用高科技含量的基因工程等技术改造和选育更加优良的生产菌种，提高生产转化水平，同时菌种选育技术的进步将提高酶工程的技术水平，以满足发酵工业生产的需要；从代谢流关键技术着手解决发酵过程优化控制问题，逐步提高过程控制的智能化；采用革命性的分离提取技术改变发酵工业传统的、高能耗、高污染的落后技术，通过科研攻关使先进的膜技术、智能模拟移动色谱技术应用于发酵分离提取，实现生产的清洁化；重视生产废弃物处理技术的更新与进步，提高废物资源化和高值化的程度，大力发展循环经济与清洁生产技术。

结　语

“十一五”期间是我国发酵工业快速发展的关键时期，我们必须以科学发展观为指导，从我国发酵工业的现状出发，以市场为导向，按照市场需求调整产业和产品结构；以科技进步为动力，以优化发酵工业结构为主线，以培育产业竞争力为核心，以实现发酵生产安全、环境友好为目标，把发酵工业的发展和环境保护结合起来，减少对环境的污染，走资源节约型、科技创新型、循环经济型、环境友好型的可持续发展道路。

未来的发展路线及工作重点具体体现在以下四个方面：

1. 配合国家宏观调控，积极促进产业结构调整　在国家宏观调控的基础上，配合国家产业政策的引导，按照产业聚集、规模化发展和扩大国际合作的要求，实现企业资源优化配置，坚持走科技含量高、经济效益好、资源消耗低、环境污染少、人力资源优势得到充分发挥的发展道路，使行业健康协调发展。

2. 推进企业产品结构调整，加快发展新型发酵制品　在增强自主创新能力的基础上，大力开发新型发酵制品，制定新型发酵制品标准，加快新型发酵制品向自主研发制造延伸，推进企业产品结构调整，提高新型发酵制品的比重和水平，优化企业产品结构和布局，推进企业多元化协调发展。

3. 加快科技创新，做好引进和集成创新的能力，提升企业核心竞争力　以自主创新提升产业技术水平，引领科技创新，把增强自主创新能力作为调整产业结构的中心环节，建立以企业为主体、市场为导向、产学研相结合的技术创新体系，大力提高原始创新能力、集成创新能力和引进消化吸收再创新能

力，提升产业整体技术水平。目前，应该重点发展“三化”技术：智能化、集约化、清洁化。充分发挥“三化”在产品结构调整、环境治理等方面的重要集成支撑作用。

4．大力发展循环经济，环境治理变压力为动力，走可持续发展道路　大力发展循环经济，建设资源节约和环境友好型社会：坚持开发与节约并重、节约优先的方针，按照减量化、再利用、资源化原则，大力推进节能节水节地节材，加强资源综合利用，全面推行清洁生产，完善再生资源回收利用体系，形成低投入、低消耗、低排放和高效率的节约型增长方式。积极开发推广资源节约、替代和循环利用技术和产品，技术落后的工艺和产品实施强制淘汰制度，降低高耗能、高污染比重。

虽然未来的发展之路会面临着很多困难，但我们有理由相信，在国家产业政策的扶持和关怀下，善于在困境中主动思考，以积极的态度和科学发展的思想寻找出路，放眼未来，舍得在科技上加大投入，那么，我国的发酵工业一定会迈上一个新台阶，拓展出新的行业增长空间，从中实现更大的经济效益和社会效益。

国际合作篇

2006年是我国“十一五”计划的开局之年。年初，党中央、国务院召开了在新世纪的第一次全国科技大会，提出提高自主创新能力，建设创新型国家的战略目标。国务院发布了《国家中长期科学和技术发展规划纲要（2006—2020年）》（以下简称《规划纲要》），勾画了未来15年我国科技发展的指导方针、战略目标、重点任务和政策举措。《规划纲要》明确了加大吸引海外高层次人才工作力度、鼓励组建中外联合实验室、积极主动参与国际大科学工程等重要政策和措施，是今后15年我国国际科技合作工作的纲领性文件。为了切实落实《规划纲要》中提出的重点任务和要求，科技部出台了《“十一五”国际科技合作实施纲要》，明确了在“十一五”期间，我国国际科技合作将以提高自主创新能力为中心，服务于现代化建设和国家外交工作两个大局，努力在拓展合作领域、创新合作方式和提高合作成效三个方面取得新的突破，更加注重以需求为导向。为了加快推进中医药国际科技合作，促进中医药“走出去”战略的实施，科技部与卫生部、国家中医药管理局等单位共同发布了《中医药国际科技合作规划纲要》。

在生物和医药科技领域，与其他国家在政府、科研机构和企业等多方位、多层面合作如火如荼并呈现出新的态势，合作内容更加丰富，合作形式更加多样，合作成效更加显著，特别是在吸引海外尖子人才为国服务，引进关键核心关键技术，参与重大国际科学工程计划，与国外联合建立研发中心、基地等方面，取得了一系列成绩。

“十一五”国际科技合作规划

为了充分利用国内外两种资源，积极吸收和借鉴国外先进科技成果，扩大和深化国际科技交流与合作，更好的指导“十一五”国际科技合作工作，在国务院发布《国家中长期科学和技术发展规划纲要》的同时，科技部等有关部门出台了《“十一五”国际科技合作实施纲要》、《中医药国际科技合作规划纲要》。

国家中长期科学和技术发展规划纲要

《国家中长期科学和技术发展规划纲要》确立了“自主创新，重点跨越，支撑发展，引领未来”的指导方针，指明国际科技合作和海外人才引进方向，制定了“扩大国际和地区科技合作与交流”的重要政策和措施，着重强调了四方面。一是增强国家自主创新能力，必须充分利用对外开放的有利条件，扩大多种形式的国际和地区科技合作与交流。二是鼓励科研院所、高等院校与海外研究开发机构建立联合实验室或研究开发中心。支持在双边、多边科技合作协议框架下，实施国际合作项目。建立内地与港、澳、台的科技合作机制，加强沟通与交流。三是支持我国企业“走出去”。扩大高新技术及其产品的出口，鼓励和支持企业在海外设立研究开发机构或产业化基地。四是积极主动参与国际大科学工程和国际学术组织。支持我国科学家和科研机构参与或牵头组织国际和区域性大科学工程。建立培训制度，提高我国科学家参与国际学术交流的能力，支持我国科学家在重要国际学术组织中担任领导职务。鼓励跨国公司在华设立研究开发机构。提供优惠条件，在我国设立重要的国际学术组织或办事机构。同时，提出加大吸引留学和海外高层次人才工作力度，制定和实施吸引优秀留学人才回国工作和为国服务计划，重点吸引高层次人才和紧缺人才。采取多种方式，建立符合留学人员特点的引才机制。加大对高层次留学人才回国的资助力度。大力加强留学人员创业基地建设。健全留学人才为国服务的政策措施。加大高层次创新人才公开招聘力度。实验室主任、重点科研机构学术带头人以及其他高级科研岗位，逐步实行海内外公开招聘。实行有吸引力的政策措施，吸引海外高层次优秀科技人才和团队来华工作。

“十一五”国际科技合作实施纲要

2006年12月3日科技部公布了《“十一五”国际科技合作实施纲要》。根据这一实施纲要，“十一五”期间，我国国际科技合作将紧密围绕建设创新型国家的总体目标和《国家中长期科学和技术发展规划纲要》的重点任务与要求，以提高自主创新能力为中心，服务于现代化建设和国家外交工作两个大局，努力在拓展合作领域、创新合作方式和提高合作成效三个方面取得新的突破。

1．在拓展合作领域方面　将进一步扩大国家科技计划对外开放的范围，除涉及国家安全或特殊要求外，国家科技重大专项、国家高技术研究发展计划、国家科技支撑计划、国家重点基础研究发展计划、科技条件平台建设专项、国家自然科学基金、中国科学院知识创新工程、教育部211工程和985工程等都应积极开展对外科技合作与交流；扩大科研机构、高等学校、国家重点实验室等对外科技合作与交流；积极推动企业开展多种形式的对外科技合作，扩大国家高新区、科技企业孵化器等对外合作与交流。

2.在创新合作方式方面　将加大重点领域、关键技术的合作研发，将重点任务纳入双边、多边政府间科技合作协议中，合理分享知识产权及研发成果；重点扶持中外合作研发机构的建立，包括共建企业研发机构，创建一批国际科技合作研发基地和产业化基地；扩大技术输出和技术转移，通过合作研究、联合调查、技术培训、科技援助等多种形式，促进技术及产品的出口，推动科研机构和企业“走出去”；积极参与国际大科学计划和大科学工程，启动并组织实施由我国主导的大科学计划和大科学工程；积极参与国际组织及其活动，鼓励我国科技人员到国际组织任职，扩大我国科技的国际地位和影响。

3．在提高合作成效方面　要取得一批创新成果，并自主拥有或合理分享知识产权，大幅度提高我国科研在国际学术界、科技界的地位和影响力；在利用全球科技创新资源，包括人才、资金、技术、设备等方面取得实质性进展，加快我国高新技术产业化，培育和壮大我国高新技术产业；在推动高新技术及其产品出口，促进科技型企业“走出去”方面取得新突破。

中医药国际科技合作规划纲要

2006年7月4日，科技部会同卫生部、国家中医药管理局共同发布了《中医药国际科技合作规划纲要》(以下简称《中医药纲要》)。《中医药纲要》的实施旨在充分利用全球科技资源,解决中医药现代化中的关键科技问题。推进中医药现代化和国际化进程，促进以中医药为代表的世界传统医药进入国际医药保健主流市场，并以此为突破口，带动我国科技竞争力的全面提升，促进中医药“走出去”战略的实施。

《中医药纲要》的总体目标是吸收和利用现代科技和人文成果，促进中医药理论和现代科学技术的结合与创新，深化对中医药科学内涵的认识，丰富和发展中医药理论；进一步提高中医药在国际市场上的竞争力，促进中医药进入国际医药保健主流市场；将具有现代人文思想和中国传统文化内涵的医疗康复保健理念推广到国际社会，在国际上广泛传播中医药文化，让中医药造福于全人类的卫生健康事业。同时，《中医药纲要》还确定了今后中医药国际科技合作的八个重点领域，即：中医药防治重大疑难疾病国际科技合作研究；中医药在预防和养生保健方面作用的研究；研发一批适应国际市场需求的中医药产品，培育一批具有国际竞争力的中医药企业；中药研发和生产过程中的关键技术方法的开发与应用；中医药的传承和保护；制定和建立中医药国际标准规范；构筑中医药国际科技合作网络；推进中医药国际传播。

《中医药纲要》还明确了相关实施措施，如成立实施规划纲要的组织机构、保障资金来源、制定促进中医药国际科技合作政策、实施高层战略、建立区域研究团队、培养国际化人才等。

海外优秀人才引进

20世纪90年代以来，在党中央、国务院的关怀下，我国先后启动了中国科学院“百人计划”、国家自然科学基金委员会“杰出青年科学基金”、人事部“新世纪百千万人才工程”、教育部“长江学者奖励计划”等多项人才计划，吸引了一大批活跃在国际生命科学和生物技术前沿领域的优秀人才回国。2003年底《中共中央　国务院关于进一步加强人才工作的决定》出台以来，我国深化实施人才强国战略，科技人才发展环境进一步改善，大批海外留学人员回国创业，促进生物科技自主创新和生物产业快速发展。面对日趋激烈的国际人才竞争形势，2006年在各部门和有关方面的努力下，以北京生命科学研究所为代表的我国生物科技领域人才引进工作又取得了新的进展，加速了生物科技前沿领域的自主创新。

以北京生命科学研究所为载体，凝聚一批高水平人才为国服务

党和国家领导同志十分重视北京生命科学研究所（以下简称生命所）建设。中组部、科技部、北京市等有关部门自生命所筹建开始，就把引进国际一流人才作为一项重要的工作。采用团队引进的方式，吸引了以王晓东为代表的细胞凋亡和系统生物学研究团队，以耶鲁大学冠名教授邓兴旺为代表的植物抗逆和基因组研究团队，凝聚了一批基因组、蛋白质组、神经科学、生物信息、系统生物学等多领域、多学科的优秀人才，共同构成了我国生命科学和生物技术前沿研究领域的一支优势创新群体。截止到2006年底，生命科学研究所已建成18个实验室。18位实

验室主任大多是在美国霍华德·休斯医学院、耶鲁大学、哈佛大学、杜克大学或西北大学等国际一流研究机构、著名学府工作多年、正值创新高峰期的留学人员，其中15位已经回国。共有各类研究人员396人，高级研究人员68人。

自2004年1月生命所第一个实验室开始研究工作至今不到3年，高水平论文数量已经超过了一些有40年历史的同类科研机构。该所已在《自然》等国际权威学术期刊上发表论文15篇，2007年还将有20余篇论文发表，其中在核糖核酸—蛋白质晶体空间结构研究方面已经取得重大突破。2006年生命所各实验室和中心根据自己研究的特点和北京大学、北京协和医科大学、中国农业大学和北京师范大学等联合招生学校的需求，正式设立了研究生课程。课程进展效果良好，为今后的研究生教育积累了经验。与此同时，每年举办夏季学生训练计划，培养和训练大学本科在校生和年满16周岁的高中学生对生命科学研究和现代实验技能的了解与兴趣，提高学生的思维和表达能力，帮助他们对未来的成长奠定基础。

2006年8月21日，北京生命科学研究所召开第二届科学指导委员会第一次会议（植物部分）。科学指导委员会总体评估意见中指出："我们看到生命所已经拥有一批具有国际竞争力的植物科研人员。研究者们充分利用生命所良好的环境和条件进行科研工作。自第一个实验室建立至今，在不到3年的时间里，他们已经做出了非常激动人心的重要新发现。"

教育部长江学者奖励计划2006年聘请生命科学领域特聘教授的情况

1998年8月由教育部和香港李嘉诚基金会共同启动实施的"长江学者奖励计划"，目的是凝聚高层次人才在高校从事科研、教学工作，吸引学术上卓有建树的海外优秀学者回国工作或为国服务，计划包括实施特聘教授、讲座教授制度和"长江学者成就奖"两项内容，特聘教授岗位制度由教育部在全国高校重点学科中设立特聘教授岗位，获准设置特聘教授岗位的高校面向国内外公开招聘优秀人才。

李嘉诚先生及其领导的长江基建（集团）有限公司第一期投入港币6 000万元，教育部筹集相应配套资金，用于在高等学校实行特聘教授岗位制度。李嘉诚先生还另行捐赠港币1 000万元，用于设立"长江学者成就奖"。2004年，教育部与香港李嘉诚基金会密切合作，决定自2005年至2009年继续实施"长江学者成就奖"，并将"长江学者成就奖"实施范围扩大到港澳地区高校和中国科学院研究机构，每年计划评选一等奖1名，奖励人民币100万元，二等奖3名，每人奖励人民币50万元，奖金仍由香港李嘉诚基金会全额捐赠。

截止到2006年，共有110所高校聘任了1 108位长江学者，14位专家学者获得了“长江学者成就奖”。24位长江学者特聘教授当选为两院院士，57位长江学者特聘教授担任了973计划首席科学家，30位长江学者特聘教授的39项重要成果分别入选“中国十大科技进展新闻”、“中国基础科学研究十大新闻”、“中国高校十大科技进展”，175项由长江学者特聘教授主持或作为主要完成人参加的科研项目获得了国家三大科技奖励(国家自然科学奖、国家技术发明奖、国家科技进步奖)，70位长江学者指导的88位研究生的论文被评为全国百篇优秀博士论文。实践表明，“长江学者奖励计划”的实施，对于我国的学科建设、科学研究和人才培养发挥了重要的促进作用。

2006年教育部长江学者计划引进特聘教授106人、讲座教授99人，共205人。其

表21　2006年生命科学领域的特聘教授、讲座教授

申报学校	设岗学科	姓　名	国　籍	现任职单位	现任专业技术职务
			特聘教授		
北京大学	儿科学	杜军保	中国	北京大学	教授
北京师范大学	神经生物学	李　武	中国	美国洛克菲勒大学	研究助理教授
北京中医药大学	中西医结合基础	刘建平	中国	北京中医药大学	教授
第二军医大学	生理学	何　成	中国	第二军医大学	教授
第四军医大学	麻醉学	熊利泽	中国	第四军医大学	教授
电子科技大学	生物医学工程(神经信息学)	尧德中	中国	电子科技大学	教授
复旦大学	耳鼻咽喉科学	李华伟	中国	复旦大学	教授
华中农业大学	作物遗传育种	彭良才	澳大利亚	华中农业大学	教授
暨南大学	中药学	叶文才	中国	暨南大学	教授
江南大学	食品发酵工程	王小元	中国	江南大学	教授
内蒙古大学	生殖生物学及生物技术	李光鹏	中国	美国犹他州立大学	研究助理教授
南京大学	生物化学与分子生物学	曾　科	美国	南京大学	教授
清华大学	生命科学(表观遗传学)	孙方霖	中国	清华大学	教授
上海交通大学	内科学消化系疾病	房静远	中国	上海交通大学	教授
上海交通大学	医学电子学	任秋实	美国	上海交通大学	教授
石河子大学	作物栽培与耕作学	梁永超	中国	中国农业科学院农业资源与农业区划研究所	教授

（续）

申报学校	设岗学科	姓　名	国　籍	现任职单位	现任专业技术职务
		特聘教授			
武汉大学	生物化学与分子生物学	郭　林	美国	武汉大学	教授
西安交通大学	人口学	李树茁	中国	西安交通大学	教授
浙江大学	蔬菜学	喻景权	中国	浙江大学	教授
中国协和医科大学	血液病	程　涛	中国	美国匹兹堡大学	副教授
中国药科大学	中药学	孔令义	中国	中国药科大学	教授
中山大学	肿瘤治疗学基础	宋尔卫	中国	中山大学	研究员
		讲座教授			
北京大学	生理学	徐清波	奥地利	英国伦敦大学圣乔治医学院	教授
北京大学	理论与系统生物学	李　浩	中国	美国加州大学旧金山分校	副教授
复旦大学	生理学	王　睿	加拿大	加拿大 Lakehead 大学	教授
复旦大学	细胞生物学	熊　跃	美国	美国北卡大学	教授
复旦大学	生物化学及分子生物学	管坤良	美国	美国密西根大学	教授
华中科技大学	生物医学光子学	顾　敏	澳大利亚	澳大利亚 Swinburne 科技大学	教授
华中农业大学	生物化学与分子生物学	王学敏	美国	美国密苏里大学	教授
江南大学	食品科学	陈永泉	美国	美国 Wake Forest 大学	教授
南开大学	生物化学与分子生物学	张仲寅	美国	美国印第安纳大学	教授
清华大学	医学	利　民	美国	美国约翰霍普金斯大学医学院	教授
清华大学	生物医学工程	王小勤	中国	美国约翰霍普金斯大学医学院	教授
清华大学	生命科学	施一公	美国	美国普林斯顿大学	教授
山东大学	心血管病（内科学）	曹义海	瑞典	瑞典卡洛林斯卡研究院	教授
山东大学	药物化学	王炳和	美国	美国佐治亚州立大学	教授
陕西师范大学	神经生物学	张　遐	加拿大	加拿大渥太华大学	副教授
上海交通大学	免疫遗传学	沈　浩	中国	美国宾夕法尼亚大学	副教授
武汉大学	细胞生物学	黄新云	美国	美国康奈尔大学	教授
厦门大学	生物医学	张晓坤	美国	美国 Burnham Institute for Medical Research	教授
中国农业大学	微生物学	丁守伟	澳大利亚	美国加州大学 Riverside 分校	教授

（续）

申报学校	设岗学科	姓　名	国　籍	现任职单位	现任专业技术职务
			讲座教授		
中国协和医科大学	肿瘤分子生物学	吴传跃	美国	美国匹兹堡大学	教授
中南大学	遗传学	宋伟宏	中国	加拿大不列颠哥伦比亚大学	教授
中南大学	微生物冶金	周集中	美国	美国俄克拉哈马大学	教授

中，生命科学领域的特聘教授22人、讲座教授22人，占引进总人数的21%，具体名单见表21。

国家自然科学基金委员会“杰出青年科学基金”2006年支持生命科学青年科学家的情况

1994年2月18日，李鹏同志在听取科技界部分专家对《政府工作报告》意见时，对与会专家提出的划拨专款支持留学回国人员在国内开展研究工作的建议给予高度重视并于3月14日批准设立国家杰出青年科学基金，由国家自然科学基金委员会负责管理。基金旨在促进青年科学技术人才的成长，鼓励海外学者回国工作，加速培养造就一批进入世界科技前沿的优秀学术带头人。基金资助国内及尚在境外即将回国工作的优秀青年学者，在国内进行自然科学基础研究和应用基础研究。

1994—2006年来，累计投入约23亿元，共资助4 856名杰出人才，其中已有31人当选两院院士（至2004年）。有相当一批获资

表22　1996年生命科学领域杰出青年科学基金支持情况

单位名称	项　数	金　额
合计	44	8 800
清华大学	2	400
北京大学	4	800
中国科学院植物研究所	1	200
中国医学科学院	2	400
中国人民解放军军事医学科学院	2	400
中国科学院遗传与发育生物学研究所	1	200
中国农业科学院植物保护研究所	1	200
中国人民解放军第三〇二医院	1	200
中国疾病预防控制中心职业卫生与中毒控制所	1	200
中国科学院微生物研究所	1	200
中国科学院动物研究所	1	200
中国科学院生物物理研究所	1	200

（续）

单位名称	项 数	金 额
合 计	44	8 800
南开大学	1	200
吉林大学	1	200
东北林业大学	1	200
复旦大学	3	600
中国科学院神经科学研究所	2	400
上海交通大学	1	200
国家人类基因组南方研究中心	1	200
上海中医药大学	1	200
中国科学院上海生命科学研究院生物化学与细胞生物学研究所	1	200
南京医科大学	1	200
南京农业大学	1	200
浙江大学	3	600
中国科学院福建物质结构研究所	1	200
河南大学	1	200
暨南大学	1	200
四川大学	1	200
中国科学院昆明植物研究所	1	200
中国人民解放军第四军医大学	1	200
兰州大学	2	400
重庆	1	200

助者在国家重大研究项目或重大研究计划中担任首席科学家或学术带头人，在科技界产生了明显的影响。

2006年杰出青年科学基金共支持青年科学家158位。其中，生命科学领域为44位，占27.8%，资助金额共8 800万元（表22）。

中国科学院百人计划2006年引进优秀生命科学人才的情况

“百人计划”始于1994年。计划实施的初始阶段，提出到20世纪末从国内外吸引百名优秀青年学术带头人，因此称为“百人计划”。到2005年底，获得“百人计划”“引进国外杰出人才”支持的人数为1 094人，中央财政拨款近22亿元。其中254人获得了“国家杰出青年科学基金”，占中国科学院杰出青年基金获得者总人数的46.6%；27人成为“973”首席科学家；57人担任“863”项目负责人；144人承担院重大项目或重要创新方向性项目；53人担任国家和院重点实验室主任；85人走上了所、局级以上的领导岗位；

20位已当选中国科学院院士。对293位引进的国外杰出人才的评估结果显示，他们在回国工作的3年中，在国内外学术刊物上共发表论文6 331篇，发表国际会议报告1 627篇，出版专著148部，获得专利605项。2006—2010年，该计划还将引进500名左右的杰出人才和招聘200名左右的知名学者。

2006年中国科学院百人计划引进国外杰出人才79人，其中生命科学海外人才33人，约占引进海外人才的42%，并分布在中国科学院上海生命科学研究院、遗传与发育生物学研究所、植物研究所、动物研究所、微生物研究所等14个研究单位。

国际科技合作研究

2006年，我国科学家在积极领衔组织国际人类肝脏蛋白质组计划(HLPP)的同时，与国外在艾滋病、应用基因组、抗体工程、生物医学信息、代谢组学等领域开展了一系列卓有成效的合作研究工作。

国际人类肝脏蛋白质组计划

2002年中国科学家在国际上率先提出“国际人类肝脏蛋白质组计划（HLPP）”并领衔这项计划。HLPP是第一个人类组织/器官的蛋白质组计划，旨在全面分析人类肝脏组织蛋白质组，寻找并解析与人类肝脏重要生理功能和重大疾病发生发展相关的蛋白质（群）。中国科学院在该计划中提出的“两谱两图三库（表达谱、修饰谱、连锁图、定位图、样本库、抗体库、数据库）”的总体研究思路和研究目标为整个人类蛋白质组计划的顺利推进奠定了基础。

2006年是HLPP推进实施的重要阶段，主要是全面总结前3年的工作，系统分析和深入挖掘了法国人肝脏蛋白质表达谱数据和中国成人肝脏蛋白质表达谱数据。将法国人肝脏蛋白质组数据汇集到欧洲生物信息研究所，并与人类血浆蛋白质组表达谱的数据进行比较。在对中国成人肝脏蛋白质组表达谱的分析方面，进行了蛋白质组鉴定结果的质量控制和相关方法评估的全面研究，有效地提升了鉴定结果的可靠性和数据的标准化水平，提高了数据的利用率。建立了蛋白质表达谱数据库及蛋白质注释、分析工具和系统，给出了蛋白质定量及蛋白质亚细胞器定位分析策略及结果，对人肝脏蛋白质表达谱进行了初步分析。同时对所得到的肝脏蛋白质表达谱数据进行了较全面的生物学解读。从样本的信息描述，组织表达谱研究的核心人员，从肝脏重要代谢通路、信号通路、生物转化功能、物质转运功能、与血液相关的功能以及肝脏转录因子、细胞周期调控等涉及的蛋白质进行分析，对人类肝脏的生物特征和生理功能进行了比较系统的分析和阐释。

在分析上述肝脏全组织蛋白质组数据的同时，开展了肝脏细胞器的蛋白质组表达谱研究，成功建立并完善规模化肝脏亚细胞器提取的方法及细胞器纯度评价指标，构建适用于亚细胞器蛋白质规模化分离和鉴定的技术体系；鉴定高可靠性蛋白质 5 882 个。为系统开展人鼠间蛋白质表达比较分析、获得更为准确的人类肝脏蛋白质亚细胞定位信息奠定了基础。此外，在蛋白质磷酸化修饰、糖基化修饰等方面，发展了多种具有自主知识产权的磷酸肽富集的技术、磷酸肽液质联用分析技术、磷酸肽鉴定确认的数据处理方法；建立了成熟的组织/细胞磷酸化、糖基化蛋白质组分析技术策略，以模式生物小鼠为研究样本建立亚细胞器水平的小鼠肝脏磷酸化蛋白质谱，在此基础上优化完善规模化磷酸化蛋白质组研究的整体技术体系，分别鉴定超过200个以上的修饰蛋白质。共构建pDBleu 载体和pPC86 载体各 4 000 多个，完成了2 000个肝脏基因的高通量 Y2H 阵列筛选工作，构建100个表达载体用于蛋白质相互作用的验证。表达纯化肝脏蛋白质225种，制备抗人肝脏蛋白质的单克隆抗体 82 种共593 株，多克隆抗体 92 种。

基于对正常肝脏蛋白质组的研究，根据肝脏疾病的发病特点，同时还开展了肝癌发生发展和转移复发早期进程的蛋白质组序贯分析，如对肝癌高发区人正常肝组织、乙型肝炎组织、肝硬化肝组织、肝细胞性肝癌组织的全蛋白质组差异表达，筛选出表达水平差异2倍及以上且出现频率大于等于50%的蛋白点 100 多个，并应用动态定量蛋白质组学的研究方法，研究了HBV对肝细胞的感染过程和耐药状况的蛋白质机制。

中德多抗原配体图谱（MELK）蛋白质的合作研究

中国科学院上海生命科学研究院马普计算生物学研究所和德国马格德堡大学等知名研究机构合作研究的《应用多维自动荧光显微技术分析蛋白质的拓扑结构和功能》科学论文刊登在2006年10月2日出版的国际权威学术刊物《自然—生物技术》（*Nature Biotechnology*）上，并被选作当期封面故事。这篇论文运用中德联合发明的“多抗原配体图谱（MELK）”技术，研究细胞内蛋白质在时间—空间上的排列及其与细胞功能的相关性，这项新技术可以同时在单细胞内检测跟踪上百个蛋白质，从而使细胞生物学研究步入了拓扑研究的时代。

科学家还运用MELK技术分析癌症、慢性疼痛和牛皮癣3种疾病，得到了大量的复杂数据，并发展了处理这些复杂数据的基本理论概念和计算方法。研究成果显示，MELK技术可用于识别人类疾病的新诊断标记，寻找治疗靶标，确定组成蛋白质网络的蛋白的定位。专家认为，这项突破有望为中国的科研工作者在细胞生物学和蛋白质组学研究中取得革命性和突破性成果创造良好的机遇。

中美生物医学信息合作研究

人类脑计划是继人类基因组计划之后又一国际性大科学计划，人类脑计划包括神经科学和信息学相互结合的研究，其核心内容是神经信息学。1997年人类脑计划在美国正式启动，美国20余家著名的大学和研究所参加了这个研究计划。目前人类脑计划正在向全球发展，世界许多国家已将脑的研究作为重点资助领域，其目标是建立一个有关神经系统所有知识的全球管理系统和网络协同研究环境，使得科学家们能够灵活有效地管理有关脑的实验数据和研究结果，最大限度地利用这些实验数据和结果，共享国际神经信息学资源，减少不必要的重复性研究和人力物力的浪费。

在科技部“973”计划的资助下，中国神经信息学工作组进行了BRAIN BANK数据库建设的需求分析、元数据标准和数据集制作标准的研究；根据国际神经信息学网络建设的基本框架和中国神经信息学现有数据资源，创建了国际神经信息学网络中国节点——BRAIN BANK。“十一五”期间，我国科学家将继续完善国际神经信息学网络中国节点建设，推动神经信息学的资源共享与信息服务。

中美疟疾疫苗临床试验合作研究

2006年4月，美国疟疾疫苗规划署和中国上海万兴生物制药有限公司签署合作协议，共同实施具有广阔商业前景的儿童用疟疾疫苗的临床试验，以支持开发针对致命性最强的恶性疟疾的疫苗。

协议中开发的候选疟疾疫苗代号为PfCP2.9，是上海第二军医大学经过近10年的研究发明出来的。这一疫苗的开发得到了科技部、上海市科委和世界卫生组织（WHO）的长期帮助和支持，此项目的专利和技术已于2001年转让给上海万兴生物制药有限公司，以进行进一步的研究开发。PfCP2.9是将红细胞蛋白中的关键两个部分MSP1和AMA1重组后构成的一个大分子，旨在使机体产生抗体以阻止疟原虫对红细胞的侵害。临床前试验已证实表达正确的融合蛋白能有效地完成其功能。

该疫苗已在上海开始临床试验，由上海万兴生物制药有限公司申办并与MVI和WHO进行合作。在这之前，于2004年在WHO的资助下进行的健康成年自愿者的临床试验，已初步证实了疫苗的安全性。此次新试验可向万兴和MVI提供必要的数据，以确保最大安全性和可耐受性下的最佳免疫剂量和接种时间。上海长海医院将负责为期8个月的试验，试验将包含70名健康成年自愿者。如果试验成功的话，紧接着将在疟疾流行地区进行包括成人和儿童的临床试验。这一项目在实施过程中将进一步优化生产工艺，并对疫苗的安全性加以评价。通过临床研究，将证明产品的安全性以及防止儿童受到致死性原虫感染而致死亡的有效性。

中美农作物应用基因组学合作研究

2006年12月，在中国农业科学院作物科学研究所举办的中美农作物应用基因组学研讨会上，中美双方商定了今后合作的重点领域和14个可能的合作项目，主要包括：无选择标记遗传转化体系的改进和利用、突变体的培育与利用、新增遗传材料的保存和利用、分子技术改良中国面条品质、小麦抗锈新基因的发掘与利用、核心种质的分子评价、大豆优异种质的开发与利用、玉米产量性状的分子标记、转基因安全评价方法及人员交流等。来自美国农业部农业研究局和中国农业科学院、中国科学院等有关单位的专家、学者出席了研讨会。

自2002年中美双方签署《中国科技部与美国农业部农业科技合作议定书》以来，双方建立了政府间正式合作机制并分别成立了工作组，确定了自然资源管理、农业节水技术、农产品加工、农业生物技术、食品安全、奶业生产和加工等六大优先合作领域。目前，中美在农业生物技术领域的合作已经有了良好开端。双方已分别在中国农业科学院作物科学研究所和美国农业部小麦品质实验室，建立了“中美小麦品质和抗病性研究联合实验室”，并联合召开了国际小麦品质学术研讨会，开展了多项合作研究。

中英性病艾滋病防治合作研究

2006年10月由中英两国政府合作开展

的历时6年的“中英性病艾滋病防治合作项目”圆满完成。该项目由英国政府提供资金和技术援助，是当时我国艾滋病防治领域中最大的双边国际合作项目。该项目旨在云南和四川两省的高危行为人群中建立可推广的艾滋病预防、治疗和关怀模式，促进国家相关政策的发展。为此，项目围绕相关人群开展了监测、咨询、健康教育、干预、性病服务、关怀及自救自助等一系列工作。项目覆盖四川、云南两省的37个市（州）的83个县（区）的目标人群129 000人。同时，新的一期中英项目不久即将启动，赠款达3 000万英镑，覆盖范围将扩大到7个省、自治区，将给更多的艾滋病病毒感染者和高危人群带来福音。

中美大脑功能基因组学合作研究

2006年1月，美国加州大学加利福尼亚定量生物医学研究所（The California Institute of Quantitative Biomedical Research，QB3）与华东师范大学脑功能基因组学研究所签署了合作备忘录，正式启动了双方在生物医学前沿领域的科技合作。双方在脑疾病模型的构建以及对治疗脑疾病的候选新药功效测试方面有着共同的兴趣和目标，将共同致力于脑科学基础研究及脑疾病新药研发。这是QB3首次在我国开展科技合作，这一合作标志着我国高校近年来在生物医药领域前沿性学科的建设已逐渐获得国际同行的认可。

QB3是由美国加州大学旧金山、伯克利、圣克鲁斯3所分校140个实验室组成的国际最负盛名的研究机构之一，是为生物高科技产业提供前沿性研究成果的科技创新基地。而以高科技产业为支柱产业的加利福尼亚州，GDP雄踞美国首位。除硅谷的信息产业外，国际著名的生物技术公司如Genetech、Amgen等都是由加州大学前沿性研究成果转化从而在该州诞生和发展起来的。

中英代谢组学合作研究

2006年4月中国科学院武汉物理与数学研究所与英国帝国理工学院达成协议，双方科学家将携手联合开展代谢组学的研究，共同为人类疾病诊断开拓新的途径。

代谢组学是国际上近年来迅速发展起来的新兴研究领域，作为定量描述生物内源性代谢物质的整体及其变化规律的科学，是物理学、分析化学、生物学的交叉研究领域，是系统生物学不可缺少的一部分。代谢组学的主要研究手段是核磁共振波谱和质谱的代谢产物分子质量测定，其研究成果在疾病个性化治疗、心血管病诊断、药物毒理分析等方面具有重大发展应用前景。

作为代谢组学诞生地的英国帝国理工学院，与我国主要的核磁共振波谱学基地中国科学院武汉物理与数学研究所在3年前便开始了学术交流与积极的探索。2005年，中国科学院武汉物理与数学研究所正式设立“NMR代谢组学分析”项目组。从代谢组学方法学的研究入手，在中医药现代化、血吸虫病的防治等方面开展基础性研究。

中国综合性国际艾滋病研究

综合性国际艾滋病研究项目（Comprehensive International Program of Research on AIDS, 简称CIPRA）由美国国立卫生研究院发起和资助，旨在辅助艾滋病的基础和临床研究，为全世界，尤其是发展中国家的艾滋病防治提供切实可行的措施。

2001年，中国疾病预防控制中心牵头组织国内外24家研究机构的百名科学家形成了中国CIPRA核心申请队伍，经过激烈的竞争，于2002年6月成功获得了全球第一个大型CIPRA项目——中国综合性艾滋病研究项目（中国CIPRA项目）。该项目为期5年，总经费约1 480万美元。

2006年，中国CIPRA项目已顺利进入第五年，各子项目/核心均取得了令人可喜的进展和研究成果。子项目1流行病学研究的山西现场关闭并通过了美方评估。云南现场于2006年3月17日召开启动会，美国驻华大使Clark Randt出席并视察了研究现场。目前已完成矿工和2次女性性工作者横断面调查，队列随访也在顺利进行；子项目2行为干预研究现场于2006年3月16日在安徽阜阳正式启动，已完成HIV阳性村民的基线调查、社区村民的第二次横断面调查和所有的干预培训活动。至11月，社区健康宣传员已进行了2次重聚会活动；子项目3病毒/免疫研究已完成第6个月和第12个月的随访研究，随访保持率均为96.2%；子项目4临床治疗研究完成了94人的药物临床研究工作，并已转入山西省国家免费治疗项目；子项目5疫苗研究完成DNA和NTV-C艾滋病疫苗的GMP生产，正在进行临床前研究和Ⅰ期临床试验的申报准备工作。NIH已完成对DNA和NTV-C疫苗生产单位的GMP生产评估，以及2个疫苗临床试验批次的生产。SARS子项目对有关SARS分子流行病学、动物宿主、疫苗和血清参考品的研究已经结束，而对既往SARS病例的临床观察仍在进行之中。禽流感项目各执行单位在9月接受了NIH传染病所的考察，完成了中国CDC部分3个研究方案的撰写，目前已报送NIH、中国CDC IRB进行审批。

4个核心继续支持各子项目开展工作。制定、更新SOP312个；举办培训班9个，累计培训304人；在维护更新中国CIPRA网站的基础上，出版《中国CIPRA通讯》6期，加强了项目宣传；成功召开了HIV疫苗的研究和挑战国际研讨会暨中国CIPRA项目第五届传染病会议、WHO艾滋病疫苗发放能力和成本效果分析会议、中国CIPRA项目HIV/AIDS临床治疗经验交流会和4次CIPRA项目CEC会议，并组织项目人员赴加拿大参加了第16届世界艾滋病大会，为加强国内外艾滋病研究领域的信息共享、促进相互合作提供了重要平台。最近，中国CIPRA还成功申请得到美国NIH的国际临床试验网络（CTU）课题资助。中国CIPRA项目所取得的一系列成绩促进了中美传染病防治领域的进一步合作。

中外联合建立研发基地建设

2006年，在中国科学院马普计算生物学研究所、上海巴斯德研究所、中法干细胞联合实验室等已有基地运行良好的同时，有关方面与俄罗斯、意大利、日本等国家的相关科研机构合作，启动建设一批新的联合实验室，提升了生物科技领域国际合作的层次和水平，并在加速生物科技创新等方面发挥了积极的作用。

中法胚胎干细胞生物学联合实验室

中法胚胎干细胞生物学联合实验室建立于2005年11月4日，由中国科学院动物研究所与法国国立农艺研究中心（INRA）共同组成，旨在通过建立联合科研基地，形成基础研究的国际化环境；通过加强双方重大项目的合作，提升我国基础研究的国际竞争力；借助国际项目合作，吸引基础研究的国际性人才。

法国国立农艺研究中心（INRA）是国际上获得胚胎克隆牛的首家实验室之一；在世界上首次在细胞水平阐明体细胞克隆牛生育率低的原因，并率先建立克隆胚胎的基因表达文库，对克隆动物的发育进行长期的研究；INRA还在世界上率先获得了体细胞克隆兔，是国际公认的动物克隆与动物发育研究领域的一流实验室。

动物研究所与法国INRA的合作可以追溯到1999年，中法双方在确立合作关系后，在小鼠和大鼠克隆研究方面已经取得了一系列成果，不仅在世界上首次创造了体细胞克隆大鼠，目前体细胞小鼠克隆的研究也居于世界前列，已经联合发表了一系列重要文章，包括2003年发表在*Science*的关于大鼠克隆的文章。

中法联合实验室的主要目标为：在中法双方法律法规允许的范畴内，就双方共同感兴趣的合作项目，开展与克隆和治疗性克隆相关的基础研究/应用基础研究工作，致力于推动基础研究向临床应用的转化，通过联合实验室的工作促进中法双方在胚胎干细胞与发育生物学领域的合作，为人的治疗性克隆研究和人类疾病相关模型的工作打好基础，为提高人类健康水平服务。

实验室目前已经联合申请国际合作项目10项；吸引法籍研究员1人长期在华工作；聘请了法籍客座研究员1人；2003—2007年联合培养博士生和博士后13人次，其中博士后3名、博士生9名、获得中法联合培养博士研究生名额1人次；硕博连读研究生11人次。未来联合实验室将维持2～4名法籍全职工作人员，4～8名中国科研人员。

中国科学院上海巴斯德研究所

上海巴斯德研究所是中国科学院价值理念(科学、民主、爱国、奉献；唯实、求真、协力、创新)和“巴斯德理念”(高水平研究、积极参与公共卫生健康事业、致力于教育培训)的结合。2004年8月30日，中国科学院、上海市人民政府和法国巴斯德研究所在上海签署建立中国科学院上海巴斯德研究所的合作协议。2004年10月11日中国科学院上海巴斯德研究所正式揭牌成立，法国总统希拉克、中国科学院副院长陈竺、上海市副市长唐登杰共同为研究所揭牌。

上海巴斯德研究所通过研究、参与公共卫生健康事业、教育培训、致力于为传染病预防和治疗做出贡献。重点开展以下活动：

(1) 传染性疾病特别是重大病毒性传染病的研究(艾滋病、呼吸性疾病包括SARS和禽流感、乙肝和丙肝、脑炎等)。

(2) 积极参与公共卫生健康事业，通过高水平研究为完善高效流行病监测体系和新生病毒鉴定做出贡献。

(3) 搭建生物技术平台，为发展传染病诊断、疫苗和治疗药物服务。

(4) 针对传染病和传染病预防与控制的培训和教育。

(5) 开展技术转让，将研究成果转化为应用，服务于科研，包括建立企业孵化器，根据需要提供各种技术服务。

上海巴斯德研究所致力于成为传染性疾病领域具有国际先进水平的研究机构。其研究重点首先是与中国密切相关的疾病，如艾滋病、SARS、流感、病毒性乙肝和丙肝以及人畜共患病，如对人类健康和生命威胁最大的禽流感和日本脑炎。上海巴斯德研究所在病毒的基础和应用研究方面已经取得重要进展，为其在新生病毒性疾病及其治疗和预防领域成为先进水平的研究中心奠定了基础。在急性呼吸性疾病研究领域，由法国巴斯德研究所协调的一个亚太地区国际合作研究联盟已见成效。2006年末，该所还启动了肝炎和其他肿瘤病毒的项目，开展新的艾滋病研究项目将成为未来几年工作的重点之一。截止2006年12月，上海巴斯德研究所已拥有一支由72人组成的科研队伍。

SJTU-SIBS-PSU生命科学联合中心

SJTU-SIBS-PSU生命科学联合中心由上海交通大学(SJTU)，上海生命科学研究所(SIBS)及宾夕法尼亚州立大学(PSU)于2004年8月15日联合正式成立，植物分子生物学和生物安全实验室是该中心的一个重要实验室。

该实验室的主要研究领域是：

1．生物安全

(1)研究并建立我国GMO产品检测的新方法，包括定性定量PCR及ELISA等；制订国家相关技术标准。

(2) 利用分子生物学等方法研究有毒有害物质检测新方法，研究对象包括抗生素、真菌毒菌和食品病原体等。

2．植物功能基因组学

(1) 水稻花器官发育的分子机制。

(2) 水稻花粉发育的分子机制。

(3)小RNA调控和基因沉默的分子机制。

3．植物基因工程及口服疫苗

(1) 建立新型叶绿体表达系统产生重组蛋白，如FaeG和HbsAG。

(2) 利用水稻种子为来源产生口服疫苗的研究。

中意中医药联合实验室

2006年11月14日，由科技部和意大利卫生部共建的中意中医药联合实验室合作协议签字。中意中医药联合实验室是科技部作为支持滨海新区开发开放和国家生物医药国际创新园建设的重要措施。联合实验室将在科技部、意大利卫生部、天津市政府的共同支持下，建成促进中意两国传统医药发展的技术平台，推动中医药现代化和国际化。

中方参与联合实验室建设的单位有天津中医药大学、天津药物研究所、天津中新药业集团股份有限公司、天津天士力集团公司、天津市现代中药质量检验中心、天津国际生物医药联合研究院(筹)。意方参与联合实验室建设的有意大利国家高等卫生院、佛罗伦萨大学药学院、佛罗伦萨大学医学院、米兰大学药学院药学系、Sigma－Tau公司、Aboca公司。联合实验室首先由中意双方合作伙伴组成联合体，充分发挥各伙伴的基础优势和设备条件开展研发工作，待条件成熟后，在天津滨海新区成立开发型企业化运作的科研实体。

中俄药物研究开发联合实验室

酶法制药技术是国际制药领域的核心技术之一，竞争十分激烈。为有效利用国际科技资源，科技部把握自主创新和引进创新的全局，超前部署了中俄政府间科技合作项目“中俄药物研究开发联合实验室”。该实验室由四川抗菌素工业研究所和俄罗斯国家抗生素研究中心于2005年共同组建。截止到2006年， 俄罗斯国家抗生素中心派遣多位资深专家赴四川抗菌素工业研究所实施合作，导入关键技术，完成了头孢菌素类抗生素的微生物转化产酶菌种的复壮、鉴定、发酵、酶分析、酶分离、酶固定化、酶法水解、酶法合成等合作研究内容。

在四川抗菌素工业研究所先期研究的基础上，通过中俄双方科学家的共同努力，有力提升、整合了中方已有的技术水平，初步形成了一个酶法制药技术平台。目前，头孢菌素类抗生素的微生物转化技术项目已经全面完成攻关指标，现进入了中试阶段，其他酶法技术项目如甾体药物生物转化、维生素D_3生物转化合成、若干关键制药中间体生物转化等也在顺利实施中。

中日生物学联合实验室

流行性病毒感染是当今世界各国共同面临的严峻挑战，近年来相继发生的SARS、禽流感等流行性疾病，严重威胁人类的生活，给社会、经济带来了不可估量的损失，因而对结构病毒学与免疫学的研究也成为世界共同关注的焦点。在这样的国际大环境下，中国科学院与东京大学强强联手，于2006年5月26日成立联合实验室，由中国科学院微生物研究所、生物物理研究所分别与日本东京大学医学科学研究所建立中日结构病毒学与免疫学联合实验室、分子免疫学与分子微生物学联合实验室。这将为中日科学家在流行性病毒感染与免疫科学研究领域提供一个相互协作、相互启发，取长补短、共同研究的科研创新平台，将会成为两国在生命科学领域的合作典范。

2006年5月，中国科学院和东京大学正式签署开展合作与交流的框架协议。继而中国科学院微生物研究所、生物物理研究所和东京大学医学科学研究所签署了合作交流备忘录，这两个联合实验室便是根据双方协议建立的。日本方面将提供联合实验室的仪器设备和部分运行经费，目前科技部已经正式批准这两个联合实验室列入中日政府级合作项目，标志着双方的合作进入了一个新的阶段。

中日联合实验室的成立是对中日双方科研发展的推进，为中日病毒学领域的科研工作者创造了一个合作双赢的良机，双方组合自身最优的科研力量，共同进行流行性病毒感染与免疫科学研究，为亚洲乃至世界抗击流行性病毒感染威胁提供科技支撑。

中法生物医学信息研究中心

中法生物医学信息研究中心于2006年6月7日在南京市东南大学正式成立。该研究中心由东南大学计算机科学与工程学院影像科学与技术实验室和法国雷恩第一大学信号与图像处理实验室共同建设。双方实验室已有20余年的合作历史，法方的信号与图像处理实验室由法国雷恩第一大学和法国国家健康与医学研究院共建。该中心是法国国家健康与医学研究院与国外合作成立的第七个国际性研究中心，也是在生物医学影像研究领域首个国际性研究中心。

此次三方共建中法生物医学信息研究中心，旨在进一步发挥各自优势，深化共同科学研究领域中的理论和方法研究以及技术开发，促进三方在人才培养、科学研究和学科建设等方面的合作交流。

中澳联合土壤环境研究室

土壤环境研究室是在中国科学院生态环境研究中心与澳大利亚阿德来得大学及相关研究机构联合的基础上组建的面向国际的开放型土壤环境科学研究基地。研究室立足于中国特定的生态环境条件和丰富的土壤与生物资源，以土壤—植物相互作用及其生态环境效应为主要研究方向，瞄准国家战略需求和国际土壤环境科学发展前沿，开展土壤环境质量与中国区域生态环境建设、农业清洁生产和人体健康相互关系的前瞻性、原创性和战略性的研究工作。

研究室现有高中级科研人员12人，硕士、博士研究生25人，已经建立了比较完备的实验条件和野外实验基地，并以中国科学院生态环境研究中心城市生态定位实验站为纽带，与中心其他实验室共同拥有现代化的分析测试设备。

中俄海洋生物联合实验室

该联合实验室2006年11月18日在山东省烟台市挂牌成立。这一实验室由山东省海洋水产研究所与俄罗斯远东科学院海洋生物研究所共同建设。

中俄科研人员将在实验室基础上，合作研究海底生物生态、海洋生物工程与科学、大陆架生物的再生产及合理利用、资源与生态修复技术、遗传学和生物遗传育种学、种质保全与遗传改良、污损生物与赤潮生物学研究、生态产品研究、海洋食品安全等。

中俄科研机构将按照项目、人才、基地一体化的原则，充分发挥联合实验室科技合作平台的作用，积极引进高水平项目和高层次人才，进行科技人员互访、学术交流和研究生培养工作。

生物科技与产业国际交流

2006年，有关方面借助国际学术会议、企业对接会等交流平台，积极促进政府、高等院校、科研机构、企业等方面的合作，交流活动也逐步从过去的学术交流为主向研究开发和产业对接并重转变。由中国生物技术发展中心联合有关单位组织的中欧生物技术与医药企业对接会等高水平的国际生物和医药科技交流活动，增进了国内外高校、科研院所、企业间的了解，推进了实质性合作活动的开展，提升了合作层次，拓展了合作范围，创新了合作方式。

一、第二届中欧生物技术与医药企业对接会

由中国生物技术发展中心、欧洲拓展协会（Europe Unlimited）、生物医学论坛（BioMedico Forum）和欧洲生物技术联盟（EFB）联合主办的第二届中欧生物技术与医药企业对接会于2006年9月18～19日在北京顺利召开。会议得到了科技部、欧洲委员会研究总司、欧盟驻华代表团、诺华中国总部、海南长安国际制药有限公司和上海中信国健药业有限公司等多家机构和单位的支持。来自英国、德国、保加利亚、新加坡和澳大利亚等21个国家60余家生物医药企业与国内的160家企业和机构共300余人参加了本次会议。

对接会期间，中欧双方生物技术与医药中小企业向与会代表展示了其生物技术及产业专业化形象，深入探讨了中欧生物技术产业政策、合作、市场现状、投资市场及知识产权保护等双方广泛关注的话题，共同表达了加强中欧生物技术与医药中小企业开展合作的强烈愿望，并达成了4项初步合作协议。

1.背景　为加强中欧生物技术与医药企

业特别是中小企业间的交流与合作，中国生物技术发展中心与欧洲拓展协会（Europe Unlimited）、生物医学论坛（BioMedico Forum）、欧洲生物技术联盟（EFB）合作申请了欧盟框架计划共同开展中欧生物技术中小企业合作项目（EFBIC YELLOW）。该项目旨在提高欧洲新兴中小型生物技术企业和他们的发展中介之间的合作、加强联合风险投资和合作，以促进欧洲生物技术产业和中国生命科学产业的发展。首场对接会已于2006年5月9日在德国慕尼黑成功召开，此次是第二场也是在中国举行的首场活动。通过召开此次对接会，中欧双方旨在达到如下目的：①加强欧洲中小型企业与中国生物技术和医药企业间的联系，推动中欧生物技术企业与风险投资及国际战略投资者的合作。②为欧洲中小型生物技术企业在中国寻找合作伙伴，为中国生物技术和医药企业开拓欧洲市场搭建平台。③向目前中国生命科学市场中主要的风险投资基金和战略投资者介绍欧洲生物技术企业的技术、产品和创新能力。④为中欧企业提供一对一合作洽谈的机会，深入探讨合作的可能性。

2.主要内容　此次对接会的主题是“中欧生命科学合作”。会议由健康应用方面的生命科学、医药技术、农业—食品方面的生命科学、工业化工、能源和环境应用方面的生命科学、在中国的合作——机遇与挑战等议题组成。会议期间，中欧双方参会代表作了共100余场精彩的主旨报告和专题报告，并采用专题研讨、小组讨论、墙报、“一对一”洽谈等丰富多彩的形式，介绍了中国生物技术及产业的方针、政策与发展重点，欧洲生物技术及产业的政策与发展重点，中欧生物技术及产业的市场现状及投资市场现状，比较了中欧生物技术和医药知识产权的异同，进一步探讨了中欧在生物技术及产业领域开展合作的可能性。

3.主要成果　此次对接会对促进中国生命科学产业和欧洲新型生物技术中小企业之间的合作、合资和协作起到了积极作用，为共同推动生物技术产业的发展奠定了良好基础。如果说第一场对接会作为一个合作平台提供了中欧生物技术企业合作窗口，第二场对接会更是集中目标，展开了更加深入的研讨，为中国和欧洲的生物医药企业搭建了一个双方合作和交流的平台。首先，通过广泛而形式多样的交流，使中国企业进一步了解了欧洲生物技术与医药企业在技术研发和产品推广等方面先进的、专业化的管理模式；第二，通过组织200余场“一对一”洽谈，达成了4项合作协议和数项合作意向；第三，印制了长达400余页的会议资料，通过这套会议材料，广泛宣传了中欧企业的各自需求和企业特点，加强了信息沟通，为中欧双方企业开通投资市场提供了良好的机会。本次对接会在促进国际合作和为双方的合作提供便利的同时，积极推动了双方生物技术及产业的发展。

4.主要特点　此次对接会是在中欧生物技术合作呼声日益见涨的形势下举办的，是中欧双方生物技术中小企业之间的一次较大规模、较大范围的企业对接会。主要特点是：

（1）政府高度重视并对生物技术与医药中小企业之间进行合作寄予厚望。科技部、国家知识产权局、欧盟委员会驻华代表团、欧盟委员会研究总司等中欧官员均到会致辞。

（2）对接会规模大、范围广、参与者众多，双方积极性高。来自英国、德国、保加利亚、新加坡和澳大利亚等20多个国家60余家生物医药企业与国内的160家企业和机构共300余人参加了本次会议。在两天的会期内，与会代表分别围绕医药、农业、食品、工业、投资及环境建设等不同的主题，就中国和欧盟的生物技术政策、知识产权保护、技术市场以及投资现状等方面进行了深入的交流，探讨合作的空间和机遇。

（3）形式多样，既有专题研讨、小组讨论、墙报，又有“一对一”洽谈。对接会除了大会主旨报告外，还围绕中欧生物技术合作及知识产权保护、中欧生物技术合作项目投资进行了专题研讨和小组讨论。

二、中美食品安全研讨会

在中国科技部、美国农业部的支持下，2006年12月4～5日，由中美农业科技合作联合工作组主办、南京农业大学承办的中美食品安全研讨会在南京举行。来自中国科技部和国家质量监督检验检疫总局的官员、美国农业部的食品安全专家、中国疾病控制中心、南京农业大学等单位的专家学者及雨润集团等部分企业界人士共30人与会，针对中美食品安全现状及对应措施，技术发展及合作意向进行了深入的分析和积极的讨论。

中美双方10多位专家在南京农业大学做了专题报告，内容涉及食品安全现状、食品安全检测和控制技术及食品安全管理等研究热点和热门话题。与会代表就中美食品安全合作内容和合作方式以及建立中美肉品质量与安全研究中心的可能性等进行了充分讨论。

随着经济全球化进程的加快，食品全球化生产、流通和消费的趋势已经越来越明显。加强食品安全领域的国际交流与合作是保障食品安全的一个重要途径。本次研讨会通过我国科技部与美国农业部已建立的科技合作平台，使双方在已确定的合作领域迅速开展实质性合作，达到了合作共赢的目的。

三、生物医药产业国际合作研讨会

北京市投资促进局、北京市药品监督管理局、大兴区人民政府、中关村科技园区管理委员会与投资中国（北京）2008、环太平洋论坛组织、香港渣打银行、万世基律师事务所共同合作主办的北京生物医药产业国际合作研讨会于2006年6月19日在北京成功举办。

来自美国、英国、加拿大、澳大利亚、德国、法国、新加坡、日本等国家的30多家知名生物医药企业的CEO及研发机构的专家参加研讨会，涉及心脏研究、临床试验、神经科学、基因、干细胞、中医、纳米技术等产业领域。市政府相关机构及50多家北京生物医药企业和研发机构的代表共200余人参加研讨会。

此次研讨会是“投资中国（北京）2008行动计划”于2006年在全球举办的第四次活动，2005年在北京曾成功举办了北京·墨尔本生物工程与医药产业合作研讨洽谈会。“投资中国（北京）2008行动计划”是一项由科技创新推动的国际性的大型投资促进计划，目的是让世界了解北京在朝阳产业中的发展机遇和实力，促进投资与共同发展。该计划实施至今已有近两年，已在世界各地为推介宣传北京的投资环境、促进北京利用外资举办了20多场投资促进商业论坛。

此次研讨会加强了北京和国际知名生物企业的合作和交流，推动了北京市生物医药产业借助国际生物技术平台，开展国际合作，提升企业国际竞争力，对北京市生物医药产业整体水平和规模的提高起到积极促进作用。

大 事 记

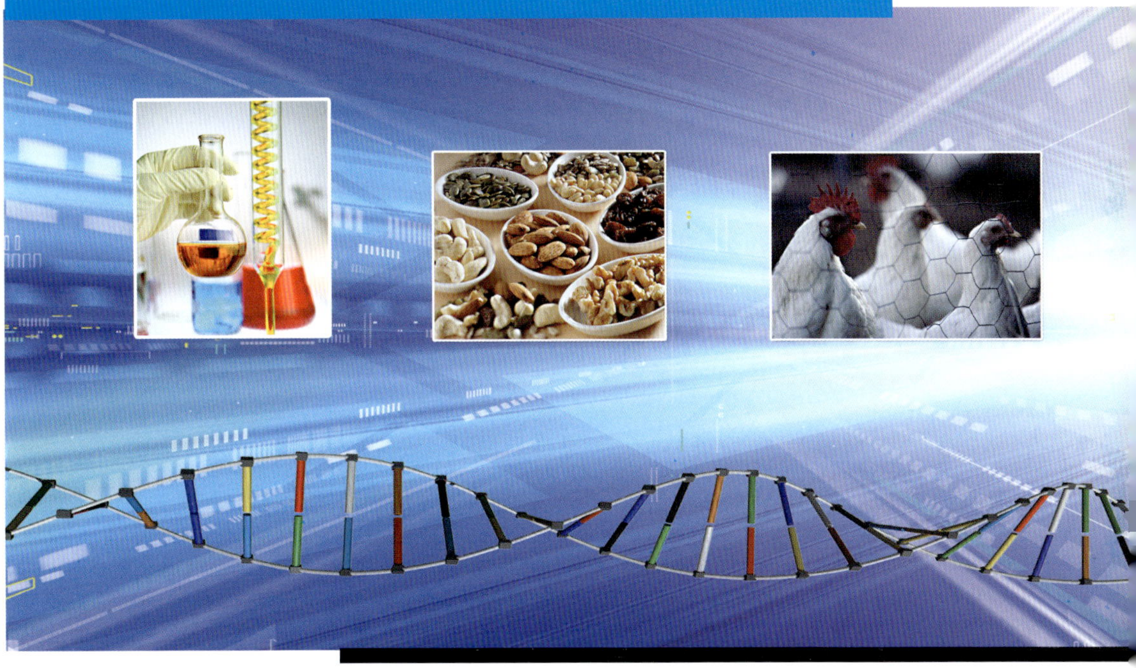

2006 年国内外生物技术大事记

1月2日　西南大学蚕桑学重点实验室研制成功家蚕基因芯片与表达图谱。这是我国在家蚕基因研究领域取得的又一项重大进展，将为我国家蚕产业的发展以及人类防治疾病找到有效途径。

1 月 24 日　Affymetrix 公司宣布推出 GeneChip（R）人类和鼠源嵌合芯片（tiling array）系列产品，这是目前市面上唯一商业化的全基因组转录产物作图芯片。这系列芯片研究范围大大超出已知编码蛋白序列，可以对整个人类和小鼠基因组进行系统的研究。研究人员可以利用这一芯片对转录因子和其他蛋白结合结构域进行研究。

1 月 30～31 日　由生物技术工业组织(Biotechnology Industry Organization, BIO)主办的第三届 BIO-Asia Partnering Conference (BIO-Asia)(生物技术工业组织亚洲会议）在日本东京举行。

2 月 9 日　发布《国家中长期科学和技术发展规划纲要（2006—2020 年)》，我国八大科学前沿问题中，涉及生物科技的有：①生命过程的定量研究和系统整合。主要研究基因语言及调控，模式生物学，极端环境中的生命特征，生命起源和演化，系统发育与进化生物学等。② 地球系统过程与资源、环境和灾害效应。主要研究地球系统各圈层的相互作用，地球深部钻探，地球系统中的物理、化学、生物过程及其资源、环境与灾害效应等。③脑科学与认知科学。主要研究脑功能的细胞和分子机理，脑重大疾病的发生发展机理，学习记忆和思维等脑高级认知功能的过程及其神经基础，人脑与计算机对话等。

2 月 22 日　由复旦大学等合作完成的猪

口蹄疫O型基因工程疫苗成果通过鉴定。现在研制成功的基因工程疫苗的优点是制造过程不需要大量培养高致病口蹄疫病毒，产品中不带任何致病因子，是一种安全而高效的疫苗。

3月15日　美国国家人类基因组研究院（NHGRI）宣布了大规模测序研究网络（Large-Scale Sequencing Research Network）3个新的优先研究计划。优先级最高的计划将会分析由国际HapMap计划捐赠的其结构变异性大于已鉴定的SNP的48个人类DNA样本。第二个计划将会针对现有的恒河猴（猕猴）、狨猴和猩猩DNA序列草图，添加高密度的基因组测序。NHGRI还表示将会在进行高密度测序的哺乳动物种类名单上增加其他生物。第三个计划是对8种新哺乳动物基因组进行低密度水平的测序分析。这8个测序目标将从下列物种中选出：海豚、大象、地鼠、飞狐猴（flying lemur）、马、骆驼、鼹鼠、鼠兔、袋鼠（kangaroo rat）和眼镜猴。

3月20日　为期12天的《生物多样性公约》第八次缔约方大会在巴西库里蒂巴市开幕，来自180多个国家的6 000多名代表出席了本次会议。

3月20日　国家自然科学基金"十一五"发展规划正式公布。该基金重点部署了一批具有基础性、战略性和前瞻性的优先发展领域，其中涉及生命科学研究的优先发展领域达30余个，接近总数的1/3。交叉、整合和定量将在今后5年的生命科学基础研究中成为关键词。国家自然科学基金"十一五"发展规划重点突出了两点：一是强调各学科协调发展，对18个学科在未来5年的发展方向和资助重点进行了规划。生物医药相关领域将重点支持生物信息学、蛋白质结构与功能、系统整合生物学研究；重点支持对严重危害人类健康的恶性肿瘤、心脑血管疾病、代谢性疾病、传染性疾病等重大疾病的发生、发展和转归机制的研究；重点支持中医药理论与中医药现代化研究；重点支持神经系统的发育、再生、信息传递、损伤与修复等脑科学中若干重大前沿问题研究。二是鼓励学科交叉，共遴选出13个综合交叉的优先发展领域，其中与生物医药有关的领域有4个。与"十五"比，该基金在"十一五"期间的资助强度将有明显增加，将安排重点项目1 800项左右，平均资助强度达到200万元以上。重大项目30项左右，平均资助强度达到1 000万元以上。安排实施15个重大研究计划，每个预算额度达到1亿～2亿元。

4月13日　我国建成了一个世界最大的畜禽遗传资源体细胞库。在全球性抢夺生物资源和保护生物多样性的今天，中国科学家理应构建重要濒危畜禽品种群体细胞库，以保存其基因资源。

4 月 14 日　解放军第四军医大学西京医院完成了我国首例颜面部复合组织异体移植术。

4月15日　英国医学杂志《柳叶刀》上刊登了一篇具有里程碑意义的文章，该文指出，美国维克·福雷斯特大学再生医学研究所的安东尼·阿塔拉教授采用组织工程技术，重新再造一个复杂的人体器官用来替代那个被疾病吞噬的坏死器官现在已经成为可能。安东尼·阿塔拉是位于北卡罗来纳州温斯顿塞伦的维克福雷斯特大学医学院再生性药物研究所的外科医生和所长，他称，在实验室已经可以在患者的细胞基础上培育人造膀胱，而且这个人造膀胱已经被成功植入到患者体内。在过去的 6 年中，已经有 7 个小孩接受了这样的人造器官，而且这些器官在他们的体内发挥了很好的功能。这是世界上首次在体外培育出完整的人体器官并得到实际应用。此前，科学家们在实验室里只能培育出皮肤、骨骼和软骨等相对简单的人体组织。

4月19日　中国中医科学院与美国国立卫生研究院（NIH）国家补充与替代医学中心（NCCAM），在美国马里兰州签订共同发展中医药学及其相关领域科学研究的合作协议。NCCAM 是美国政府 1999 年成立的专事支持传统医药科学研究的机构，每年资助科研经费约1.2亿美元，已在美国乃至世界各国支持了近千项传统医药的科研项目，影响着西方发达国家对传统医学的定位与科研走向。

5 月 4～5 日　工业生物转化国际会议（Industrial Biotransformations）在西班牙巴塞罗纳市举行。作为重要的学术交流论坛，工业生物转化会议聚集了从事加工、研究与开发领域的有机化学家和生物工程学家，共同探讨生物转化技术领域的最新进展。来自化学与生物技术各行业（医药、农药、香味香料及染料化工业）的发言者陈述了研发过程中的成功与问题。

5 月 18 日　英、美科学家报告，人类最后一个染色体——1号染色体中的3 141个基因全部测序完成。这些基因的缺陷涉及 350 多种疾病，如癌症、帕金森氏症和阿尔茨海默氏症等。这标志着历时16年的人类基因组计划宣告完成。

5月25日　一个国际研究小组于在线出版的*Science*上报告，他们通过长期的研究证实 HIV-1 病毒的确起源于喀麦隆的野生黑猩猩，人类首次追溯到了艾滋病的“根”。

6月7日　欧盟委员会发表公报称，欧盟与美国将继续加强在生物技术科学领域的合作，并已确定了近期双边合作的新重点。据欧盟委员会介绍，新的合作重点主要涉及综合基因组学、环境生物科学、植物科学、肥胖症，以及禽流感和非典型肺炎等新出现的感染性疾病。

6月8日　美国FDA宣布批准世界上第一个可预防人乳头状瘤病毒(HPV)引起的宫颈癌的疫苗上市，宫颈癌疫苗由此成为人类历史上第一个癌症疫苗。

6月15日　由同济大学与中国科学院上海生命科学研究院共建的蛋白质研究中心，在同济大学医学大楼成立。

6月16～18日　美国马里兰大学海洋生物技术研究所与中国科学院海洋研究所签署了合作协议。

7月1日　作为STS-121航天飞机使命的一部分，数千只果蝇随美宇航局（NASA）的航天飞机一同发射，以研究黑腹果蝇或普通果蝇能够揭示为什么宇航员在太空飞行期间经常出现的免疫系统发育突变。

7月7日　国家林业局召开林木生物质能源领导小组第二次会议，未来15年国家林业局将进一步推进林业生物质能源发展，全面规划全国能源林培育工作，并计划在2020年完成额定规模的能源林培育基地建设任务。

7月18日　中国医学科学院、中国医学科学院肿瘤医院、北京大学医学部、北京大学肿瘤医院、军事医学科学院、北京师范大学生命科学院、北京市科委国际合作处、生物医药与新材料处、中关村生命科学园、北京生物技术和新医药产业促进中心等10家单位联合，共同发起和成立了北京肿瘤研究联盟。

7月19日　美国总统布什首次行使否决权，否决了被称为H.R.810议案的《干细胞研究加强法案》。

7月19日　*Nature Structural and Molecular Biology* 网络版公布，美国能源部的Lawrence Berkeley国家实验室和美国加州大学伯克力分校的研究人员证实，启动DNA复制的核心机器在3种生命世界——古细菌、细菌和真核生物中是相同的。研究人员确定出蛋白质超级家族AAA+的一个螺旋基础结构是细菌、大肠杆菌和真核生物果蝇中的DNA复制的分子“创始人”，从而使人类对DNA开启和复制体（replisome）构建的了解达到了一个新的水平。

7月20日　英国环境、食品和农村事务部公布了其转基因植物咨询方案，要求在英国种植经欧盟认证的转基因植物时，须与非转基因作物农田相距至少35米以上，其目的是防止出现植物混杂。

7月24日　欧盟25国决定拨款510亿欧元，继续资助欧盟国家境内的研究人员有限度地开展人类干细胞研究。

7月　来自美国、荷兰和西班牙科学家组成的一个研究小组在美国《国家科学院学报》上发表文章说，海洋中微生物的种类可能多达1 000万种，种群的丰富程度远远超出人类先前的认识，且大部分属于人类未知的品种。海洋微生物含有各种酶，利用它们可以对溢油、废弃物、有机毒物和农药等进行处理，相关研究对于制药、环保和国防意义重大。

7月　在巴西政府机构、私营部门和学术机构共同组成的巴西生物技术竞争力论坛上，巴西政府宣布了一项将耗资30亿美元的计划，旨在使巴西成为生物技术领域的领先国家。

8月29日　东海粮油工业（张家港）有限公司和益海（连云港）粮油工业有限公司2家企业获得了江苏省首批《农业转基因生物加工许可证》，这也是全国第一次颁发这一证书。

8月31日　美国国立癌症研究所学者于*Science*上在线报告，用基因疗法治疗黑素瘤初显成效，且未发现该疗法有毒性作用，希望能将其用于乳腺癌、肺癌和其他癌症的治疗。

8月　中药资源教育部工程研究中心获国家教育部批准立项，并将在2年内建成。该中心的工作重点包括：建立中药资源可持续发展的计算机信息系统，建设中药资源数据库、珍稀濒危药用物种及资源蕴藏量的预警系统、中药材基地数据库和网络化管理、全国中药资源监测体系；建立国家级大型药用植物种质基因库，开展中药资源生物技术的研究，保存种质资源，开展就地保护和迁地保存研究工作；建立中药材规划和生态产业发展模式，进行全国中药资源自然保护区规划、重点药材适生地分析和生产基地选址预测等研究等。

8月　“肿瘤基因组计划”在美国启动。美国计划投入1亿美元，用3年时间在DNA序列上找出与某些癌症相关的基因变异。脑癌、肺癌和卵巢癌是美国人健康的主要隐患，所以该计划决定先完成这3种癌症的基因图谱。

9月1日　我国第一部专门规范濒危野生动植物及其产品进出口管理活动的重要行政法规——《中华人民共和国濒危野生动植物进出口管理条例》实施。

9月9～12日　非洲多个国家同时启动了迄今为止规模最大的疫苗预防接种活动，其中索马里、埃塞俄比亚和肯尼亚等国同时对数百万名5岁以下儿童进行预防接种，目的是切断脊髓灰质炎病毒的传播。这是全球根除脊髓灰质炎行动的一部分。

9月17日　中国科学院公布即将在山东、江苏、广东、福建4省并与当地政府共建烟台海岸带可持续发展研究所、青岛生物能源与过程研究所、苏州纳米技术与纳米仿生研究所、深圳先进技术研究院、厦门城市环境研究所等五大新的科研单元。

9月18日　由中国生物技术发展中心、欧洲拓展协会、生物医学论坛和欧洲生物技术联盟联合主办的第二届中欧生物技术与医药企业对接会在北京举行，来自英国、德国等20多个国家60余家生物技术与医药企业和中国160余家相关企业及机构参会。

9月19～21日　欧洲发展合作组织生物多样性大会在法国巴黎召开。大会提出把生物多样性保护纳入欧洲发展合作组织的路线图。

9月20日　第三届国际传统医药大会在加拿大多伦多开幕。以国际爱护动物基金会(IFAW)为代表的野生动物保护组织和中医药界专业人士在会上联合发布了《修补生命之网——中医药与物种保护》一书。《修补生命之网》着重强调了有着3 000多年悠久历史的传统中医药与物种保护的相容性。

10月2日　美国科学家安德鲁·法尔和克雷格·梅洛因为发现RNA（核糖核酸）干扰机制（RNAi）而获得2006年诺贝尔生理学或医学奖。

10月10日　陕西省人民政府、国家林业局、中国科学院、西安市人民政府在北京召开联合共建秦岭国家植物园第一次会议，研究共建机制并决定成立秦岭国家植物园建设协调委员会，力争到2008年，把秦岭国家植物园建成世界上规模最大、功能最完备的植物园。

10月12日　联合国粮农组织动植物疾病危机管理中心正式成立。其宗旨是提高国际社会对禽流感等动植物疾病以及与食品安全相关的重大突发事件的处理能力。

10月19日　科技部、国家食品药品监督管理局和国家中医药管理局联合正式启动“药品安全科技行动”。通过科技行动的实施，旨在大幅度提高我国医药创新能力，建立健全一批符合国际标准、得到国际认可的研究开发机构与基地，包括GAP、GLP、GMP、GCP等基地，提高我国医药产业在国际主流市场的竞争力，为加速把我国建成药品安全的高度保障的国家、药品后期研究开发的大国和药品制造的大国，打下良好基础。

10月20日　在今日结束的“植物激素与绿色革命”的香山会议上，来自业内的近60名专家认为，植物激素将引发新一轮绿色革命。最近一系列的研究表明，通过调控细胞分裂素的代谢，油菜素内酯的代谢，生长素的极性运输等改良作物的株型结构和产量构成，从而在现有水平上再次大幅度提高产量，是完全可行的。

10月26～27日　由国家环境保护总局和欧洲委员会环境总司主办、国家环境保护总局对外合作中心承办的中欧生物多样性战略研讨会在北京召开。会上中欧双方就面向未来的生物多样性保护的多个关键领域展开了热烈的讨论，包括：中欧生物多样性保护政策，生物多样性保护管理体系，生物多样性的监测和评价，生物多样性影响评价，保护区的管理和建设，生物多样性在社会经济活动中的主流化等议题。会议成果丰硕，为双方未来的合作开启了新的思路和方向。

10月　国家医用诊断仪器工程技术研究中心落户深圳迈瑞生物医疗电子股份有限公司。

10月　中国生物技术发展中心在北京宣布：我国治疗性乙肝疫苗研究取得重大进展。由解放军第三军医大学吴玉章教授研究小组研制的治疗用(合成肽)乙型肝炎疫苗完成Ⅰ期临床研究，目前正在开展Ⅱ期临床研究，其产业化工作也正在顺利进行之中。与此同时，上海复旦大学闻玉梅院士等与北京生物制品研究所合作开发的治疗性乙肝疫苗(乙克)已经结束Ⅱ期临床研究，现正在进行试验总结，准备启动Ⅲ期临床试验。

10月　协和发酵公司（Kyowa Hakko）的总裁Yuzuru Matsuda宣称，该公司已开发出世界上首个利用发酵技术商业化生产L-酪氨酸的工艺，并将在2007年实现大规模生产。

10月底　美国约翰·霍普金斯大学基莫尔癌症中心的研究人员宣布，成功破译了乳腺癌和肠癌的全部基因密码。美国研究人员每种肿瘤用了11个样品，测定了1.3万多个基因，接近人类基因总数的60%。

11月7～10日　植物园保护国际（BGCI）在北京举办了植物保护的全球领导——实施生物多样性公约全球植物保护战略研讨会。

11月16日　在以“系统生物学与中医药发展”为主题的第291次香山科学会议上，陈凯先院士、陈竺院士、王永炎院士和刘德培院士等专家指出，在相当长的时间里，由于受到“还原论”思想的影响，使得生命科学和医学研究分科越来越细，专业越来越窄。人体是一个整体，过度“破碎化”的专业化无助于人类所面对的纷繁复杂的医学难题的解决。系统生物医学为中西两大医学的会聚创造了前所未有的机遇和平台，物理学与化学、计算机科学、信息科学、工程科学现在都已经极大地融合到了生命科学的研究之中，重视生命科学的复杂性和整体性研究已成为21世纪生命科学的发展趋势。

11月27日　由里昂医院让·米歇尔·多伯纳德领导的一个法国外科医生小组成功地完成了世界上第一个脸部移植手术。

11月　由科技部和意大利卫生部共建的

中意中医药联合实验室落户天津。

12月7日　新加坡科技研究局生物医药国际咨询理事会成员在启奥生物医药研究园进行第11次会议，将在未来5年总投资15.5亿新元加强临床及试验治疗。

12月19日　由科技部、天津市人民政府共建的天津国际生物医药联合研究院在天津经济技术开发区奠基，工程一期将会投入10亿元。

12月　农业部生物质工程中心成立。

12月　中国内地第一家基因组医学临床应用研究中心——浙江大学迪诺遗传与基因组医学中心在浙江大学医学院新校区成立。

12月　坐落于天津市开发区的天津市昂赛细胞基因工程有限公司细胞产品国家工程研究中心，通过国家发展和改革委员会验收，获2 000万元资助。

2006年批准的生物制品（国产）

1. 丙型肝炎病毒核心抗原检测试剂盒(酶联免疫法)(国药准字S20063096 湖南景达基因有限公司)

2. 癌胚抗原定量检测试剂盒(免疫荧光法)(国药准字S20060098 苏州新波生物技术有限公司)

3. 氯胺酮检测试剂盒(胶体金法)(国药准字S20060104 艾康生物技术(杭州)有限公司)

4. 登革病毒IgM抗体诊断试剂盒(酶联免疫法)(国药准字S20060103 中山生物工程有限公司)

5. 弓形虫IgM抗体诊断试剂盒(酶联免疫捕获法)(国药准字S20060099 北京现代高达生物技术有限责任公司)

6. 人乳头瘤病毒(6,11型)核酸定量检测试剂盒(PCR荧光法)(国药准字S20060097 中山大学达安基因股份有限公司)

7. 破伤风人免疫球蛋白(国药准字S20063145 哈尔滨世亨生物工程药业股份有限公司)

8. 甲胎蛋白定量检测试剂盒(免疫荧光法)(国药准字S20060096 苏州新波生物技术有限公司)

9. 戊型肝炎病毒IgM抗体酶联免疫诊断试剂盒(酶联免疫捕获法)(国药准字S20063144 北京现代高达生物技术有限责任公司)

10. 流感病毒裂解疫苗(国药准字S20063143 北京天坛生物制品股份有限公司)

11. 破伤风人免疫球蛋白(国药准字S20063142 同路生物制药有限公司)

12. 梅毒螺旋体抗体诊断试剂盒(化学发光法)(国药准字S20060094 北京科美东雅生物技术有限公司)

13.戊型肝炎病毒IgM抗体诊断试剂盒(酶联免疫法)(国药准字S20060095 北京贝尔生物工程有限公司)

14.乙型肝炎病毒表面抗原诊断试剂盒(化学发光法)(国药准字S20060100 北京科美东雅生物技术有限公司)

15.外用冻干重组人酸性成纤维细胞生长因子(国药准字S20060102 上海万兴生物制药有限公司)

16.登革病毒IgG抗体诊断试剂盒(酶联免疫法)(国药准字S20060101 中山生物工程有限公司)

17.便隐血检测试剂(胶体金法)(国药准字S20063141 上海美康生物工程有限公司)

18.静脉注射用人免疫球蛋白(pH4)(国药准字S20063139 同路生物制药有限公司)

19.流行性感冒裂解疫苗 (国药准字S20063138 浙江天元生物药业股份有限公司)

20.重组人干扰素α2b注射液(国药准字S20060093 北京凯因生物技术有限公司)

21.冻干A、C群脑膜炎球菌结合疫苗[国药准字S20060078 罗益(无锡)生物制药有限公司]

22.狂犬病人免疫球蛋白 (国药准字S20063137、S20063136、S20063140 上海新兴医药股份有限公司)

23.乙型肝炎病毒e抗体诊断试剂盒(化学发光法)(国药准字S20060090 北京泰格科信生物科技有限公司)

24.乙型肝炎病毒表面抗体定量测定试剂盒(化学发光法)(国药准字S20060092 北京泰格科信生物科技有限公司)

25.乙型肝炎病毒e抗原诊断试剂盒(化学发光法)(国药准字S20060091 北京泰格科信生物科技有限公司)

26.重组人α2b干扰素注射液(国药准字S20060089 长春海伯尔生物技术有限责任公司)

27.乙型肝炎病毒核心抗体诊断试剂盒(化学发光法)(国药准字S20060088 北京泰格科信生物科技有限公司)

28.乙型肝炎病毒表面抗原定量测定试剂盒(化学发光法)(国药准字S20060087 北京泰格科信生物科技有限公司)

29.HLA-DQB1基因分型试剂盒(国药准字S20060075 深圳益生堂生物企业有限公司)

30.HLA-AB基因分型试剂盒(国药准字S20060079 深圳益生堂生物企业有限公司)

31.乙型肝炎病毒表面抗原定量测定试剂盒(时间分辨免疫荧光分析法) (国药准字S20060082 苏州新波生物技术有限公司)

32.巨细胞病毒IgM抗体酶联检测试剂盒(酶联免疫捕获法)(国药准字S20060070 北京现代高达生物技术有限责任公司)

33.RhD(IgM)血型定型试剂盒(单克隆抗体)(国药准字S20060066 北京金豪制药有限公司)

34.乙型肝炎病毒e抗体诊断试剂(胶体金法)[国药准字S20060068 英科新创(厦门)科技有限公司]

35.聚凝胺一步法配血试剂盒(国药准字S20060072 中山生物工程有限公司)

36.乙型肝炎病毒表面抗体定量检测诊断试剂盒(时间分辨免疫荧光分析法)(国药准字S20060085 苏州新波生物技术有限公司)

37.人类免疫缺陷病毒(1/2/O型)抗体诊断试剂(乳胶层析法)[国药准字S20060077 艾康生物技术(杭州)有限公司]

38.乙型肝炎病毒表面抗体诊断试剂(胶体金法)[国药准字S20060074 英科新创(厦门)科技有限公司]

39.乙型肝炎病毒表面抗原定量检测试剂盒(化学发光法)(国药准字S20060083 郑州绿科生物工程有限公司)

40.缺失型α-地中海贫血基因诊断试剂盒(PCR法)(国药准字S20060084 深圳益生堂生物企业有限公司)

41.人用狂犬病疫苗(Vero细胞)(国药准字S20060076 吉林迈丰生物药业有限公司)

42.甲状腺素(T4)定量测定试剂盒(酶联免疫法)(国药准字S20060073 天津新湾生物科技有限公司)

43.聚凝胺三步法配血试剂盒(国药准字S20060071 中山生物工程有限公司)

44.三碘甲腺原氨酸(T3)定量测定试剂盒(酶联免疫法)(国药准字S20060067 天津新湾生物科技有限公司)

45.注射用重组葡激酶(国药准字S20060080 成都地奥九泓制药厂)

46.羧肽酶B检测试剂盒(胶体金法)(国药准字S20060086 北京科泰生物工程有限公司)

47.乙型肝炎病毒e抗原诊断试剂(胶体金法)[国药准字S20060081 英科新创(厦门)科技有限公司]

48.乙型流感病毒检测试剂盒(胶体金法)(国药准字S20063135 北京阿斯可来生物工程有限公司)

49.O139群霍乱弧菌检测试剂盒(胶体金法)(国药准字S20063134 北京庄笛浩禾生物医学科技有限公司内蒙古生物试剂厂)

50.自身抗体IgG(8项)检测试剂盒(国药准字S20063132 南京大渊生物技术工程有限责任公司)

51.O1群霍乱弧菌检测试剂盒(胶体金法)(国药准字S20063133 北京庄笛浩禾生物医学科技有限公司内蒙古生物试剂厂)

52.碘[^{131}I]美妥昔单抗注射液(国药准字S20060064 成都华神生物技术有限责任公司)

53.结核分支杆菌抗原检测试剂盒(胶体金法)(国药准字S20063130 杭州创新生物检控技术有限公司)

54.人血白蛋白(国药准字S20063129 哈尔滨世亨生物工程药业股份有限公司)

55.结核分枝杆菌(TB-SA)核酸扩增(PCR)荧光检测试剂盒(国药准字S20063112 成都永安制药有限公司)

56.碘[^{125}I]催乳素放射免疫分析药盒(国药准字S20063126、S20063122 北京科美东雅生物技术有限公司)

57.吸附百日咳、白喉、破伤风、乙型肝炎联合疫苗(国药准字S20063114 武汉生物制品研究所)

58.吗啡—甲基安非他明联合检测试剂盒(胶体金法)(国药准字S20063113 郑州方欣生物科技有限责任公司)

59.流行性感冒病毒裂解疫苗(国药准字S20063115 深圳赛诺菲巴斯德生物制品有限公司)

60.重组人粒细胞集落刺激因子注射液(国药准字S20063116 北京双鹭药业股份有限公司)

61.碘[^{125}I]铁蛋白放射免疫分析药盒(国药准字S20063118 北京科美东雅生物技术有限公司)

62.碘[^{125}I]血管紧张素Ⅱ放射免疫分析药盒(国药准字S20063121 北京科美东雅生物技术有限公司)

63.碘[^{125}I]醛固酮放射免疫分析药盒(国药准字S20063123 北京科美东雅生物技术有限公司)

64.碘[^{125}I]前列腺特异抗原免疫放射分析药盒(国药准字S20063120 北京科美东雅生物技术有限公司)

65.碘[^{125}I]孕酮放射免疫分析药盒(国药准字S20063119 北京科美东雅生物技术有限公司)

66.碘[^{125}I]血管紧张素Ⅰ放射免疫分析药盒(国药准字S20063128 北京科美东雅生物技术有限公司)

67.碘[^{125}I]雌二醇放射免疫分析药盒(国药准字S20063125 北京科美东雅生物技术有限公司)

68.碘[^{125}I]人C肽放射免疫分析药盒(国药准字S20063117 北京科美东雅生物技术有限公司)

69.碘[^{125}I]透明质酸放射免疫分析药盒(国药准字S20063127 北京科美东雅生物技术有限公司)

70.碘[^{125}I]人尿白蛋白放射免疫分析药盒(国药准字S20063124 北京科美东雅生物技术有限公司)

71.碘[^{131}I]肿瘤细胞核人鼠嵌合单克隆抗体注射液(国药准字S20060061 上海美恩生物技术有限公司)

72.碘[^{125}I]睾酮放射免疫分析药盒(国药准字S20063111 北京科美东雅生物技术有限公司)

73.注射用重组人白细胞介素-Ⅱ(国药准字S20060062、S20063110 杭州九源基因工

程有限公司)

74.注射用重组人白细胞介素-2(国药准字S20063102、S20063103、S20063101长春生物制品研究所)

75.癌胚抗原定量测定试剂盒(酶联免疫法)[国药准字S20063108潍坊三维生物工程集团有限公司]

76.丙型肝炎病毒抗体诊断试剂盒(酶联免疫法)(国药准字S20063104艾康生物技术(杭州)有限公司)

77.乙型肝炎病毒e抗体诊断试剂盒(酶联免疫法)(国药准字S20063099北京现代高达生物技术有限责任公司)

78.狂犬病人免疫球蛋白(国药准字S20063107、S20063106、S20063105广东卫伦生物制药有限公司)

79.静脉注射用人免疫球蛋白(pH4)(国药准字S20063100安徽大安生物制品药业有限公司)

80.注射用重组人粒细胞巨噬细胞集落刺激因子(国药准字S20063097北京北医联合药业有限公司)

81.结核分枝杆菌抗体(IgG)检测试剂盒(酶联免疫法)(国药准字S20060060成都永安制药有限公司)

82.注射用重组人粒细胞巨噬细胞集落刺激因子(国药准字S20063098北京北医联合药业有限公司)

83.甲型流感病毒检测试剂盒(胶体金法)(国药准字S20063095北京阿斯可来生物工程有限公司)

84.人ABO血型反定型用红细胞试剂盒(国药准字S20060059上海血液生物医药有限责任公司)

85.人巨细胞病毒核酸扩增荧光定量检测试剂盒(国药准字S20060056中山大学达安基因股份有限公司)

86.乙型肝炎病毒标志物(表面抗原、表面抗体、核心抗体、e抗原、e抗体)诊断试剂盒(胶体金法)(国药准字S20060055北京科卫临床诊断试剂有限公司)

87.注射用重组人白介素-2(125Ala)(国药准字S20060054北京双鹭药业股份有限公司)

88.乙型肝炎病毒核心抗体诊断试剂(胶体金法)[国药准字S20060057英科新创(厦门)科技有限公司]

89.乙型脑炎纯化疫苗(地鼠肾细胞)(国药准字S20060058兰州生物制品研究所)

90.碘[^{125}I]糖类抗原50免疫放射分析药盒(国药准字S20063088北京科美东雅生物技术有限公司)

91.碘[^{125}I]游离甲状腺素放射免疫分析药盒(国药准字S20063094北京科美东雅生物技术有限公司)

92.碘[^{125}I]人促甲状腺激素免疫放射分析药盒(国药准字S20063093北京北免东雅生

物技术研究所)

93.碘[^{125}I]游离三碘甲腺原氨酸放射免疫分析药盒 (国药准字 S20063092 北京科美东雅生物技术有限公司)

94.碘[^{125}I]糖类抗原 125 免疫放射分析药盒 (国药准字 S20063091 北京科美东雅生物技术有限公司)

95.碘[^{125}I]糖类抗原15-3免疫放射分析药盒 (国药准字 S20063090 北京科美东雅生物技术有限公司)

96.碘[^{125}I]糖类抗原19-9免疫放射分析药盒 (国药准字 S20063089 北京科美东雅生物技术有限公司)

97.注射用鼠神经生长因子 (国药准字 S20060052 厦门北大之路生物工程有限公司)

98.注射用重组人生长激素 (国药准字 S20063087、S20063086、S20063085 深圳科兴生物工程有限公司)

99.注射用鼠神经生长因子 (国药准字 S20060051 武汉海特生物制药股份有限公司)

100.乙型肝炎病毒 e 抗体诊断试剂盒(化学发光法) (国药准字 S20060050 郑州安图绿科生物工程有限公司)

101.乙型肝炎病毒 e 抗原诊断试剂盒(化学发光法) (国药准字 S20060049 郑州安图绿科生物工程有限公司)

102.抗 A、抗 B 血型定型试剂(单克隆抗体) (国药准字 S20063084 上海华泰生物工程实业有限公司)

103.人类免疫缺陷病毒抗体(1+2型)/P24抗原(1型)诊断试剂盒(酶联免疫法) (国药准字 S20060046 北京科卫临床诊断试剂有限公司)

104.人类免疫缺陷病毒抗体 HIV(1/2/O)诊断试剂盒(酶联免疫法)[国药准字 S20060047 艾康生物技术(杭州)有限公司]

105.β 2- 微球蛋白放免药盒 (国药准字 S20063071 北京科美东雅生物技术有限公司)

106.促甲状腺激素放免药盒 (国药准字 S20063079 北京科美东雅生物技术有限公司)

107.胎盘泌乳素放免药盒 (国药准字 S20063078 北京科美东雅生物技术有限公司)

108.肌红蛋白放免药盒 (国药准字 S20063077 北京科美东雅生物技术有限公司)

109.甲状腺球蛋白抗体放免药盒 (国药准字S20063076、S20063075 北京科美东雅生物技术有限公司)

110.绒毛膜促性腺激素 β 亚单位放免药盒 (国药准字 S20063074 北京科美东雅生物技术有限公司)

111.促黄体生成激素放免药盒 (国药准字 S20063073 北京科美东雅生物技术有限公司)

112.促卵泡激素放免药盒 (国药准字 S20063072 北京科美东雅生物技术有限公司)

113.流行性感冒亚单位疫苗 (国药准字 S20060048 深圳市海王英特龙生物技术股份有限公司)

114.皮质醇放免药盒（国药准字S20063083 北京科美东雅生物技术有限公司）

115.胰岛素放免药盒（国药准字S20063082 北京科美东雅生物技术有限公司）

116.甲状腺球蛋白放免药盒（国药准字S20063081 北京科美东雅生物技术有限公司）

117.生长激素放免药盒（国药准字S20063080 北京科美东雅生物技术有限公司）

118.乙型肝炎病毒核心抗体诊断试剂盒(化学发光法)(国药准字S20060045 重庆埃夫朗生物技术有限责任公司)

119.乙型肝炎病毒e抗原诊断试剂盒(化学发光法)(国药准字S20060044 重庆埃夫朗生物技术有限责任公司)

120.三碘甲腺原氨酸放免药盒(国药准字S20063066 北京科美东雅生物技术有限公司)

121.癌胚抗原放免药盒（国药准字S20063070 北京科美东雅生物技术有限公司）

122.甲胎蛋白放免药盒（国药准字S20063069 北京科美东雅生物技术有限公司）

123.绒毛膜促性腺激素放免药盒(国药准字S20063068 北京科美东雅生物技术有限公司)

124.甲状腺素放免药盒(国药准字S20063067 北京科美东雅生物技术有限公司)

125.人乳头瘤病毒(HPV)核酸扩增(PCR)荧光检测试剂盒(国药准字S20060039 深圳康生保生物技术有限公司)

126.总前列腺特异性抗原定量检测试剂盒(时间分辨免疫荧光分析法)（国药准字S20060038 中山大学达安基因股份有限公司)

127.乙型脑炎纯化疫苗(地鼠肾细胞)(国药准字S20060043 辽宁依生生物制药有限公司)

128.糖蛋白抗原72-4定量测定试剂盒(放射免疫法)(国药准字S20060042 天津新湾生物科技有限公司)

129.细胞角蛋白19片段(CYFR21-1)定量测定试剂盒(放射免疫法)(国药准字S20060041 天津新湾生物科技有限公司)

130.乙型肝炎病毒表面抗原诊断试剂(胶乳法)(国药准字S20060040 广州万孚生物技术有限公司)

131.冻干人用狂犬病纯化疫苗(Vero细胞)(国药准字S20063061 长春长生生物科技股份有限公司)

132.麻疹减毒活疫苗（国药准字S20063047 北京天坛生物制品股份有限公司)

133.人狂犬病免疫球蛋白（国药准字S20063063 广东佰易药业有限公司)

134.乙型肝炎病毒表面抗体诊断试剂盒(酶联免疫法)(国药准字S20063046 北京现代高达生物技术有限责任公司)

135.人狂犬病免疫球蛋白(国药准字S20063064、S20063062 广东佰易药业有限公司)

136.甲型肝炎病毒IgM抗体诊断试剂盒

(酶联免疫法) (国药准字S20063059 潍坊三维生物工程集团有限公司)

137.丙型肝炎病毒抗体诊断试剂盒(酶联免疫法) (国药准字 S20063055 潍坊三维生物工程集团有限公司)

138.人用狂犬病纯化疫苗(Vero细胞) (国药准字 S20063052 长春长生生物科技股份有限公司)

139. 乙型脑炎减毒活疫苗(国药准字 S20063060 成都生物制品研究所)

140.乙型肝炎人免疫球蛋白 (国药准字 S20063057、S20063058 浙江海康生物制品有限责任公司)

141.肠道致病性大肠艾希氏菌诊断血清 (国药准字S20063056 宁波天润生物药业有限公司)

142.抗A、抗B 血型定型试剂(单克隆抗体) (国药准字S20063054 北京金豪制药有限公司)

143.乙型肝炎病毒表面抗原诊断试剂盒 (酶联免疫法) (国药准字S20063053 北京现代高达生物技术有限责任公司)

144.丙型肝炎病毒抗体诊断试剂盒(酶联免疫法) (国药准字 S20063051 杨凌岱鹰生物医药集团股份有限公司)

145.梅毒螺旋体抗体诊断试剂盒(酶联免疫法)[国药准字S20063050 艾康生物技术(杭州)有限公司]

146.O1 群霍乱弧菌诊断血清 (国药准字 S20063049 宁波天润生物药业有限公司)

147.伤寒、副伤寒及变形 OX19、OX2、OXK 诊断菌液 (国药准字 S20063048 宁波天润生物药业有限公司)

148.甲型肝炎病毒 IgM 抗体酶联免疫诊断试剂盒(酶联免疫捕获法) (国药准字 S20063045 北京现代高达生物技术有限责任公司)

149.乙型肝炎人免疫球蛋白 (国药准字 S20063042 山东米歇尔生物制品有限公司)

150.重组人粒细胞集落刺激因子注射液 (国药准字 S20063065 齐鲁制药厂)

151.人用狂犬病纯化疫苗(地鼠肾细胞) (国药准字S20063041 大连汉信生物制药有限公司)

152. 破伤风人免疫球蛋白(国药准字 S20063044 河南省中泰药业有限公司)

153.人用狂犬病疫苗(Vero 细胞) (国药准字S20063043 江苏延申生物科技股份有限公司)

154.乙型肝炎病毒表面抗体诊断试剂盒 (化学发光法) (国药准字S20060037 重庆埃夫朗生物技术有限责任公司)

155.冻干人用狂犬病疫苗(Vero细胞) (国药准字 S20060036 大连金港安迪生物制品有限公司)

156.甲状腺球蛋白抗体放射免疫分析药盒 (国药准字 S20060035 天津九鼎医学生物

工程有限公司)

157.甲状腺微粒体抗体放射免疫分析药盒 (国药准字 S20060034 天津九鼎医学生物工程有限公司)

158.游离甲状腺素放射免疫分析药盒 (国药准字 S20060033 天津九鼎医学生物工程有限公司)

159.游离三碘甲状腺原氨酸放射免疫分析药盒 (国药准字 S20060032 天津九鼎医学生物工程有限公司)

160.C- 肽放射免疫分析药盒 (国药准字 S20060031 天津九鼎医学生物工程有限公司)

161.人类免疫缺陷病毒抗体诊断试剂盒(化学发光法) (国药准字S20060030 北京科美东雅生物技术有限公司)

162.23 价肺炎球菌多糖疫苗 (国药准字 S20060029 成都生物制品研究所)

163.尿微量白蛋白定量测定试剂盒(酶联免疫法) (国药准字 S20060028 北京科卫临床诊断试剂有限公司)

164.重组人5型腺病毒注射液 (国药准字 S20060027 上海三维生物技术有限公司)

165.人乙型肝炎免疫球蛋白 (国药准字 S20063039 三九集团湛江开发区双林药业有限公司)

166.丙型肝炎病毒抗体诊断试剂盒(酶联免疫法) (国药准字 S20063040 北京贝尔生物工程有限公司)

167.人类T淋巴细胞白血病病毒(HTLV)1+2型抗体诊断试剂盒(酶联免疫法) (国药准字 S20060026 上海科华生物工程股份有限公司)

168.ABO、RhD血型定型试剂卡(单克隆抗体) (国药准字 S20063037 长春博迅生物技术有限责任公司)

169.人心肌钙蛋白I诊断试剂盒(胶体金法) (国药准字 S20060016 长春博泰医药生物技术有限责任公司)

170.注射用鼠神经生长因子 [国药准字 S20060023 舒泰神(北京)药业有限公司]

171.雌二醇定量测定试剂盒(磁分离酶联免疫法) (国药准字 S20060022 北京倍爱康生物技术股份有限公司)

172.乙型肝炎病毒e抗体诊断试剂盒(化学发光法) (国药准字 S20060024)

173.乙型肝炎病毒核酸扩增(PCR)荧光定量测定及YMDD变异检测试剂盒 [国药准字 S20060017 艾康生物技术(杭州)有限公司]

174.孕酮(P)定量检测试剂盒(磁分离酶联免疫法) (国药准字 S20060021 北京倍爱康生物技术股份有限公司)

175.促黄体生成激素定量测定试剂盒(磁分离酶联免疫法) (国药准字 S20060020 北京倍爱康生物技术股份有限公司)

176.促卵泡激素定量测定试剂盒(磁分离酶联免疫法) (国药准字 S20060019 北京倍爱

康生物技术股份有限公司)

177.RhD(IgM)-血型定型试剂(单抗隆抗体)(国药准字S20060018 上海血液生物医药有限责任公司)

178.乙型肝炎病毒核心抗体诊断试剂盒(化学发光法)(国药准字S20060025)

179.人用狂犬病疫苗(Vero细胞)(国药准字S20063035 大连金港安迪生物制品有限公司)

180.癌胚抗原定量测定试剂盒(酶联免疫法)(国药准字S20063033 北京北方生物技术研究所)

181.甲胎蛋白测定诊断试剂盒(酶联免疫法)(国药准字S20063032、S20063030 北京北方生物技术研究所)

182.注射用重组人生长激素(国药准字S20063031 长春金赛药业有限责任公司)

183.静脉注射用人免疫球蛋白(pH4)[国药准字S20063029 绿十字(中国)生物制品有限公司]

184.人肌酸激酶同工酶诊断试剂盒(胶体金法)(国药准字S20060015 长春博泰医药生物技术有限责任公司)

185.N-末端脑型利钠肽前蛋白诊断试剂盒(胶体金法)(国药准字S20060014 长春博泰医药生物技术有限责任公司)

186.人类免疫缺陷病毒抗体诊断试剂盒(酶联免疫法)(国药准字S20063028 潍坊三维生物工程集团有限公司)

187.人乳头状瘤病毒核酸扩增分型检测试剂盒(国药准字S20060011 潮州凯普生物化学有限公司)

188.重组人粒细胞集落刺激因子注射液(国药准字S20063034 长春金赛药业有限责任公司)

189.抗狂犬病血清(国药准字S20063025 长春生物制品研究所)

190.口服双歧杆菌、乳杆菌、肠球菌、蜡样芽孢杆菌四联活菌片(国药准字S20060010 杭州龙达新科生物制药有限公司)

191.注射用重组人干扰素α-2b(国药准字S20063024 浙江北生药业汉生制药有限公司)

192.人纤维蛋白胶配套药盒(国药准字S20063023 上海新兴医药股份有限公司)

193.人免疫球蛋白(国药准字S20063021、S20063020 河北大安制药有限公司)

194.破伤风人免疫球蛋白 (国药准字S20063019 河北大安制药有限公司)

195.粉尘螨滴剂(国药准字S20060012 浙江生物科技有限公司)

196.癌胚抗原定量测定试剂盒(时间分辨免疫荧光法)(国药准字S20060009 中山大学达安基因股份有限公司)

197.狂犬病人免疫球蛋白 (国药准字S20063014 三九集团湛江开发区双林药业有

限公司)

198. 重组赖脯胰岛素(国药准字S20063018 甘李药业有限公司)

199. 狂犬病人免疫球蛋白（国药准字S20063013 三九集团湛江开发区双林药业有限公司)

200. 破伤风人免疫球蛋白（国药准字S20063017 三九集团湛江开发区双林药业有限公司)

201. 狂犬病人免疫球蛋白（国药准字S20063012 三九集团湛江开发区双林药业有限公司)

202. 乙型肝炎人免疫球蛋白 (国药准字S20063016、S20063015 三九集团湛江开发区双林药业有限公司)

203. 人类免疫缺陷病毒抗体与丙型肝炎病毒抗体联合检测试纸盒(胶体金法)[国药准字S20060004 瑞莱生物工程(深圳)有限公司]

204. 乙型肝炎表面抗体诊断试剂盒(乳胶法)[国药准字S20060006 艾康生物技术(杭州)有限公司]

205. 乙型肝炎病毒e抗体诊断试剂盒(化学发光法) (国药准字 S20060005 重庆埃夫朗生物技术有限责任公司)

206. 人狂犬病病毒IgG抗体测定试剂盒(酶联免疫法) (国药准字S20060008 宁波天润生物药业有限公司)

207. 冻干甲型肝炎减毒活疫苗 (国药准字S20060007 中国医学科学院医学生物学研究所)

208. 人类巨细胞病毒IgM抗体诊断试剂盒(酶联免疫法) (国药准字S20060003 北京贝尔生物工程有限公司)

209. 氧化低密度脂蛋白定量测定试剂盒(酶联免疫法) (国药准字S20060002 成都华神生物技术有限责任公司)

210. 注射用重组人生长激素［国药准字S20063010 安徽安科生物工程(集团)股份有限公司］

211. 麻疹减毒活疫苗（国药准字S20063008、S20063007、S20063006 上海生物制品研究所)

212. 结核分支杆菌核酸扩增(PCR)荧光检测试剂盒 (国药准字 S20063011 中山大学达安基因股份有限公司)

213. 冻干静注人免疫球蛋白 (国药准字S20063009 兰州生物制品研究所)

214. 精蛋白重组人胰岛素注射液 (国药准字S20060001 江苏万邦生化医药股份有限公司)

215. 重组赖脯胰岛素注射液 (国药准字S20063005、S20063004 甘李药业有限公司)

216. 人乙型肝炎免疫球蛋白 (国药准字S20063002、S20063003 河北大安制药有限公司)

217. 人乙型肝炎免疫球蛋白 (国药准字S20063001 河北大安制药有限公司)

2006年批准的生物制品（进口）

1．ABO/D 血型复检卡 (S20060061)

2．甘精胰岛素注射液 (S20060063、S20060062)

3．ABO 正反定型/RhD 定型卡 (S20060060)

4．LISS/Coombs 低离子/抗人球蛋白卡 (S20060059)

5.乙型肝炎病毒核心抗体IgM诊断试剂盒(化学发光法) (S20060044)

6．乙型肝炎病毒表面抗原定量检测试剂盒(化学发光法) (S20060042、S20060041)

7．乙型肝炎病毒表面抗原确证试剂盒(化学发光法) (S20060046)

8．丙型肝炎病毒抗体诊断试剂盒(化学发光法) (S20060045)

9．甲型肝炎病毒 IgM 抗体诊断试剂盒(化学发光法) (S20060043)

10.重组人促红素注射液(CHO细胞) (国药准字 J20060039)

11．甲型肝炎病毒 IgG 抗体诊断试剂盒(化学发光法) (S20060037)

12．伤寒 Vi 多糖疫苗 (S20060036)

13．口服酪酸梭菌糖化菌肠球菌活菌制剂(片剂) (国药准字 J20060024)

14.梅毒螺旋体抗体诊断试剂盒(酶联免疫法) (S20060064)

15．乙型肝炎病毒e抗原检测试剂盒(化学发光法) (S20060058)

16．注射用重组人粒细胞集落刺激因子(来格司亭) (S20060048、S20060049、S20060050)

17．人类免疫缺陷病毒抗原及抗体诊断试剂 (S20060047)

18.重组人促红素注射液(CHO细胞) (国

药准字 J20060040)

19．口服酪酸梭菌活菌散剂(2 个品种)(S20060038、S20060040)

20．乙型肝炎病毒e抗体诊断试剂盒(化学发光法) (S20060035)

21．乙型肝炎病毒核心抗体诊断试剂盒(化学发光法) (S20060032、S20060034)

22．乙型肝炎病毒表面抗体定量检测试剂盒(化学发光法) (S20060033)

23.人类免疫缺陷病毒I型和丙型肝炎病毒联合检测试剂盒(核酸检测法) (S20060027)

24．重组人粒细胞集落刺激因子注射液(S20060025)

25．麻疹、腮腺炎、风疹三联减毒活疫苗 (S20060039)

26.人类免疫缺陷病毒(1型)核酸定量检测试剂盒 (S20060029)

27.注射用重组人生长激素 (S20060031)

28．人类免疫缺陷病毒抗原及抗体诊断试剂(酶联免疫法) (S20060030)

29．乙型肝炎病毒e抗体检测试剂盒(化学发光法) (S20060028)

30.流行性感冒亚单位疫苗 (S20060023)

31.流行性感冒病毒裂解疫苗(S20060021、S20060017)

32．ABO/Rh 正反定型血型定型试剂卡(S20060016)

33．人类免疫缺陷病毒抗体诊断试剂盒(胶体金渗透法) (S20060012)

34．重组人胰岛素注射液 (S20060004)

35．精蛋白锌重组人胰岛素注射液(S20060005)

36.人血白蛋白 (S20060003、S20060002)

37．精蛋白锌重组人胰岛素混合注射液(S20060006)

38．注射用曲妥珠单抗 (S20060026)

39．口服酪酸梭菌糖化菌肠球菌活菌制剂(散剂) (国药准字 J20060023)

40．注射用英夫利西单抗 (S20060024)

41.丙型肝炎病毒抗体诊断试剂盒(微粒子酶联免疫法) (S20060018)

42. 23价肺炎球菌多糖疫苗 (S20060020、S20060019)

43．流行性感冒病毒裂解疫苗(S20060022)

44．人血白蛋白 (S20060014、S20060015)

45．甲型肝炎病毒抗体定量测定试剂盒(化学发光法) (S20060010)

46．乙型肝炎病毒核心抗体 IgM 检测试剂盒(化学发光法) (S20060011)

47.重组人促卵泡激素注射液 (S20060007、S20060008、S20060009)

48．人血白蛋白 (S20060001)

2006年临床在研生物制品

序号	名　　称	适应症	所处研究阶段
1	B淋巴细胞刺激因子及其人源化抗体	免疫调节药物	临床前研究
2	CD40/CD40L（CD154）分子的激发和阻断型抗体	肿瘤	临床前研究
3	CIK	肿瘤	临床研究I/II
4	D-CIK	肿瘤	临床研究I/II
5	DNA双质粒乙肝疫苗	慢性乙肝	临床研究
6	DNA—天坛痘苗复合型艾滋病疫苗	艾滋病	临床研究
7	Endostatin-复制型腺病毒	肿瘤	临床前研究
8	Endostatin-腺病毒（第二代腺病毒）	肿瘤	临床前研究
9	GM-IL-3融合蛋白（MX融合蛋白）	肿瘤	临床前研究
10	HER-2mRNA致敏的DC细胞	治疗HER-2阳性的乳腺癌	
11	HTUPA	血栓	临床研究
12	IL-10	炎症、自身免疫病	临床前研究
13	IL-12	肿瘤、AIDS	临床前研究
14	IL-12-腺病毒	肿瘤、AIDS	临床前研究
15	IL-4-绿脓杆菌毒素	肿瘤	临床研究
16	IL6/IL2融合蛋白	肿瘤	临床前研究
17	Nfeurturin结构类似物	不详	临床前研究
18	P53-GM-CSF-腺病毒	肿瘤	临床前研究
19	PEG-干扰素α 1b	抗病毒	临床前研究
20	PEG-干扰素α 2b	抗病毒	临床前研究
21	PEG化重组人粒细胞集落刺激因子		临床研究
22	TNK-tPA	血栓	临床研究
23	TRAIL突变体	肿瘤	临床前研究

（续）

序号	名　称	适应症	所处研究阶段
24	VEGF DNA 基因缝线	医用材料	临床研究
25	VEGF 腺病毒	外周动脉血管病	临床研究
26	白喉毒素/人碱性成纤维细胞生长因子(DT/bFGF)嵌合毒素	治疗高表达 FGF 受体的肿瘤	临床前研究
27	白细胞介素-2 腺病毒	炎症、自身免疫病	临床研究
28	大流行流感裂解疫苗	预防大流行流感	已完成临床前研究
29	大流行流感灭活疫苗	预防大流行流感	Ⅰ期临床研究
30	碘［^{131}I］-肿瘤细胞核人鼠嵌合单克隆抗体(chTNT)注射液	肺癌	已获得批准文号，并在进行治疗其他实体瘤Ⅱ期临床研究
31	冻干重组人胰岛素原 C 肽	糖尿病	临床研究
32	端粒酶反义核酸药物	肿瘤	临床前研究
33	多肽疫苗	慢性乙肝	临床前研究
34	复合干扰素	抗病毒	临床研究
35	干扰素 β	抗病毒	临床研究
36	高剂量乙肝疫苗	慢性乙肝	临床前研究
37	功能性乙酰胆碱酯酶人源化抗体	老年性痴呆	临床前研究
38	骨髓肿瘤特异记忆细胞的再激活和治疗	肿瘤	临床研究
39	含 PreS1 的重组乙肝疫苗（CHO 细胞产）	乙肝	已完成临床前研究
40	合成肽乙肝疫苗（治疗性）	抗病毒	临床研究
41	甲氧基聚乙二醇重组人红细胞生成素		
42	金黄色葡萄球菌肠毒素 B/人碱性成纤维细胞生长因子(SEB/bFGF)融合蛋白	治疗高表达 FGF 受体的肿瘤和表达 MHC Ⅱ类分子的肿瘤细胞	临床前研究
43	静脉注射用重组天花粉蛋白突变体	肿瘤	已完成临床前研究
44	静注乙型肝炎人免疫球蛋白	肝移植	已完成临床前研究
45	聚乙二醇牛血红蛋白偶联物	不详	
46	抗 CD3-抗 CD28 环形三特异抗体	肿瘤	临床前研究
47	抗阿尔茨海默病（老年性痴呆）人源化融合抗体	老年性痴呆	临床前研究
48	抗金葡菌小分子多肽药物	金葡菌感染	临床前研究
49	抗菌/抗内毒素模拟肽（BNEP）	抗感染	临床前研究
50	抗菌素耐药性重组/混合酶的药学制剂	抗菌素耐药性	临床前研究
51	抗菌肽	抗感染	临床前研究
52	抗人血小板膜糖蛋白Ⅱb/Ⅲa 嵌合单抗 $F(ab')_2$ 注射液	经皮冠状动脉介入术时预防急性动脉血栓形成	已完成临床前研究
53	抗人整合素 αVβ3 人源化抗体	肿瘤	临床前研究
54	抗胃癌细胞单抗（$3H_{11}$）	肿瘤	临床前研究
55	口服冻干抗人轮状病毒鸡卵黄免疫球蛋白	预防和治疗因轮状病毒引起的婴幼儿腹泻	临床研究

（续）

序号	名　称	适应症	所处研究阶段
56	硫代寡核苷酸（Bcl2）	肿瘤	临床前研究
57	免疫治疗阿尔茨海默病合成疫苗	阿尔茨海默氏病	已完成临床前研究
58	免疫治疗雄激素敏感性前列腺癌合成疫苗	肿瘤	已完成临床前研究
59	脑肽注射液和鼻腔喷雾剂	记忆障碍	已完成临床前研究
60	尿激酶原	血栓	临床研究
61	嵌合抗 CDF（ab'）2 片段及其同位素标记物	肿瘤	临床前研究
62	人 TGF-βⅡ型受体胞外区（sTGF-βRⅡ）gn IFN-r 融合蛋白	肝纤维化	临床前研究
63	人促血液血管细胞生成素（HAPO）	贫血	临床前研究
64	人鼠嵌合 CD20 单克隆抗体	B 细胞性 NHL	临床研究
65	人源化抗人表皮生长因子受体单抗（h-R3）	上皮源性肿瘤	临床研究Ⅲ
66	双靶点反义核酸药物治疗乳癌	乳癌	临床研究
67	双功能水蛭素	血栓	临床前研究
68	特异性溶瘤重组腺病毒注射液	肿瘤	临床研究
69	细胞毒性 T 淋巴细胞功能相关抗原（CTLA-4）	肿瘤	临床研究
70	新生血管人源化抗体	肿瘤	临床前研究
71	新型淋巴毒素	肿瘤	临床研究
72	新型趋化因子 MIP-2γ 及其单克隆抗体	炎症	临床前研究
73	新型速效胰岛素	糖尿病	临床前研究
74	新型重组葡激酶（RGD-SAK）	血栓	临床前研究
75	新型组织纤溶酶原激活剂	血栓	临床前研究
76	与阿霉素偶联的新型反义核酸	肿瘤	临床前研究
77	造血生长因子（HGF）	血液疾病	临床前研究
78	治疗性基因工程艾滋病疫苗	艾滋病	已完成临床前研究
79	治疗性乙肝疫苗	慢性乙肝	临床研究
80	重组 K2tPA（瑞替普酶）	心、脑血栓	临床研究
81	重组变构人肿瘤坏死因子(Trail)	肿瘤	临床研究
82	重组病毒性巨噬细胞炎性蛋白（VMIP）	抗 HIV/AIDS	临床研究
83	重组抗 HER2 人源化单克隆抗体	表达 HER2 抗原的转移性乳腺癌	临床研究
84	重组枯草芽孢杆菌纤溶酶	抗血栓	临床研究
85	重组热休克蛋白乳腺癌免疫治疗融合蛋白	肿瘤	临床研究
86	重组人 CD22 单克隆抗体	B 细胞性非何杰金氏淋巴瘤	已完成临床前研究
87	重组人 MNV- 骨形态发生蛋白 -2	骨修复	临床研究
88	重组人γ- 干扰素腺病毒注射液	肿瘤	已完成临床前研究
89	重组人ω干扰素	抗病毒	临床研究
90	重组人白细胞介素 -15	慢性炎性疾病	临床前研究
91	重组人白细胞介素 -1 受体拮抗剂（rhIL-1ra）	哮喘和过敏性鼻炎	临床研究
92	重组人干扰素α 2b 喷雾剂	抗病毒	临床研究

（续）

序号	名　　称	适应症	所处研究阶段
93	重组人干细胞因子（rhSCF）	骨髓移植	临床研究
94	重组人肝细胞生长因子	肝硬化	临床前研究
95	重组人肝细胞生长因子（HGF）质粒 pUDKH- 腺病毒	肢体动脉闭塞病	临床前研究
96	重组人甲状旁腺激素	甲状旁腺功能低下	临床前研究
97	重组人类胰高血糖素肽 -1（rhGLP-1）	代谢疾病	临床前研究
98	重组人内皮抑素腺病毒抗癌注射液	肿瘤	已完成临床前研究
99	重组人内皮抑素注射液	肿瘤	临床研究
100	重组人凝血因子Ⅸ - 重组腺相关病毒 2	血友病 β	临床前研究
101	重组人组表位肽疫苗（治疗性）	肿瘤	临床研究
102	重组人组兰格林	内分泌	临床研究
103	重组人溶菌酶	抗感染	临床前研究
104	重组人纤溶酶原 K5	新生血管生成相应的疾病	临床前研究
105	重组人新型双功能溶栓剂	血栓	临床前研究
106	重组人血清白蛋白 - 干扰素 α -2b 融合蛋白	抗病毒	临床前研究
107	重组人胰岛素原 C 肽	糖尿病	临床前研究
108	重组水蛭素	抗凝血	临床研究
109	重组天花粉蛋白突变体（MTCS）	肿瘤	临床前研究
110	重组腺病毒 BB-311（GH）血管生长制剂	内分泌	临床研究
111	重组腺病毒选择性杀伤 EB 病毒相关肿瘤	肿瘤	临床前研究
112	重组心钠素	高血压	临床研究
113	注射用虎纹镇痛肽	镇痛	Ⅰ期临床研究
114	注射用灰树花倍他葡聚糖	不详	已完成临床前研究
115	注射用凝血因子 X 激活剂	止血	已完成临床前研究
116	注射用鲨鱼肝再生因子	肝病	已完成临床前研究
117	注射用蝎毒多肽	适用于阿片类药物依赖性脱毒戒断治疗和稽延性戒断症状治疗	临床研究
118	注射用重组白细胞抑制因子和水蛭肽嵌合蛋白	心血管疾病	已完成临床前研究
119	注射用重组促胰岛素分泌素	内分泌	临床研究
120	注射用重组假丝酵母尿酸氧化酶	癌症相关的高尿酸血症	已完成临床前研究
121	注射用重组人 CTLA4—抗体融合蛋白	内分泌	临床研究
122	注射用重组人白介素 -2(125Ala)	肿瘤	已完成临床前研究
123	注射用重组人凋亡素配体	抗肿瘤	临床研究Ⅱ期
124	注射用重组人尿型纤溶酶原激活剂	血栓	临床研究
125	注射用重组人胰岛素原 C 肽	糖尿病肾病	临床研究